MATLAB GUI PROGRAMMING

MATLAB GUI 程序设计

王　广　邢林芳◎编著
Wang Guang　Xing Linfang

清華大學出版社
北京

内容简介

全书的编写基于当前版本的MATLAB环境，书中由浅入深地全面讲解了MATLAB在GUI设计方面应用的知识。本书按逻辑编排，重点给出了MATLAB在GUI设计各个环节中的实现方法，在讲解各个知识点时列举了丰富的实例，使得本书具有很强的实用性；内容完整且每章相对独立，是一本具有很高使用价值的MATLAB参考书。

本书分为三个部分共13章。第一部分为MATLAB基础，涵盖的内容有MATLAB概述、GUI设计预备知识、二维和三维绘图、图像文件的显示以及文件读取I/O操作；第二部分为基于GUI常见设计技术，涵盖的内容有句柄图形对象、GUI控件及属性、uimenu菜单及设计、MATLAB GUI基础设计等；第三部分为基于MATLAB的高级GUI设计技术及应用，涵盖的内容有MATLAB与Excel文件的数据交换、基于GUI设计的学生成绩管理系统、基于GUI的离散控制系统设计、GUI实现滤波器设计、基于GUI的BP神经网络设计及GUI在图像处理方面的应用。

本书以实用为目标，深入浅出、实例引导、内容翔实，适合作为理工科高等院校研究生、本科生教学用书，也可作为相关专业科研工程技术人员的参考用书。

图书在版编目(CIP)数据

MATLAB GUI程序设计/王广，邢林芳编著. —北京：清华大学出版社，2018(2023.11重印)
(科学与工程计算技术丛书)
ISBN 978-7-302-46736-6

Ⅰ. ①M…　Ⅱ. ①王…　②邢…　Ⅲ. ①Matlab软件－程序设计　Ⅳ. ①TP317

中国版本图书馆CIP数据核字(2017)第048633号

责任编辑：盛东亮
封面设计：李召霞
责任校对：时翠兰
责任印制：丛怀宇

出版发行：清华大学出版社
　　网　　址：http://www.tup.com.cn，http://www.wqbook.com
　　地　　址：北京清华大学学研大厦A座　　**邮　　编**：100084
　　社 总 机：010-83470000　　**邮　　购**：010-62786544
　　投稿与读者服务：010-62776969，c-service@tup.tsinghua.edu.cn
　　质量反馈：010-62772015，zhiliang@tup.tsinghua.edu.cn
　　课件下载：http://www.tup.com.cn，010-62795954
印 装 者：涿州市般润文化传播有限公司
经　　销：全国新华书店
开　　本：185mm×260mm　　**印　张**：31.75　　**字　　数**：747千字
版　　次：2018年1月第1版　　**印　　次**：2023年11月第8次印刷
定　　价：99.00元

产品编号：072486-01

序言

致力于加快工程技术和科学研究的步伐——这句话总结了 MathWorks 坚持超过三十年的使命。

在这期间，MathWorks 有幸见证了工程师和科学家使用 MATLAB 和 Simulink 在多个应用领域中的无数变革和突破：汽车行业的电气化和不断提高的自动化；日益精确的气象建模和预测；航空航天领域持续提高的性能和安全指标；由神经学家破解的大脑和身体奥秘；无线通信技术的普及；电力网络的可靠性，等等。

与此同时，MATLAB 和 Simulink 也帮助了无数大学生在工程技术和科学研究课程里学习关键的技术理念并应用于实际问题中，培养他们成为栋梁之才，更好地投入科研、教学以及工业应用中，指引他们致力于学习、探索先进的技术，融合并应用于创新实践中。

如今，工程技术和科研创新的步伐令人惊叹。创新进程以大量的数据为驱动，结合相应的计算硬件和用于提取信息的机器学习算法。软件和算法几乎无处不在——从孩子的玩具到家用设备，从机器人和制造体系到每一种运输方式——让这些系统更具功能性、灵活性、自主性。最重要的是，工程师和科学家推动了这些进程，他们洞悉问题，创造技术，设计革新系统。

为了支持创新的步伐，MATLAB 发展成为一个广泛而统一的计算技术平台，将成熟的技术方法（比如控制设计和信号处理）融入令人激动的新兴领域，例如深度学习、机器人、物联网开发等。对于现在的智能连接系统，Simulink 平台可以让您实现模拟系统，优化设计，并自动生成嵌入式代码。

"科学与工程计算技术丛书"系列主题反映了 MATLAB 和 Simulink 汇集的领域——大规模编程、机器学习、科学计算、机器人等。我们高兴地看到"科学与工程计算技术丛书"支持 MathWorks 一直以来追求的目标：助您加速工程技术和科学研究。

期待着您的创新！

Jim Tung

MathWorks Fellow

PREFACE

To Accelerate the Pace of Engineering and Science. These eight words have summarized the MathWorks mission for over 30 years.

In that time, it has been an honor and a humbling experience to see engineers and scientists using MATLAB and Simulink to create transformational breakthroughs in an amazingly diverse range of applications: the electrification and increasing autonomy of automobiles; the dramatically more accurate models and forecasts of our weather and climates; the increased performance and safety of aircraft; the insights from neuroscientists about how our brains and bodies work; the pervasiveness of wireless communications; the reliability of power grids; and much more.

At the same time, MATLAB and Simulink have helped countless students in engineering and science courses to learn key technical concepts and apply them to real-world problems, preparing them better for roles in research, teaching, and industry. They are also equipped to become lifelong learners, exploring for new techniques, combining them, and applying them in novel ways.

Today, the pace of innovation in engineering and science is astonishing. That pace is fueled by huge volumes of data, matched with computing hardware and machine-learning algorithms for extracting information from it. It is embodied by software and algorithms in almost every type of system—from children's toys to household appliances to robots and manufacturing systems to almost every form of transportation—making those systems more functional, flexible, and autonomous. Most important, that pace is driven by the engineers and scientists who gain the insights, create the technologies, and design the innovative systems.

To support today's pace of innovation, MATLAB has evolved into a broad and unifying technical computing platform, spanning well-established methods, such as control design and signal processing, with exciting newer areas, such as deep learning, robotics, and IoT development. For today's smart connected systems, Simulink is the platform that enables you to simulate those systems, optimize the design, and automatically generate the embedded code.

The topics in this book series reflect the broad set of areas that MATLAB and Simulink bring together: large-scale programming, machine learning, scientific computing, robotics, and more. We are delighted to collaborate on this series, in support of our ongoing goal: to enable you to accelerate the pace of your engineering and scientific work.

I look forward to the innovations that you will create!

Jim Tung

MathWorks Fellow

前言

MATLAB是美国MathWorks公司的产品，是矩阵实验室(Matrix Laboratory)的简称，用于算法开发、数据可视化、数据分析及数值计算的高级技术计算语言和交互式环境，主要包括MATLAB和Simulink两大部分。

MATLAB的功能有进行矩阵运算、绘制函数和数据、实现算法、创建用户界面、连接其他编程语言的程序等，主要应用于工程计算、控制设计、信号处理与通信、图像处理、信号检测、金融建模设计与分析等领域。

MATLAB的基本数据单位是矩阵，它的指令表达式与数学、工程中常用的形式十分相似，故用MATLAB来解算相同问题要比用C和Fortran等语言简洁得多，并且MathWorks也吸收了Maple等软件的优点，使MATLAB成为一个强大的数学软件。在新的版本中也加入了对C、Fortran、C++和Java的支持。用户可以直接调用MATLAB函数库，也可以将自己编写的实用程序导入到MATLAB函数库中方便以后调用。

MATLAB可以创建图形用户界面(graphical user interface,GUI)，它是用户和计算机之间交流的工具。MATLAB将所有GUI支持的用户控件都集成在这个环境中并提供界面外观、属性和行为响应方式的设置方法，随着版本的提高，这种能力还会不断加强，而且具有强大的绘图功能，使MATLAB开发的程序可以为越来越多的用户所接受。

1. 本书特点

由浅入深，循序渐进：本书以初中级读者为对象，先让读者了解其各项功能，然后进一步详细地介绍MATLAB在GUI程序设计方面的应用。

步骤详尽，内容新颖：本书结合作者多年MATLAB使用经验与GUI程序设计实际应用案例，对MATLAB软件的使用方法与技巧进行详细的讲解，使读者在阅读时能够快速掌握书中所讲内容。

内容翔实，例程丰富：学习实际工程应用案例的具体操作是掌握MATLAB最好的方式。本书有详细的例子，每个例子都经过精挑细选，针对性很强，透彻详尽地讲解了MATLAB在GUI程序设计方面的应用。

2. 本书内容

本书详细讲解MATLAB图像处理的基础知识和核心内容。全书共分为13章，具体内容如下：

第一部分介绍了MATLAB的基础知识、MATLAB的基本运算、图形的可视化、图像文件的显示以及文件读取I/O操作等内容，让读者对MATLAB有一个概要性的认识。具体的章节安排如下：第1章是MATLAB基础概述；第2章是GUI设计预备知识；第3章是二维绘图；第4章是三维绘图；第5章是图像处理的基础知识。

第二部分为基于GUI的常见设计技术，涵盖的内容有句柄图形对象、GUI控件及属

前言

性、uimenu 菜单及设计、MATLAB GUI 基础设计等，向读者展示了 GUI 设计的方法及技巧。具体的章节安排如下：第 6 章是句柄图形对象；第 7 章是 GUI 控件及 uimenu 菜单；第 8 章是 MATLAB GUI 基础设计。

第三部分为高级 GUI 设计技术及应用，涵盖的内容有 MATLAB 与 Excel 文件的数据交换、基于 GUI 的学生成绩管理系统设计、基于 GUI 的离散控制系统设计、GUI 实现滤波器设计、GUI 在图像处理方面的应用及基于 GUI 的 BP 神经网络设计等。让读者进一步领略到 MATLAB GUI 的强大功能和广泛的应用范围。具体的章节安排如下：第 9 章是 MATLAB 与 Excel 文件的数据交换；第 10 章是基于 GUI 的离散控制系统设计；第 11 章是 GUI 实现滤波器设计；第 12 章是智能算法的 GUI 设计；第 13 章是 GUI 在图像处理方面的应用。

3. 读者对象

本书适合于 MATLAB 初学者和期望提高应用 MATLAB 进行 GUI 程序设计能力的读者，例如：相关从业人员、初学 MATLAB GUI 程序设计的技术人员、大中专院校的教师和在校生、相关培训机构的教师和学员、参加工作实习的"菜鸟"、相关科研工作人员、MATLAB 爱好者。

4. 读者服务

为了方便解决本书疑难问题，读者朋友在学习过程中遇到与本书相关的技术问题，可以发邮件到邮箱 caxart@126.com，或者访问博客 http://blog.sina.com.cn/caxart，编者会尽快给予解答。

另外本书所涉及的素材文件（程序代码）已经上传到上述的博客中，读者可以到此下载。

本书主要由王广、邢林芳编著。此外，付文利、温正、张岩、沈再阳、林晓阳、任艳芳、唐家鹏、孙国强、高飞等也参与了本书部分内容的编写工作，在此表示感谢。虽然作者在本书的编写过程中力求叙述准确、完善，但由于水平有限，书中欠妥之处在所难免，希望读者和同人能够及时指出，共同促进本书质量的提高。

最后再次希望本书能为读者的学习和工作提供帮助！

编　者

目录

第一部分　MATLAB 基础

第 1 章　MATLAB 概述 …… 3

1.1　MATLAB 软件介绍 …… 3

1.1.1　MATLAB 语言 …… 4

1.1.2　MATLAB 绘图功能 …… 4

1.1.3　MATLAB 数学函数库 …… 4

1.1.4　MATLAB 应用程序接口 …… 4

1.2　MATLAB 工作环境 …… 5

1.2.1　命令行窗口 …… 5

1.2.2　帮助系统窗口 …… 7

1.2.3　工作空间窗口 …… 8

1.2.4　M 文件编辑窗口 …… 8

1.2.5　图形窗口 …… 10

1.2.6　当前文件夹 …… 11

1.2.7　搜索路径 …… 11

1.3　MATLAB 中的函数类型 …… 12

1.3.1　匿名函数 …… 12

1.3.2　M 文件主函数 …… 13

1.3.3　子函数 …… 13

1.3.4　嵌套函数 …… 13

1.3.5　私有函数 …… 14

1.3.6　重载函数 …… 14

1.4　查询帮助命令 …… 14

1.4.1　help 命令 …… 14

1.4.2　lookfor 命令 …… 16

1.4.3　模糊寻找 …… 16

1.5　MATLAB 程序流程控制结构 …… 17

1.5.1　顺序结构 …… 17

1.5.2　选择结构 …… 19

1.5.3　循环结构 …… 22

1.5.4　程序流程控制语句及其他常用命令 …… 24

本章小结 …… 26

目录

第 2 章　GUI 设计预备知识 …… 27
2.1　数组与矩阵 …… 27
2.1.1　数组的创建与操作 …… 27
2.1.2　常见的数组运算 …… 31
2.1.3　矩阵的表示 …… 35
2.1.4　寻访矩阵 …… 38
2.1.5　矩阵的拼接 …… 41
2.1.6　矩阵的运算 …… 46
2.1.7　矩阵的乘方 …… 48
2.1.8　矩阵的行列式 …… 49
2.2　MATLAB 基本数值类型 …… 49
2.2.1　整数类型数据运算 …… 51
2.2.2　变量与常量 …… 53
2.2.3　数值 …… 55
2.2.4　表达式 …… 56
2.2.5　空数组 …… 57
2.2.6　逻辑运算 …… 58
2.2.7　关系运算 …… 62
2.3　字符串 …… 63
2.3.1　创建字符串 …… 63
2.3.2　基本字符串操作 …… 65
2.3.3　字符串操作函数 …… 66
2.4　元胞数组 …… 75
2.4.1　元胞数组的创建 …… 76
2.4.2　元胞数组的基本操作 …… 79
2.4.3　元胞数组的操作函数 …… 82
2.5　结构 …… 85
2.5.1　结构的创建 …… 86
2.5.2　结构的基本操作 …… 88
2.5.3　结构操作函数 …… 90
本章小结 …… 92

第 3 章　二维绘图 …… 93
3.1　基本的二维绘图 …… 94
3.2　figure 函数与 subplot 函数 …… 97

3.3 二维图形的标注与修饰 …… 100
3.4 特殊二维图形的绘制 …… 106
本章小结 …… 114

第 4 章 三维图形绘制 …… 115
4.1 创建三维图形 …… 115
4.1.1 三维图形概述 …… 115
4.1.2 三维曲线图 …… 116
4.1.3 三维曲面图 …… 118
4.2 特殊三维图形 …… 121
4.2.1 三维柱状图 …… 121
4.2.2 散点图 …… 122
4.2.3 火柴杆图 …… 123
4.2.4 等高线图 …… 123
4.2.5 瀑布图 …… 124
4.2.6 简易绘图函数 …… 125
4.3 三维图形显示与控制 …… 127
4.3.1 颜色控制 …… 127
4.3.2 坐标控制 …… 128
4.3.3 视角控制 …… 129
4.4 绘制动画图形 …… 130
4.5 四维图形可视化 …… 132
4.5.1 用颜色描述第四维 …… 132
4.5.2 其他函数 …… 134
本章小结 …… 135

第 5 章 图像处理的基础知识 …… 136
5.1 数字图像概述 …… 136
5.1.1 什么是数字图像 …… 136
5.1.2 图像的分类 …… 136
5.2 图像文件的读写 …… 138
5.2.1 图像文件的查询 …… 138
5.2.2 图像文件的读取 …… 139
5.2.3 图像文件的存储 …… 141
5.3 图像处理的基本函数 …… 141

目录

5.3.1 imshow 函数 …… 142
5.3.2 image 函数和 imagesc 函数 …… 144
5.3.3 colorbar 函数 …… 144
5.3.4 montage 函数 …… 145
5.3.5 warp 函数 …… 146
5.3.6 subimage 函数 …… 147
5.3.7 zoom 命令 …… 148
5.3.8 impixel 函数 …… 148
5.4 图像类型的转换 …… 150
5.4.1 通过抖动算法转换图像类型的函数 dither …… 150
5.4.2 将灰度图像转换为索引图像的函数 gray2ind …… 151
5.4.3 将灰度图像转换为索引图像的函数 grayslice …… 152
5.4.4 将其他图像转换为二值图像的函数 im2bw …… 153
5.4.5 将索引图像转换为灰度图像的函数 ind2gray …… 153
5.4.6 将索引图像转换为 RGB 图像的函数 ind2rgb …… 154
5.4.7 将数据矩阵转换为灰度图像的函数 mat2gray …… 155
5.4.8 将 RGB 图像转换为灰度图像的函数 rgb2gray …… 156
5.4.9 将 RGB 图像转换为索引图像的函数 rgb2ind …… 157
5.5 文件读取 I/O 操作 …… 157
5.5.1 数据基本操作 …… 158
5.5.2 底层文件基本 I/O 操作 …… 159
5.6 文件的读写 …… 160
5.6.1 二进制文件的读写 …… 160
5.6.2 记事本数据的读写 …… 162
5.6.3 电子表格数据的读写 …… 164
5.6.4 声音文件的读写 …… 166
5.6.5 视频文件的读写 …… 167
本章小结 …… 168

第二部分　基于 GUI 的常见设计技术

第 6 章　句柄图形对象 …… 171
6.1 图形对象及其句柄 …… 171
6.1.1 属性的设置与查询 …… 172

目录

6.1.2 对象的默认属性值 …… 175
6.1.3 对象的属性查找 …… 177
6.1.4 图形对象的复制 …… 178
6.1.5 图形对象的删除 …… 178
6.2 图形对象属性 …… 178
6.2.1 根对象 …… 181
6.2.2 图形窗口对象 …… 185
6.2.3 坐标轴对象 …… 198
6.2.4 曲线对象 …… 210
6.2.5 文字对象 …… 214
6.2.6 曲面对象 …… 219
6.2.7 块对象 …… 228
6.2.8 图像对象 …… 231
6.2.9 方对象 …… 233
6.2.10 光对象 …… 234
本章小结 …… 235

第7章 GUI 控件及 uimenu 菜单 …… 236
7.1 GUIDE 界面 …… 236
7.2 控件及属性 …… 239
7.2.1 按钮 …… 240
7.2.2 滑块 …… 242
7.2.3 单选按钮 …… 246
7.2.4 复选框 …… 247
7.2.5 静态文本 …… 248
7.2.6 可编辑文本框 …… 249
7.2.7 弹出式菜单 …… 250
7.2.8 列表框 …… 251
7.2.9 切换按钮 …… 252
7.2.10 面板 …… 254
7.2.11 按钮组 …… 255
7.2.12 轴 …… 257
7.3 控件对象示例 …… 259
7.4 基于 MATLAB 的日历设计 …… 264
7.5 uimenu 菜单及设计 …… 269

目录

7.5.1 建立用户菜单 …… 269
7.5.2 菜单对象常用属性 …… 270
7.5.3 上下文菜单的建立 …… 277
本章小结 …… 282

第8章 MATLAB GUI 基础设计 …… 283
8.1 GUI 设计原则和步骤 …… 283
8.2 GUI 的设计工具 …… 284
8.2.1 布局编辑器 …… 285
8.2.2 对象浏览器 …… 285
8.2.3 属性查看器 …… 286
8.2.4 对齐对象 …… 286
8.2.5 Tab 顺序编辑器 …… 287
8.2.6 菜单编辑器 …… 287
8.2.7 M 文件编辑器 …… 290
8.3 对话框设计 …… 290
8.3.1 Windows 公共对话框 …… 292
8.3.2 MATLAB 专用对话框 …… 295
8.4 回调函数 …… 304
8.5 GUI 界面设计实例 …… 305
8.5.1 GUI 界面程序设计实例 …… 305
8.5.2 GUI 实现图像处理实例 …… 316
8.6 GUI 的数据传递方式 …… 328
8.6.1 全局变量 …… 329
8.6.2 运用 GUI 本身的 varargin{} 和 varargout{} 传递参数 …… 329
8.6.3 UserData 数据与 handles 数据 …… 330
8.6.4 Application 数据 …… 332
8.6.5 跨空间计算 evalin 和赋值 assignin …… 333
8.6.6 将数据保存到文件,需要时读取 …… 334
本章小结 …… 341

第三部分 高级 GUI 设计技术及应用

第9章 MATLAB 与 Excel 文件的数据交换 …… 345
9.1 Excel 文件数据导入 MATLAB 工作空间 …… 345

9.2 调用 xlsfinfo 函数获取文件信息 …… 346
9.3 调用 xlsread 函数读取数据 …… 347
9.4 调用 xlswrite 函数把数据写入 Excel 文件 …… 348
9.5 基于 GUI 的学生成绩管理系统设计 …… 352
9.5.1 系统的设计与完成 …… 352
9.5.2 导入成绩 …… 352
9.5.3 统计数据 …… 355
9.5.4 绘制该课程成绩曲线图 …… 355
9.5.5 系统应用演示 …… 355
本章小结 …… 359

第 10 章 基于 GUI 的离散控制系统设计 …… 360
10.1 控制系统工具箱介绍 …… 360
10.2 控制系统理论基础 …… 361
10.3 离散控制系统设计与完成 …… 362
10.3.1 绘制 Bode 图界面 …… 362
10.3.2 绘制 Nyquist 曲线 …… 365
10.3.3 绘制 Nichols 曲线 …… 367
10.3.4 绘制根轨迹 …… 369
10.3.5 离散系统稳定性判断 …… 372
10.3.6 阶跃响应 …… 375
10.3.7 脉冲响应 …… 377
本章小结 …… 379

第 11 章 GUI 实现滤波器设计 …… 380
11.1 IIR 数字滤波器 …… 380
11.1.1 IIR 滤波器设计思想 …… 381
11.1.2 IIR 滤波器设计编程实现 …… 381
11.2 FIR 数字滤波器 …… 382
11.2.1 FIR 滤波器设计思想 …… 383
11.2.2 FIR 滤波器设计编程实现 …… 384
11.3 基于 GUI 的数字滤波器设计与实现 …… 385
11.3.1 “滤波器设计”界面设计 …… 385
11.3.2 “滤波器设计”回调函数 …… 386
11.3.3 AutoChoose.m 程序的编写 …… 390

目录

11.3.4　运行和结果显示 …… 393
本章小结 …… 399

第 12 章　智能算法的 GUI 设计 …… 400
12.1　神经网络结构及 BP 神经网络 …… 400
12.1.1　神经元与网络结构 …… 400
12.1.2　生物神经元 …… 401
12.1.3　人工神经元 …… 401
12.1.4　BP 神经网络及其原理 …… 402
12.1.5　基于 MATLAB 的 BP 神经网络工具箱函数 …… 402
12.1.6　BP 神经网络在函数逼近中的应用 …… 404
12.1.7　GUI 实现 BP 神经网络的设计 …… 406
12.2　遗传算法 GUI 设计 …… 415
12.3　蚁群算法 GUI 设计 …… 421
本章小结 …… 428

第 13 章　GUI 设计在图像处理方面的应用 …… 429
13.1　基于 GUI 的图像压缩处理技术 …… 429
13.2　GUI 在图像处理中的应用 …… 435
13.2.1　图像几何运算的 GUI 设计 …… 435
13.2.2　图像增强的 GUI 设计 …… 440
13.2.3　图像分割的 GUI 设计 …… 444
13.2.4　图像边缘检测的 GUI 设计 …… 450
13.3　GUI 菜单选项设计实现图像的处理 …… 455
13.3.1　文件操作菜单项 …… 457
13.3.2　图像编辑菜单项 …… 458
13.3.3　图像分析菜单项 …… 461
13.3.4　图像调整菜单项 …… 466
13.3.5　图像平滑菜单项 …… 471
13.3.6　图像锐化菜单项 …… 477
13.3.7　图像高级处理菜单项 …… 482
13.3.8　小波变换菜单项 …… 486
本章小结 …… 490

参考文献 …… 491

第一部分
MATLAB基础

第 1 章　MATLAB 概述

第 2 章　GUI 设计预备知识

第 3 章　二维绘图

第 4 章　三维图形绘制

第 5 章　图像处理的基础知识

第1章 MATLAB概述

MATLAB是由MathWorks公司于1984年推出的一套数值计算软件。自推出之后，该公司不断接收和吸取各学科领域权威人士为之编写的函数和程序，并将它们转换为MATLAB的工具箱，使MATLAB得到不断的发展和扩充，可以实现数值分析、优化、统计、偏微分方程数值解、自动控制、信号处理、图像处理等若干个领域的计算和图形显示功能。它将不同数学分支的算法以函数的形式分类成库，使用时直接调用这些函数并赋予实际参数就可以解决问题，快速而且准确。

学习目标：

(1) 了解MATLAB的主要特点与系统结构；

(2) 熟悉MATLAB工作环境；

(3) 熟悉MATLAB各个工具箱；

(4) 理解MATLAB查找帮助命令；

(5) 掌握MATLAB的程序控制结构。

1.1 MATLAB软件介绍

MATLAB主要由MATLAB主程序、Simulink动态系统仿真和MATLAB工具箱三大部分组成。其中：

(1) MATLAB主程序包括MATLAB语言、工作环境、句柄图形、数学函数库和应用程序接口五个部分；

(2) Simulink是用于动态系统仿真的交互式系统，允许用户在屏幕上绘制框图来模拟一个系统，并能动态地控制该系统，目前的Simulink可以处理线性、非线性、连续、离散、多变量及多系统；

(3) 工具箱实际就是用MATLAB的基本语句编写的各种子程序集和函数库，用于解决某一方面的特定问题或实现某一类的新算法，它是开放性的，可以应用，也可以根据自己的需要进行扩展。

MATLAB工具箱大体可分为功能性的工具箱和学科性的工具箱两类。

(1) 功能性的工具箱主要用于扩展MATLAB的符号计算功能、

图形建模功能、文字处理功能和与硬件的实时交互过程，例如符号计算工具箱等；

(2) 学科性的工具箱则有较强的专业性，用于解决特定的问题，例如信号处理工具箱和通信工具箱。

1.1.1 MATLAB 语言

MATLAB 编程语言是一种面向科学与工程计算的高级语言，允许按照数学习惯的方式编写程序。由于它符合人们思维方式的编写模式，使得该语言比 Basic、Fortran、C、Pascal 等高级语言更容易学习和应用。

MATLAB 语言以矢量和矩阵为基本的数据单元，包含流程控制语句(顺序、选择、循环、条件转移和暂停等)、大量的运算符、丰富的函数，多种数据结构输入输出以及面向对象编程。这些既可以满足简单问题的求解，也适合于开发复杂的大型程序。

MATLAB 不仅仅是一套打包好的函数库，同时也是一种高级的面向对象的编程语言。使用 MATLAB 能够卓有成效地开发自己的程序，MATLAB 自身的许多函数包括所有的工具箱函数都是用 M 文件实现的。

1.1.2 MATLAB 绘图功能

MATLAB 句柄图形控制系统是 MATLAB 数据可视化的核心部分。它既包含对二维和三维数据的可视化、图形处理、动画制作等高层次的绘图命令，也包含可以修改图形局部及编制完整图形界面的低层次绘图命令。

这些功能可使用户创建富有表现力的彩色图形，可视化工具包括曲面渲染、线框图、伪彩图、光源、三维等位线图、图像显示、动画、体积可视化等。同时 MATLAB 还提供了句柄图形机制，使用该机制可对图形进行灵活的控制。使用 GUIDE 工具可以方便地使用句柄图形创建自己的 GUI 界面。

1.1.3 MATLAB 数学函数库

MATLAB 拥有 500 多种数学、统计及工程函数，可使用户立刻实现所需的强大的数学计算功能。这些函数是由各领域的专家学者开发的数值计算程序，使用了安全、成熟、可靠的算法，从而保证了最大的运算速度和可靠的结果。

MATLAB 内置的强大数学函数库既包含了最基本的数学运算函数，例如求和、正弦、余弦等函数，也包含了丰富的复杂函数，例如矩阵特征值、矩阵求逆、傅里叶变换等函数。

1.1.4 MATLAB 应用程序接口

MATLAB 应用程序接口是通过 MATLAB 的 API 库完成的，MATLAB 通过对 API 库函数的调用可以实现与其他应用程序交换数据。同样，用户也可在其他语言中通过该接口函数库调用 MATLAB 的程序。

MATLAB应用程序接口中的内容包括实时动态连接外部C或Fortran应用函数，独立C或Fortran程序中调用MATLAB函数输入输出各种MATLAB及其他标准格式的数据文件，创建图文并茂的技术文档，包括MATLAB图形、命令，并可通过Word输出。

1.2 MATLAB工作环境

下面主要介绍一下MATLAB中的命令行窗口、帮助窗口、帮助系统窗口、M文件编辑窗口、图形窗口、当前文件夹及搜索路径。

1.2.1 命令行窗口

MATLAB各种操作命令都是由命令行窗口开始，用户可以在命令行窗口中输入MATLAB命令，实现其相应的功能。启动MATLAB，单击MATLAB图标，进入到用户界面，此命令行窗口主要包括文本的编辑区域和菜单栏。在命令行窗口中，用户可以输入变量、函数及表达式等，回车之后系统即可执行相应的操作。例如：

```
Y = 1:10
sum(Y)
Y =
     1   2   3   4   5   6   7   8   9   10
ans =
     55
```

以上的代码是求出1～10这10个数字的和。

MATLAB程序分为两步骤来执行：

(1) 定义矩阵**Y**，并给其赋值；

(2) 调用内置函数sum，求矩阵元素之和。

此外，只要在命令行窗口输入文字的前面加上%符号，就可以作为代码的诠释。

【例1-1】 如下面的例子已知资料的误差值，利用errorbar函数来表示：

程序命令如下：

```
format short
x = linspace(0,3 * pi,30);
y = cos(x);
e = std(y) * ones(size(x))          %标准差
errorbar(x,y,e)
```

运行结果如下：

```
e =
  Columns 1 through 13
    0.7311  0.7311  0.7311  0.7311  0.7311  0.7311  0.7311  0.7311  0.7311  0.7311
  0.7311  0.7311  0.7311
```

```
Columns 14 through 26
   0.7311   0.7311   0.7311   0.7311   0.7311   0.7311   0.7311   0.7311   0.7311   0.7311
0.7311   0.7311   0.7311
Columns 27 through 30
   0.7311   0.7311   0.7311   0.7311
```

运行结果如图 1-1 所示。

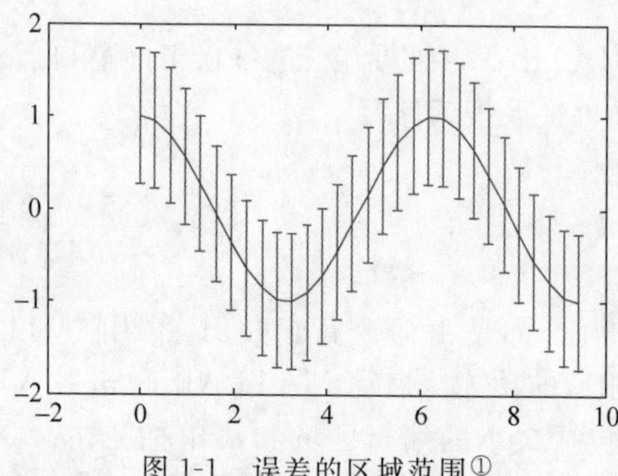

图 1-1 误差的区域范围①

在 MATLAB 中，命令行窗口常用的命令及功能如表 1-1 所示。

表 1-1 命令行窗口常用的命令功能

命 令	功 能
clc	擦去一页命令行窗口，光标回到屏幕左上角
clear	从工作空间清除所有变量
clf	清除图形窗口内容
who	列出当前工作空间中的变量
whos	列出当前工作空间中的变量及信息或用工具栏上的 Workspace 浏览器
delete	从磁盘删除指定文件
which	查找指定文件的路径
clear all	从工作空间清除所有变量和函数
help	查询所列命令的帮助信息
save name	保存工作空间变量到文件 name. mat
save name x y	保存工作空间变量 x、y 到文件 name. mat
load name	加载 name 文件中的所有变量到工作空间
load name x y	加载 name 文件中的变量 x、y 到工作空间
diary name1. m	保存工作空间一段文本到文件 name1. m
diary off	关闭日志功能
type name. m	在工作空间查看 name. m 文件内容
what	列出当前目录下的 M 文件和 mat 文件
↑或者 Ctrl+p	调用上一行的命令
↓或者 Ctrl+n	调用下一行的命令
←或者 Ctrl+b	退后一格

① 由于 MATLAB 本身软件画图问题，图中的“-”均为负号。

续表

命　令	功　能
→或者 Ctrl+f	前移一格
Ctrl + ←或者 Ctrl+r	向右移一个单词
Ctrl + →或者 Ctrl+l	向左移一个单词
Home 或者 Ctrl+a	光标移到行首
End 或者 Ctrl+e	光标移到行尾
Esc 或者 Ctrl+u	清除一行
Del 或者 Ctrl+d	清除光标后字符
Backspace	清除光标前字符
Ctrl+k	清除光标至行尾字
Ctrl+c	中断程序运行

1.2.2 帮助系统窗口

有效地使用帮助系统所提供的信息，是用户掌握好 MATLAB 应用最佳途径。熟练的程序开发人员总会充分地利用软件所提供的帮助信息，而 MATLAB 的一个突出优点就是其拥有较为完善的帮助系统。MATLAB 的帮助系统可以分为联机帮助系统和命令窗口查询帮助系统，如图 1-2 所示。

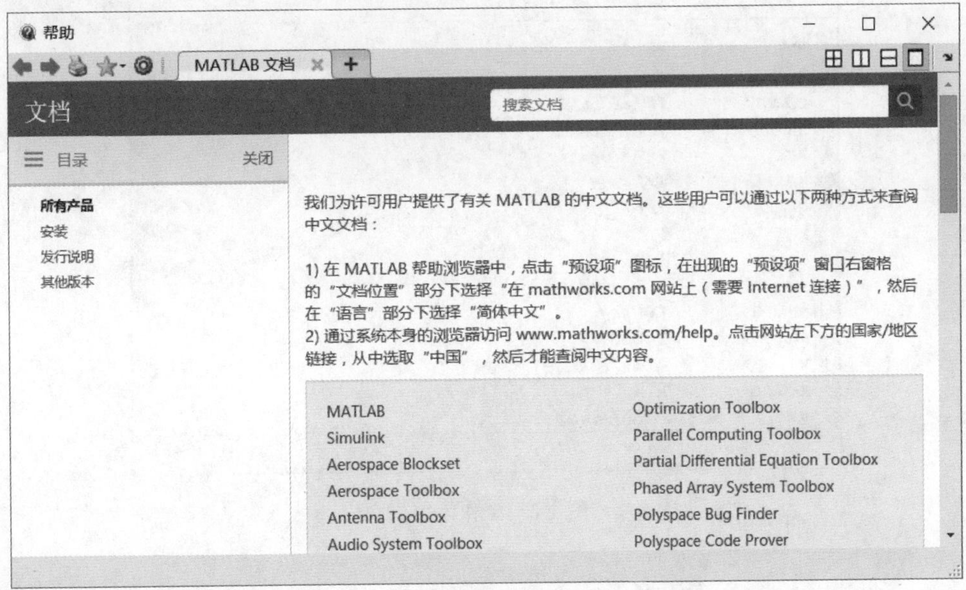

图 1-2　帮助系统窗口

常用的帮助信息有 help、demo、doc、who、whos、what、which、lookfor、helpbrowser、helpdesk、exit、web 等。例如：在窗口中输入 help fft 就可以获得函数 fft 的信息。

```
>> help fft
fft - Fast Fourier transform
    This MATLAB function returns the discrete Fourier transform (DFT) of vector x,
    computed with a fast Fourier transform (FFT) algorithm.

    Y = fft(x)
    Y = fft(X,n)
    Y = fft(X,[],dim)
    Y = fft(X,n,dim)
    fft 的参考页
    另请参阅 fft2, fftn, fftshift, fftw, filter, ifft
    名为 fft 的其他函数
        comm/fft, ident/fft 1.1.7 工作空间窗口
```

1.2.3 工作空间窗口

工作空间窗口(工作区)就是用来显示当前计算机内存中 MATLAB 变量的名称、数据结构、该变量的字节数及其类型,在 MATLAB 中不同的变量类型对应不同的变量名图标,可以对变量进行观察、编辑、保存和删除等操作。若要查看变量的具体内容,可以双击该变量名称,打开如图 1-3 所示的变量编辑。

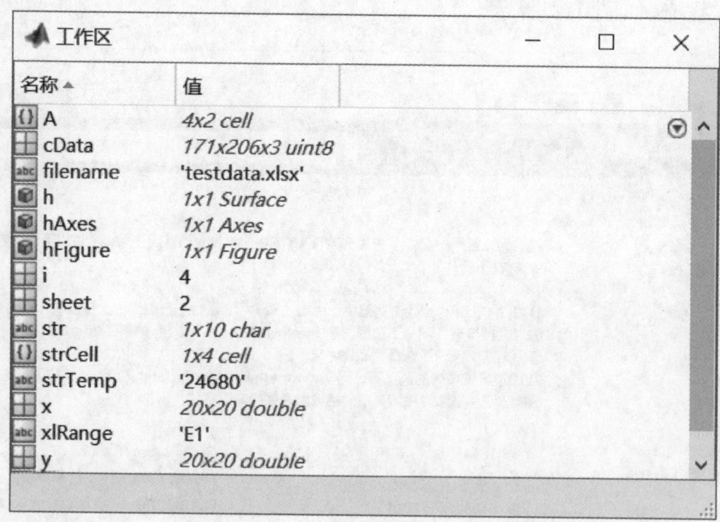

图 1-3　工作区窗口

1.2.4 M 文件编辑窗口

在 MATLAB 窗口输入数据和命令进行计算处理复杂问题和大量数据时是不方便的。因此应编辑 M 文件。在 MATLAB 命令行下输入:

```
edit
```

则弹出如图 1-4 所示的 M 文件编辑器窗口。

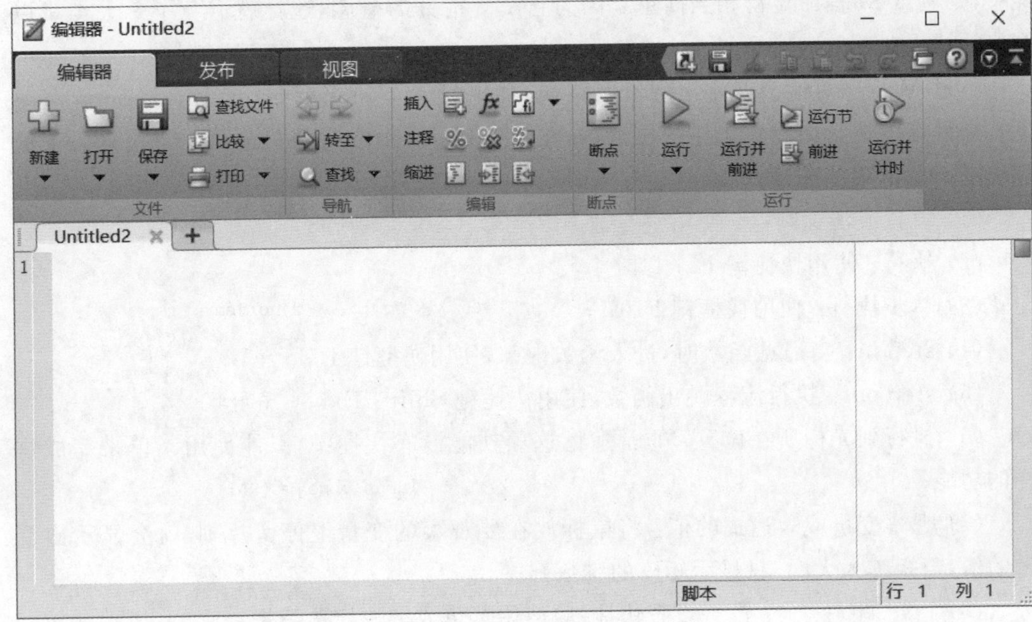

图 1-4 编辑器

1. 编辑功能

(1) 选择：与通常鼠标选择方法类似，但这样做其实并不方便。如果习惯了，使用 Shift+箭头键是一种更为方便的方法，熟练后根本就不需要再看键盘。

(2) 复制粘贴：没有比 Ctrl+C、Ctrl+V 键更方便的了，相信使用过 Windows 的人一定知道。

(3) 寻找替代：寻找字符串时用 Ctrl+F 键显然比用鼠标单击菜单方便。

(4) 查看函数：阅读大的程序常需要看看都有哪些函数并跳到感兴趣的函数位置，M 文件编辑器没有为用户提供像 VC 或者 VB 那样全方位的程序浏览器，却提供了一个简单的函数查找快捷按钮，单击该按钮，会列出该 M 文件所有的函数。

(5) 注释：如果用户已经有了很长时间的编程经验而仍然使用 Shift+5 快捷键来输入"%"号，一定体会过其中的痛苦(忘了切换输入法状态时，就会变成中文字符集的百分号)。Ctrl+R 快捷键注释%，Ctrl+T 快捷键删除注释。

(6) 缩进：良好的缩进格式为用户提供了清晰的程序结构。编程时应该使用不同的缩进量，以使程序显得错落有致。增加缩进量用 Ctrl+]键，减少缩进量用 Ctrl+[键。当一大段程序比较乱的时候，使用快捷键 Ctrl+I 也是一种很好的选择。

2. 调试功能

M 程序调试器的热键设置和 VC 的设置有些类似,如果用户有其他语言的编程调试经验,则调试 M 程序显得相当简单。因为它没有指针的概念,这样就避免了一大类难以查找的错误。

不过 M 程序可能会经常出现索引错误,如果设置了 stop if error(Breakpoints 菜单下),则程序的执行会停在出错的位置,并在 MATLAB 命令行窗口显示出错信息。下面列出了一些常用的调试方法。

(1) 设置或清除断点:使用快捷键 F12;

(2) 执行:使用快捷键 F5;

(3) 单步执行:使用快捷键 F10;

(4) step in:当遇见函数时,进入函数内部,使用快捷键 F11;

(5) step out:执行流程跳出函数,使用快捷键 Shift+F11;

(6) 执行到光标所在位置:非常遗憾这项功能没有快捷键,只能使用菜单来完成这样的功能;

(7) 观察变量或表达式的值:将鼠标放在要观察的变量上停留片刻,就会显示出变量的值,当矩阵太大时,只显示矩阵的维数;

(8) 退出调试模式:没有设置快捷键,使用菜单或者快捷按钮来完成。

通常 MATLAB 以指令驱动模式工作,即在 MATLAB 窗口下当用户输入单行指令时,MATLAB 立即处理这条指令,并显示结果,这就是 MATLAB 命令行方式。

命令行操作时,MATLAB 窗口只允许一次执行一行上的一个或几个语句。

【例 1-2】 直接在窗口输入命令。

程序命令如下:

```
x1 = 0:10,x2 = 0:3:11,x3 = 11.5: - 3:0
```

运行结果如下:

```
x1 =
     0  1  2  3  4  5  6  7  8  9  10
x2 =
     0  3  6  9
x3 =
   11.5000  8.5000  5.5000  8.5000
```

1.2.5 图形窗口

图形窗口用来显示 MATLAB 所绘制的图形,这些图形既可以是二维图形,也可以是三维图形。用户可以通过选择新建/图形按键进入图形窗口,如图 1-5 所示。

也可以通过运行程序自动弹出图形窗口，如下例所示。

```
x = - pi:0.1:pi;
y = cos(x);
plot(x,y)
```

运行结果如图 1-5 所示：

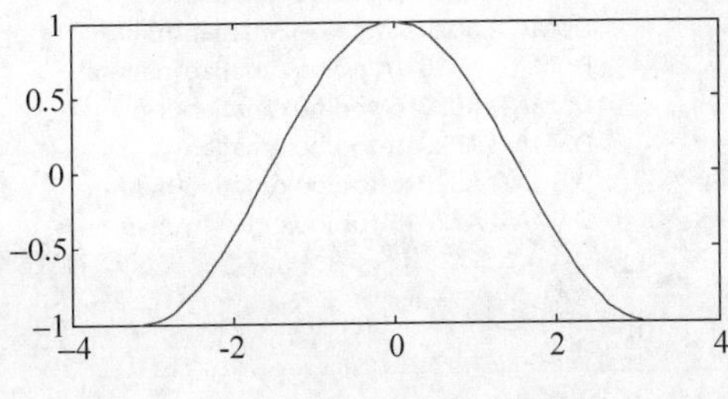

图 1-5　运行程序自动弹出图形窗口

1.2.6　当前文件夹

当前路径窗口显示当前用户所在的路径，可以在其中对 MATLAB 路径下的文件进行搜索、浏览、打开等操作，如图 1-6 所示。

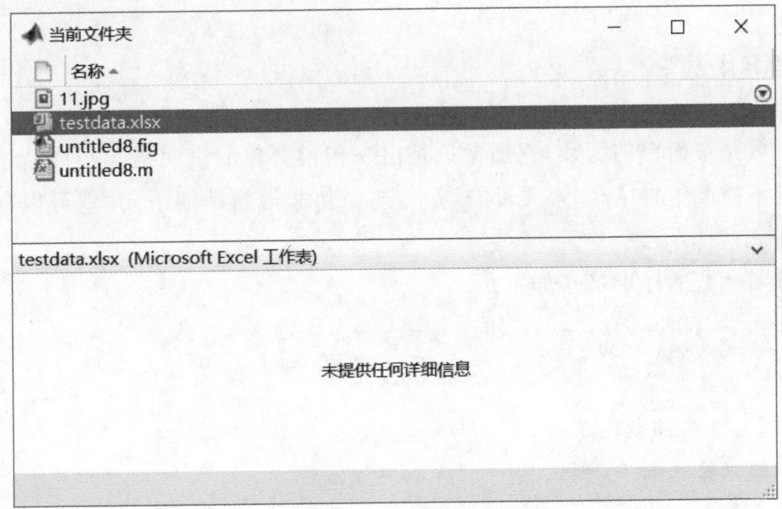

图 1-6　当前文件夹

1.2.7　搜索路径

用户可以通过选择菜单栏中的“设置路径”，或者在命令窗口输入 pathtool 或 editpath 指令来查看 MATLAB 的搜索目录，如图 1-7 所示。

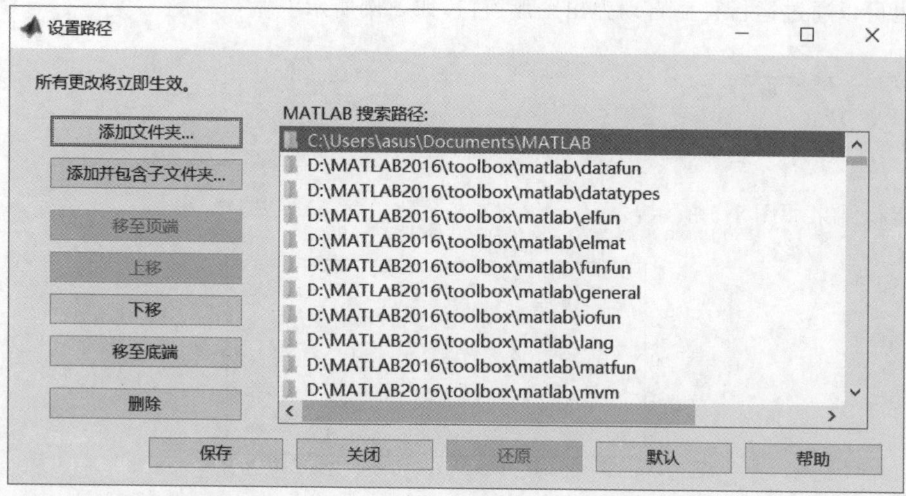

图 1-7　设置路径

1.3　MATLAB 中的函数类型

MATLAB 中的函数可以划分为匿名函数、M 文件主函数、嵌套函数、子函数、私有函数和重载函数，下面分别进行讲述。

1.3.1　匿名函数

匿名函数是很简单的函数，它通常只是由一句很简单的声明语句组成。使用匿名函数的优点是不需要维护一个 M 文件，只是需要一句非常简单的语句，就可以在命令窗口或者 M 文件中调用函数。

创建匿名函数的标准格式如下：

```
F = @(input1,input2...)expr
```

【例 1-3】　匿名函数的示例。

在命令窗口输入如下命令：

```
myfhd1 = @(x)(x-2*x.^2)
myfhd1(4)
myfhd2 = @(x,y)(sin(x) - cos(y))
myfhd2(pi/2,pi/6)
myfhd3 = @()(3+2)
myfhd3()
myfhd3
myffhd = @(a)(quad(@(x)(a.*x.^2+1./a.*x+1./a^2),0,1))          %匿名函数嵌套使用
myffhd(0.3)
```

运行结果如下：

```
myfhd1 =
    @(x)(x-2*x.^2)
ans =
   -28
myfhd2 =
    @(x,y)(sin(x)-cos(y))
ans =
    0.1340
myfhd3 =
    @()(3+2)
ans =
     5
myfhd3 =
    @()(3+2)
myffhd =
    @(a)(quad(@(x)(a.*x.^2+1./a.*x+1./a^2),0,1))
ans =
   12.8778
```

1.3.2 M 文件主函数

每一个 M 文件第一行定义的函数就是 M 文件主函数，一个 M 文件只能包含一个主函数。M 文件主函数的说法是针对其内部的子函数和嵌套函数而言的，一个 M 文件中除了主函数外，还可以编写多个嵌套函数或子函数。

1.3.3 子函数

在 MATLAB 中，一个 M 文件中除了一个主函数外，该文件中的其他函数称为子函数，保存时所用的函数名应该与主函数定义名相同，外部函数只能对主函数进行调用。

所有的子函数都有自己独立的声明、帮助和注释等结构，只需要在位置上注意处于主函数之后即可，而各个子函数则没有前后顺序，可以任意放置。

M 文件内部发生函数调用时，MATLAB 首先检查该文件中是否存在相应名称的子函数，然后检查这一 M 文件所在目录的子目录下是否存在同名的私有函数，然后按照 MATLAB 路径，检查是否存在同名的 M 文件或内部函数。

1.3.4 嵌套函数

在一个函数内部，可以定义一个或多个函数，这种定义在其他函数内部的函数就称为嵌套函数。一个函数内部可以嵌套多个函数，嵌套函数内部又可以继续嵌套其他函数。

嵌套函数的书写语法格式如下：

```
function x =  A(b1 b2)
⋮
  function y = B(c1 c2)
  ⋮
  End
⋮
end
```

1.3.5 私有函数

私有函数是具有限制性访问权限的函数，是位于私有目录 private 目录下的函数文件，这些私有函数的构造与普通 M 函数完全相同，只不过私有函数的调用只能被 private 直接父目录下的 M 文件所调用，任何指令通过"名称"对函数进行调用时，私有函数的优先级仅次于 MATLAB 的内置函数和子函数。

通过 help、lookfor 等帮助命令都不能显示一个私有函数的任何信息，必须声明其私有的特点。

1.3.6 重载函数

重载是计算机编程中非常重要的概念，它经常是用在处理功能类似，但是参数类型或个数不同的函数编写中。例如实现两个相同的计算功能，输入变量数量相同，不同的是其中一个输入变量的类型为双精度浮点类型，另一个输入类型为整型，这时候用户就可以编写两个同名函数，一个用来处理双精度浮点类型的输入函数，另一个用来处理整型的输入参数。

MATLAB 的内置函数中有许多重载函数，放置在不同的文件路径下，文件夹名称以@开头，然后跟一个代表 MATLAB 数据类型的字符。

1.4 查询帮助命令

MATLAB 用户，可以通过在命令行窗口中直接输入命令来获得相关的帮助信息，这种获取方式比联机帮助更为快捷。在命令行窗口中获取帮助信息的主要命令为 help 和 lookfor 以及模糊寻找，下面将分别介绍这些命令。

1.4.1 help 命令

直接输入 help 命令，会显示当前的帮助系统中所包含的所有项目。需要注意的是用户在输入该命令后，命令行窗口只显示当前搜索路径中的所有目录名称：

```
>> help
帮助主题:

toolbox\local                   - General preferences and configuration information.
matlab\codetools                - Commands for creating and debugging code
matlab\datafun                  - Data analysis and Fourier transforms.
matlab\datamanager              - (没有目录文件)
matlab\datatypes                - Data types and structures.
matlab\elfun                    - Elementary math functions.
matlab\elmat                    - Elementary matrices and matrix manipulation.
matlab\funfun                   - Function functions and ODE solvers.
matlab\general                  - General purpose commands.
matlab\guide                    - Graphical user interface design environment
matlab\helptools                - Help commands.
matlab\iofun                    - File input and output.
matlab\lang                     - Programming language constructs.
matlab\matfun                   - Matrix functions - numerical linear algebra.
matlab\ops                      - Operators and special characters.
matlab\polyfun                  - Interpolation and polynomials.
matlab\randfun                  - Random matrices and random streams.
matlab\sparfun                  - Sparse matrices.
matlab\specfun                  - Specialized math functions.
matlab\strfun                   - Character strings.
…                               …
vnt\vntguis                     - (No table of contents file)
vnt\vntdemos                    - (No table of contents file)
vntblks\vntblks                 - (No table of contents file)
vntblks\vntmasks                - (No table of contents file)
wavelet\wavelet                 - Wavelet Toolbox
wavelet\wmultisig1d             - (No table of contents file)
wavelet\wavedemo                - (No table of contents file)
wavelet\compression             - (No table of contents file)
xpc\xpc                         - xPC Target
xpcblocks\thirdpartydrivers     - (No table of contents file)
build\xpcblocks                 - xPC Target -- Blocks
build\xpcobsolete               - (No table of contents file)
xpc\xpcdemos                    - xPC Target -- examples and sample script files.
```

如果用户知道某个函数名称，并想了解该函数的具体用法，只需在命令行窗口中输入：

```
help + 函数名
```

例如在命令行窗口输入如下命令：

```
>> help sin
sin - Sine of argument in radians
    This MATLAB function returns the sine of the elements of X.
    Y = sin(X)
```

```
sin 的参考页
另请参阅 asin, asind, sind, sinh
名为 sin 的其他函数
    fixedpoint/sin, symbolic/sin 1.2.2 lookfor 函数的使用
```

1.4.2 lookfor 命令

如果用户不知道一些函数的确切名称，此时 help 函数就无能为力了，但可以使用 lookfor 函数方便地解决这个问题。在使用 lookfor 函数时，用户只需知道某个函数的部分关键字，在命令行窗口中输入：

```
lookfor + 关键字
```

就可以很方便地实现查找。例如在命令行窗口输入如下命令：

```
>> lookfor sin
BioIndexedFile      - class allows random read access to text files using an index file.
loopswitch          - Create switch for opening and closing feedback loops.
mbcinline           - replacement version of inline using anonymous functions
cgslblock           - Constructor for calibration Generation Simulink block parsing manager
xregaxesinput       - Constructor for the axes input object for a ListCtrl
ExhaustiveSearcher  - Neighbor search object using exhaustive search.
KDTreeSearcher      - Neighbor search object using a kd - tree.
…                   …
sample_supported    - <name>_supported fills in a single instance or an array
dxpcUDP1            - Target to Host Transmission using UDP
dxpcUDP2            - Target to Target Transmission using UDP
j1939exampleDemo    - J1939 - Using Transport Protocol
scscopedemo         - Signal Tracing Using Scope Triggering
scsignaldemo        - Signal Tracing Using Signal Triggering
scsoftwaredemo      - Signal Tracing Using Software Triggering
```

1.4.3 模糊寻找

MATLAB 还提供一种模糊寻找的命令查询方法，只需在命令界面输入命令的前几个字母，然后按 Tab 键，系统将列出所有以其开头的命令。例如在命令行窗口输入 si，然后按 Tab 键，运行结果如图 1-8 所示。

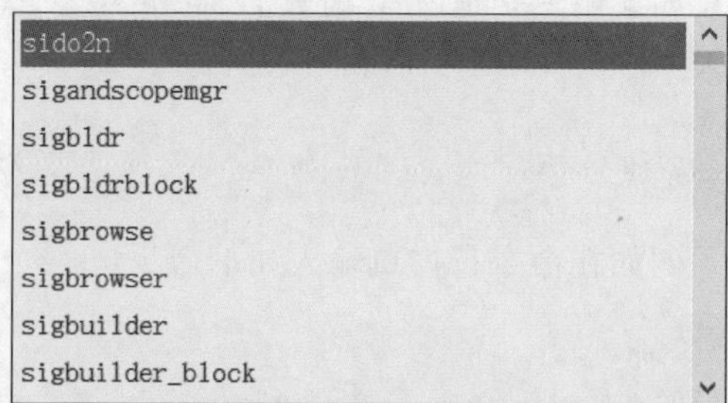

图 1-8　模糊寻找结果

1.5 MATLAB 程序流程控制结构

计算机语言程序控制模式主要有三大类：顺序结构、选择结构和循环结构。这一点 MATLAB 与其他编程语言完全一致。

1.5.1 顺序结构

顺序结构是指所有组成程序源代码的语句按照由上至下的次序依次执行，直到程序的最后一个语句。这种结构优点是容易编制；缺点是结构单一，能够实现的功能有限。

在 MATLAB 语言的函数中，变量主要有输入变量、输出变量及函数内所使用的变量。

1. 数据输入

从键盘输入数据，则可以使用 input 函数来进行，该函数的调用格式如下：

```
A = input(提示信息,选项);
```

其中提示信息为一个字符串，用于提示用户输入什么样的数据。

如果在 input 函数调用时采用's'选项，则允许用户输入一个字符串。例如，想输入一个人的姓名，可采用以下命令：

```
xm = input('hello world','s');
```

2. 数据输出

MATLAB 提供的命令窗口输出函数主要有 disp 函数，其调用格式如下：

```
disp(输出项)
```

其中输出项既可以为字符串，也可以为矩阵。

【例 1-4】 数据输出示例。

程序命令如下：

```
A = 'MATLAB';
disp(A)
```

运行结果如下：

```
MATLAB
```

【例 1-5】 输入 x 和 y 的值，并将它们的值互换后输出。

程序命令如下：

```
x = input('Input x.');
y = input('Input y.');
```

```
z = x;
x = y;
y = z;
disp(x);
disp(y);
```

运行结果如下：

```
Input x.1
Input y.2
     2
     1
```

【例 1-6】 对任一自然数 m，按如下法则进行运算：若 m 为偶数，则将 m 除 2；若 m 为奇数，则将 m 乘 3 加 1。将运算结果按上面法则继续运算，重复若干次后计算结果最终是1。

程序命令如下：

```
n = input('input n = ');                %输入数据
while n~ = 1
      r = rem(n,2);                     %求 n/2 的余数
      if r == 0
         n = n/2                        %第一种操作
      else
         n = 2 * n + 1                  %第二种操作
      end
end
```

运行结果如下：

```
input n = 5
n =
    32
n =
    16
n =
     8
n =
     4
n =
     2
n =
     1
```

3. 程序的暂停

暂停程序的执行可以使用 pause 函数，其调用格式如下：

```
pause(延迟秒数)
```

如果省略延迟时间，直接使用 pause，则将暂停程序，直到用户按任意一个按键后程序继续执行。若要强行中止程序的运行可使用 Ctrl+C 命令。

1.5.2 选择结构

在 MATLAB 中，选择结构依照不同的判断条件进行判断，然后根据判断的结果选择某一种方法来解决某一个问题。

使用选择结构语句时，要用条件表达式来描述条件，MATLAB 语言中的条件判断语句主要是 if-else-end 语句，格式有 3 种：

(1) 单分支 if 语句：

```
if  条件
        语句组
    end
```

当条件成立时，则执行语句组，执行完之后继续执行 if 语句的后续语句，若条件不成立，则直接执行 if 语句的后续语句。

(2) 双分支 if 语句：

```
if  条件
        语句组 1
    else
         语句组 2
    end
```

当条件成立时，执行语句组 1；否则执行语句组 2。语句组 1 或语句组 2 执行后，再执行 if 语句的后续语句。

在程序设计中，也经常碰到需要进行多重逻辑选择的问题，这时可以采用 if-else-end 语句的嵌套形式：

```
if<逻辑判断语句 1>
        逻辑值 1 为"真"时的执行语句
elseif<逻辑判断语句 2>
        逻辑值 2"真"时的执行语句
elseif<逻辑判断语句 3>
⋮
else
当以上所有的逻辑值均为"假"时的执行语句
end
```

(3) 多分支 if 语句：

```
if 条件 1
        语句组 1
    elseif 条件 2
        语句组 2
        ⋮
```

```
    elseif 条件 m
        语句组 m
    else
        语句组 n
    end
```

语句用于实现多分支选择结构。

if-else-end 语句所对应的是多重判断选择,而有时也会遇到多分支判断选择的问题。MATLAB 语言为解决多分支判断选择提供了 switch-case 语句。

switch 语句根据表达式的取值不同,分别执行不同的语句,其语句格式为

```
switch 表达式
   case 表达式 1
      语句组 1
   case 表达式 2
      语句组 2
       ⋮
   case 表达式 m
      语句组 m
   otherwise
      语句组 n
end
```

与其他的程序设计语言的 switch-case 语句不同的是,在 MATLAB 语言中,当其中一个 case 语句后的条件为真时,switch-case 语句不对其后的 case 语句进行判断,也就是说在 MATLAB 语言中,即使有多条 case 判断语句为真,也只执行所遇到的第一条为真的语句。这样就不必像 C 语言那样,在每条 case 语句后加上 break 语句以防止继续执行后面为真的 case 条件语句。

【例 1-7】 计算分段函数的值。

程序命令如下:

```
x = input('请输入 x 的值:');
if x <= 0
   y =  (x + sqrt(pi))/exp(2)
else
   y = sin(x + sqrt(1 + x * x))/2
end
```

运行结果如下:

```
请输入 x 的值:1
y =
   0.3325
```

【例 1-8】 输入三角形的三条边,求面积。

程序命令如下:

```
A = input('请输入三角形的三条边: ');
    if A(1) + A(2)> A(3) & A(1) + A(3)> A(2) & A(2) + A(3)> A(1)
       p = (A(1) + A(2) + A(3))/2;
       s = sqrt(p * (p - A(1)) * (p - A(2)) * (p - A(3)));
       disp(s);
    else
       disp('不能构成一个三角形.')
    end
```

运行结果如下：

```
请输入三角形的三条边: [6 8 10]
     24
请输入三角形的三条边: [1 1 2]
不能构成一个三角形。
```

【例 1-9】 输入一个字符，若为大写字母，则输出其后续字符；若为小写字母，则输出其前导字符；若为其他字符则原样输出。

程序命令如下：

```
E = input('','s');
    If E>= 'A' & E<= 'Z'
       disp(setstr(abs(E) + 1));
    elseif E>= 'a'& E<= 'z'
       disp(setstr(abs(E) - 1));
    else
       disp(c);
    end
```

运行结果如下：

```
A
B
b
a
a
'
 *
 *
```

【例 1-10】 switch 语句示例。

程序命令如下：

```
a = input('a = ?');
switch a
    case 1
        disp('a = 1');
    case {2,3,4}
```

```
            disp('a = 2or3or4');
        case 5
            disp('a = 5');
        otherwise
            disp('other value');
    end;
```

运行结果如下：

```
a = ?3
a = 2or3or4

a = ?6
other value
```

1.5.3 循环结构

在 MATLAB 中，循环结构就是程序中某一条或多条语句重复多次的运行。

在 MATLAB 中，包含两种循环结构：循环次数不确定的 while 循环；循环次数确定的 for 循环。这两种不完全相同，各有特色。

for 循环语句是流程控制语句中的基础，使用该循环语句可以以指定的次数重复执行循环体内的语句。

(1) for 语句

for 语句的格式为

```
for 循环变量 = 表达式 1:表达式 2:表达式 3
        循环体语句
    end
```

其中表达式 1 的值为循环变量的初值，表达式 2 的值为步长，表达式 3 的值为循环变量的终值。步长为 1 时，表达式 2 可以省略。

(2) while 循环结构

while 语句可以实现“当”型的循环结构，格式为

```
while(表达式)
MATLAB 语句
end
```

其中循环判断语句为某种形式的逻辑判断表达式，当该表达式的值为真时，就执行循环体内的语句；当表达式的逻辑值为假时，就退出当前的循环体。

在 while 循环语句中，在语句内必须有可以修改循环控制变量的命令，否则该循环语言将陷入死循环中，除非循环语句中有控制退出循环的命令，例如 break 语句和 continue 命令。当程序流程运行至该命令时，则不论循环控制变量是否满足循环判断语句均将退出当前循环，执行循环后的其他语句。

【例 1-11】 水仙花数是指一个 n 位数($n \geqslant 3$)，它的每个位上的数字的 n 次幂之和等于它本身。输出全部水仙花数。

程序命令如下：

```
for m = 100:999
m1 = fix(m/100);                    % 求 m 的百位数字
m2 = rem(fix(m/10),10);             % 求 m 的十位数字
m3 = rem(m,10);                     % 求 m 的个位数字
if m == m1 * m1 * m1 + m2 * m2 * m2 + m3 * m3 * m3
disp(m)
end
end
```

运行结果如下：

```
153
370
371
407
```

【例 1-12】 输入若干个数，当输入 0 时结束输入，求这些数的平均值和它们之和。

程序命令如下：

```
sum = 0;
n = 0;
val = input('请输入数字 (输入 0 结束):');
while (val~ = 0)
     sum = sum + val;
     n = n + 1;
     val = input('请输入数字 (输入 0 结束):');
end
if (n > 0)
    sum
    mean = sum/n
end
```

运行结果如下：

```
请输入数字 (输入 0 结束):1
请输入数字 (输入 0 结束):2
请输入数字 (输入 0 结束):3
请输入数字 (输入 0 结束):4
请输入数字 (输入 0 结束):5
请输入数字 (输入 0 结束):0
sum =
    15
mean =
     3
```

1.5.4 程序流程控制语句及其他常用命令

1. break 命令

在 MATLAB 中，break 命令通常用于 for 或 while 循环语句中，与 if 语句一起使用，中止本次循环，跳出最内层循环。

【例 1-13】 break 命令示例。

程序命令如下：

```
a = 4;b = 6;
for i = 1:4
   b = b + 1;
   if i > 2
      break     % 当 if 条件满足时不再执行循环
   end
   a = a + 2
end
```

运行结果如下：

```
a =
    6
a =
    8
```

2. continue 命令

通常用于 for 或 while 循环语句中，与 if 语句一起使用，达到跳过本次循环，去执行下一轮循环的目的。

【例 1-14】 continue 命令示例。

程序命令如下：

```
a = 4;b = 6;
for i = 1:4
   b = b + 1;
   if i < 2
      continue          % 当 if 条件满足时不再执行后面语句
   end
   a = a + 2            % 当 i<2 时不执行该语句
end
```

运行结果如下：

```
a =
     6
```

```
a =
     8
a =
    10
```

3. try 指令

try 语句是 MATLAB 特有的语句，它先试探性地执行语句 1，如果出错，则将错误信息存入系统保留变量 lasterr 中，然后再执行语句 2；如果不出错，则转向执行 end 后面的语句。此语句可以提高程序的容错能力，增加编程的灵活性。该指令的一般结构为

```
try
语句 1
catch
语句 2
end
```

【例 1-15】 已知某图像文件，但不知其存储格式为.bmp 还是.jpg，试编程正确读取该图像文件。

程序命令如下：

```
try
    picture = imread('lean.bmp','bmp');
    filename = 'lean.bmp';
catch
    picture = imread('lean.tif','tif');
    filename = 'lean. tif ';
end
filename
```

运行结果如下：

```
filename
filename =
lean.bmp
```

【例 1-16】 先求两矩阵的乘积，若出错，则自动转去求两矩阵的点乘。

程序命令如下：

```
A = magic(2); B = [7,18;12,11];
try
   C = A * B;
catch
   C = A. * B;
end
C
lasterr             %显示出错原因
```

运行结果如下：

```
C =
    43 51
    52 94
ans =
未定义函数或变量 'b'。
```

本章小结

本章先介绍 MATLAB 软件及其特点，接着讲述 MATLAB 工作环境、函数类型、查找和帮助命令等，最后介绍了程序流程控制语句。希望读者仔细阅读，可以对 MATLAB 图像处理有一个轮廓性的了解，为后面核心技术与工程应用的学习做好铺垫。

第2章 GUI设计预备知识

在 MATLAB 平台上，数组的定义是广泛的，数组可以是任意的数据类型，其中矩阵是特殊的数组。MATLAB 即“矩阵实验室”，它是以矩阵为基本运算单元。MATLAB 中含有两种复杂的数据类型：元胞数组和结构。这两种类型都可以存储多组不同类型的数据，在程序设计中应用广泛。本章将讲解这两种数据类型的创建、基本操作、操作函数等内容。

学习目标：

(1) 理解数组运算的基本原理、实现步骤；

(2) 理解矩阵运算的基本原理、实现步骤；

(3) 掌握 MATLAB 基本的数据类型；

(4) 了解字符串、元胞数组和结构的基本操作。

2.1 数组与矩阵

数值数组(简称为数组)是 MATLAB 中最重要的一种内建数据类型，是 MATLAB 软件定义的运算规则，其具有数据管理方便、操作简单、指令形式自然和执行计算有效性强等优点。

2.1.1 数组的创建与操作

行数组：n 个元素排成一行又称为行向量；

列数组：m 个元素排成一列又称为列向量。

用方括号[ ]创建一维数组就是将整个数组放在方括号里，行数组元素用空格或逗号分隔，列数组元素用分号分隔，标点符号一定要在英文状态下输入。

【例 2-1】 创建数组示例。

程序命令如下：

```
clear all
A = []
B = [9 3 4 3 2 1]
```

```
C=[9,5,4,3,2,1]
D=[9;3;4;3;2;1]
E=B'      %转置
```

运行结果如下：

```
A =
     []
B =
     9   3   4   3   2   1
C =
     9   5   4   3   2   1
D =
     9
     3
     4
     3
     2
     1
E =
     9
     3
     4
     3
     2
     1
```

【例 2-2】 访问数组示例。

程序命令如下：

```
clear all
B=[2 4 3 3 5 2]
b1=B(2) %访问数组第 2 个元素;
b2=B(2:3) %访问数组第 2、3 个元素;
b3=B(3:end) %访问数组第 3 个到最后一个元素;
b4=B(end:-2:2) %数组元素反序输出
b5=B([2 6]) %访问数组第 2/6 元素
```

运行结果如下：

```
B =
     2   4   3   3   5   2
b1 =
     4
b2 =
     4   3
b3 =
     3   3   5   2
```

```
b4 =
     2  3  4
b5 =
     4  2
```

【例 2-3】 对一子数组赋值。

程序命令如下：

```
clear all
A=[1 2 4 3 4 1]
A1(3) = 0
A2([2 4])=[2 2]
```

运行结果如下：

```
A =
     1   2   4   3   4   1
A1 =
     0   0   0
A2 =
     0   2   0   2
```

1. 用冒号创建一维数组

在 MATLAB 中，通过冒号创建一维数组的方法如下：

```
x = a:b
x = a:inc:b
```

其中，a 是数组 x 中的第一个元素，b 不一定是数组 x 的最后一个元素。默认 inc = 1。

【例 2-4】 用冒号创建一维数组示例。

程序命令如下：

```
clear all
A=3:6
B=3.2:2.5:4
C=3.2:-2.5:-4
```

运行结果如下：

```
A =
     3   4   5   6
B =
    3.2000
C =
    3.2000   0.7000   -1.8000
```

2. 用 logspace()函数创建一维数组

x = logspace(a,b)：创建行向量 $\boldsymbol{x}$，第一个元素为 10^a，最后一个元素为 10^b，形成总数为 50 个元素的等比数列。

x = logspace(a,b,n)：创建行向量 $\boldsymbol{x}$，第一个元素为 10^a，组后一个元素为 10^b，形成总数为 n 个元素的等比数列。

【例 2-5】 logspace()函数创建一维数组示例。

程序命令如下：

```
clear all
clc
format short;
A = logspace(1,5,3)
B = logspace(1,5,1)
```

运行结果如下：

```
A =
          10     1000     100000
B =
      100000
```

3. 用 linspace()函数创建一维数组

x =linspace(a,b)：创建行向量 $\boldsymbol{x}$，第一个元素为 a，组后一个元素为 b，形成总数为 100 个元素的等比数列。

x =linspace(a,b,n)；创建行向量 $\boldsymbol{x}$，第一个元素为 a，组后一个元素为 b，形成总数为 n 个元素的等比数列。

【例 2-6】 用 linspace()函数创建一维数组示例。

程序命令如下：

```
clear all
format short;
A = linspace(1,3)
B = linspace(1,3,3)
```

运行结果如下：

```
A =
  Columns 1 through 13
    1.0000   1.0202   1.0404   1.0606   1.0808   1.1010   1.1212   1.1414   1.1616   1.1818
  1.2020   1.2222   1.2424
  Columns 14 through 26
```

```
   1.2626  1.2828  1.3030  1.3232  1.3434  1.3636  1.3838  1.4040  1.4242  1.4444
 1.4646  1.4848  1.5051
 Columns 27 through 39
   1.5253  1.5455  1.5657  1.5859  1.6061  1.6263  1.6465  1.6667  1.6869  1.7071
 1.7273  1.7475  1.7677
 Columns 40 through 52
   1.7879  1.8081  1.8283  1.8485  1.8687  1.8889  1.9091  1.9293  1.9495  1.9697
 1.9899  2.0101  2.0303
 Columns 53 through 65
   2.0505  2.0707  2.0909  2.1111  2.1313  2.1515  2.1717  2.1919  2.2121  2.2323
 2.2525  2.2727  2.2929
 Columns 66 through 78
   2.3131  2.3333  2.3535  2.3737  2.3939  2.4141  2.4343  2.4545  2.4747  2.4949
 2.5152  2.5354  2.5556
 Columns 79 through 91
   2.5758  2.5960  2.6162  2.6364  2.6566  2.6768  2.6970  2.7172  2.7374  2.7576
 2.7778  2.7980  2.8182
 Columns 92 through 100
   2.8384  2.8586  2.8788  2.8990  2.9192  2.9394  2.9596  2.9798  3.0000

B =
     1   2   3
```

2.1.2 常见的数组运算

1. 数组的算数运算

两个一维数组之间可以进行运算的条件如下：
(1) 两个数组都为行数组(或都为列数组)；
(2) 数组元素个数相同。
如表 2-1 所示，给出了数组常用的运算格式。

表 2-1 数组常用的运算格式

格式	说明
$x+y$	数组加法
$x-y$	数组减法
$x*y$	数组乘法
x/y	数组右除
$x\backslash y$	数组左除
$x\hat{}y$	数组求幂

【例 2-7】 数组加减法示例。
程序命令如下：

```
clear all
```

```
A=[2 5 6 8 7 6]
B=[9 75 5 7 4 0]
C=[2 2 5 2 2]
D=A+B          %加法
E=A-B          %减法
F=A*2
```

运行结果如下：

```
A =
     2     5     6     8     7     6
B =
     9    75     5     7     4     0
C =
     2     2     5     2     2
D =
    11    80    11    15    11     6
E =
    -7   -70     1     1     3     6
F =
     4    10    12    16    14    12
```

【例 2-8】 数组乘法示例。

程序命令如下：

```
clear all
A=[2 3 9 10 7 6]
B=[7 8 6 2 19 0]
C=A*B     %数组的点乘
D=A*3     %数组与常数的乘法
```

运行结果如下：

```
A =
     2     3     9    10     7     6
B =
     7     8     6     2    19     0
C =
    14    24    54    20   133     0
D =
     6     9    27    30    21    18
```

【例 2-9】 数组除法示例。

程序命令如下：

```
clear all
A=[1 5 10 8 7 6]
B=[7 7 15 2 9 0]
```

```
C = A/B        % 数组和数组的左除
D = A\B        % 数组和数组的右除
E = A/4        % 数组与常数的除法
F = A/4
```

运行结果如下：

```
A =
     1     5    10     8     7     6
B =
     7     7    15     2     9     0
C =
    0.1429    0.7143    0.6667    4.0000    0.7778       Inf
D =
    7.0000    1.4000    1.5000    0.2500    1.2857         0
E =
    0.2500    1.2500    2.5000    2.0000    1.7500    1.5000
F =
    0.2500    1.2500    2.5000    2.0000    1.7500    1.5000
```

【例 2-10】 数组乘方示例。

程序命令如下：

```
clear all
A = [10 5 9 8 7 6]
B = [2 1 6 2 9 0]
C = A^B                % 数组的乘方
D = A^2                % 数组的某个具体数值的乘方
E = 2^A                % 常数的数组的乘方
```

运行结果如下：

```
A =
    10     5     9     8     7     6
B =
     2     1     6     2     9     0
C =
        100          5     531441         64   40353607          1
D =
   100    25    81    64    49    36
E =
       1024         32        512        256        128         64
```

通过函数 dot 可以实现数组的点积运算，该函数调用方法如下：

```
C = dot(A,B);
C = dot(A,B,DIM);
```

【例 2-11】 数组点积运算示例。

程序命令如下：

```
clear all
A=[10 5 9 8 7 6]
B=[1 1 6 2 9 0]
C=dot(A,B) %数组的点积
D=sum(A*B) %数组元素的乘积之和
```

运行结果如下：

```
A =
    10   5   9   8   7   6
B =
     1   1   6   2   9   0
C =
   148
D =
   148
```

2. 数组的关系运算

MATLAB 中两个数组之间的关系通常有 6 种描述：小于(<)、大于(>)、等于(==)、小于等于(<=)、大于等于(>=)和不等于(～=)。MATLAB 在比较两个元素大小时，如果表达式为真，则返回结果 1，否则返回 0。

【例 2-12】 数组的关系运算示例。

程序命令如下：

```
clear all
A=[1 15 9 8 7 6]
B=[1 2 6 2 9 0]
C=A<7          %数组与常数比较,小于
D=A>=7         %数组与常数比较,大于等于
E=A<B          %数组与数组比较
F=A==B         %恒等于
```

运行结果如下：

```
A =
     1  15   9   8   7   6
B =
     1   2   6   2   9   0
C =
     1   0   0   0   0   1
D =
     0   1   1   1   1   0
```

```
E =
     0   0  0  0  1  0
F =
     1   0  0  0  0  0
```

2.1.3 矩阵的表示

MATLAB 的强大功能之一体现在能直接处理向量或矩阵。当然处理之前首先要输入待处理的向量或矩阵。

对于矩阵的创建有如下 4 种方法：

(1) 直接输入法；

(2) 载入外部数据文件；

(3) 利用 MATLAB 内置函数创建矩阵；

(4) 利用 M 文件创建和保存矩阵。

下面将分别进行介绍。

1. 直接输入法

最简单的建立矩阵的方法是从键盘直接输入矩阵的元素。将矩阵的元素用方括号括起来，按矩阵行的顺序输入各元素，同一行的各元素之间用空格或逗号分隔，不同行的元素之间用分号分隔。如果只输入一行则形成一个数组(又称作向量)。矩阵或数组中的元素可以是任何 MATLAB 表达式，既可以是实数，也可以是复数。在此方法下创建矩阵需要注意以下规则：

(1) 矩阵元素必须在[ ]内；

(2) 矩阵的同行元素之间用空格(或,)隔开；

(3) 矩阵的行与行之间用“;”(或回车符)隔开。

【例 2-13】 用直接输入的方法来创建矩阵。

程序命令如下：

```
C=[1  31  3;43 5 6;3 8 91]
D=[3  5  6;
    23  56  78;
    39  37  1]
```

运行结果如下：

```
C =
     1   31    3
    43    5    6
     3    8   91
D =
     3    5    6
    23   56   78
    39   37    1
```

2. 载入外部数据文件

在 MATLAB 中,Load 函数用于载入生成的包含矩阵的二进制文件,或者读取包含数值数据的文本文件。文本文件中的数字应排列成矩形,每行只能包含矩阵的一行元素,元素与元素之间用空格分隔,各行元素的个数必须相等。

例如,用 Windows 自带的记事本或用 MATLAB 的文本调试编辑器创建一个包含下列数字的文本文件:

```
1 2 3 4 5 6 7 8 9 0
```

把该文件命名为 data. txt,并保存在 MATLAB 的目录下。如需读取该文件,可在命令行窗口中输入:

```
load data.txt
```

系统将读取该文件并创建一个变量 data,包含上面的矩阵。在 MATLAB 工作空间中可以查看这个变量。

【例 2-14】 读取数据文件 trees。

程序命令如下:

```
clear all;
load tire                    %读取二进制数据文件
image(X)                     %以图像的形式显示数组 X
colormap(map)                %设置颜色查找表为 map
```

运行结果如图 2-1 所示。

图 2-1 读取数据文件 trees

读取数据文件 trees,在工作空间会产生数组 ***X***,可以查看或编辑该数组。

3. 利用 MATLAB 内置函数创建矩阵

在 MATLAB 中,系统内置特殊函数可以用于创建矩阵,通过这些函数,可以很方便地得到想要的特殊矩阵。系统内置创建矩阵函数如表 2-2 所示。

表 2-2　系统内置创建矩阵特殊函数

函　数　名	功能介绍
ones()	产生全为 1 的矩阵
zeros()	产生全为 0 的矩阵
eye()	产生单位矩阵
rand()	产生在(0,1)区间均匀分布的随机矩阵
randn()	产生均值为 0,方差为 1 的标准正态分布随机矩阵
compan	伴随矩阵
gallery	Higham 检验矩阵
hadamard	Hadamard 矩阵
hankel	Hankel 矩阵
hilb	Hilbert 矩阵
invhilb	逆 Hilbert 矩阵
magic	魔方矩阵
pascal	Pascal 矩阵
rosser	经典对称特征值
toeplitz	Toeplitz 矩阵
vander	Vander 矩阵
wilknsion	wiknsion 特征值检验矩阵

【例 2-15】 利用几种系统内置特殊函数来创建矩阵。

程序命令如下：

```
A1 = zeros(5,4)          % 产生 5×4 全为 0 的矩阵
A2 = ones (5,4)          % 产生 5×4 全为 1 的矩阵
A3 = eye (5,4)           % 产生 5×4 的单位矩阵
A4 = rand (5,4)          % 产生 5×4 的在(0,1)区间均匀分布的随机矩阵
A5 = randn(5,4)          % 产生 5×4 的均值为 0,方差为 1 的标准正态分布随机矩阵
A6 = hilb(3)             % 产生 3 维的 Hilbert 矩阵
A7 = magic(3)            % 产生 3 阶的魔方矩阵
```

运行结果如下：

```
A1 =
     0  0  0  0
     0  0  0  0
     0  0  0  0
     0  0  0  0
     0  0  0  0
A 2 =
     1  1  1  1
     1  1  1  1
     1  1  1  1
     1  1  1  1
     1  1  1  1
```

```
A3 =
     1  0  0  0
     0  1  0  0
     0  0  1  0
     0  0  0  1
     0  0  0  0
A4 =
    0.9572      0.9157      0.8491      0.3922
    0.4854      0.7922      0.9340      0.6555
    0.8003      0.9595      0.6787      0.1712
    0.1419      0.6557      0.7577      0.7060
    0.4218      0.0357      0.7431      0.0318
A5 =
   -1.0689     -0.7549      0.3192      0.6277
   -0.8095      1.3703      0.3129      1.0933
   -2.9443     -1.7115     -0.8649      1.1093
    1.4384     -0.1022     -0.0301     -0.8637
    0.3252     -0.2414     -0.1649      0.0774
A6 =
    1.0000      0.5000      0.3333
    0.5000      0.3333      0.2500
    0.3333      0.2500      0.2000
A7 =
     8  1  6
     3  5  7
     4  9  2
```

4. 利用 M 文件创建和保存矩阵

此方法需要用 MATLAB 自带的文本编辑调试器或其他文本编辑器来创建一个文件，代码和在 MATLAB 命令行窗口中输入的命令一样即可，然后以.m 格式保存该文件。

【例 2-16】 把输入的内容以纯文本方式存盘(设文件名为 matrix.m)。

程序命令如下：

```
A = [33 23 56;43 5 80;7 76 92]
在 MATLAB 命令行窗口中输入 matrix,
>> matrix
A =
    33   23   56
    43    5   80
     7   76   92
```

即运行该 M 文件，就会自动建立一个名为 matrix 的矩阵，可供以后使用。

2.1.4 寻访矩阵

在 MATLAB 中，寻访矩阵方法主要有下标寻访、单元素寻访和多元素寻访，下面分别进行介绍。

1. 下标寻访

MATLAB中的矩阵下标表示法与数学表示法相同，使用“双下标”，分别表示行与列，矩阵中的元素都有对应的“第几行，第几列”。

除了双下标表示法，MATLAB还提供了一种线性下标表示法，又称“单下标”法，使用线性下标时，系统默认矩阵的所有元素按照列从上到下，行从左到右排成一列，只需要使用一个下标索引就可以定位矩阵中的任何一个元素。

在MATLAB还提供了用户下标计算函数，sub2ind用于双下标计算单下标，ind2sub用于单下标计算双下标，以方便不同下标之间的转换。

【例2-17】 利用双下标提取矩阵元素。

程序命令如下：

```
format short
r = randn(3)
r11 =  r(1,1)                    % r11
r22 =  r(2,2)                    % r22
r33 =  r(3,3)                    % r33
```

运行结果如下：

```
r =
     0.5377    0.8622   - 0.4336
     1.8339    0.3188     0.3426
   - 2.2588  - 1.3077     3.5784
r11 =
    0.5377
r22 =
    0.3188
r33 =
    3.5784
```

【例2-18】 创建一个矩阵，用单、双下标进行相应元素的访问，并将双下标转换为单下标。

程序命令如下：

```
clear all;
A = [2 5 1 20;3 6 7 22;1 8 9 21;5 1 24 25]
A1 = A(4,3)                      % 使用双下标访问 A 矩阵的第 4 行第 3 列的元素
A2 = sub2ind(size(A), 4,3)       % 双下标转换为单下标
A3 =  A(12)
```

运行结果如下：

```
A =
     2  5   1  20
```

```
     3  6   7  22
     1  8   9  21
     5  1  24  25
A1 =
    24
A2 =
    12
A3 =
    24
```

2. 单元素寻访

MATLAB中,单元素寻访必须指定两个参数,即其所在行数和列数,才能访问一个矩阵中的单个元素。例如,访问矩阵 ***M*** 中的任何一个单元素的调用格式为

```
M = (row,column)
```

row 和 column 分别代表行数和列数。

【例 2-19】 对矩阵 ***M*** 进行单元素寻访。

程序命令如下:

```
M = randn(3)
x= M (1,2)
y= M (2,3)
z= M (3,3)
```

运行结果如下:

```
M =
     2.7694    0.7254   - 0.2050
   - 1.3499  - 0.0631   - 0.1241
     3.0349    0.7147     1.4897
x =
   0.7254
y =
  - 0.1241
z =
   1.4897
```

3. 多元素寻访

矩阵多元素的寻访,包括寻访该矩阵的某一行或某一列的若干元素,访问整行、整列元素,访问若干行或若干列的元素以及访问矩阵所有元素等。例如:

(1) A(e1:e2:e3)表示取数组或矩阵 **A** 的第 $e1$ 元素到 $e3$ 的所有元素,步长是 $e2$;

(2) A([m n l])表示取数组或矩阵 **A** 中的第 m、n、l 个元素;

(3) A(:,j)表示取 **A** 矩阵的第 j 列全部元素;

(4) A(i,:)表示 **A** 矩阵第 i 行的全部元素；

(5) A(i:i+m,:)表示取 **A** 矩阵第 $i\sim i+m$ 行的全部元素；

(6) A(:,k:k+m)表示取 **A** 矩阵第 $k\sim k+m$ 列的全部元素；

(7) A(i:i+m,k:k+m)表示取 **A** 矩阵第 $i\sim i+m$ 行内，并在第 $k\sim k+m$ 列中的所有元素；

(8) 还可利用一般向量和 end 运算符来表示矩阵下标，从而获得子矩阵。end 表示某一维的末尾元素下标。

【例 2-20】 对创建的矩阵进行多元素访问。

程序命令如下：

```
A = randn(3)
A1 = A(1,:)         %访问第一行所有元素
A2 = A(1:3,:)       %访问 1～3 行所有元素
A3 = A(:,2)         %访问第 2 列所有元素
A4 = A(:)           %访问所有元素
```

运行结果如下：

```
A =
    1.4090   -1.2075   0.4889
    1.4172    0.7172   1.0347
    0.6715    1.6302   0.7269
A1 =
    1.4090   -1.2075   0.4889
A2 =
    1.4090   -1.2075   0.4889
    1.4172    0.7172   1.0347
    0.6715    1.6302   0.7269
A3 =
   -1.2075
    0.7172
    1.6302
A4 =
    1.4090
    1.4172
    0.6715
   -1.2075
    0.7172
    1.6302
    0.4889
    1.0347
    0.7269
```

2.1.5 矩阵的拼接

两个或者两个以上的单个矩阵，按一定的方向进行连接，生成新的矩阵就是矩阵的拼接。矩阵的拼接是一种创建矩阵的特殊方法，区别在于基础元素是原始矩阵，目标是

新的合并矩阵。矩阵的拼接分为按照水平方向拼接和按照垂直方向拼接两种。例如，对矩阵 ***A*** 和 ***B*** 进行拼接，拼接表达式分别如下：

水平方向拼接：C = [A B]或 C = [A,B]
垂直方向拼接：C = [A;B]。

【例 2-21】 把3阶魔术矩阵和3阶单位矩阵在水平方向上拼接成为一个新矩阵，垂直方向上拼接成为一个新矩阵。

程序命令如下：

```
clear all;
c = magic (3)              %3 阶魔术矩阵
d = magic (3)              % 3 阶魔术矩阵
E = [c,d]                  % 水平方向上拼接
F = [c;d]                  % 垂直方向上拼接
```

运行结果如下：

```
c =
     8   1   6
     3   5   7
     4   9   2
d =
     8   1   6
     3   5   7
     4   9   2
E =
     8   1   6   8   1   6
     3   5   7   3   5   7
     4   9   2   4   9   2
F =
     8   1   6
     3   5   7
     4   9   2
     8   1   6
     3   5   7
     4   9   2
```

矩阵拼接时，必须满足原始矩阵维数对应，如果不满足条件，则拼接将会出错。

【例 2-22】 非对应矩阵的拼接示例。

程序命令如下：

```
clear all;
a = [2 1 1;3 5 7]          % 生成 2×3 阶矩阵
b = [2 5;1 7;8 2]          % 生成 3×2 阶矩阵
c = [a b]                  % 矩阵的水平方向拼接
d = [a;b]                  % 矩阵的垂直方向拼接
```

运行的结果如下：

```
错误：表达式或语句不完整或不正确.
```

在 MATLAB 中，除了使用矩阵拼接符[]，还可以使用矩阵拼接函数拼接矩阵，如下：

(1) cat 函数用于按指定的方向拼接矩阵。其调用格式为

C = cat(dim, A, B)：按照 dim 指定的方向连接矩阵 **A** 与 **B**，构造出矩阵 **C**。

其中，dim 用于指定连接方向。

C = cat(dim, A1, A2, A3, A4, ...)：**A**1、**A**2、**A**3、**A**4，...表示被连接的多个矩阵。

(2) repmat 函数用于通过输入矩阵的备份拼接出一个大矩阵。其调用格式为

B = repmat(A,m,n)或 B = repmat(A,[m n])：rempat 函数建立一个大矩阵 **B**，**B** 是由矩阵 **A** 的备份拼接而成的，纵向摆 m 个备份，横向摆 n 个备份，**B** 中总共包含 $m\times n$ 个 **A**。**A** 为被用来进行复制的矩阵；m 为纵向上复制 **A** 的次数；n 为横向上复制 **A** 的次数。

B = repmat(A,[m n p...])：repmat 函数生成一个多维($m\times n\times p\times\ldots$)数组 **B**，**B** 由矩阵 **A** 的 $m\times n\times p\times\ldots$个备份在多个方向拼接而成。

当 A 为标量时，生成一个 $m\times n$ 矩阵(矩阵由指定数据类型的 A 的值组成)。对于某些值，使用其他函数也可以获得同样的结果，例如：

qrempat(NaN,m,n)等价于 NaN(m,n)；

qrempat(single(inf),m,n)等价于 inf(m,n,'single')；

qrempat(int8(0),m,n)等价于 zeros(m,n,'int8')；

qrempat(uint32(1),m,n)等价于 ones(m,n,'uint32')；

qrempat(eps,m,n)等价于 eps(ones(m,n))。

(3) horzcat 函数用于对矩阵进行水平拼接。其调用格式为

C = horzcat(A1, A2, ...)：水平连接多个矩阵 **A**1、**A**2...参数列表中的所有矩阵都必须有相同的行数。

horzcat 函数连接 n 维数组是沿第二维(即行)的方向，因此被连接数组的第一维和其他维的大小必须匹配。

(4) vertcat 函数用于垂直连接矩阵。其调用格式为

C = vertcat(A1, A2, ...)：用于垂直连接多个矩阵 **A**1、**A**2...参数列表中的所有矩阵都必须有相同的列数。该函数连接 n 维数组是沿第一维(即列)的方向，因此被连接数组的其他维的大小必须匹配。当使用 C=[A1;A2;...]垂直连接矩阵时，实际上是调用 C=vertcat(A1,A2,...)函数。

(5) blkdiag 函数用于通过输入的矩阵构造一个块对角矩阵。其调用格式为

T = blkdiag(A,B,C,D,...)：blkdiag 函数用输入的矩阵 **A**、**B**、**C**、**D**...构造一个块对角矩阵 **T**。

【例 2-23】 利用 cat 函数拼接矩阵。

程序命令如下：

```
clear all;
A1 = [1 2;3 4]
A2 = [1 2;5 8]
C1 = cat(1,A1,A2)     %垂直拼接
C2 = cat(2,A1,A2)     %水平拼接
C3 = cat(3,A1,A2)     %三维数组
```

运行结果如下：

```
A1 =
     1  2
     3  4
A2 =
     1  2
     5  8
C1 =
     1  2
     3  4
     1  2
     5  8
C2 =
     1  2  1  2
     3  4  5  8
C3(:,:,1) =
     1  2
     3  4
C3(:,:,2) =
     1  2
     5  8
```

【例 2-24】 使用 rempat 函数拼接矩阵。

程序命令如下：

```
clear all;
B = repmat(magic(3),1,2)
```

运行结果如下：

```
B =
     8  1  6  8  1  6
     3  5  7  3  5  7
     4  9  2  4  9  2
```

【例 2-25】 建立 9 个 1 的矩阵。

程序命令如下：

```
N = repmat(1,[3,3])
```

运行结果如下：

```
N =
     1  1  1
     1  1  1
     1  1  1
```

【例 2-26】 利用 horzcat 函数建立一个 3×5 阶的矩阵 ***A*** 及一个 3×3 阶的矩阵 ***B***，然后进行水平连接。

程序命令如下：

```
clear all;
A = magic(5);                    %5 阶魔方矩阵
A(4:5,:) = []
B = magic(3) * 5
C = horzcat(A, B)                %水平连接矩阵
```

运行结果如下：

```
A =
    17  24   1   8  15
    23   5   7  14  16
     4   6  13  20  22
B =
    40   5  30
    15  25  35
    20  45  10
C =
    17  24   1   8  15  40   5  30
    23   5   7  14  16  15  25  35
     4   6  13  20  22  20  45  10
```

【例 2-27】 利用 vertcat 函数对创建的 ***A***、***B*** 矩阵进行垂直拼接。

程序命令如下：

```
clear all;
A = magic(4);
A(:, 3:4) = []                  %创建一个 4×3 的矩阵 A
B = magic(2) * 10               %创建一个 2×2 的矩阵
C = vertcat(A,B)                %矩阵的垂直拼接
```

运行结果如下：

```
A =
    16   2
     5  11
     9   7
     4  14
```

```
B =
     10   30
     40   20
C =
     16    2
      5   11
      9    7
      4   14
     10   30
     40   20
```

2.1.6 矩阵的运算

在 MATLAB 中,矩阵的运算包括+(加)、-(减)、*(乘)、/(右除)、\(左除)、^(乘方)等运算。

1. 矩阵的加减运算

两个矩阵相加或相减是指具有相同行和列的两矩阵的对应元素相加减。允许参与运算的两矩阵之一是标量(常量)。标量与矩阵的所有元素分别进行加减操作。

【例 2-28】 由 ***A***+***B*** 和 ***A***-***B*** 实现矩阵的加减运算。

程序命令如下:

```
A = magic(3)
B  = magic(3)
C = A + B
D = A - B
```

运行结果如下:

```
A =
     8   1   6
     3   5   7
     4   9   2
B =
     8   1   6
     3   5   7
     4   9   2
C =
    16   2 12
     6 10 14
     8 18   4
D =
     0   0   0
     0   0   0
     0   0   0
```

如果 **A** 与 **B** 的维数不相同，则 MATLAB 将给出错误信息，如下 MATLAB 将提示用户两个矩阵的维数不匹配。

```
A=[1 2 3;8 9 7;3 6 4]
B=[1 1 7;5 6 6;5 2 8;2 9 8]
C=A+B
D=A-B
```

2. 矩阵的乘除运算

假定有两个矩阵 **A** 和 **B**，若 **A** 为 $m\times n$ 矩阵，**B** 为 $n\times p$ 矩阵，则可以进行矩阵乘法的操作，即 **C**=**A** * **B** 为 $m\times p$ 矩阵。矩阵乘法需要被乘矩阵的列数与乘矩阵的行数相等。

矩阵除法运算：\和/，分别表示左除和右除。**A\B** 等效于 **A** 的逆左乘 **B** 矩阵，而 **B/A** 等效于 **A** 矩阵的逆右乘 **B** 矩阵。左除和右除表示两种不同的除数矩阵和被除数矩阵的关系。对于矩阵运算，一般 **A\B**≠**B/A**。

【例 2-29】 矩阵乘法示例。

程序命令如下：

```
A=magic(3)
B=[1 1 7 1;5 6 6 2;1 6 1 3]
C=A*B
```

运行结果如下：

```
A =
      8    1    6
      3    5    7
      4    9    2
B =
      1    1    7    1
      5    6    6    2
      1    6    1    3
C =
     19   50   68   28
     35   75   58   34
     51   70   84   28
```

当矩阵相乘不满足被乘矩阵的列数与乘矩阵的行数相等时，例如：

```
A=[5 1;8 7;1 4]
B=[1 1 7 1;1 6 6 2;1 6 8 3]
C=A*B
```

则 MATLAB 将给出错误信息，提示用户两个矩阵的维数不匹配。

【例 2-30】 矩阵除法示例。

程序命令如下：

```
clear
A = magic(3)
B = [2 ;1 ;3];
C = A\B
```

运行结果如下：

```
A =
     8   1   6
     3   5   7
     4   9   2
C =
     0.3417
     0.2167
    -0.1583
```

2.1.7 矩阵的乘方

若 **A** 为方阵，x 为标量，一个矩阵的乘方运算可以表示成 **A**^x。

【例 2-31】 矩阵的乘方运算示例。

程序命令如下：

```
A = [1 4 6;2 1 7;3 6 4];
B = A^2
C=  A^3
```

运行结果如下：

```
B =
      27    44    58
      25    51    47
      27    42    76
C =
     289   500   702
     268   433   695
     339   606   760
```

若 ***D*** 不是方阵，例如：

```
D=  A = [1 4 6;2 9 7]
B = D^2
```

则 MATLAB 将给出错误信息 Error：The expression to the left of the equals sign is not a valid target for an assignment。

2.1.8 矩阵的行列式

矩阵的行列式是一个数值。在 MATLAB 中,det 函数用于求方阵 **A** 所对应的行列式的值。

【例 2-32】 求矩阵的行列式示例。

程序命令如下:

```
A=[1 2 6;8 9 7;3 6 4]
det(A)
```

运行结果如下:

```
A =
     1   2   6
     8   9   7
     3   6   4
ans =
    98
```

2.2 MATLAB 基本数值类型

MATLAB 的基本数据类型变量或者对象主要用来描述基本的数值对象,MATLAB 的最基本数据类型是双精度类型和字符类型,不同数据类型的变量或对象占用的内存空间不同,也具有不同的操作函数。MATLAB 还存在其他一些特殊数据如下:

(1) 常量数据是指在使用 MATLAB 过程中由 MATLAB 提供的公共数据,数据可以通过数据类型转换的方法转换常量到不同的数据类型,还可以被赋予新的数值;

(2) 空数组或空矩阵:在创建数组或者矩阵时,可以使用空数组或空矩阵辅助创建数组或者矩阵。

MATLAB 基本数据类型如表 2-3 所示。

表 2-3 基本数据类型

数据类型	说 明	字节数
double	双精度数据类型	8
sparse	稀疏矩阵数据类型	N/A
single	单精度数据类型	4
uint8	无符号 8 位整数	1
uint16	无符号 16 位整数	2
uint32	无符号 32 位整数	4
uint64	无符号 64 位整数	8
int8	有符号 8 位整数	1
int16	有符号 16 位整数	2

续表

数据类型	说　明	字节数
int32	有符号 32 位整数	4
int64	有符号 64 位整数	8

在 MATLAB 中，class 函数可以用来获取变量或对象的类型、创建用户自定义的数据类型。

例如，在命令窗口输入：

```
A = [4 5 3];
class(A)
B = int16(A);
class(B)
whos
```

运行结果如下：

```
ans =
double
ans =
int16
  Name   Size     Bytes  Class   Attributes
  A      1x3         24  double
  B      1x3          6  int16
  C      3x3         72  double
  ans    1x5         10  char
```

MATLAB 和 C 语言在处理数据类型和变量时的区别如下：在 C 语言中，任何变量在使用之前必须声明，然后赋值，在声明变量时就指定了变量的数据类型；在 MATLAB 中，任何数据变量都不需要预先声明，MATLAB 将自动地将数据类型设置为双精度类型。

MATLAB 系统默认的运算都是针对双精度类型的数据或变量，稀疏矩阵的元素仅能使用双精度类型的变量，spares 类型的数据变量和整数类型数据、单精度数据类型变量之间的转换是非法的，在进行数据类型转换时，若输入参数的数据类型就是需要转换的数据类型，则 MATLAB 忽略转换，保持变量的原有特性。

【例 2-33】 MATLAB 处理数据类型和变量示例。

程序命令如下：

```
D = [1 2 3];
E = [1 1 5];
F = D + E;
whos
int16(D) + int16(E)
C = int16(D + E)
```

运行结果如下：

```
  Name  Size     Bytes  Class  Attributes
  A     1x3         24  double
  B     1x3          6  int16
  C     3x3         72  double
  D     1x3         24  double
  E     1x3         24  double
  F     1x3         24  double
  ans   1x5         10  char
ans =
      2   3   8
C =
      2   3   8
```

2.2.1 整数类型数据运算

在 MATLAB 中提供了整数类型数据的运算函数如表 2-4 所示。注意：参与整数运算的数据都必须大于 0。

表 2-4 整数类型数据的运算函数

函数	说明
bitand	数据位"与"运算
bitcmp	按照指定的数据位数求数据的补码
bitor	数据位"或"运算
bitmax	最大的浮点整数数值
bitxor	数据位"异或"运算
bitset	将指定的数据位设置为 1
bitget	获取指定的数据位数值
bitshift	数据位移操作

【例 2-34】 数据位"与"操作示例。

程序命令如下：

```
A = 15;B = 25;
C = bitand(A,B)
a = uint16(A);b = uint16(B);
c = bitand(a,b)
whos
```

运行结果如下：

```
C =
     9
c =
     9
```

```
  Name      Size          Bytes  Class     Attributes
  A         1x1               8  double
  B         1x1               8  double
  C         1x1               8  double
  D         1x3              24  double
  E         1x3              24  double
  F         1x3              24  double
  a         1x1               2  uint16
  ans       1x3               6  int16
  b         1x1               2  uint16
  c         1x1               2  uint16
```

【例 2-35】 数据位操作(bitset 函数)示例。

程序命令如下：

```
A = 16;
dec2bin(A)
B = bitset(A,6)
dec2bin(B)
C = bitset(A,7,0)
dec2bin(C)
```

运行结果如下：

```
ans =
10000
B =
    48
ans =
110000
C =
    16
ans =
10000
```

【例 2-36】 数据位操作(bitget 函数)示例。

程序命令如下：

```
A = 14;
dec2bin(A)
bitget(A,6)
bitget(A,3)
```

运行结果如下：

```
ans =
1110
```

```
ans =
     0
ans =
     1
```

2.2.2 变量与常量

在 MATLAB 中,变量名可以有 19 个字符。字母 A～Z、a～z、数字和下画线"_"可以作为变量名,但第一个字符必须是一个字母。预定义函数名也可以像一个变量名那样使用,但函数只有在变量由命令 clear 删除后才能使用,所以,不主张这样使用。

MATLAB 是区分大小写字母的,如矩阵 ***a*** 和 ***A*** 是不一样的。MATLAB 命令通常是用小写字母书写。例如,命令 abs(A)给出了 ***A*** 的绝对值,但 ABS(A)会导致在屏幕上显示如下错误信息：在变量使用之前,用户不需要指定一个变量的数据类型,也不必声明变量。

MATLAB 有许多不同的数据类型,这对决定变量的大小和形式是非常重要的,特别适合于混合数据类型、矩阵、细胞矩阵、结构和对象。

对于每一种数据类型,均有一个名字相同的、可以把变量转换到那种类型的函数。在 MATLAB 中提供的常量如表 2-5 所示。

表 2-5　MATLB 的常量

常　　量	说　　明
ans	最近运算的结果
eps	浮点数相对精度,定义为 1.0 到最近浮点数的距离
realmax	MATLAB 能表示的实数的最大绝对值
realmin	MATLAB 能表示的实数的最小绝对值
pi	圆周率π的近似值 3.1415926
i,j	复数的虚部数据最小单位
inf 或 Inf	表示正无大,定义为 1/0
NaN 或 nan	非数,它产生于 0×∞,0/0,∞/∞等运算

eps、realmax、realmin 三个常量具体的数值与运行 MATLAB 的计算机相关,不同的计算机系统可能具有不同的数值。例如：

```
eps
realmax
realmin
```

运行结果如下：

```
ans =
   2.2204e-16
ans =
  1.7977e+308
```

```
ans =
  2.2251e-308
```

MATLAB 的常量数值是可以修改的，例如：

```
pi = 10
clear
pi
```

运行结果如下：

```
pi =
   10
ans =
    3.1416
```

将 inf 应用于函数，计算结果可能为 inf 或 NaN。进行数据转换时，Inf 将获取相应数据类型的最大值，而 NaN 返回相应整数数据类型的数值 0，浮点数类型则仍然为 NaN。

```
A = Inf;
class(A)
B = int16(A)
C = sin(A)
sin(C)
class(C)
int64(C)
int32(C)
```

运行结果如下：

```
ans =
double
B =
  32767
C =
   NaN
ans =
   NaN
ans =
double
ans =
    0
ans =
    0
```

MATLAB 的常量是可以赋予新的数值的。一旦被赋予了新的数值，则常量代表的就是新值，而不是原有的值，只有执行 clear 命令后，常量才会代表原来的值。

【例 2-37】 最小复数单位的使用示例。

程序命令如下：

```
a = i
i = 1
b = i + j
clear
c = i + j
```

运行结果如下：

```
a =
   0.0000 + 1.0000i
i =
     1
b =
   1.0000 + 1.0000i
c =
   0.0000 + 2.0000i
```

2.2.3 数值

在 MATLAB 中，数值均采用十进制，可以带小数点及正负号。例如，以下写法都是合法的：

```
118    - 35.7    - 0.004    0.005
```

科学计数法采用字符 e 来表示 10 的幂。例如：

```
8.43e2    1.23e3    - 2.7e - 5
```

虚数的扩展名为 i 或者 j。例如：

```
2i    3ej    - 3.14j
```

在采用 IEEE 浮点算法的计算机上，实数的数值范围大致为 10e－308 ～ 10e308。

在 MATLAB 中输入同一数值时，有时会发现，在命令行窗口中显示数据的形式有所不同。例如，0.3 有时显示 0.3，但有时会显示 0.300。这是因为数据显示格式是不同的。

在一般情况下，MATLAB 内部每一个数据元素都是用双精度数来表示和存储的，数据输出时用户可以用 format 命令设置或改变数据输出格式。表 2-6 揭示了不同类型的数据显示格式。

表 2-6　数据显示格式

格　式	说　明
format	表示短格式
format short	表示短格式(默认显示格式),只显示 5 位,例如 3.1416
format long	表示长格式,双精度数 15 位,单精度数 7 位,例如 3.14159265358979
format short e	表示短格式 e 方式,只显示 5 位,例如 3.1416e+000
format long e	表示长格式 e 方式,例如 3.141592653589793e+000
format short g	表示短格式 g 方式(自动选择最佳表示格式),只显示 5 位,例如 3.1416
format long g	表示长格式 g 方式,例如 3.14159265358979
format compact	表示压缩格式,变量与数据之间在显示时不留空行
format loose	表示自由格式,变量与数据之间在显示时留空行
format hex	表示十六进制格式,例如 400921fb54442d18

【例 2-38】　在不同数据格式下显示 pi 的值。

程序命令如下:

```
>> pi
ans =
    3.1416
>> format long
>> pi
ans =
   3.141592653589793
>> pi
ans =
   3.141592653589793
>> format short e
>> pi
ans =
   3.1416e+00
>> format long g
>> pi
ans =
   3.14159265358979
>> format hex
>> pi
ans =
   400921fb54442d18
```

2.2.4　表达式

在 MATLAB 中,数学表达式的运算操作尽量设计地接近于习惯,不同于其他编程语言在有些情况下一次只能处理一个数据,MATLAB 却允许快捷、方便地对整个矩阵进行操作。MATLAB 表达式采用熟悉的数学运算符和优先级,如表 2-7 所示(表中运算符的优先级从上到下依次升高)。

表 2-7 MATLAB 的运算符优先级与表达式

运 算	MATLAB 运算符	MATLAB 表达式
加	+	a+b
减	−	a−b
乘	*(.*)	a*b
除	/	a/b
幂	^(.^)	a^b
复数矩阵的(共轭)转置	'(.')	
小括号指定优先级	()	(a+b)*c

MATLAB 与经典的数学表达式也有所差别。例如,对矩阵进行右除与左除操作的结果是不同的。下面通过一个简单的例子演示复数矩阵的转置与共轭转置操作及其区别。

【例 2-39】 求复数矩阵的转置及共轭转置。

程序命令如下:

```
format short
A = [1 4;3 7] + [12 0;9 12] * i
A'      % 复数矩阵 A 转置
A.'     % 共轭转置
```

运行结果如下:

```
A =
    49    4
    39   55
ans =
    49   39
     4   55
ans =
    49   39
     4   55
```

2.2.5 空数组

空数组是指某一个维或者某些维的长度为 0 的数组。它是为了完成某些 MATLAB 操作和运算而专门设计的一种数组,利用空数组可以修改数组的大小,但不能修改数组的维数。

空数组不意味着什么都没有,空数组类型的变量在 MATLAB 的工作空间中是存在的。

使用空数组可以将大数组删除部分行或列,也可以删除多维数组的某一页。

【例 2-40】 创建空数组示例。

程序命令如下：

```
A = []
B = ones(2,3,0)
C = randn(2,3,4,0)
whos
```

运行结果如下：

```
A =
     []
B =
   Empty array: 2 - by - 3 - by - 0
C =
   Empty array: 2 - by - 3 - by - 4 - by - 0
  Name         Size         Bytes  Class     Attributes
  A            0x0              0  double
  B            2x3x0            0  double
  C            4 - D            0  double
```

【例 2-41】 使用空数组删除示例。

程序命令如下：

```
A = reshape(1:24,4,6) % 删除第 2、3、4 列
A(:,[2 3 4]) = []
```

运行结果如下：

```
A =
     1   5    9   13   17   21
     2   6   10   14   18   22
     3   7   11   15   19   23
     4   8   12   16   20   24
A =
     1   17   21
     2   18   22
     3   19   23
     4   20   24
```

2.2.6 逻辑运算

在 MATLAB 中，逻辑数据类型就是仅具有两个数值的一种数据类型，true 用 1 表示，false 用 0 表示。任何数值都可以参与逻辑运算，非零值看作逻辑真，零值看作逻辑假。

逻辑类型的数据只能通过数值类型转换，或者使用特殊的函数生成相应类型的数组或者矩阵。表 2-8 揭示了创建逻辑类型数据的函数。

表 2-8 创建逻辑类型数据的函数

函数	说明
logical	将任意类型的数组转变为逻辑类型数组,其中非零元素为真,零元素为假
true	产生逻辑真值数组
false	产生逻辑假值数组

在使用 true 或者 false 函数创建逻辑类型数组时,若不指明参数,则创建一个逻辑类型的标量,在 MATLAB 中有些函数以 is 开头,这类函数是用来完成某种判断功能的函数。例如 isnumeric(*)是判断输入的参数是否为数值类型,islogical(*)是判断输入的参数是否为逻辑类型。例如:

```
a = true
b = false
c = 1
isnumeric(a)
isnumeric(c)
islogical(a)
islogical(b)
islogical(c)
```

运行结果如下:

```
a =
     1
b =
     0
c =
     1
ans =
     0
ans =
     1
ans =
     1
ans =
     1
ans =
     0
```

在 MATLAB 中,逻辑运算是指能够处理逻辑类型数据的运算,如表 2-9 所示。

表 2-9 MATLAB 的逻辑运算

运算符	说明
&&	具有短路作用的逻辑"与"操作,仅能处理标量
||	具有短路作用的逻辑"或"操作,仅能处理标量
&	元素"与"操作

续表

运算符	说　明
|	元素“或”操作
～	逻辑“非”操作
xor	逻辑“异或”操作
any	当向量中的元素有非零元素时，返回真
all	当向量中的元素都是非零元素时，返回真

参与逻辑运算的操作数不一定必须是逻辑类型的变量或常量，其他类型的数据也可以进行逻辑运算，但运算结果一定是逻辑类型的数据。例如：

```
a = eye(3)
b = a;b(3,1) = 1
a&b
whos
```

运行结果如下：

```
a =
     1   0   0
     0   1   0
     0   0   1
b =
     1   0   0
     0   1   0
     1   0   1
ans =
     1   0   0
     0   1   0
     0   0   1
  Name      Size            Bytes  Class      Attributes
  A          4x3               96  double
  B          2x3x0              0  double
  C          4 - D              0  double
  a          3x3               72  double
  ans        3x3                9  logical
  b          3x3               72  double
  c          1x1                8  double
```

逻辑“与”操作（&&）和“或”操作（||）均具有短路作用。例如进行 a && b && c && d 运算时，若 a 为假(0)，则后面的三个变量都不再被处理，运算结束，并返回运算结果逻辑假(0)。进行 a || b || c || d 运算时，若 a 为真(1)，则后面的三个变量都不再被处理，运算结束，并返回运算结果逻辑真(1)。

【例 2-42】 逻辑运算示例。

程序命令如下：

```
a = 0;b = 1;c = 2;d = 3;
a&&b&&c&&d
```

```
a = 0;b = 2;c = 6;d = 8;
a&&b&&c&&d
a = 10;b = 1;c = 2;d = 3;
a||b||c||d
a = 10;b = 0;c = 7;d = 9;
a||b||c||d
whos
```

运行结果如下：

```
ans =
     0
ans =
     0
ans =
     1
ans =
     1
  Name      Size            Bytes  Class       Attributes
  A          4x3               96  double
  B          2x3x0              0  double
  C          4-D                0  double
  a          1x1                8  double
  ans        1x1                1  logical
  b          1x1                8  double
  c          1x1                8  double
  d          1x1                8  double
```

【例 2-43】 函数 any 和 all 的使用示例(对向量)。

程序命令如下：

```
a = [1 2 3 0];
any(a)
all(a)
b = [0 0 0 0];
any(b)
all(b)
c = [1 2 3 4];
any(c)
all(c)
```

运行结果如下：

```
ans =
     1
ans =
     0
ans =
     0
```

```
ans =
     0
ans =
     1
ans =
     1
```

【例 2-44】 函数 any 和 all 的使用示例(对矩阵)。

程序命令如下:

```
a=[1 1 3;1 0 0;1 4 0;1 1 1]
any(a)
all(a)
```

运行结果如下:

```
a =
     1  1  3
     1  0  0
     1  4  0
     1  1  1
ans =
     1  1  1
ans =
     1  0  0
```

2.2.7 关系运算

在 MATLAB 中,关系运算是用来判断两个操作数关系的运算,表 2-10 列出了 MATLAB 的关系运算符。

表 2-10 MATLAB 的关系运算符

运算符	说明
==	等于
~=	不等于
<	小于
>	大于
<=	小于等于
>=	大于等于

参与关系运算的操作数可以是各种数据类型的变量或者常数,但是运算结果是逻辑类型的数据。标量可以和数组(或矩阵)进行比较,比较时自动扩展标量,返回的结果是和数组同维的逻辑类型数组。若比较的是两个数组,则数组必须是同维的,且每一维的尺寸必须一致。

【例 2-45】 利用()和各种运算符相结合完成复杂的关系运算。

程序命令如下：

```
A = reshape( - 3:5,3,3)
A >= 0
B = ～(A >= 0)
whos
```

运行结果如下：

```
A =
    -3  0  3
    -2  1  4
    -1  2  5
ans =
     0  1  1
     0  1  1
     0  1  1
B =
     1  0  0
     1  0  0
     1  0  0
  Name      Size        Bytes  Class       Attributes
  A         3x3            72  double
  B         3x3             9  logical
  C         4-D             0  double
  a         4x3            96  double
  ans       3x3             9  logical
  b         1x4            32  double
  c         1x4            32  double
  d         1x1             8  double
```

2.3 字符串

字符串或串(String)是由数字、字母、下画线组成的一串字符。字符串在数据的可视化、应用程序的交互方面起到非常重要的作用，创建字符串时需要使用单引号将字符串的内容包括起来，字符串一般以行向量形式存在，并且每一个字符占用两个字节的内存。

2.3.1 创建字符串

【例 2-46】 创建字符串时，只要将字符串的内容用单引号包括起来即可。

程序命令如下：

```
a = 16
class(a)
```

```
size(a)
b = '425'
class(b)
size(b)
```

运行结果如下：

```
a =
    16
ans =
double
ans =
     1   1
b =
425
ans =
char
ans =
     1   3
```

若需要在字符串内容中包含单引号，则在输入字符串内容时，连续输入两个单引号即可，例如：

```
C = "where are you?"
```

运行结果如下：

```
C =
'where are you?'
```

【例 2-47】 使用 char 函数创建一些无法通过键盘输入的字符，该函数的作用是将输入的整数参数转变为相应的字符。

程序命令如下：

```
S1 = char('ABC','XYZ')
S2 = char('我','你','串数组','','组成')
```

运行结果如下：

```
S1 =
ABC
XYZ

S2 =
我
你
串数组
组成
```

2.3.2 基本字符串操作

基本字符串操作主要有字符串元素索引、字符串的拼接、字符串与数值之间的转换。下面将分别进行介绍。

1. 字符串元素索引

在MATLAB中，字符串实际上也是一种特殊的向量或者数组，一般利用索引操作数组的方法都可以用来操作字符串。

【例2-48】 利用索引操作数组的方法来操作字符串。

程序命令如下：

```
a = 'ABC!ERAGADFGDFSG'
b = a(2:5)
c = a(11:14)
d = a(3:end)
```

运行结果如下：

```
a =
ABC!ERAGADFGDFSG
b =
BC!E
c =
FGDF
d =
C!ERAGADFGDFSG
```

2. 字符串的拼接

字符串可以利用[]运算符进行拼接，若使用“,”作为不同字符串之间的间隔，则相当于扩展字符串成为更长的字符串向量；若使用“;”作为不同字符串之间的间隔，则相当于扩展字符串成为二维或者多维的数组，这时不同行上的字符串必须具有同样的长度。

【例2-49】 字符串的拼接示例。

程序命令如下：

```
a = 'ABC';
b = 'XYZ';
length(a) == length(b)
c = [a,' ',b]
d = [a;b]
size(c)
```

```
size(d)
e = 'word';
```

运行结果如下：

```
ans =
     1
c =
ABC XYZ
d =
ABC
XYZ
ans =
     1   7
ans =
     2   3
```

3. 字符串和数值的转换

在 MATLAB 中，字符串和数值的转换可以使用 char 函数可以将数值转变为字符串，也可以使用 double 函数将字符串转变成数值。

【例 2-50】 字符串和数值的转换示例。

程序命令如下：

```
a = 'ABCDEFG';
b = double(a)
c = '您是!';
d = double(c)
char(b)
char(d)
```

运行结果如下：

```
b =
    65   66   67   68   69   70   71
d =
        24744     26159     65281
ans =
ABCDEFG
ans =
您是!
```

2.3.3 字符串操作函数

在 MATLAB 中，字符串操作函数如表 2-11 所示。

表 2-11 字符串操作函数

函 数	说 明
char	创建字符串,将数值转变成为字符串
double	将字符串转变成为 Unicode 数值
blanks	创建空白的字符串(由空格组成)
deblank	将字符串尾部的空格删除
ischar	判断变量是否是字符串类型
strcat	水平组合字符串,构成更长的字符向量
strvcat	垂直组合字符串,构成字符串矩阵
strcmp	比较字符串,判断字符串是否一致
strncmp	比较字符串前 n 个字符,判断是否一致
strcmpi	比较字符串,比较时忽略字符的大小写
strncmpi	比较字符串前 n 个字符,比较时忽略字符的大小写
findstr	在较长的字符串中查寻较短的字符串出现的索引
strfind	在第一个字符串中查寻第二个字符串出现的索引
strjust	对齐排列字符串
strrep	替换字符串中的子串
strmatch	查询匹配的字符串
upper	将字符串的字符都转变成为大写字符
lower	将字符串的字符都转变成为小写字符

【例 2-51】 deblank 函数示例。

程序命令如下:

```
a = 'ABCDEF'
deblank(a)
whos
```

运行结果如下:

```
a =
ABCDEF
ans =
ABCDEF
  Name      Size       Bytes  Class     Attributes
  A         3x3           72  double
  B         3x3            9  logical
  C         1x1            8  double
  D         1x3           24  double
  E         1x3           24  double
  F         1x3           24  double
  S1        2x3           12  char
  S2        5x3           30  char
  a         1x6           12  char
  ans       1x6           12  char
  b         1x7           56  double
```

```
  c          1x3          6  char
  d          1x3         24  double
  e          1x4          8  char
```

【例 2-52】 ischar 函数示例。

程序命令如下：

```
a = 'world! '
ischar(a)
b = 12;
ischar(b)
```

运行结果如下：

```
a =
world!
ans =
     1
ans =
     0
```

【例 2-53】 组合字符串 strcat 函数和 strvcat 函数示例。

程序命令如下：

```
a = 'Hello';
b = 'word! ';
c = strcat(a,b)
d = strvcat(a,b ,c)
whos
```

运行结果如下：

```
c =
Helloword!
d =
Hello
word!
Helloword!
  Name       Size           Bytes  Class      Attributes
  a          1x5               10  char
  ans        1x1                1  logical
  b          1x5               10  char
  c          1x10              20  char
  d          3x10              60  char
```

【例 2-54】 查寻索引 findstr 函数和 strfind 函数示例。

程序命令如下：

```
S1 = 'ABCDEFGHEJKL';
S2 = 'EFG';
a = findstr(S2,S1)
b = strfind(S2,S1)
c = strfind(S1,S2)
```

运行结果如下：

```
a =
     5
b =
     []
c =
     5
```

【例 2-55】 对齐排列字符串 strjust 函数示例。

程序命令如下：

```
a = 'ABC';
b = 'XYZ';
c = strcat(a,b)
d = strvcat(a,b,c)
e = strjust(d)
```

运行结果如下：

```
c =
ABCXYZ
d =
ABC
XYZ
ABCXYZ
e =
   ABC
   XYZ
ABCXYZ
```

【例 2-56】 替换字符串中的子字符 strrep 函数示例。

程序命令如下：

```
S1 = 'A fire in need is a fire indeed'
S2 = strrep(S1,'fire','frie')
```

运行结果如下：

```
S1 =
A fire in need is a fire indeed
```

```
S2 =
A frie in need is a frie indeed
```

【例 2-57】 查寻匹配的字符串 strmatch 函数示例。

程序命令如下：

```
a = strmatch('ma',strvcat('ma','minima','maimum'))
b = strmatch('ma',strvcat('ma','minima','maimum'),'exact')
```

运行结果如下：

```
a =
     1
     3
b =
     1
```

【例 2-58】 改变字符串的字符的大小写 upper 函数和 lower 函数示例。

程序命令如下：

```
S1 = 'frie';
S2 = upper(S1)
S3 = lower(S2)
```

运行结果如下：

```
S2 =
FRIE
S3 =
Frie
```

1. 字符串转换函数

使用字符串转换函数可以允许不同类型的数据和字符串类型的数据之间进行转换，在 MATLAB 中直接提供了相应的函数如表 2-12 和表 2-13 所示。

表 2-12 数字和字符之间的转换函数

函数	说　明
num2str	将数字转变成为字符串
int2str	将整数转变成为字符串
mat2str	将矩阵转变成为可被 eval 函数使用的字符串
str2double	将字符串转变为双精度类型的数据
str2num	将字符串转变为数字
sprinf	格式化输出数据到命令行窗口
sscanf	读取格式化字符串

表 2-13 不同数值之间的转换函数

函数	说 明
hex2num	将十六进制整数字符串转变成为双精度数据
hex2dec	将十六进制整数字符串转变成为十进制整数
dec2hex	将十进制整数转变成为十六进制整数字符串
bin2dec	将二进制整数字符串转变成为十进制整数
dec2bin	将十进制整数转变成为二进制整数字符串
base2dec	将指定数制类型的数字字符串转变成为十进制整数
dec2base	将十进制整数转变成为指定数制类型的数字字符串

函数 str2num 在使用时需要注意：被转换的字符串仅能包含数字、小数点、字符 e 或者 d、数字的正号或者负号、复数的虚部字符 i 或者 j，使用时要注意空格，例如：

```
A = str2num('1 + 3i')
B = str2num('1  + 3i')
C = str2num('1  +  3i')
whos
```

运行结果如下：

```
A =
  1.0000 + 3.0000i
B =
  1.0000 + 0.0000i   0.0000 + 3.0000i
C =
  1.0000 + 3.0000i
  Name        Size          Bytes  Class     Attributes
  A           1x1              16  double     complex
  B           1x2              32  double     complex
  C           1x1              16  double     complex
  S1          1x4               8  char
  S2          1x4               8  char
  S3          1x4               8  char
  a           2x1              16  double
  b           1x1               8  double
  c           1x10             20  char
  d           3x10             60  char
  e           3x10             60  char
```

【例 2-59】 str2num 函数示例。

程序命令如下：

```
S = ['1 2';'2 3']
A = str2num(S)
Whos
```

运行结果如下：

```
S =
1 2
2 3
A =
    1    2
    2    3
Name        Size              Bytes  Class     Attributes
  A          2x2                 32  double
  B          1x2                 32  double     complex
  C          1x1                 16  double     complex
  S          2x3                 12  char
  S1         1x4                  8  char
  S2         1x4                  8  char
  S3         1x4                  8  char
  a          2x1                 16  double
  b          1x1                  8  double
  c          1x10                20  char
  d          3x10                60  char
  e          3x10                60  char
```

【例 2-60】 使用函数 num2str 将数字转换成为字符串时，指定字符串所表示的有效数字位数。

程序命令如下：

```
C = num2str(rand(2,2),4)
D = num2str(rand(2,2),6)
```

运行结果如下：

```
C =
0.8147      0.127
0.9058      0.9134
D =
0.632359    0.278498
0.0975404   0.546882
```

【例 2-61】 其他的转换函数示例。

程序命令如下：

```
a = 188;
h = dec2hex(a)
b = dec2bin(a)
c = dec2base(a,5)
b(end) = '0'
bin2dec(b)
whos
```

运行结果如下：

```
h =
BC
b =
10111100
c =
1223
b =
10111100
ans =
  188
  Name      Size            Bytes  Class     Attributes
  A         2x2                32  double
  B         1x2                32  double    complex
  C         2x17               68  char
  D         2x22               88  char
  S         2x3                12  char
  S1        1x4                 8  char
  S2        1x4                 8  char
  S3        1x4                 8  char
  a         1x1                 8  double
  ans       1x1                 8  double
  b         1x8                16  char
  c         1x4                 8  char
  d         3x10               60  char
  e         3x10               60  char
  h         1x2                 4  char
```

2. 格式化输入输出

MATLAB 可以进行格式化的输入、输出，格式化字符串都可以用于 MATLAB 的格式化输入输出函数，如表 2-14 所示。

表 2-14　格式化字符

字符	说　明
%c	显示内容为单一的字符
%d	有符号的整数
%e	科学计数法，使用小写的 e
%E	科学计数法，使用大写的 E
%f	浮点数据
%g	不定，在%e 或者%f 之间选择一种形式
%G	不定，在%E 或者%f 之间选择一种形式
%o	八进制表示
%s	字符串
%u	无符号整数
%x	十六进制表示，使用小写的字符
%X	十六进制表示，使用大写的字符

在 MATLAB 中，sscanf 和 sprintf 这两个函数用来进行格式化的输入和输出，他们的调用方法为

A＝sscanf(s,format,size)：读取格式化字符串；

S＝sprintf(format,A,...)：格式化输出数据到命令行窗口。

【例 2-62】 sscanf 函数示例。

程序命令如下：

```
S1 = '2.6183 3.1415';
S2 = '2.7183e3 3.1416e3';
S3 = '0 2 4 8 16 32 64 128';
A = sscanf(S1,'%f')
B = sscanf(S2,'%e')
C = sscanf(S3,'%d')
```

运行结果如下：

```
A =
    2.6183
    3.1415
B =
   1.0e+03 *
    2.7183
    3.1416
C =
     0
     2
     4
     8
    16
    32
    64
   128
```

【例 2-63】 sscanf 函数示例(A＝sscanf(s,format,size))。

程序命令如下：

```
S1 = '0 1 3 8 16 32 64 128';
A = sscanf(S3,'%d')
B = sscanf(S3,'%d',1)
```

运行结果如下：

```
A =
     0
     2
     4
     8
    16
```

```
    32
    64
   128
B =
     0
```

在 MATLAB 中，input 函数具有获取用户输入数据的功能，以满足能够和用户的输入进行交互的需要，该函数的调用方法为

```
A = input(prompt)
A = input(prompt,'s')
```

其中，第一个参数 prompt 为提示用的字符串。第二个参数 s：若有 s，则输入的数据为字符串；没有 s，则输入的数据为双精度数据如下：

```
A = input('请输入数字：')
B = input('请输入数字：','s')
whos
```

运行结果如下：

```
请输入数字：123
A =
  123
B =
123
  Name       Size              Bytes  Class     Attributes
  A          1x1                   8  double
  B          1x3                   6  char
  C          1x4                  32  double
  D          1x4                  32  double
  S          2x3                  12  char
  S1         1x23                 46  char
  S2         1x12                 24  char
  S3         1x11                 22  char
  S4         1x23                 46  char
  a          1x1                   8  double
  ans        1x1                   8  double
  b          1x8                  16  char
  c          1x4                   8  char
  d          3x10                 60  char
  e          3x10                 60  char
  h          1x2                   4  char
```

2.4 元胞数组

在 MATLAB 中，元胞数组是一种特殊数据类型，可以将元胞数组看作为一种无所不包的通用矩阵（广义矩阵），组成元胞数组的元素可以是任何一种数据类型的常数或

常量。

数据类型可以是字符串、双精度数、稀疏矩阵、元胞数组、结构或其他 MATLAB 数据类型，每一个元胞数据可以是标量、向量、矩阵、N 维数组，每一个元素可以具有不同的尺寸和内存空间，内容可以完全不同，元胞数组的元素叫作元胞，元胞数组的内存空间是动态分配的，元胞数组的维数不受限制，访问元胞数组的元素可以使用单下标方式或全下标方式。

2.4.1 元胞数组的创建

元胞数组的创建主要有以下几种方法：

(1) 使用运算符花括号{}，将不同类型和尺寸的数据组合在一起构成一个元胞数组；

(2) 将数组的每一个元素用{}括起来，然后再用数组创建的符号[]将数组的元素括起来构成一个元胞数组；

(3) 用{}创建一个元胞数组，MATLAB 能够自动扩展数组的尺寸，没有明确赋值的元素作为空元胞数组存在；

(4) 用函数 cell 创建元胞数组。该函数可以创建一维、二维或者多维元胞数组，但创建的数组都为空元胞。

【例 2-64】 方法(1)示例。

程序命令如下：

```
A = {zeros(2,2,2),'Hello';17.35,1:100}
whos
```

运行结果如下：

```
A =
    [2x2x2 double]     'Hello'
    [     17.3500]     [1x100 double]
  Name       Size               Bytes  Class     Attributes
  A          2x2                 1122  cell
  B          1x3                    6  char
  C          1x4                   32  double
  D          1x4                   32  double
  S          2x3                   12  char
  S1         1x23                  46  char
  S2         1x12                  24  char
  S3         1x11                  22  char
  S4         1x23                  46  char
  a          1x1                    8  double
  ans        1x1                    8  double
  b          1x8                   16  char
  c          1x4                    8  char
  d          3x10                  60  char
  e          3x10                  60  char
  h          1x2                    4  char
```

【例 2-65】 方法(2)示例。

程序命令如下:

```
A = {zeros(2,2,2),'Hello';17.35,1:100}
whos
```

运行结果如下:

```
B =
    [2x2x2 double] 'Hello'
    [     16.3400]     [1x100 double]
  Name         Size                 Bytes  Class     Attributes
  A           2x2                   1122  cell
  B           2x2                   1122  cell
  C           1x4                     32  double
  D           1x4                     32  double
  S           2x3                     12  char
  S1          1x23                    46  char
  S2          1x12                    24  char
  S3          1x11                    22  char
  S4          1x23                    46  char
  a           1x1                      8  double
  ans         1x1                      8  double
  b           1x8                     16  char
  c           1x4                      8  char
  d           3x10                    60  char
  e           3x10                    60  char
  h           1x2                      4  char
```

【例 2-66】 方法(3)示例。

程序命令如下:

```
C = {1}
whos
C(2,2) = {2}
whos
```

运行结果如下:

```
C =
    [1]
  Name         Size                 Bytes  Class     Attributes
  A           2x2                   1122  cell
  B           2x2                   1122  cell
  C           1x1                     68  cell
  D           1x4                     32  double
  S           2x3                     12  char
  S1          1x23                    46  char
  S2          1x12                    24  char
  S3          1x11                    22  char
  S4          1x23                    46  char
```

```
  a         1x1                 8  double
  ans       1x1                 8  double
  b         1x8                16  char
  c         1x4                 8  char
  d         3x10               60  char
  e         3x10               60  char
  h         1x2                 4  char
C =
    [1]    []
    []    [2]
  Name       Size              Bytes  Class     Attributes
  A         2x2              1122  cell
  B         2x2              1122  cell
  C         2x2               144  cell
  D         1x4                32  double
  S         2x3                12  char
  S1        1x23               46  char
  S2        1x12               24  char
  S3        1x11               22  char
  S4        1x23               46  char
  a         1x1                 8  double
  ans       1x1                 8  double
  b         1x8                16  char
  c         1x4                 8  char
  d         3x10               60  char
  e         3x10               60  char
  h         1x2                 4  char
```

【例 2-67】 方法(4)示例。

程序命令如下：

```
A = cell(1)
B = cell(3,4)
C = cell(2,2,2)
whos
```

运行结果如下：

```
A =
    {[]}
B =
    []    []    []    []
    []    []    []    []
    []    []    []    []
C(:,:,1) =
    []    []
    []    []
C(:,:,2) =
    []    []
```

```
  []    []
  Name        Size                Bytes  Class     Attributes
  A           1x1                     4  cell
  B           3x4                    48  cell
  C           2x2x2                  32  cell
  D           1x4                    32  double
  S           2x3                    12  char
  S1          1x23                   46  char
  S2          1x12                   24  char
  S3          1x11                   22  char
  S4          1x23                   46  char
  a           1x1                     8  double
  ans         1x1                     8  double
  b           1x8                    16  char
  c           1x4                     8  char
  d           3x10                   60  char
  e           3x10                   60  char
  h           1x2                     4  char
```

2.4.2 元胞数组的基本操作

元胞数组的基本操作包括对元胞和元胞数据的访问、修改和元胞数组的扩展、收缩或者重组。操作数值数组的函数也可以应用在元胞数组上。

在 MATLAB 中元胞数组的访问有以下几种方法：

(1) 可以使用圆括号()直接访问元胞数组的元胞，获取的数据也是一个元胞数组；

(2) 使用花括号{}直接访问元胞数组的元胞，获取的数据是字符串；

(3) 将花括号{}和圆括号()结合起来使用访问元胞元素内部的成员。

元胞数组的扩充、收缩和重组均与数值数组大体相同。

【例 2-68】 方法(1)示例。

程序命令如下：

```
A = [{zeros(2,2,2)},{'world'};{15.36},{1:100}]
B = A(1,2)
class(B)
whos
```

运行结果如下：

```
A =
    [2x2x2 double]        'world'
    [       15.3600]    [1x100 double]
B =
    'world'
ans =
cell
```

```
  Name      Size          Bytes  Class     Attributes
  A          2x2           1122  cell
  B          1x1             70  cell
  ans        1x4              8  char
```

【例 2-69】 方法(2)示例。

程序命令如下：

```
A = [{zeros(2,2,2)},{'world'};{15.34},{1:100}]
C = A{1,2}
class(C)
whos
```

运行结果如下：

```
A =
    [2x2x2 double]        'world'
    [         15.3400]    [1x100 double]
C =
world
ans =
char
  Name      Size              Bytes  Class     Attributes
  A         2x2                1122  cell
  B         1x1                  70  cell
  C         1x5                  10  char
  ans       1x4                   8  char
```

【例 2-70】 方法(3)示例。

程序命令如下：

```
A = [{zeros(2,2,2)},{'world'};{15.34},{1:10}]
D = A{1,2}(2)
E = A{2,2}(5:end)
class(E)
F = A{4}([1 3 5])
whos
```

运行结果如下：

```
A =
    [2x2x2 double]        'world'
    [         15.3400]    [1x10 double]
D =
o
E =
    5     6     7     8     9    10
ans =
```

```
double
F =
   1    3    5
Name        Size              Bytes  Class     Attributes
  A          2x2                402  cell
  B          1x1                 70  cell
  C          1x5                 10  char
  D          1x1                  2  char
  E          1x6                 48  double
  F          1x3                 24  double
  ans        1x6                 12  char
```

【例 2-71】 元胞数组的扩充示例。

程序命令如下：

```
A = [{zeros(2,2,2)},{'world'};{15.34},{1:10}]
B = cell(2)
B(:,1) = {char('Hello','Welcome');10: - 1:5}
C = [A,B]
D = [A,B;C]
whos
```

运行结果如下：

```
A =
    [2x2x2 double]       'world'
    [       15.3400]    [1x10 double]
B =
    []    []
    []    []
B =
    [2x7 char  ]     []
    [1x6 double]     []
C =
    [2x2x2 double]     'world'            [2x7 char  ]     []
    [      15.3400]    [1x10 double]     [1x6 double]     []
D =
    [2x2x2 double]     'world'            [2x7 char  ]     []
    [      15.3400]    [1x10 double]     [1x6 double]     []
    [2x2x2 double]     'world'            [2x7 char  ]     []
    [      15.3400]    [1x10 double]     [1x6 double]     []
  Name        Size              Bytes  Class     Attributes
  A          2x2                402  cell
  B          2x2                204  cell
  C          2x4                606  cell
  D          4x4               1212  cell
  E          1x6                 48  double
  F          1x3                 24  double
  ans        1x6                 12  char
```

2.4.3 元胞数组的操作函数

在 MATLAB 中,提供的元胞数组的操作函数如表 2-15 所示。

表 2-15 元胞数组的操作函数

函　数	说　明
cell	创建空的元胞数组
cellfun	为元胞数组的每个元胞执行指定的函数
celldisp	显示所有元胞的内容
cellplot	利用图形方式显示元胞数组
cell2mat	将元胞数组转变成为普通的矩阵
mat2cell	将普通的值矩阵转变成为元胞数组
num2cell	将数值数组转变成为元胞数组
deal	将输入参数赋值给输出
cell2struct	将元胞数组转变成为结构
struct2cell	将结构转变成为元胞数组
iscell	判断输入是否为元胞数组

cellfun 函数主要功能是为元胞数组的每个元素(元胞)分别指定不同的函数,在 cellfun 函数中可用的函数如表 2-16 所示。

表 2-16 cellfun 函数中可用的函数

函　数	说　明
isempty	若元胞元素为空,则返回逻辑真
islogical	若元胞元素为逻辑类型,则返回逻辑真
isreal	若元胞元素为实数,则返回逻辑真
length	元胞元素的长度
ndims	元胞元素的维数
prodofsize	元胞元素包含的元素个数

cellfun 函数还有以下两种用法:

cellfun('size',C,K)用于获取元胞数组元素第 K 维的尺寸。

cellfun('isclass',C,classname)用于判断元胞数组的数据类型。

【例 2-72】 cellfun 函数用法示例。

程序命令如下:

```
A = {rand(2,2,2),'world',pi;17,1 + i,magic(5)}
B = cellfun('isreal',A)
C = cellfun('length',A)
```

运行结果如下:

```
A =
    [2x2x2 double]    'world'              [      3.1416]
```

```
    [            17]    [1.0000 + 1.0000i]    [5x5 double]
B =
     1   1   1
     1   0   1
C =
     2   5   1
     1   1   5
```

【例 2-73】 利用 celldisp 函数显示所有元胞数组的内容。

程序命令如下：

```
A = {rand(2,2,2),'world',pi;17,1 + i,magic(5)}
celldisp(A)
```

运行结果如下：

```
A =
    [2x2x2 double]    'world'                [    3.1416]
    [            17]    [1.0000 + 1.0000i]    [5x5 double]
A{1,1} =
(:,:,1) =
    0.9575    0.1576
    0.9649    0.9706
(:,:,2) =
    0.9572    0.8003
    0.4854    0.1419
A{2,1} =
    17
A{1,2} =
world
A{2,2} =
  1.0000 + 1.0000i
A{1,3} =
    3.1416
A{2,3} =
    17    24     1     8    15
    23     5     7    14    16
     4     6    13    20    22
    10    12    19    21     3
    11    18    25     2     9
```

【例 2-74】 利用 cellplot 函数显示元胞数组。

程序命令如下：

```
A = {rand(2,2,2),'world',pi;17,1 + i,magic(5)}
cellplot(A)
```

如图 2-2 所示，运行结果如下：

```
A =
    [2x2x2 double]     'world'                      [     3.1416]
    [           17]    [1.0000 + 1.0000i]       [5x5 double]
```

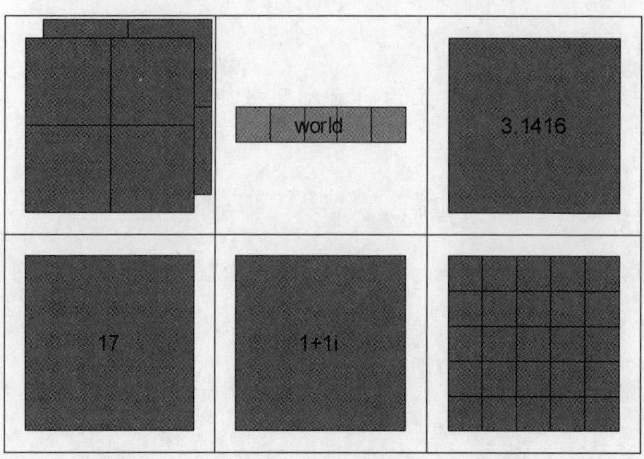

图 2-2　利用 cellplot 函数显示元胞数组

【例 2-75】 利用 cell2mat 函数将元胞数组转变成为普通的矩阵。

程序命令如下：

```
D = {[1] [2 3 4]; [5; 9] [6 7 8; 10 11 12]}
E = cell2mat(D)
```

运行结果如下：

```
D =
    [          1]     [1x3 double]
    [2x1 double]     [2x3 double]
E =
    1       2       3       4
    5       6       7       8
    9      10      11      12
```

【例 2-76】 利用 mat2cell 函数将普通的矩阵转变为元胞数组。

程序命令如下：

```
X = [1 2 3 4; 5 6 7 8; 9 10 11 12]
Y = mat2cell(X,[1 2],[1 3])
```

运行结果如下：

```
X =
     1    2    3    4
```

```
     5    6    7    8
     9   10   11   12
Y =
    [          1]     [1x3 double]
    [2x1 double]      [2x3 double]
```

【例 2-77】 利用 num2cell 函数将数值数组转变为元胞数组。

程序命令如下：

```
X = [1 2 3 4; 5 6 7 8; 9 10 11 12]
Y = num2cell(X)
Z= num2cell(X,2)
M = num2cell(X,1)
N= num2cell(X,[1,2])
```

运行结果如下：

```
X =
     1      2      3      4
     5      6      7      8
     9     10     11     12
Y =
    [1]     [ 2]     [ 3]     [ 4]
    [5]     [ 6]     [ 7]     [ 8]
    [9]     [10]     [11]     [12]
Z =
    [1x4 double]
    [1x4 double]
    [1x4 double]
M =
    [3x1 double]    [3x1 double]    [3x1 double]    [3x1 double]
N =
    [3x4 double]
```

2.5 结构

在 MATLAB 中，结构是包含一组记录的数据类型，记录是存储在相应的字段中，结构的字段可以是任意一种 MATLAB 数据类型的变量或者对象，结构类型的变量可以是一维的、二维的或者多维的数组，在访问结构类型数据的元素时，需要使用下标配合字段的形式。表 2-17 展现了元胞数组和结构数组的异同。

表 2-17 元胞数组和结构数组的异同

内　　容	元胞数组对象	结构数组对象
基本元素	元胞	结构
基本索引	全下标方式、单下标方式	全下标方式、单下标方式

续表

内　　容	元胞数组对象	结构数组对象
可包含的数据类型	任何数据类型	任何数据类型
数据的存储	元胞	字段
访问元素的方法	花括号和索引	圆括号、索引和字段名

2.5.1 结构的创建

结构的创建的方法主要有直接赋值法和利用 struct 函数创建。

直接赋值法创建结构：直接用结构的名称，配合操作符“.”和相应的字段的名称完成创建，创建是直接给字段赋具体的数值。还可以用直接赋值法创建结构数组。

【例 2-78】 直接赋值法创建结构示例。

程序命令如下：

```
Stu.name = 'Wuy';
Stu.age = 28;
Stu.grade = uint16(1);
whos
Stu
```

运行结果如下：

```
  Name      Size              Bytes  Class       Attributes
  A         2x3                 666  cell
  B         2x3                   6  logical
  C         2x3                  48  double
  D         2x2                 336  cell
  E         3x4                  96  double
  M         1x4                 336  cell
  N         1x1                 156  cell
  Stu       1x1                 388  struct
  X         3x4                  96  double
  Y         3x4                 816  cell
  Z         3x1                 276  cell
Stu =
    name: 'Wuy'
     age: 28
   grade: 1
```

【例 2-79】 用直接赋值法创建结构数组。

程序命令如下：

```
Stu(3).name = 'Lee';
Stu(3).grade = 2;
```

```
whos
Stu(2)
Stu(3).age
```

运行结果如下：

```
  Name          Size              Bytes  Class      Attributes
  A              2x3                666  cell
  B              2x3                  6  logical
  C              2x3                 48  double
  D              2x2                336  cell
  E              3x4                 96  double
  M              1x4                336  cell
  N              1x1                156  cell
  Stu            1x3                538  struct
  Student        1x3                278  struct
  X              3x4                 96  double
  Y              3x4                816  cell
  Z              3x1                276  cell
  ans            1x1                136  struct
ans =
     name: []
      age: []
    grade: []
ans =
     []
```

在 MATLAB 中，还可以利用 struct 函数创建结构，struct 函数的基本语法如下：

```
Struct-name= struct(field1,val1,field2,val2,…)
Struct-name= struct(field1,{val1},field2,{val2},…)
```

实际上，在 MATLAB 中一般是不能直接使用这个函数的，因为 MATLAB 无法识别每一个 field 的性质，所以 MATLAB 是无法判断直接给出的 value 值是否是合法的。为了确保不出错，一般可以这样处理：先给每一个 field 赋值，每个 field 都赋值完成后，再使用 struct()函数。在写作形式上，field 与相应的 value 同名，这样一来必是合法的写作形式。这可以看作是 struct()函数中 field 与 value 的一致性。

【例 2-80】 利用 struct 函数创建结构示例。

程序命令如下：

```
Student = struct('name',{'Deni','Sherry'},'age',{22,24},'grade',{2,3})
Whos
```

运行结果如下：

```
whos
Student =
```

```
1x2 struct array with fields:
    name
    age
    grade
  Name          Size              Bytes  Class       Attributes
  A              2x3                666  cell
  B              2x3                  6  logical
  C              2x3                 48  double
  D              2x2                336  cell
  E              3x4                 96  double
  M              1x4                336  cell
  N              1x1                156  cell
  Stu            1x3                538  struct
  Student        1x2                604  struct
  X              3x4                 96  double
  Y              3x4                816  cell
  Z              3x1                276  cell
  ans            0x0                  0  double
```

2.5.2 结构的基本操作

对于结构的基本操作其实是对结构数组元素包含的记录的操作，主要有结构记录数据的访问、字段的增加和删除。

访问结构数组元素包含的记录的方法如下：

(1) 直接使用结构数组的名称和字段的名称以及操作符“.”完成相应的操作；

(2) 使用“动态”字段的形式：利用动态字段形式访问结构数组元素，便于利用函数完成对结构字段数据的重复操作。

内嵌结构：当结构的字段记录了结构时，则称其为内嵌结构。创建内嵌结构可以使用直接赋值的方法，也可以使用 struct 函数完成。

【例 2-81】 结构字段数据的访问。

程序命令如下：

```
Student = struct('name',{'dawei','Lee'},'age',{22,24},'grade',{2,3}, 'score',{rand(3) * 10,
randn(3) * 10});
Student
Student(2).score
Student(2).score(1,:)
Student.name
Student.('name')
```

运行结果如下：

```
Student =
1x2 struct array with fields:
    name
```

```
    age
    grade
    score
ans =
   -2.4145   -8.6488    6.2771
    3.1921   -0.3005   10.9327
    3.1286   -1.6488   11.0927
ans =
   -2.4145   -8.6488    6.2771
ans =
dawei
ans =
Lee
ans =
dawei
ans =
Lee
```

【例 2-82】 使用直接赋值的方法创建内嵌结构。

程序命令如下：

```
Student = struct('name',{'dawei','Lee'},'age',{22,24},'grade',{2,3}, 'score',{rand(3) * 10,
randn(3) * 10});
Class.numble = 1;
Class.Student = Student;
whos
Class
```

运行结果如下：

```
Class
  Name          Size            Bytes  Class     Attributes
  A             2x3               666  cell
  B             2x3                 6  logical
  C             2x3                48  double
  Class         1x1              1184  struct
  D             2x2               336  cell
  E             3x4                96  double
  M             1x4               336  cell
  N             1x1               156  cell
  Stu           1x3               538  struct
  Student       1x2               928  struct
  X             3x4                96  double
  Y             3x4               816  cell
  Z             3x1               276  cell
  ans           1x3                 6  char
Class =
    numble: 1
    Student: [1x2 struct]
```

2.5.3 结构操作函数

在 MATLAB 中提供了结构操作的函数如表 2-18 所示。

表 2-18 结构操作函数

函 数	说 明
struct	创建结构或其他数据类型转变成结构
fieldnames	获取结构的字段名称
getfield	获取结构字段的数据
setfield	设置结构字段的数据
rmfield	删除结构的指定字段
isfield	判断给定的字符串是否为结构的字段名称
isstruct	判断给定的数据对象是否为数据类型
oderfields	将结构字段排序

【例 2-83】 setfield 函数示例。

程序命令如下：

```
S.name = 'dawei';S.ID = 1
whos
S(2,2).name = 'Way';S(2,2).ID = 1
whos
S.name
S2 = setfield(S,{2,1},'name','Lee')
S2.name
```

运行结果如下：

```
S =
    name: 'dawei'
      ID: 1
  Name          Size            Bytes  Class      Attributes
  A             2x3               666  cell
  B             2x3                 6  logical
  C             2x3                48  double
  Class         1x1              1184  struct
  D             2x2               336  cell
  E             3x4                96  double
  M             1x4               336  cell
  N             1x1               156  cell
  S             1x1               266  struct
  Stu           1x3               538  struct
  Student       1x2               928  struct
  X             3x4                96  double
  Y             3x4               816  cell
  Z             3x1               276  cell
```

```
  ans          1x3                   6  char
S =
2x2 struct array with fields:
    name
    ID
  Name          Size               Bytes  Class      Attributes
  A             2x3                  666  cell
  B             2x3                    6  logical
  C             2x3                   48  double
  Class         1x1                 1184  struct
  D             2x2                  336  cell
  E             3x4                   96  double
  M             1x4                  336  cell
  N             1x1                  156  cell
  S             2x2                  416  struct
  Stu           1x3                  538  struct
  Student       1x2                  928  struct
  X             3x4                   96  double
  Y             3x4                  816  cell
  Z             3x1                  276  cell
  ans           1x3                    6  char
ans =
dawei
ans =
    []
ans =
    []
ans =
Way
S2 =
2x2 struct array with fields:
    name
    ID
ans =
dawei
ans =
Lee
ans =
    []
ans =
Way
```

【例 2-84】 fieldnames 函数、getfield 函数和 orderfields 函数示例。

程序命令如下：

```
fieldnames(S)
A = getfield(S,{2,2},'name')
B = getfield(S,{2,2},'ID')
S3 = orderfields(S)
```

运行结果如下：

```
ans =
    'name'
    'ID'
A =
Way
B =
     1
S3 =
2x2 struct array with fields:
    ID
    name
```

【例 2-85】 isfield 函数和 isstruct 函数示例。

程序命令如下：

```
A = isfield(S,'name')
B = isfield(S,'id')
isstruct(S)
```

运行结果如下：

```
A =
     1
B =
     0
ans =
     1
```

本章小结

MATLAB的基本数据结构为矩阵，其所有运算都是基于矩阵进行的。矩阵从形式上可以理解成二维的数组，它可以方便地存储和访问MATLAB中的各种数据类型。在讲述元胞数组和结构方面，重点介绍了这两种数据类型的创建和操作方法。通过对本章的学习，希望读者理解这些数据类型的特点和使用方法，掌握对它们的访问方法。

第3章 二维绘图

数据可视化(data visualization)技术指的是运用计算机图形学和图像处理技术,将数据转换为图形或图像在屏幕上显示出来,并进行交互处理的技术。它涉及计算机图形学、图像处理、计算机辅助设计、计算机视觉及人机交互技术等多个领域。

学习目标:

(1) 熟悉并掌握简单二维图形显示与绘图函数;

(2) 熟悉图形显示的特征控制语句,包括颜色控制、线型控制、线条粗细控制、坐标控制等;

(3) 了解其他二维图形显示函数。

在MATLAB中绘制二维图形,通常包括以下步骤:

(1) 准备数据;

(2) 设置当前绘图区;

(3) 绘制图形;

(4) 设置图形中曲线和标记点格式;

(5) 设置坐标轴和网格线属性;

(6) 标注图形;

(7) 保存和导出图形。

【例3-1】 下面通过示例来演示绘图步骤:在同一坐标轴上绘制$\cos(x)$、$\cos(2x)$和$\cos(3x)$这三条曲线。

程序命令如下:

```
clear all;
%准备数据
x = 0:0.01:3 * pi;
y1 = cos(x);
y2 = cos(2 * x);
y3 = cos(3 * x);
%设置当前绘图区
figure;
%绘图
plot(x,y1,x,y2,x,y3);
%设置坐标轴和网格线属性
```

```
axis([0 8 -2 2]);
grid on;
% 标注图形
xlabel('x');
ylabel('y');
title('演示绘图基本步骤')
```

运行结果如图 3-1 所示。

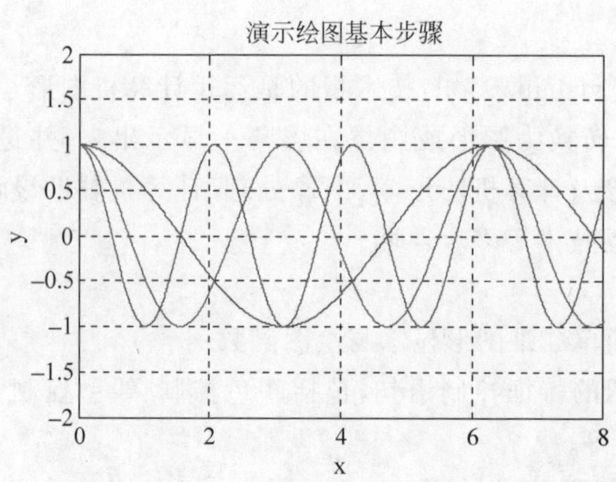

图 3-1 在同一坐标轴上绘制这三条曲线

3.1 基本的二维绘图

plot 函数是最基本、最常用的绘图函数，用于绘制线性二维图。有多条曲线时，循环使用由坐标轴颜色顺序属性定义的颜色，以区别不同的曲线；之后再循环使用由坐标轴线型顺序属性定义的线型，以区别不同的曲线。它的多种语法格式如下：

(1) plot(Y)：若 ***Y*** 是一维数组时，plot(Y)是把(i,X(i))各点顺次连接起来，其中 i 的取值范围从 1 到 length(X)；若 ***Y*** 是普通的二维数组时，相当于对 ***Y*** 的每一列进行 plot(Y(:,i))画线，并把所有的折线累叠绘制在当前坐标轴下。

(2) plot(X,Y)：若 ***X*** 和 ***Y*** 都是一维数组时，功能和 line(X,Y)类似；但 plot 函数中的 ***X*** 和 ***Y*** 也可以是一般的二维数组，这时候就是对 ***X*** 和 ***Y*** 的对应列画线。特别的，当 ***X*** 是一个向量，***Y*** 是一个在某一方向和 ***X*** 具有相同长度的二维数组时，plot(X,Y)则是对 ***X*** 和 ***Y*** 的每一行(或列)画线。

(3) plot(X1,Y1,X2,Y2,…,Xn,Yn)：表示对多组变量同时进行绘图，对于每一组变量，其意义同前所述。

(4) plot(X1,Y1,LineSpec,…)：其中 LineSpec 是一个指定曲线颜色、线型等特征的字符串。可以通过它来指定曲线的线型、颜色以及数据点的标记类型，如表 3-1 所示。这在突出显示原始数据点和个性化区分多组数据的时候是十分有用的。

表 3-1 指定曲线的线型、颜色以及数据点的标记类型的设置值

线型		颜色		数据点	
定义符	线型	定义符	类型	定义符	类型
-	实线	R(red)	红色	+	加号
--	画线	G(green)	绿色	o(字母)	小圆圈
:	点线	b(blue)	蓝色	*	星号
-.	点画线	c(cyan)	青色	.	实点
		M(magenta)	品红	x	交叉号
		y(yellow)	黄色	d	棱形
		k(black)	黑色	∧	上三角形
		w(white)	白色	∨	下三角形
				>	右三角形
				<	左三角形
				s	正方形
				h	正六角星
				p	正五角星

【例 3-2】 绘制矩阵的图形。

程序命令如下：

```
clear all;
t = [0:0.15:24];
medium = [t,t,t] + i * [cos( - t/4),sin(3 * t + 3),log(1 + t)];
plot(medium,'LineWidth',2);
xlabel('t');
ylabel('Y');
legend('cos( - t/4)','sin(4 * t + 3)','log(1 + t)');
```

运行结果如图 3-2 所示。

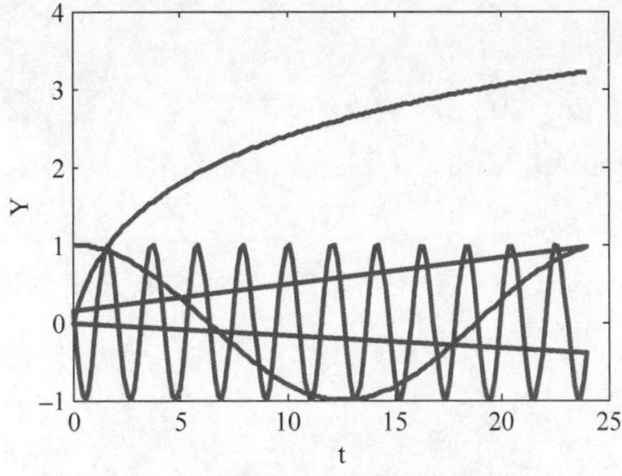

图 3-2 绘制矩阵的图形

【例 3-3】 利用 line 函数绘制 cos 函数图形。

程序命令如下：

```
clear all;
x = 0:0.15:1.5 * pi;
y =  log(x);
line(x,y);
axis([0 7  -1.5 1.5]);
xlabel('x');
ylabel('y');
```

运行结果如图 3-3 所示。

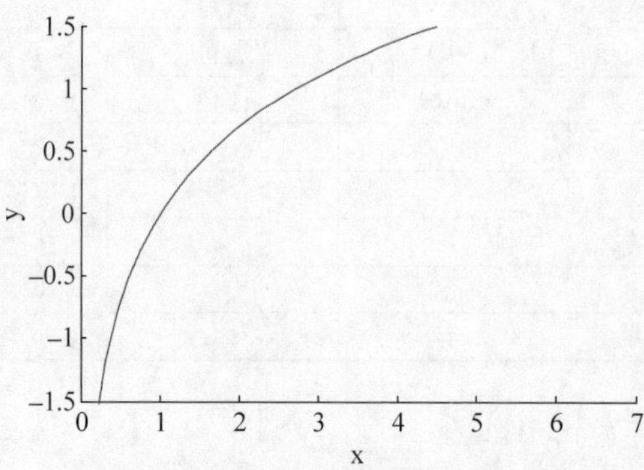

图 3-3　利用 line 函数绘制 cos 函数图形

【例 3-4】 画同心圆。

程序命令如下：

```
clear all;
theta = linspace(0,3 * pi,50);          %圆心角的采样点设置
r = 0.4:0.24:1.74;                      %半径长度的采样点设置
x = 1 + cos(theta)' * r;
y = 2 + sin(theta)' * r;
plot(x,y,1,2,'+');
axis([ -1 3 0 4]);
axis equal;
xlabel('x');
ylabel('y');
```

运行结果如图 3-4 所示。

【例 3-5】 利用 plot 函数绘制函数效果图,并对其进行线型设置。

程序命令如下：

```
clear all;
x =  - pi:pi/9:pi;
y = cos(cos(x)) - cos(sin(x));
plot(x,y,'--rs','LineWidth',2,...
                    'MarkerEdgeColor','w',...
                    'MarkerFaceColor','r',...
                    'MarkerSize',9)
```

运行结果如图 3-5 所示。

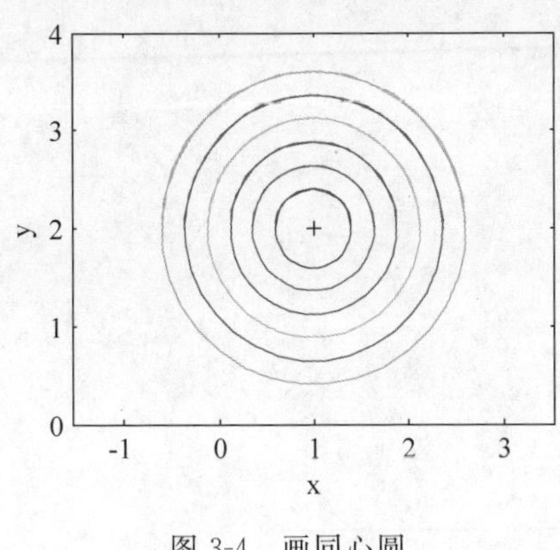

图 3-4 画同心圆

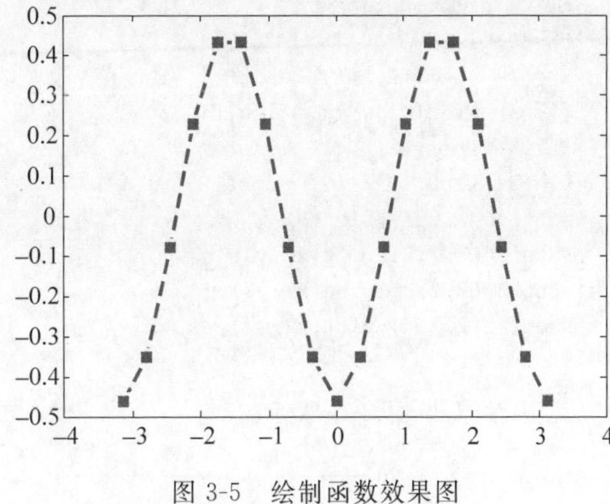

图 3-5 绘制函数效果图

3.2 figure 函数与 subplot 函数

在 MATLAB 中，figure 函数用于创建一个新的图形对象。图形对象会在屏幕上单独的窗口中输出。

subplot 函数用于生成与控制多个坐标轴。把当前图形窗口分隔成几个矩形部分，不同的部分是按行方向以数字进行标号的。每一部分有一坐标轴，后面的图形输出于当前的部分中。subplot 函数的用法有以下几种：

(1) h＝subplot(m,n,p)/subplot(mnp)：将 figure 划分为 $m\times n$ 块，在第 p 块创建坐标系，并返回它的句柄。当 m、n、$p<10$ 时，可以简化为 subplot(mnp)或者 subplot mnp。subplot 是将多个图画到同一个平面上的工具。其中，m 表示是图排成 m 行，n 表示图排成 n 列，也就是整个 figure 中有 n 个图是排成一行的，一共 m 行，如果第一个数字是 2 就是表示 2 行图。p 是指要把曲线画到 figure 中哪个图上，如果是 1 表示是从左到右第一个位置。

(2) subplot(m,n,p,'replace')：创建新坐标系来替换已存在的所指定的坐标系。

(3) subplot(m,n,P)：此时 **P** 为向量，表示将 **P** 中指定的小块合并成一个大块创建坐标系，**P** 中指定的小块可以不连续，甚至不相连。比如 subplot(2,3,[2 5])表示将第 2 和 5 小块连成一个大块；subplot(2,3,[2 6])由于 2 和 6 不连续也不相连，此时表示将第 2、3、5 和 6 四块连成一个大块，相当于 subplot(2,3,[2 3 5 6])。

(4) subplot(h)：将坐标系 h 设为当前坐标系，相当于 axes(h)。

(5) subplot('Position',[left bottom width height])：在指定位置创建一个新坐标系，等效于 axes('Position',[left bottom width height])。

(6) subplot(..., prop1, value1, prop2, value2, ...)：在创建坐标系时，同时设置相关属性。

(7) h = subplot(...)：返回所创建坐标系的句柄。

【例 3-6】 画出参数方程的图形。

程序命令如下：

```
clear all;
t1 = 0:pi/4:3 * pi;
t2 = 0:pi/25:3 * pi;
x1 = 3 * (log(t1) + t1. * sin(t1));
y1 = 3 * (sin(t1) - t1. * log(t1));
x2 = 3 * (cos(t2) + t2. * sin(t2));
y2 = 3 * (log(t2) - t2. * cos(t2));
subplot(2,2,1);plot(x1,y1,'r.');
subplot(2,2,2);plot(x2,y2,'r.');
subplot(2,2,3);plot(x1,y1);
subplot(2,2,4);plot(x2,y2);
```

运行结果如图 3-6 所示。

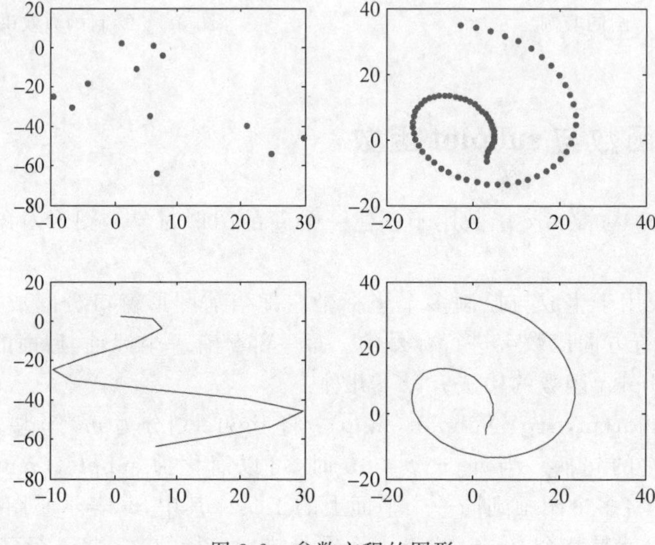

图 3-6　参数方程的图形

【例 3-7】 利用 subplot(m,n,P)函数对图形进行分割。

程序命令如下：

```
%均匀分割
figure
subplot(2,2,1)
text(.5,.5,{'1'},...
    'FontSize',20,'HorizontalAlignment','center')
subplot(2,2,2)
text(.5,.5,{'2'},...
    'FontSize',20,'HorizontalAlignment','center')
subplot(2,2,3)
text(.5,.5,{'3'},...
    'FontSize',20,'HorizontalAlignment','center')
subplot(2,2,4)
text(.5,.5,{'4'},...
    'FontSize',20,'HorizontalAlignment','center')
```

运行结果如图 3-7 所示。

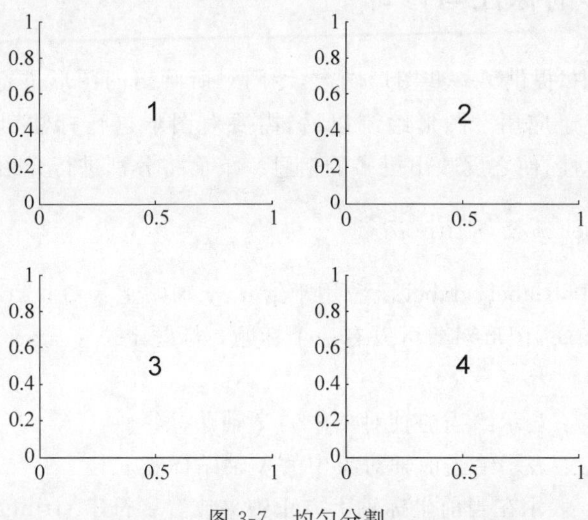

图 3-7　均匀分割

```
%左右分割
figure
subplot(2,2,[1 3])
text(.5,.5,'[1 3]',...
    'FontSize',20,'HorizontalAlignment','center')
subplot(2,2,2)
text(.5,.5,'2',...
    'FontSize',20,'HorizontalAlignment','center')
subplot(2,2,4)
text(.5,.5,'4',...
    'FontSize',20,'HorizontalAlignment','center')
```

运行结果如图 3-8 所示。

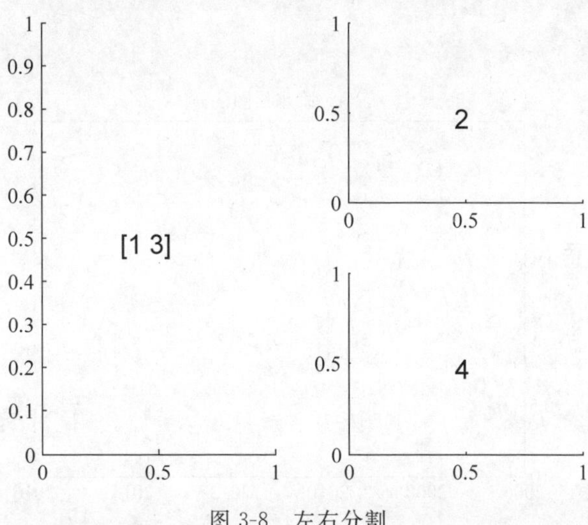

图 3-8　左右分割

3.3 二维图形的标注与修饰

在 MATLAB 中，提供了一些图形函数，专门对所画出的图形进行进一步的修饰，以使其更加美观、更便于应用。图形绘制以后，需要对图形进行标注、说明等修饰性地处理，以增加图的可读性，使之反映出更多的信息。下面将分别进行介绍这些函数。

1. xlabel、ylabel 函数与 title 函数

在 MATLAB 中，xlabel、ylabel 函数用于给 x、y 轴贴上标签；title 函数用于给当前轴加上标题。每个 axes 图形对象可以有一个标题。标题定位于 axes 的上方正中央。这些函数的用法如下：

xlabel('string')：表示给当前轴对象中的 x 轴贴标签。

ylabel('string')：表示给当前轴对象中的 y 轴贴标签。

title('string')：表示在当前坐标轴上方正中央放置字符串 string 作为标题。

title(...,'PropertyName',PropertyValue,...)：可以在添加或设置标题的同时，设置标题的属性，例如字体、颜色、加粗等。

【例 3-8】 xlabel、ylabel 函数与 title 函数使用示例。

程序命令如下：

```
x = [2006:1:2015];
y = [1.45 0.91 2.3 0.86 1.46 0.95 1.0 0.96 1.21 0.74];
xin = 2006:0.2:2015;
yin = spline(x,y,xin);
plot(x,y,'ob',xin,yin,'-.r')
title('降水量图')
xlabel('年份','FontSize',10)
ylabel('每年降雨量','FontSize',10)
```

运行结果如图 3-9 所示。

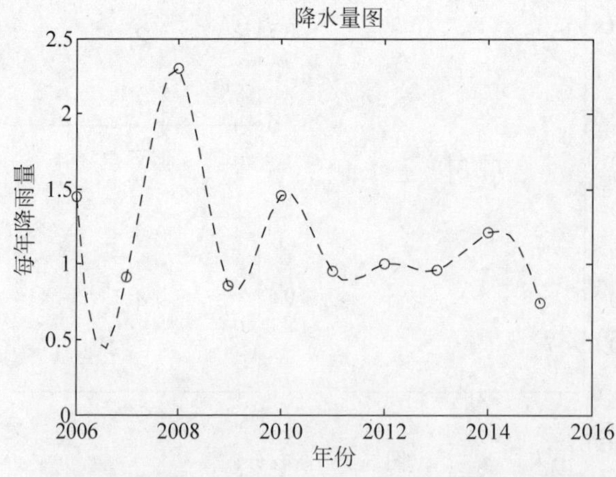

图 3-9 坐标轴标注函数 xlabel 和 ylabel 使用示例

2. axis 函数

在 MATLAB 中，axis 函数用于根据需要适当调整坐标轴，该函数调用格式有以下几种：

(1) axis([xmin xmax ymin ymax])：此函数将所画的 x 轴的大小范围限定在{xmin，xmax}之间，y 轴的大小范围限定在{ymin，ymax}之间。

(2) axis(str)：将坐标轴的状态设定为字符串参数 str 所指定的状态。参数 str 是由一对单引号所包起来的字符串，它表明了将坐标轴调整为哪一种状态。各种常用字符串的含义如表 3-2 所示。

(3) variable＝axis：变量 variable 保存的是一个向量值，显然这个向量值能够以 axis(variable)的形式应用于设定坐标轴的大小范围。

(4) [s1，s2，s3]＝axis('state')：将当前所使用的坐标轴的状态存储到向量[s1，s2，s3]中。s1 说明是否自动设定坐标轴的范围，取值为'auto'或'manual'；s2 说明是否关闭坐标轴，取值为'on'或'off'；s3 说明所使用的坐标轴的种类，取值为'xy'或'ij'。表 3-2 揭示了 axis 函数的用法。

表 3-2 axis 函数的用法

命　令	描　述
axis([xmin xmax ymin ymax])	表示按照用户给出的 x 轴和 y 轴的最大、最小值选择坐标系
axis('auto')	表示自动设置坐标系：xmin＝min(x)；xmax＝max(x)；ymin＝min(y)；ymax＝max(y)
axis('xy')	表示使用笛卡尔坐标系
axis('ij')	表示使用 matrix 坐标系，即坐标原点在左上方，x 坐标从左向右增大，y 坐标从上向下增大
axis('square')	表示将当前图形设置为正方形图形
axis('equal')	表示将 x、y 坐标轴的单位刻度设置为相等
axis ('normal')	表示关闭 axis equal 和 axis square 命令
axis('off')	表示关闭网络线、xy 坐标的用 label 命令所加的注释，但保留用图形中 text 命令和 gtext 命令所添加的文本说明
axis('on')	表示打开网络线、xy 坐标的用 label 命令所加的注释

【例 3-9】 利用 axis 函数调整 $y=\cos x$ 的坐标轴范围。

程序命令如下：

```
x = 0:pi/100:2 * pi;
y = cos(x);
line([0,2 * pi],[0,0])
hold on;
plot(x,y)
axis([0 2 * pi  -1 1])
```

运行结果如图 3-10 所示。

【例 3-10】 利用 axis 函数绘制一个圆。

程序命令如下：

```
alpha = 0:0.01:2 * pi;
x = cos(alpha);
y = sin(alpha);
plot(x,y)
axis([ - 2 2 - 2 2])
grid on
axis square
```

运行结果如图 3-11 所示。

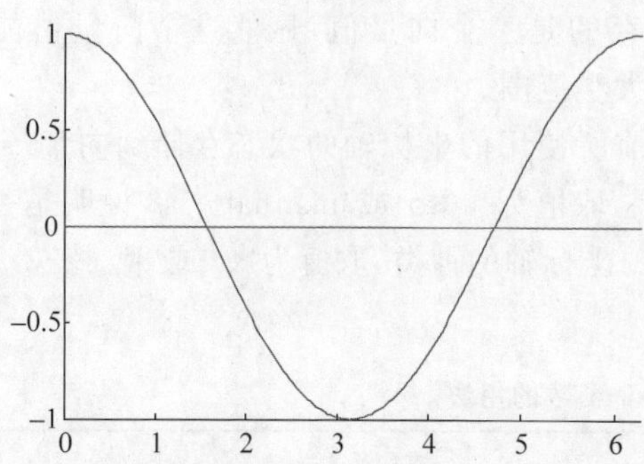

图 3-10　利用函数 axis 调整 $y=\cos x$ 的坐标轴范围

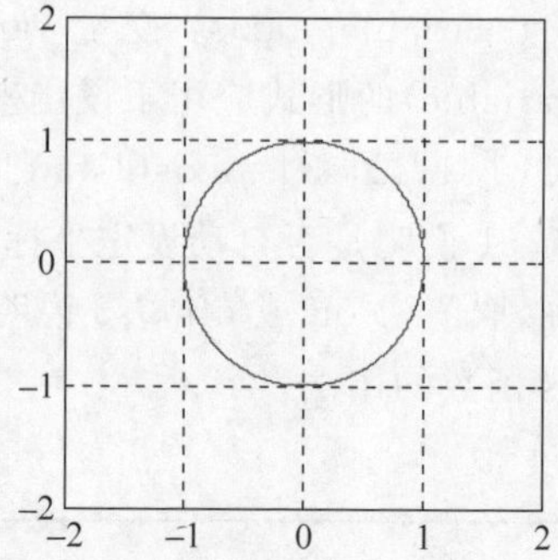

图 3-11　利用函数 axis 绘制一个圆

3. grid 函数与 legend 函数

grid 函数用于给二维或三维图形的坐标面添加网格线。legend 函数用于在图形上添加图例。该命令会在有多种图形对象类型(线条图、条形图、饼形图等)的窗口中显示一个图例。对于每一线条,图例会在用户给定的文字标签旁显示线条的线型、标记符号和颜色等。这些函数的用法如下：

grid on：表示在当前的坐标轴添加网格线；

grid off：表示从当前的坐标轴中去掉网格线；

grid：表示转换分隔线的显示与否的状态；

legend('string1', 'string2',..., pos)：表示用指定的文字 string 在当前坐标轴中对所给数据的每一部分显示一个图例,在指定的位置 pos 放置这些图例；

legend('off')：清除图例；

legend('hide')：隐藏图例；

legend('show')：显示图例。

【例 3-11】　利用 grid 函数给正弦函数图形的坐标面添加网格线。

程序命令如下：

```
x = - pi:0.1:pi;
y = sin(x);
plot(x,y)
title('正弦函数')
grid on
```

运行结果如图 3-12 所示。

【例 3-12】 利用 grid 命令去掉单位圆图形的网格线。

程序命令如下：

```
alpha = 0:0.01:2 * pi;
x = sin(alpha);
y = cos(alpha);
plot(x,y)
axis([ - 1.2 1.2  - 1.2 1.2])
grid off
axis square
```

运行结果如图 3-13 所示。

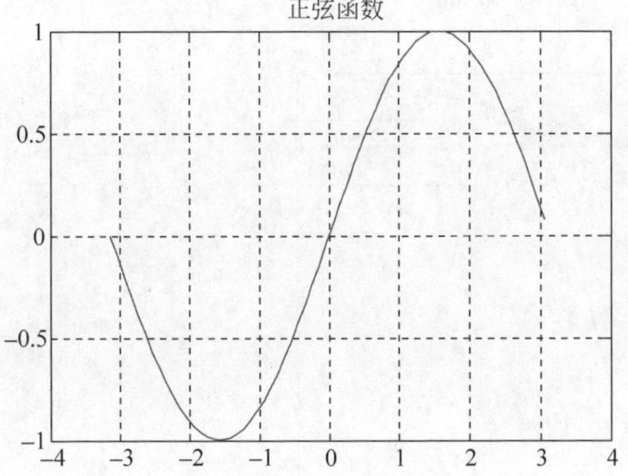

图 3-12 给正弦函数图形的坐标面添加网格线

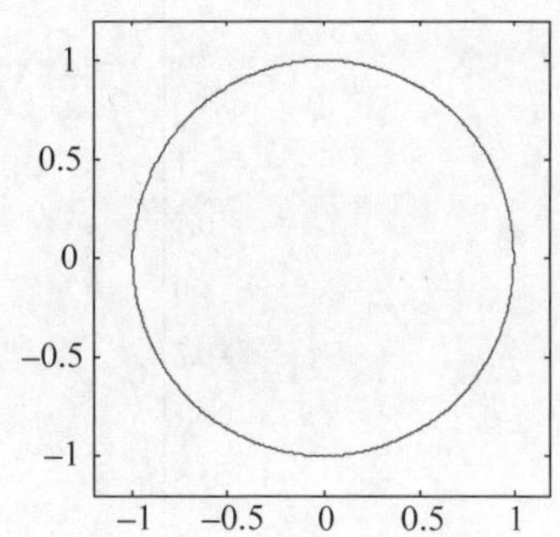

图 3-13 去掉单位圆图形的网格线效果图

【例 3-13】 使用 legend 函数在图形中添加图例。

程序命令如下：

```
y = magic(2);bar(y);
legend('第一列','第二列',2);
grid on
```

运行结果如图 3-14 所示。

【例 3-14】 图形标定函数 legend 使用示例。

程序命令如下：

```
x = 0:0.01 * pi:4 * pi;
y1 = 2 * sin(x);
y2 = log(x);
plot(x,[y1;y2])
axis([0 4 * pi  - 2 2.5])
set(gca,'XTick',[0 pi 2 * pi],'XTickLabel',{'0','pi','2pi'})
legend('2 * sin(x)','log (x)')
```

运行结果如图 3-15 所示。

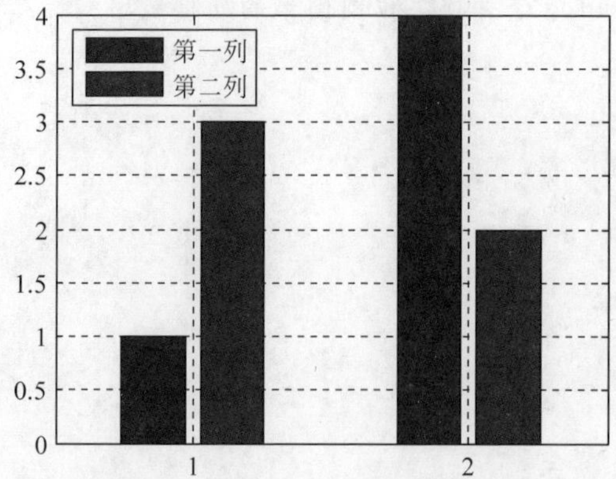

图 3-14　图形中添加图例效果图

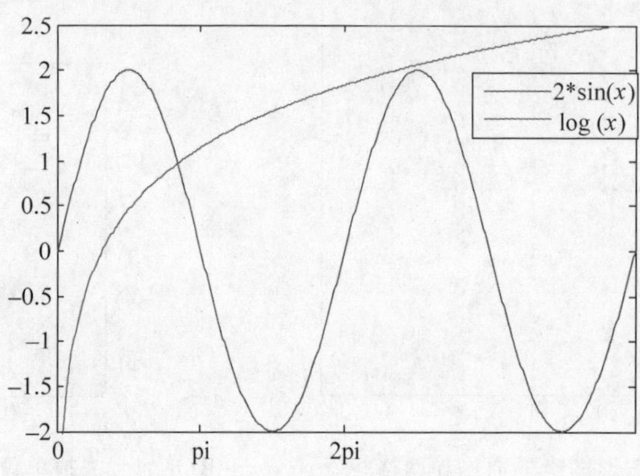

图 3-15　图形标定函数 legend 使用示例

4. fill 函数与 hold 函数

在 MATLAB 中，fill 函数用于对一个封闭的图形进行填充处理。hold 函数用于对当前的绘图叠加。这些函数的调用方法如下：

fill(x,y,d)：用 d 指定颜色来填充建立一个多边形。其中 d 为颜色映像索引向量或矩阵或颜色字符('r'、'g'、'b'、'c'、'm'、'y'、'w'、'k')。若 d 是列向量，则 length(d)必须等于 size(x,2)与 size(y,2)；若 d 为行向量，则 length(d)必须等于 size(x,1)与 size(y,1)。

fill(x,y,ColorSpec)：用 ColorSpec 指定的颜色填充由 x 与 y 定义的多边形，其中 ColorSpec 可以为颜色字符：'r'、'g'、'b'、'c'、'm'、'y'、'w'、'k'。

fill(x1,y1,c1,x2,y2,c2)：一次定义多个要填充的二维区域。

fill(…,'PropertyName',PropertyValue)：允许用户定义组成 fill 多边形的 patch 图形对象某个属性名称的属性值。

h=fill(…)：返回 patch 图形对象句柄值的向量，并且每一个 patch 对象对应一个句柄值。

hold：可以切换当前的绘图叠加模式。

hold on 或 hold off：表示明确规定当前绘图窗口叠加绘图模式的开关状态。

hold all：不但实现 hold on 的功能，使得当前绘图窗口的叠加绘图模式打开，而且使新的绘图指令依然循环初始设置的颜色循环序和线型循环序。

【例 3-15】 利用 fill 函数绘制一个七角形。

程序命令如下：

```
t = (1/14:1/7:1)' * 2 * pi; % 定义七角形的刻度
x = sin(t);y = cos(t);
H = fill(x,y,'r');
axis square
```

运行结果如图 3-16 所示。

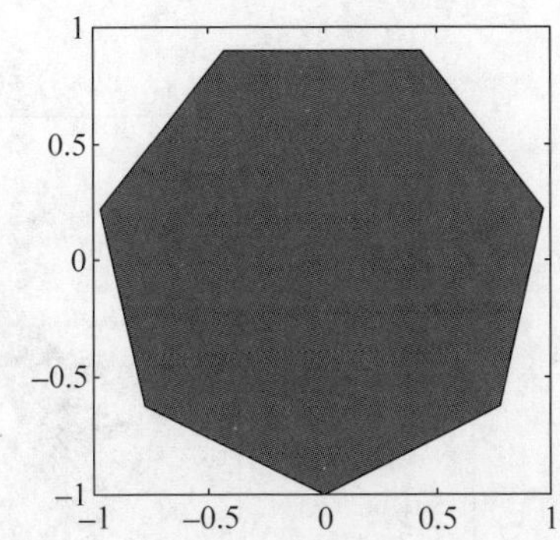

图 3-16　利用 fill 函数绘制一个七角形

5. text 函数与 gtext 函数

text 函数用于在当前轴中创建 text 对象，text 函数是创建 text 图形句柄的低级函数，可用该函数在图形中指定的位置上显示字符串。gtext 函数用于在当前二维图形中用鼠标放置文字，当光标进入图形窗口时，会变成一个大十字，表明系统正等待用户的动作。这些函数的用法如下：

text(x,y,'string')：表示在图形中指定的位置(x,y)上显示字符串 string。

text(x,y,string,option)，主要功能是在图形指定坐标位置(x,y)处，写出由 string 所给出的字符串。坐标(x,y)的单位是由选项参数 option 决定的。如果不给出该选项参数，则(x,y)坐标的单位与图中的单位是一致的；如果选项参数取为'sc'，则(x,y)坐标表示规范化的窗口相对坐标，其变化范围为 0～1，即该窗口绘图范围的左下角坐标为(0,0)，右上角坐标为(1,1)。

gtext('string')：表示当光标位于一个图形窗口内时，等待用户单击鼠标或按下键盘。若按下鼠标或键盘，则在光标的位置放置给定的文字 string。

【例 3-16】 利用 text 函数将文本字符串放置在图形中的任意位置。

程序命令如下：

```
x = 0:pi/100:6;
```

```
plot(x,sin(x));
text(3*pi/4,sin(3*pi/4),'\leftarrowsin(x) = 0.707','fontsize',14); %放置文本字符串
text(pi,sin(pi),'\leftarrowsin(x) = 0','fontsize',14);
text(5*pi/4,sin(5*pi/4),'sin(x) = - 0.707\rightarrow','horizontal','right','fontsize',
14);
```

运行结果如图 3-17 所示。

【例 3-17】 使用 gtext 函数可以将一个字符串放到图形中,位置由鼠标来确定。

程序命令如下:

```
plot(peaks(80));
gtext('图形','fontsize',16)
```

运行结果如图 3-18 所示。

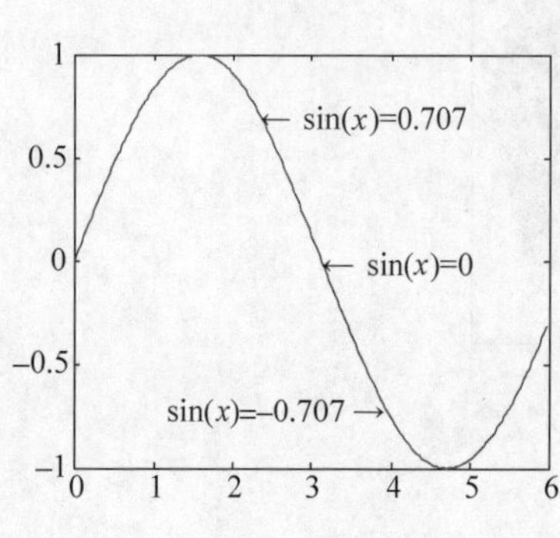

图 3-17 在图形中添加文本标注

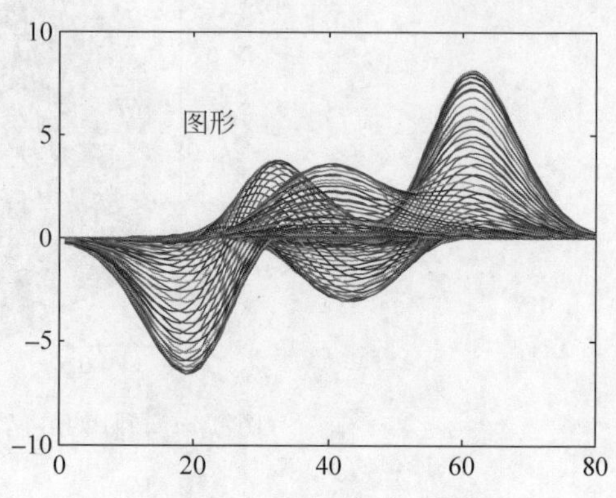

图 3-18 使用函数 gtext 示例效果图

3.4 特殊二维图形的绘制

与数值计算和符号计算相比,图形的可视化技术是数学计算人员所追求的更高级的一种技术,因为对于数值计算和符号计算来说,不管计算的结果是多么得准确,人们往往无法直接从大量的数据和符号中体会它们的具体含义。

1. 特殊坐标系的二维图形函数

1) semilogx 函数

semilogx 函数用于对 x 轴按对数比例绘数据图,其他与 plot 函数类似。

【例 3-18】 semilogx 函数示例一。

程序命令如下:

```
y = 0:0.1:1;
semilogx(y,'+');  %令x轴为以10为底的对数比例(即坐标轴按照相等的指数变化来增加,每个
                  %单位为10^1)、y轴为线性比例绘数据图,当y为实数向量时,则绘制y的元素
                  %与它们的指数之间的数据图
```

运行结果如图 3-19 所示。

【例 3-19】 semilogx 函数示例二。

程序命令如下：

```
x = 1:0.1 * pi:2 * pi;
y = sin(x);
semilogx(x,y,'*');
```

运行结果如图 3-20 所示。

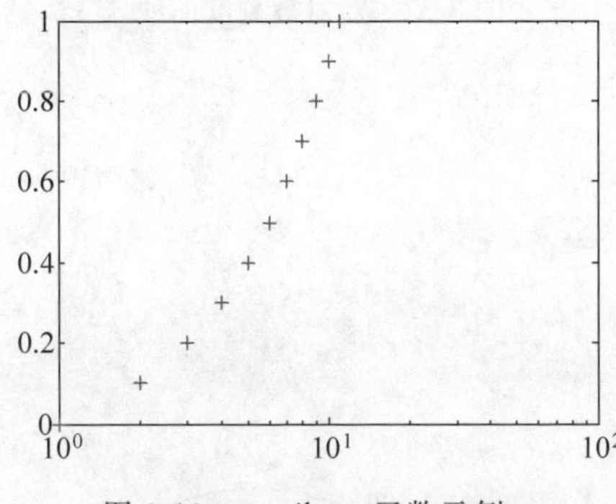

图 3-19　semilogx 函数示例一

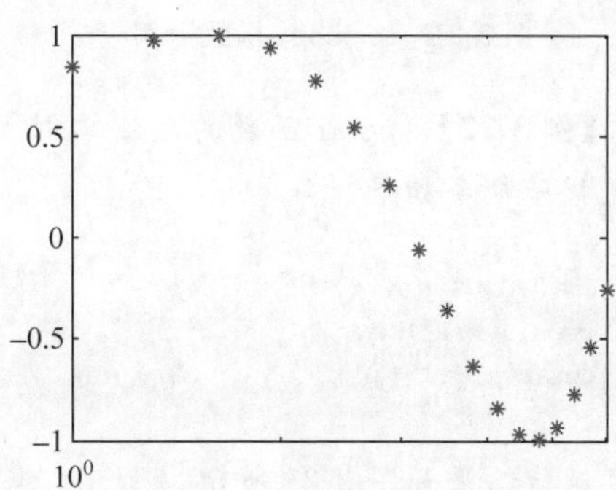

图 3-20　semilogx 函数示例二

2）semilogy 函数

semilogy 函数与 semilogx 函数正好相反，它是对 y 轴按对数比例绘数据图。

【例 3-20】 semilogy 函数示例。

程序命令如下：

```
x = 0:0.1:10;
semilogy(x,10^x);
```

运行结果如图 3-21 所示。

3）loglog 函数

loglog 函数用于对 x 轴和 y 轴都按对数比例绘数据图。

【例 3-21】 loglog 函数示例。

程序命令如下：

```
x = logspace(-3,3);
loglog(x,exp(x),'o');
grid on
```

运行结果如图 3-22 所示。

4）polar 函数

polar 函数用于绘制极坐标系下的二维图形，调用格式为

polar(theta,rho,s)：其中，theta 为弧度表示的角度向量，rho 是相应的幅向量，s 为图形属性设置选项。

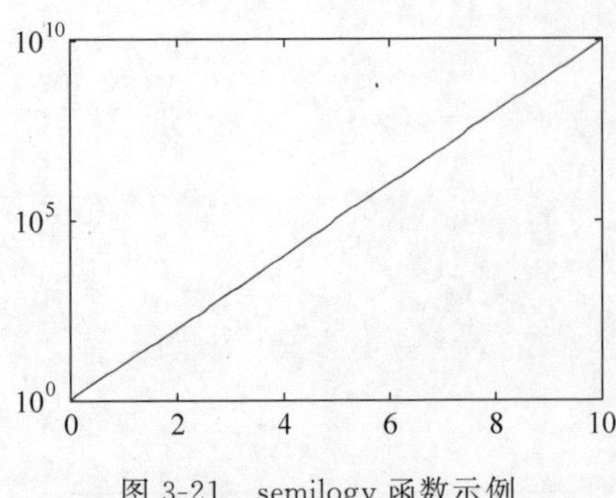

图 3-21　semilogy 函数示例

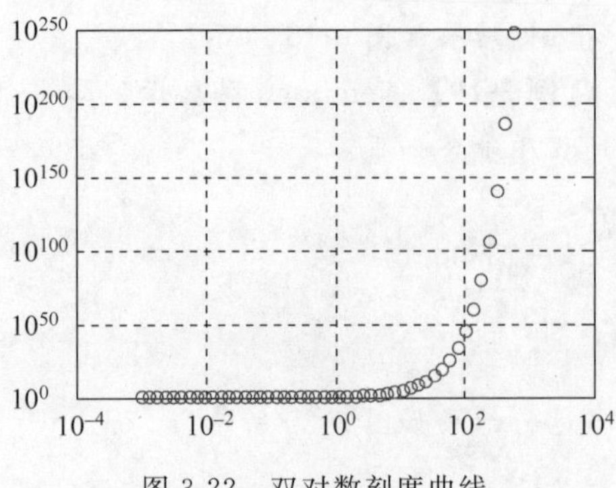

图 3-22　双对数刻度曲线

【例 3-22】 polar 函数的用法举例。

程序命令如下：

```
x = 0:0.01 * pi:4 * pi;
y = sin(x/2) + x;
polar(x,y,'-');
```

运行结果如图 3-23 所示。

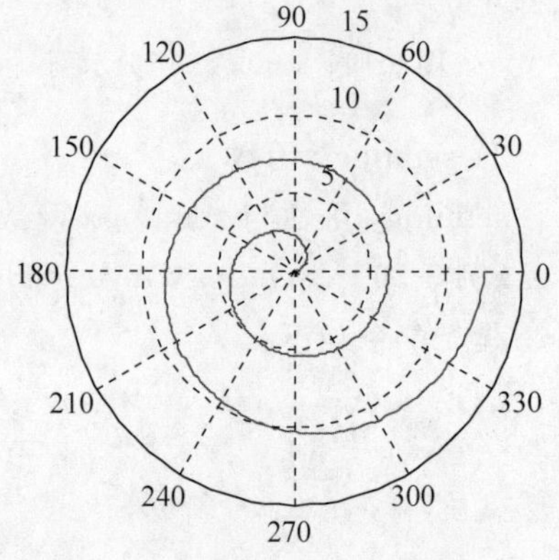

图 3-23　polar 函数的用法举例

5）plotyy 函数

在进行数值比较过程中经常会遇到双纵坐标(即双 y 轴坐标系)显示的要求，解决该问题，可调用 plotyy 函数。完整调用格式为

plotyy(x1,y1,x2,y2,fun1,fun2)：该命令将以 fun1 方式绘制(x1,y1)，以 fun2 方式绘制(x2,y2)。其中，若默认参数 fun1 和 fun2 时，则以 plot 方式绘制图形；默认参数 fun2 时，则以 fun1 方式绘制图形(fun1 可以为 plot、semilogx、semilogy 等)。

【例 3-23】 利用 plotyy 函数产生两个 y 轴，来指定同一数据的两种不同显示形式。

程序命令如下：

```
t = 0:pi/30:6;
y = exp(cos(t));
plotyy(t,y,t,y,'plot','stem')
```

运行结果如图 3-24 所示。

【例 3-24】 利用 plotyy 函数在同一个图中绘制两组不同的数据。

程序命令如下：

```
t = 0:800;A = 900;a = 0.004;b = 0.004;
z1 = A * exp( - a * t);
z2 = cos(b * t);
plotyy(t,z1,t,z2,'semilogy','plot')
```

运行结果如图 3-25 所示。

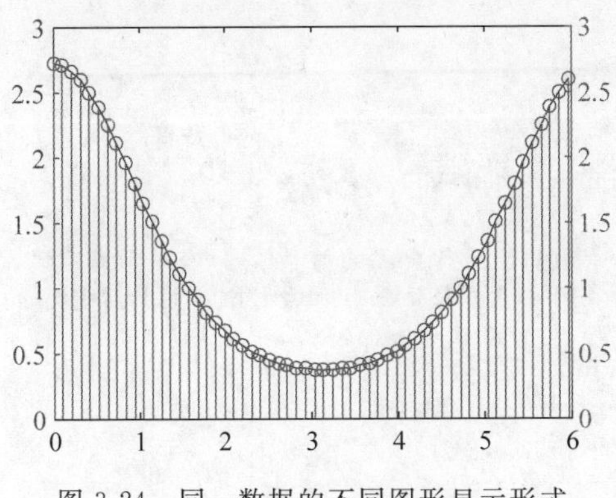

图 3-24 同一数据的不同图形显示形式

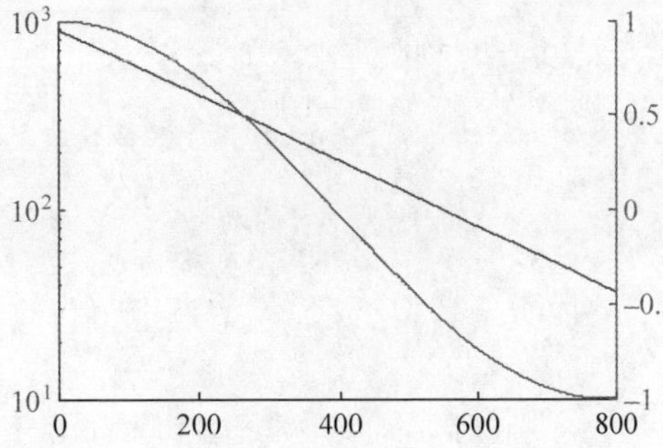

图 3-25 用两种不同类型的 y 轴绘图比较

2. 特殊二维图形函数

1）条形图、水平条形图

bar(x,y)表示在 x 指定的位置上绘 y 中每一元素的条形图。

【例 3-25】 绘制垂直和水平直方图。

程序命令如下：

```
clear all;
bar (rand(1,10))
```

运行结果如图 3-26 所示。

【例 3-26】 绘制矩阵的直方图。

程序命令如下：

```
x = -2:0.1:2;
Y = exp(-x. * x);
bar(x,Y)
```

运行结果如图 3-27 所示。

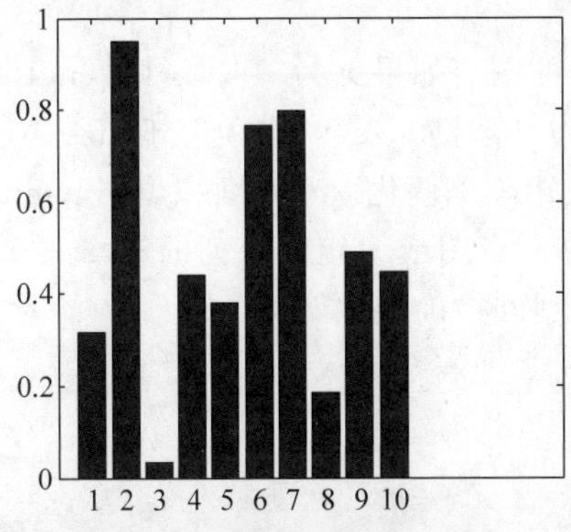

图 3-26 Y 是向量时的直方图

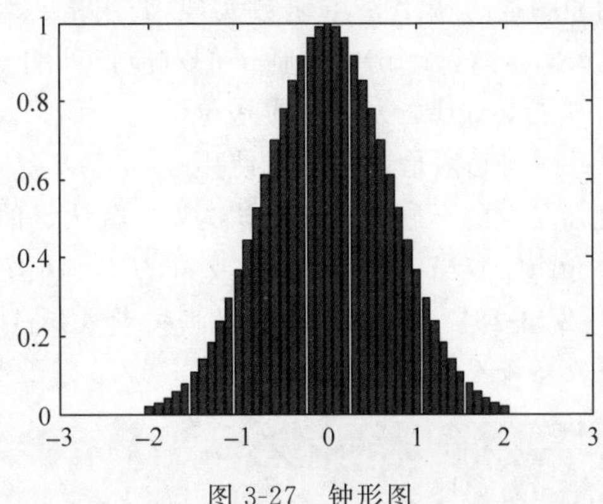

图 3-27 钟形图

【例 3-27】 创建 4 个次级图形，显示不同条形变量的效果。

程序命令如下：

```
y = round(rand(5,3) * 10);
subplot(2,2,1);
bar(y,'group'); % 'group'用于显示 5 组条形组,每个条形组中有 3 个垂直条形
subplot(2,2,2);
bar(y,'stack'); % 为 y 中的每一行显示一个条形,条形高度为行中元素的和,每一个条形都用多
                % 种颜色表示,颜色对应于不同种类的元素并显示每行元素对总和的相对贡献
subplot(2,2,3);
bar(y,'stack');
subplot(2,2,4);
bar(y,1.5);
```

运行结果如图 3-28 所示。

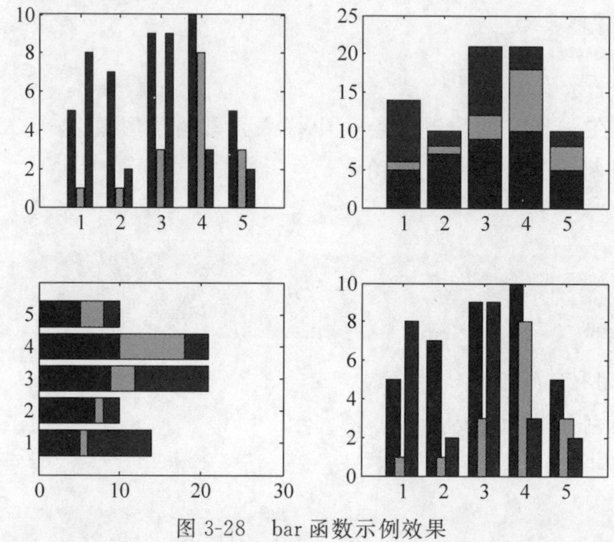

图 3-28　bar 函数示例效果

2）面积图

面积图将向量(或矩阵)***y*** 中的元素显示为一条或多条曲线，并填充每条曲线以下的面积。当 ***y*** 为矩阵时，曲线堆栈，显示每个 ***x*** 区间内每行元素对曲线总高度的贡献。绘制面积图通过调用 area 函数实现，调用格式为

area(x,y,ymin)：绘制 x 的对应点处的 y 数据的图。如果 ***x*** 为一向量，则 length(x) 必须等于 length(y)，x 必须是单调的。如果 ***x*** 为一矩阵，则 size(x)必须等于 size(y)，且 x 的每一列必须是单调的。使用 sort 可以使向量或矩阵单调化。对于面积填充，ymin 为指定方向上的下限，ymin 默认为 0。默认 x 时，绘 ***y*** 向量图或 ***y*** 矩阵每列的和，x 自动根据 length(y)(当 ***y*** 为向量时)或 size(y,1)(当 ***y*** 为矩阵时)确定比例。

【例 3-28】 用 area 函数根据矢量或矩阵的各列生产一个区域图。

程序命令如下：

```
X = magic(6);
area(X)
```

运行结果如图 3-29 所示。

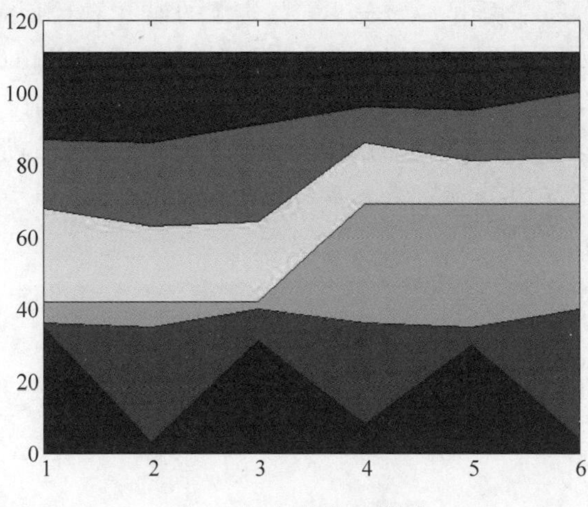

图 3-29　矩阵的区域图

3）饼图

饼图显示某向量或矩阵中各元素所占的比例。pie 函数和 pie3 函数分别创建二维饼图和三维饼图，pie 函数的调用格式为

pie(x,explode)：explode 为与 x 对应的零或非零矩阵，非零值对应的扇区将从饼图中分离，所以，若 explode(i,j)非零，则 $x(i,j)$ 对应扇区从中心分离（注意：explode 必须与 x 有相同的大小）。参数 explode 默认时，使用 x 中的数据绘制饼图，x 中的每一个元素用饼图中的一个扇区表示。

【例 3-29】 利用 pie(X)函数绘制一张饼图。

程序命令如下：

```
x = [4 3 8 2 1 7 5];
explode = [0 0 0 0 1 1 0];
pie(x, explode)
```

运行结果如图 3-30 所示。

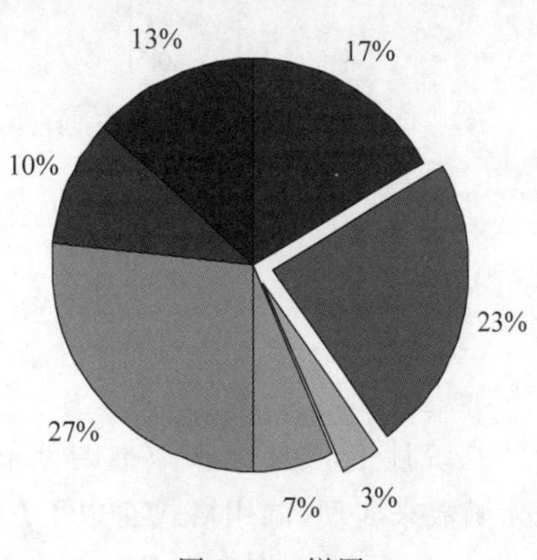

图 3-30　饼图

4）误差条图

误差条图显示数据的置信区间或沿曲线的偏差，误差条图通过调用 errorbar 函数来绘制，调用格式有以下几种：

errorbar(Y,E)：对 Y 绘图并在 Y 的每个元素处绘一误差条，误差条两端距离曲线上下均为 $E(i)$ 长度。

errorbar(X,Y,E)：绘 X 和 Y 的误差条图，误差条长度为 2 * E(i)，其中 X、Y 和 E 必须大小相同。当它们为向量时，每个误差条均由 $(X(i),Y(i))$ 定义，曲线上的点上下各 $E(i)$ 误差条。当它们为矩阵时，每个误差条则由 $(X(i,j),$

$Y(i,j)$)定义。

errorbar(X,Y,L,U)：用由 $L(i)+U(i)$指定了的误差条上下长度来绘制误差条图，其中，X、Y、L 和 U 必须大小相同。当它们为向量时，每个误差条由($X(i)$,$Y(i)$)定义，用 $L(i)$定义下面的距离，用 $U(i)$定义上面的距离。当它们为矩阵时，每个误差条由($X(i,j)$,$Y(i,j)$)定义，用 $L(i,j)$定义下面的距离，用 $U(i,j)$定义上面的距离。

【例 3-30】 利用 errorbar 函数来表示已知资料的误差值。

程序命令如下：

```
x = linspace(0,2 * pi,30);
y = cos(x);
e = std(y) * ones(size(x)) % 标准差
errorbar(x,y,e)
```

运行结果如下：

```
e =
  Columns 1 through 13
    0.7303   0.7303   0.7303   0.7303   0.7303   0.7303   0.7303   0.7303   0.7303   0.7303
  0.7303   0.7303   0.7303
  Columns 14 through 26
    0.7303   0.7303   0.7303   0.7303   0.7303   0.7303   0.7303   0.7303   0.7303   0.7303
  0.7303   0.7303   0.7303
  Columns 27 through 30
0.7303   0.7303   0.7303   0.7303
```

运行结果如图 3-31 所示。

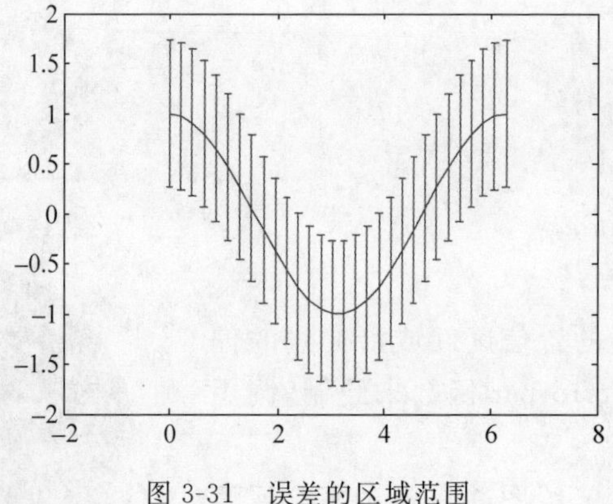

图 3-31　误差的区域范围

5）直方图

在统计中，为了掌握数据的分布特征，需要绘制直方图，绘制直方图可通过调用函数 hist 函数来实现，调用格式有以下几种：

n=hist(Y)：将 $\boldsymbol{Y}$ 中的元素分到 10 个间隔相同的条形中，并返回每个条形中元素的个数。若 $\boldsymbol{Y}$ 是矩阵，则 hist 函数对每一列生成直方图。

n=hist(Y,x)：其中 $\boldsymbol{x}$ 为向量，返回 $\boldsymbol{Y}$ 的分布。如，若 $\boldsymbol{x}$ 为一 5 元素的向量，则 hist

函数将 **Y** 中的元素分配到五组条形中。

n=hist(Y,nbins)：其中，nbins 为标量，使用 nbins 组条形。

直方图的 x 轴反映 **Y** 中值的范围，直方图的 y 轴显示落到组中的元素个数。所以，在任意条形组中，y 轴包含 0 到最大元素个数的范围。

直方图用添加阴影的图形对象创建，若希望改变图形的颜色，可以设置阴影属性。

【例 3-31】 创建服从高斯分布的数据的钟形直方图。

程序命令如下：

```
x = -2.9:0.1:2.9;
y = randn(10000,1);
hist(y,x);
%改变图形的颜色,使得条形为红色,条形的边为白色
h = findobj(gca,'Type','patch');
set(h,'FaceColor','r','EdgeColor','w');
```

运行结果如图 3-32 所示。

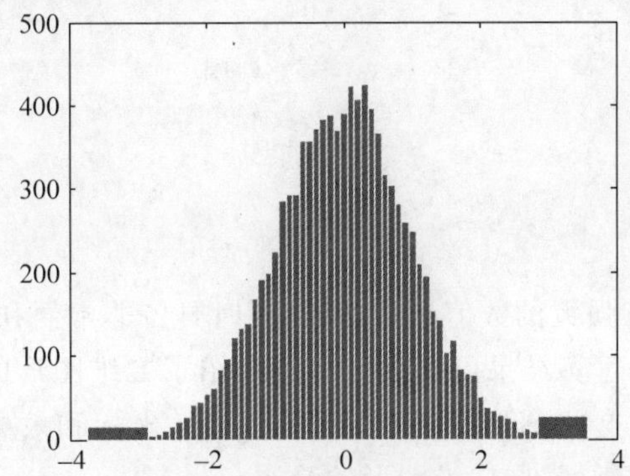

图 3-32 创建服从高斯分布的数据的钟形直方图

6）等高线图

contour 函数用于绘制等高线图，其调用格式如下：

```
contour(Z,N/V)
contour(X,Y,Z,N/V)
```

其中，输入变量 **Z** 必须为一数值矩阵，是该函数必须输入的变量，可以将它理解为 x-y 平面的高度。变量 N/V 为可选输入变量，参数 N 为所绘图形等高线的条数，即按指定数目绘制等高线；也可以选择输入参数 **V**（这里，**V** 为一数值向量），等高线的条数将为向量 **V** 的长度，并且等高线的值为对应向量的元素值。如果没有选择，系统将自动为矩阵 **Z** 绘制等高线图，其等高线条数为预设值。如果按后一种方式调用，**X** 和 **Y** 指定 x 轴和 y 轴的范围。当 **X** 和 **Y** 为矩阵时，它们必须与 **Z** 具有相同的大小。

【例 3-32】 在范围 $-2<x<2,-2<x<3$ 内绘制函数的等高线图。

程序命令如下：

```
[x,y] = meshgrid(-2:0.2:2,-2:0.2:3);
```

```
z = x. * exp( - x.^2 - y.^2);
[c,h] = contour(x,y,z);
clabel(c,h);     % 作等高线图的等高标签
colormap cool;     % 对上面的函数和范围,设置等高线水平为 20,设置默认颜色,生成等高线图
contour(x,y,z,20);
```

运行结果如图 3-33 所示。

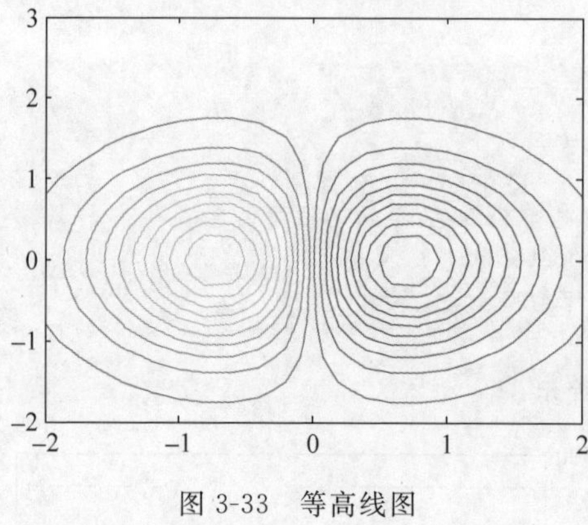

图 3-33 等高线图

本章小结

MATLAB 不仅具有强大的数值运算功能,同时具备非常便利的绘图功能,尤其擅长将数据、函数等各种科学运算结果可视化。本章介绍了二维图形的绘制和绘制特殊图形的常用函数,以及如何对这些图形的线型、色彩、标记、坐标和效果等进行修饰。希望读者通过努力学习,仔细钻研,掌握二维图形的绘制。

第4章 三维图形绘制

第3章介绍了使用MATLAB绘制二维图形,可是在实际应用中,数学计算人员需要通过绘制三维图形或者四维图形给人们提供一种更直接的表达方式,可以使人们更直接、更清楚地了解数据的结果和本质。MATLAB语言提供了强大的三维和四维绘图命令。

学习目标:

(1) 了解三维图形的绘制;

(2) 理解特殊三维图形的绘制方法;

(3) 掌握三维图形显示函数和控制;

(4) 了解四维图形的可视化。

4.1 创建三维图形

三维图形视觉上层次分明、色彩鲜艳,具有很强的视觉冲击力,让观看的人驻景时间长,并留下深刻的印象。三维图形给人以真实、栩栩如生的感觉,有很高的艺术欣赏价值。

4.1.1 三维图形概述

绘制三维图形时常用的命令函数如下:

plot3:绘制三维曲线图形;

stem3:绘制三维枝干图;

grid on:打开坐标网格;

grid off:关闭坐标网格;

hold:在原有图形上添加图形;

hold on:保持当前图形窗口内容;

hold off:解除当前保持状态。

【例4-1】 当输入参数是向量(x,y,z)时,利用plot3(x,y,z)生成三维曲线。

程序命令如下:

```
t = 0:pi/50:9 * pi;                %定义t的范围
```

```
plot3(log(t),cos(t),t)           %画三维线状图
axis square;                     %使各坐标轴的长度相等
grid on                          %打开坐标网格线
```

运行结果如图 4-1 所示。

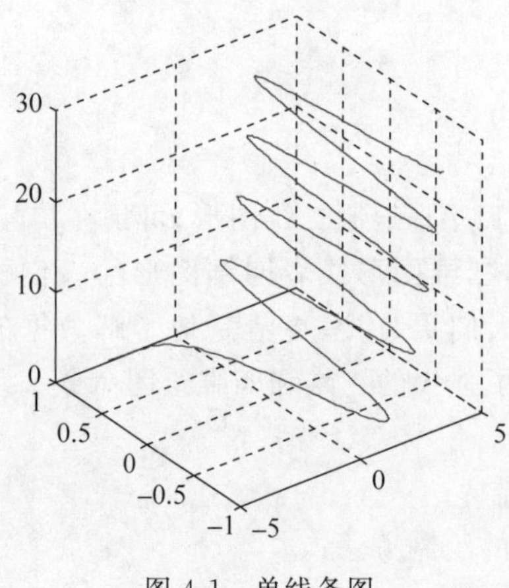

图 4-1　单线条图

4.1.2　三维曲线图

plot3 是基本的绘图命令,它把数学函数用曲线描绘出来。当输入参数是向量(x,y,z),则 plot3(x,y,z)生成一条通过各个(x,y,z)点的曲线;当输入参数是三个维数相同的矩阵 $\boldsymbol{X}$、$\boldsymbol{Y}$、$\boldsymbol{Z}$,plot3(X,Y,Z)将绘制 $\boldsymbol{X}$、$\boldsymbol{Y}$、$\boldsymbol{Z}$ 每一列的数据曲线。

【例 4-2】　用 plot3 绘制三维曲线图。

程序命令如下:

```
close all
x = -6:0.3:6;
y = 6:-0.3:-6;
z = log(-0.15 * y). * cos(x);
[X,Y] = meshgrid(x,y);
Z = exp(-0.15 * y). * cos(x);
figure
subplot(2,1,1)
plot3(x,y,z,'or',x,y,z)
subplot(2,1,2)
plot3(X,Y,Z)
```

运行结果如图 4-2 所示。

【例 4-3】　当输入参数是矩阵 $\boldsymbol{X}$、$\boldsymbol{Y}$、$\boldsymbol{Z}$ 时,plot3(X,Y,Z)生成的三维曲线。

程序命令如下:

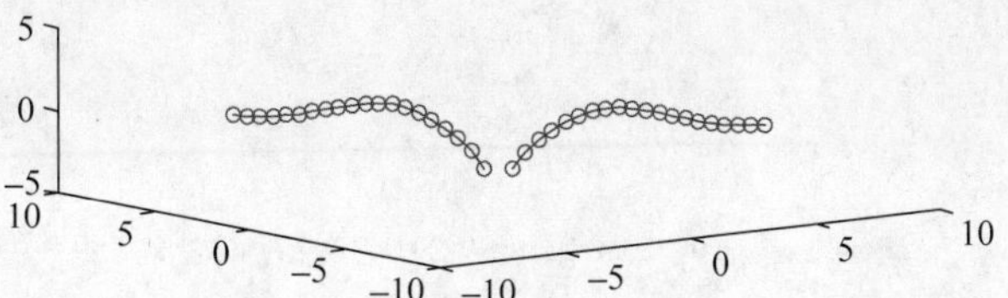

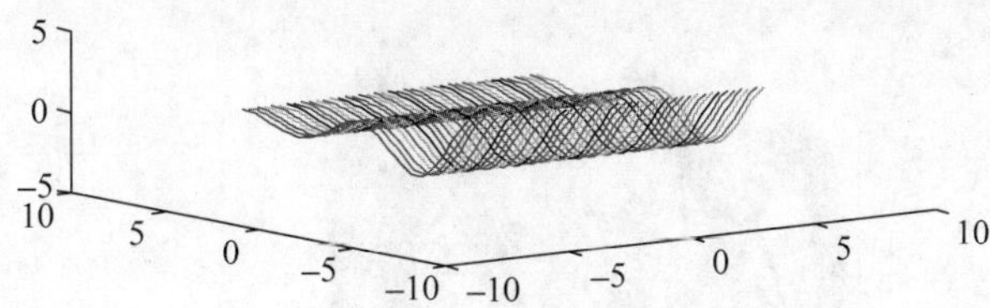

图 4-2 三维曲线图

```
[X,Y] = meshgrid([ - 2:.1:2]);              % 生成网格点坐标
Z = X. * log(X.^2 - Y.^3);                  % 定义函数 Z
plot3(X,Y,Z)                                % 绘制三维线状图
grid on                                     % 打开坐标网格
```

运行结果如图 4-3 所示。

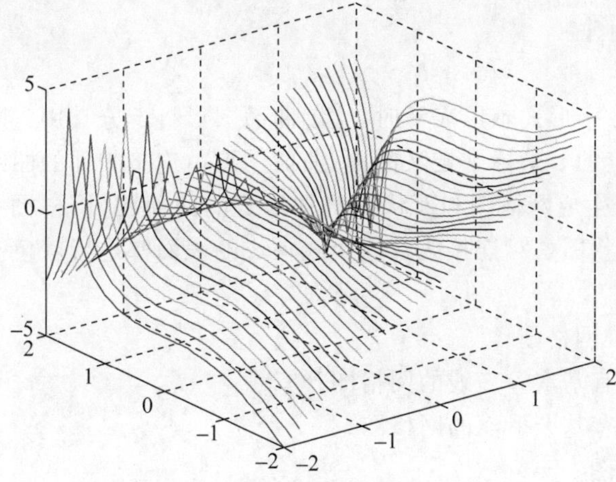

图 4-3 矩阵线状图

【例 4-4】 plot3 指令使用示例。

程序命令如下：

```
theta = 0:.02 * pi:2 * pi;
x = sin(theta);
y = log(theta);
z = cos(2 * theta);
figure
plot3(x,y,z,'LineWidth',2);
hold on;
```

```
theta = 0:.01*pi:2*pi;
x = sin(theta);
y = log(theta);
z = cos(3*theta);
plot3(x,y,z,'rd','MarkerSize',10,'LineWidth',2)
```

运行结果如图 4-4 所示。

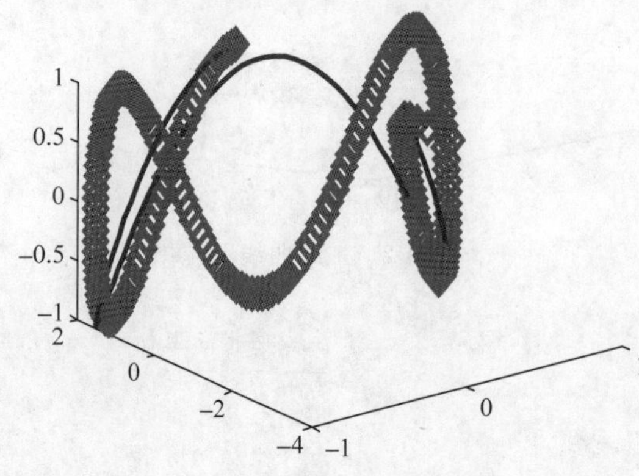

图 4-4　三维曲线运行结果

4.1.3　三维曲面图

当矩阵过大用数字形式难以表示时，绘制曲面图形将十分有用。MATLAB 用 xy 平面内矩形网格中的点的 z 坐标来定义曲面，曲面图形由连接相邻的曲线组成。

MATLAB 可以生成网格图和面状图两种形式的曲面图，网格图是一种只对连接曲线着色的曲面图，面状图是对连接线及连接线构成的表面都进行着色。

命令函数如下：

mesh：绘制三维网格图；

meshc：绘制带有基本等高线的网格图；

meshz：绘制带有基准平面的网格图；

surf：绘制面状图；

surfl：绘制设定光源方向的面状图；

shding interp 和 shading flat：把曲面上的小格平滑掉，使曲面成为光滑表面；

shding faceted：是默认状态，曲面上有小格。

【例 4-5】　绘制三维网格图。

程序命令如下：

```
close all
clear
[X,Y] = meshgrid(-3:.5:3);
Z = 3*X.^3-2*Y.^3;
subplot(2,2,1)
```

```
plot3(X,Y,Z)
title('plot3')
subplot(2,2,2)
mesh(X,Y,Z)
title('mesh')
subplot(2,2,3)
meshc(X,Y,Z)
title('meshc')
subplot(2,2,4)
meshz(X,Y,Z)
title('meshz')
```

运行结果如图 4-5 所示。

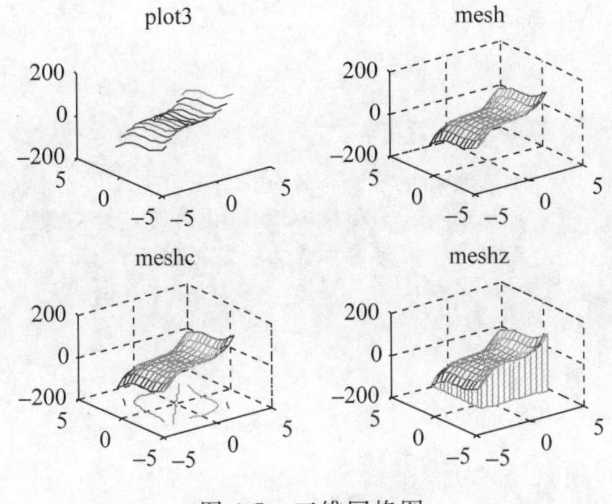

图 4-5　三维网格图

【例 4-6】 运用 mesh、meshc、meshz 绘制三维网格图。

程序命令如下：

```
x = -10:.5:10;
y = x;
[X,Y] = meshgrid(x,y);                    % 生成网格点坐标
R = log(X.^2 + Y.^2)                      % 定义 R
Z = cos (R)./R;                           % 生成函数 Z
subplot(1,3,1);                           % 分割成的 3 个子窗口中第一个为当前窗口
mesh(Z)                                   % 画网格图
title('mesh(Z)');                         % 给图形加标题
subplot(1,3,2);                           % 分割成的 3 个子窗口中第二个为当前窗口
meshc(Z)                                  % 画带有基本等高线的网格图
title('meshc(Z)');                        % 给图形加标题
subplot(1,3,3);                           % 分割成的 3 个子窗口中第三个为当前窗口
meshz(Z)                                  % 画带有基准平面的网格图
title('meshz(Z)');                        % 给图形加标题
```

运行结果如图 4-6 所示。

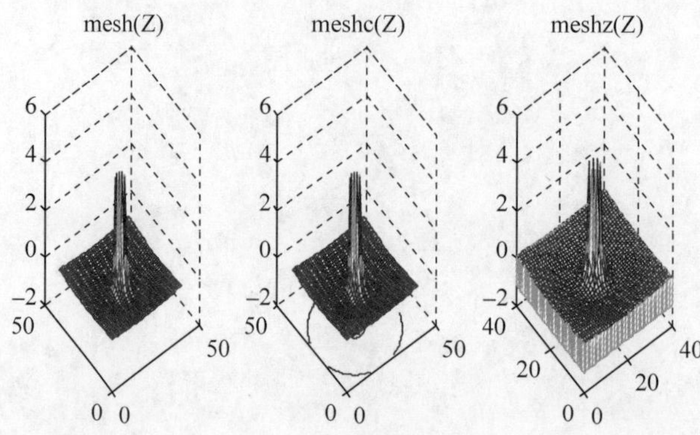

图 4-6　三维网格图

【例 4-7】 使用 surfl 命令。

程序命令如下：

```
z = peaks(10);
surfl(z);                     % 画指定光源方向的面状图
shading interp;               % 把曲面上的小格平滑掉,使曲面成为光滑表面
figure                        % 以第一图形窗口作为当前图形输出窗口
colormap(hsv);                % 设定颜色
```

运行结果如图 4-7 所示。

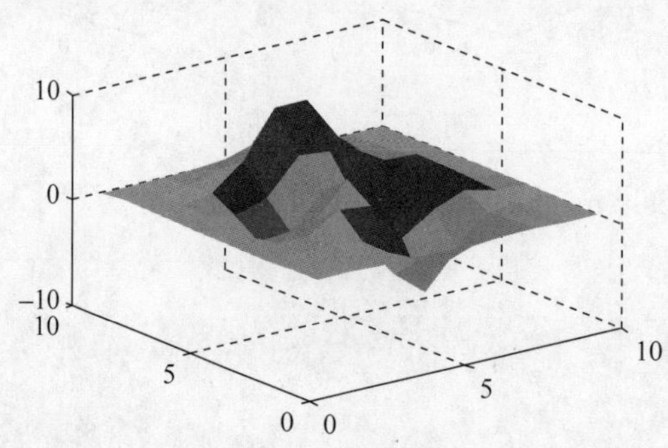

图 4-7　三维表面图

【例 4-8】 绘制三维曲面图。

程序命令如下：

```
close all
clear
[X,Y] = meshgrid( - 4:.5:4);
Z = - 3 * X.^2 - 4 * Y.^2;
subplot(2,2,1)
mesh(X,Y,Z)
title('mesh')
```

```
subplot(2,2,2)
surf(X,Y,Z)
title('surf')
subplot(2,2,3)
surfc(X,Y,Z)
title('surfc')
subplot(2,2,4)
surfl(X,Y,Z)
title('surfl')
```

运行结果如图 4-8 所示。

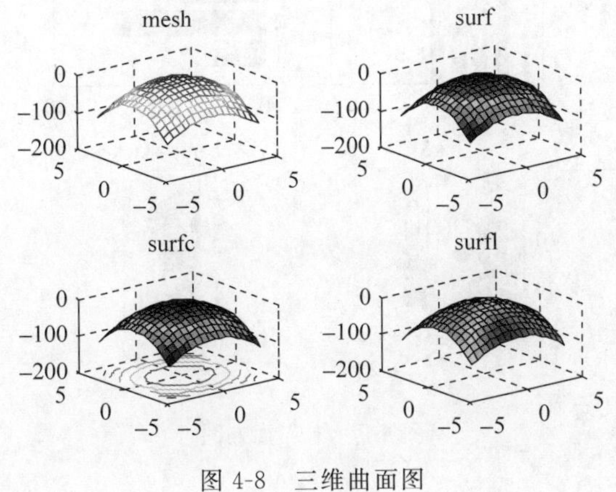

图 4-8 三维曲面图

4.2 特殊三维图形

4.2.1 三维柱状图

柱状图是平常工作中经常用到的图形，它适用于对不同数据的比较，以及分析各个数据在总体中所占的比例，在 MATLAB 中用于绘制直方图的三维函数有 bar3、bar3h，bar3 用于绘制垂直方向的直方图；bar3h 用于绘制水平方向的直方图。它们都是以输入数据矩阵的每一列为一组数据，并以相同的颜色表示，而把矩阵的行画在一起。

【例 4-9】 绘制柱状图。

程序命令如下：

```
x=[4 5 1;17 9 3;8 4 5;3 8 5;4 11 9];
subplot(2,2,1)
bar(x)
title('bar')
subplot(2,2,2)
barh(x,'stack')
title('barh-stack')
subplot(2,2,3)
```

```
bar3(x)                        %创建三维垂直方向直方图
title('bar3')
subplot(2,2,4)
bar3h(x,'stack')               %创建三维水平方向直方图
title('bar3h-stack')
```

运行结果如图 4-9 所示。

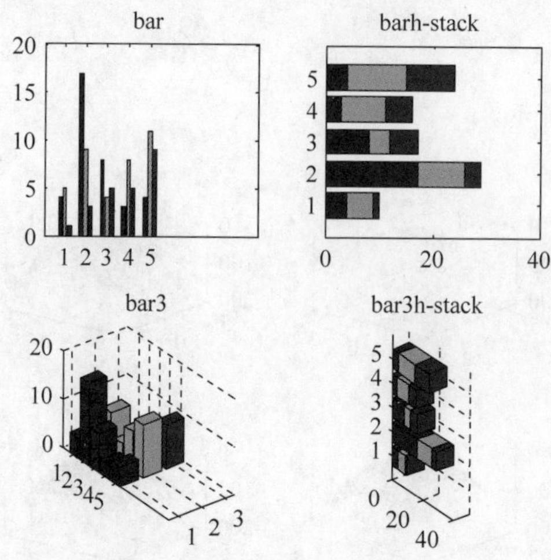

图 4-9　矩阵直方图

4.2.2　散点图

三维散点图绘制函数是 scatter3。scatter3 将三维空间的离散点标识在三维坐标轴下,实际和指定标记点类型的 plot3 的结果一样。

【例 4-10】 绘制三维散点图。

程序命令如下:

```
x = 6 * pi * ( - 1:0.2:1);
y = x;
[X,Y] = meshgrid(x,y);
R = sqrt(X.^2 + Y.^2) + eps;
Z = log(R)./R;
C = abs(del2(Z));
meshz(X,Y,Z,C)
hold on
scatter3(X(:),Y(:),Z(:),'filled')
hold off
colormap(hot)
```

运行结果如图 4-10 所示。

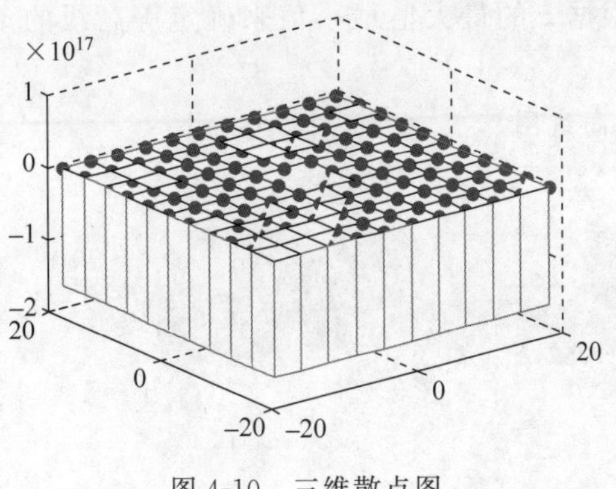

图 4-10　三维散点图

4.2.3　火柴杆图

stem3 函数用于绘制在 xy 平面上扩展的火柴杆图，如果该函数只有一个向量输入参数，MATLAB 将首先判断该向量是行向量还是列向量，然后将枝干图绘制在 $x=1$ 或 $y=1$ 处。本实验以对复平面上以 t 为半径的圆上取矢量 x、y 来绘制三维火柴杆图为例，使三维数据可视化，避免输出大量的数据点。

【例 4-11】　绘制火柴杆图。

程序命令如下：

```
t=(0:63)/64*2*pi;                %定义 t 的范围
y=t.*sin(t);                     %定义矢量 x
x=t.*cos(t);                     %定义矢量 y
stem3(x,y,t,'fill')              %以三个矢量 x、y、t 绘制三维枝杆图,并指定点为实心点
```

运行结果如图 4-11 所示。

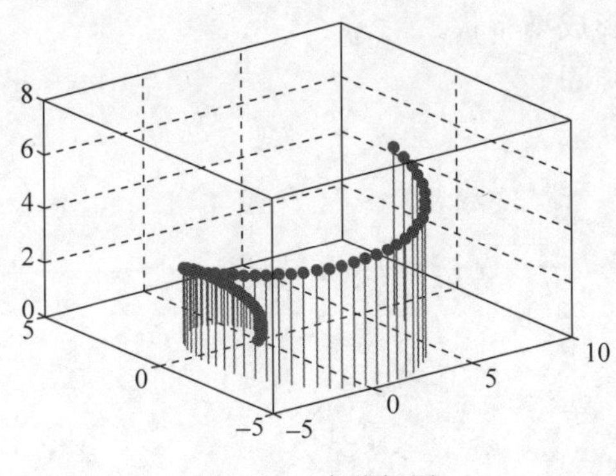

图 4-11　火柴杆图

4.2.4　等高线图

等高线图最常用于地理勘测中的地形标绘，在 MATLAB 中 contour3 函数用于绘制

等高线图，它能够自动根据 z 的最大值最小值来确定等高线的条数，也可根据给定的参数来取值。

【例 4-12】 绘制等高线图。

程序命令如下：

```
clear
close all
[X,Y] = meshgrid( - 2:0.02:2);
Z = X.^2 - Y.^2;
contour3(X,Y,Z,20)
view([45 50])
```

运行结果如图 4-12 所示。

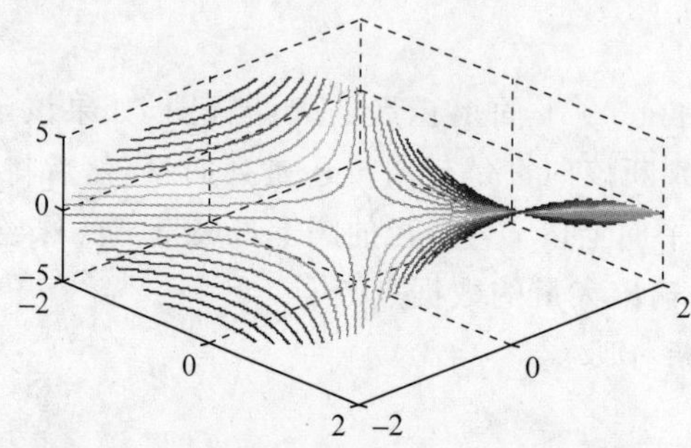

图 4-12 高斯分布矩阵的三维等高线图

4.2.5 瀑布图

瀑布图(waterfall)和网格图(mesh)是非常相似的，不同的是网格图不像瀑布图那样，把每条曲线都垂下，形成瀑布状。

【例 4-13】 绘制瀑布图。

程序命令如下：

```
clear
close all
[X,Y] = meshgrid( - 2:0.02:2);
Z = X.^2 - Y.^2;
waterfall(Z);           %画瀑布图
shading faceted         %使曲面上有小格
colormap(gray);         %设定颜色为灰色
```

运行结果如图 4-13 所示。

可以通过改变 colormap(m)中 m 参数的值，得到不同颜色的瀑布图，也可以运用课本上的例子，加深对 waterfall 命令的理解。

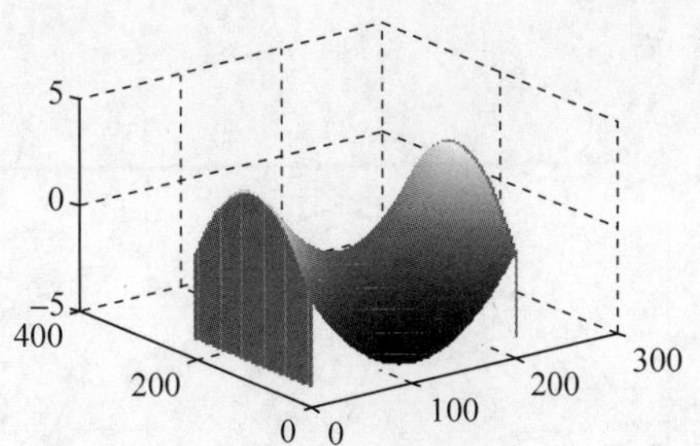

图 4-13　高斯分布矩阵的瀑布图

4.2.6　简易绘图函数

运用三维命令(mesh)绘制立体解析几何图形，加深对立体解析几何曲面的理解。

在空间解析几何中每个曲面都与一个数学方程相对应，用有三个元素的向量来表示空间中的一个点，点的轨迹即构成了空间曲面。

【例 4-14】　绘制抛物曲面。

程序命令如下：

```
x = -2:.5:2;                    %定义 x 的范围
y = x;                          %定义 y
[X,Y] = meshgrid(x,y);          %生成网格点坐标
Z = --4 * X.^2 - Y.^2;          %定义函数 Z
mesh(X,Y,Z)                     %绘制曲面图
```

运行结果如图 4-14 所示。

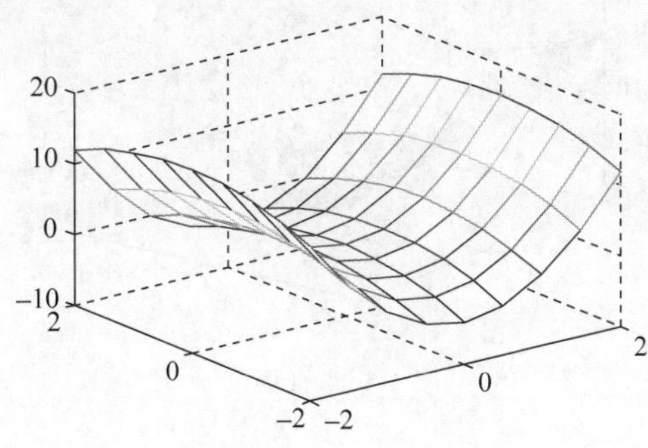

图 4-14　二次抛物线图

【例 4-15】　绘制球面 $x^2+y^2+z^2=9$。

程序命令如下：

```
x = -1:.2:1;                         %定义 x 的范围
y = x;                               %定义 y
[X,Y] = meshgrid(x,y);               %生成网格点坐标
Z = sqrt(9 - X.^2 - Y.^2) + eps;     %定义函数 Z
mesh(X,Y,Z)                          %绘制曲面图
```

运行结果如图 4-15 所示。

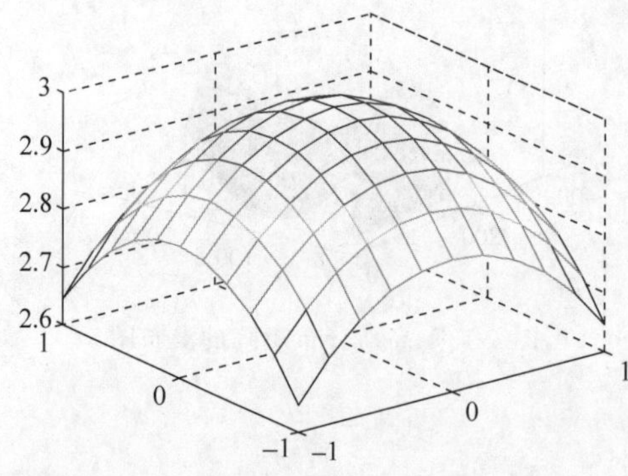

图 4-15 球面图

【例 4-16】 绘制锥面 $z^2=5x^2+5y^2$。

程序命令如下：

```
clear                              % 清除内存中保存的变量
x = -5:.25:5;                      % 定义 x 的范围
y = x;                             % 定义 y
[X,Y] = meshgrid(x,y);             % 生成网格点坐标
Z = sqrt(5. * (X.^2 + Y.^2)) + eps;  % 定义函数 Z
mesh(X,Y,Z)                        % 绘制曲面图
```

运行程序如图 4-16 所示。

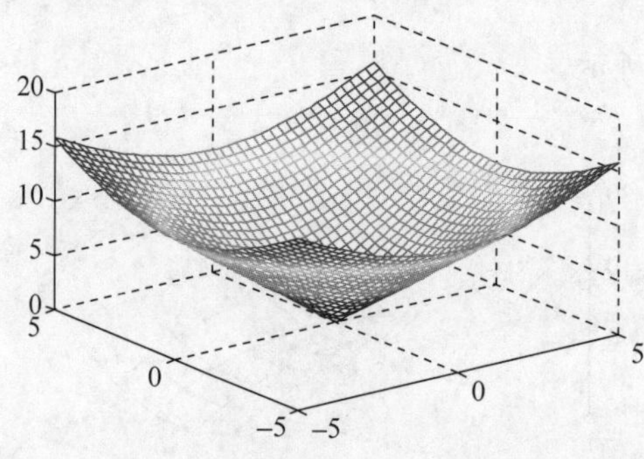

图 4-16 锥面图

【例 4-17】 绘制曲面 $z^2=x^4y^4$。

程序命令如下：

```
[X,Y] = meshgrid(-3.14:.1:3.14);          % 生成网格点坐标
Z = sqrt((X.^4). * (Y.^4));               % 定义函数 Z
mesh(X,Y,Z)                               % 绘制曲面图
```

运行结果如图 4-17 所示。

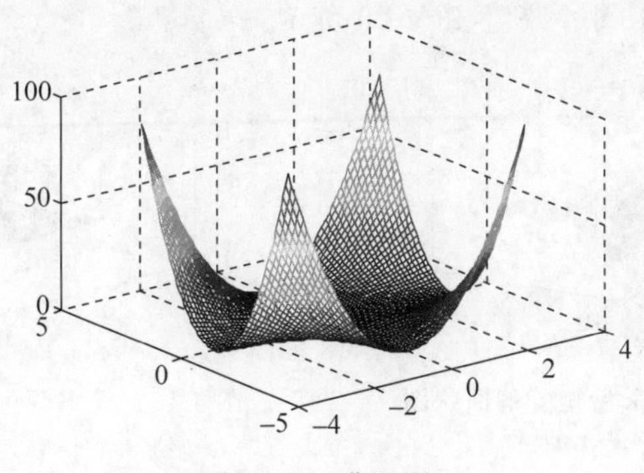

图 4-17　曲面图

4.3　三维图形显示与控制

4.3.1　颜色控制

每个 MATLAB 图形窗口中都有一个彩色矩阵图，一个 colormap 是由一个 $n\times3$ 的矩阵组成的，矩阵中的每一行由 0 到 1 的随机数构成并定义了一种特殊的颜色，这些数定义了 R(红)、G(绿)、B(蓝)颜色组合。可以通过改变 colormap()中的参数得到不同颜色的曲面图形：

colormap：设定图形的颜色。

colormap(pink)：设定颜色为粉红色；

colormap(copper)：设定颜色为铜色；

colormap(gray)：设定颜色为灰黑色；

colormap(hsv)：色调-饱和度-亮值彩色图；

colormap(cool)：蓝绿和洋红阴影彩色图；

colormap(hot)：黑-红-黄-白彩色图。

【例 4-18】　面状图的绘制。

程序命令如下：

```
z = peaks(25);                  % 定义一个 25 × 25 的高斯分布矩阵
surf(z);                        % 画面状图
shading interp;                 % 把曲面上的小格平滑掉,使曲面成为光滑表面
figure(1)                       % 以第一图形窗口作为当前图形输出窗口
colormap(pink);                 % 设定颜色为粉红色
figure(2)                       % 以第二图形窗口作为当前图形输出窗口
surf(z);                        % 画面状图
colormap(gray);                 % 设定颜色为灰黑色
figure(3)                       % 以第三图形窗口作为当前图形输出窗口
surf(z);                        % 画面状图
shading interp;                 % 把曲面上的小格平滑掉,使曲面成为光滑表面
colormap(copper)                % 设定颜色为铜色
```

运行结果如图 4-18、图 4-19 和图 4-20 所示。

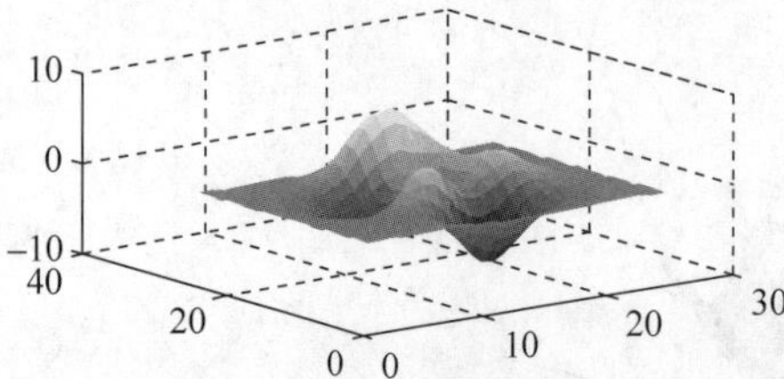

图 4-18　设定颜色为 pink 后矩阵的面状图

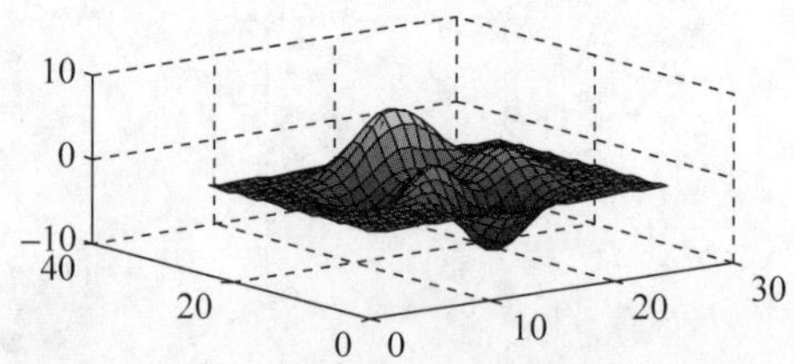

图 4-19　设定颜色为 gray 后矩阵的面状图

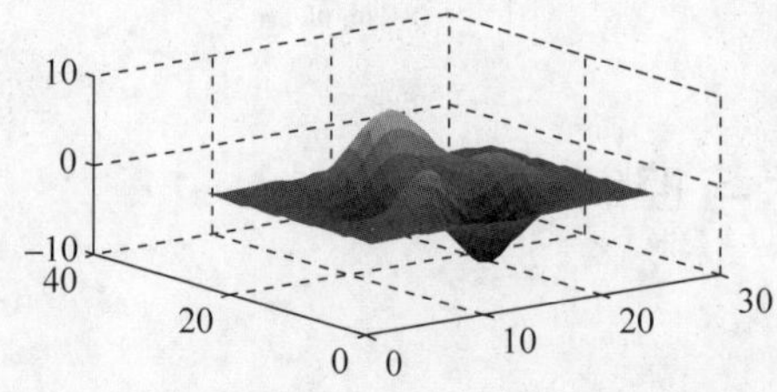

图 4-20　设定颜色为 copper 后矩阵的面状图

对于上述曲面图形，可以通过改变 shading interp 为 shading faceted，观察所对应的运行结果有何不同。

4.3.2　坐标控制

三维图形下坐标设置与二维类似，都是通过带参数的 axis 命令设置坐标轴的显示范围和显示比例：

(1) axis auto：自动确定坐标轴的范围；

(2) axis manual：锁定当前坐标轴的显示范围；

(3) axis tight：设置坐标轴显示范围即数据所在范围；

(4) axis equal：设置各坐标轴等长显示；

(5) axis square：锁定坐标轴在正方体内；

(6) axis vis3d：锁定坐标轴比例。

【例 4-19】　设置坐标轴示例。

程序命令如下：

```
close all
z = peaks(30);          %定义一个 30×30 的高斯分布矩阵
subplot(1,3,1)
surfl(z);
axis auto;title('auto')
subplot(1,3,2)
surfl(z);
axis equal;title('equal')
subplot(1,3,3)
```

```
surfl(z);
axis square;title('square')
```

运行结果如图 4-21 所示。

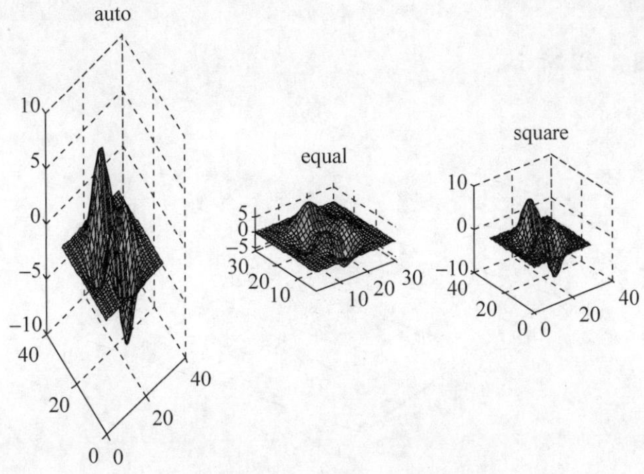

图 4-21　设置坐标轴

4.3.3　视角控制

view(方位角,仰俯角)：设置视角。

方位角(azimuth)：视点与原点间的连线在 xy 平面上的投影与 y 轴所成的夹角，一个正的方位角标志着标准视图将向逆时针方向旋转某个角度。

仰俯角(elevation)：视点与原点间的连线在 xy 平面上的投影与 xy 平面所成的夹角，仰俯角用来表明方位角的位置是在 xy 平面的上方还是下方。

对于一个二维图形，默认方位角是 0°，仰俯角是 90°；对于三维图形，默认方位角是 −37.5°，仰角是 30°。

【例 4-20】 当输入参数是矩阵 ***X***、***Y***、***Z*** 时，设置视角完成数据的可视化。

程序命令如下：

```
d = 90;                         % 定义 d 的值
t = (0:(d-1))/d * 6 * pi;       % 定义 t 的取值范围
y = log(t);                     % 定义 y 为余弦函数
z = zeros(1,d);                 % 定义一个零矩阵 z
plot3(t,y,z)                    % 绘制线状图
hold on                         % 保持当前图形窗口中内容
z = sin(t);                     % 定义 z 为正弦函数
y = zeros(1,d);                 % 定义一个零矩阵 y
stem3(t,y,z,'g-')
hold on                         % 保持当前图形窗口中内容
z = zeros(1,d);                 % 定义一个零矩阵 z
```

```
y = zeros(1,d);                    %定义一个零矩阵 y
plot3(t,y,z,'k')                   %绘制三维线状图并指定颜色为黑色
grid                               %打开坐标网格线
hold off                           %解除当前保持状态
view([145 60])                     %设置视角
```

运行结果如图 4-22 所示。

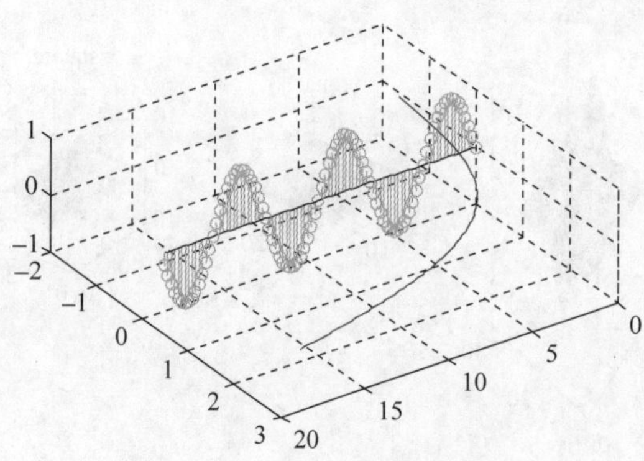

图 4-22　线状图和枝干图在同一窗口显示

4.4　绘制动画图形

运用动画命令(movie、getframe、moviein)来实现图形的动画效果,加深对数学函数和相关三维绘图命令的理解。

命令函数有以下几种:

moviein:预留存储空间,即为帧函数(getframe)分配一个适当的矩阵。

M=moviein(n):创建有 n 列的矩阵 $\boldsymbol{M}$,该矩阵存储了 n 个放映帧。

getframe:录制作图的每一帧。

movie:播放产生动画效果。

movie(M,n):播放动画 n 次。如果 n 是负数,则每个循环是从前到后的;如果 n 是一个向量,则第一个元素表示播放的次数,后面的向量组成播放帧的清单。例如 $n=[10\ 4\ 4\ 2\ 1]$表示播放 10 次,播放的帧由 4、4、2 和 1 组成。

clear:清除内存中保存的变量。

shading faceted:使曲面上有小格。

【例 4-21】 矩形函数的傅立叶变换是 sinc 函数,sinc(r)=sin(r)/r,其中 r 是 xy 平面上的向径。该实验用面状图(surfl)命令,把 sinc 函数的立体图绘制出来,并采用动画命令使图形动起来,让用户看到图形的不同面,达到良好的视觉效果。

程序命令如下:

```
clear                              %清除内存中保存的变量
M = moviein(32);                   %预先分配一个能够存储 32 帧的矩阵
for j = 1:32
```

```
    x = -8:.25:8;
    y = x;
    [X,Y] = meshgrid(x,y);                    % 生成网格点坐标
    R = sqrt(X.^2 + Y.^2) + eps;
    Z = sin(R)./R;
    Zq = sin(.2 * pi * j). * Z;
    surfl(Z,[15 * j,8])
    axis([0,70,0,70,-1,1])                     % 设定坐标的范围
    colormap(copper);                          % 设定颜色为铜色
    shading flat                               % 使曲面上的小格平滑掉
    M(:,j) = getframe;                         % 录制作图的每一帧,每次循环得到一帧
end                                            % 结束循环
movie(M,10,10)                                 % 反复播放 10 次,播放速度每秒 10 帧
```

运行程序结果如图 4-23 所示。

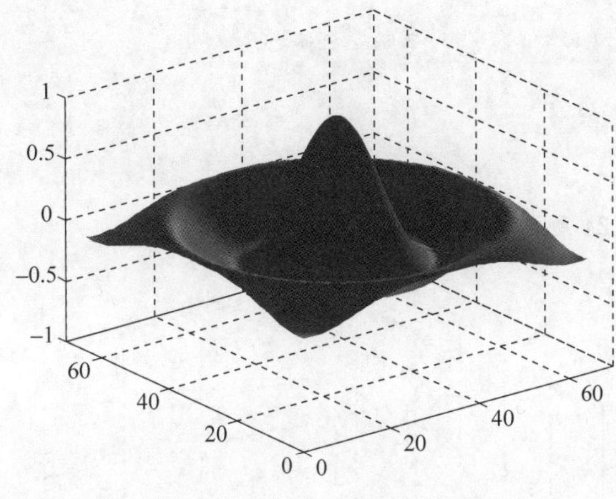

图 4-23　sinc 函数的动画

【例 4-22】　绘制卫星运行轨道。

程序命令如下：

```
shg;
R0 = 1;                          % 以地球半径为一个单位
a = 8 * R0;
b = 12 * R0;
T0 = 2 * pi;                     % T0 是轨道周期
T = 10 * T0;
dt = pi/100;
t = [0:dt:T]';
f = sqrt(a^2 - b^2);             % 地球与另一焦点的距离
th = 12.5 * pi/180;              % 卫星轨道与 xy 平面的倾角
E = exp(-t/20);                  % 轨道收缩率
x = E. * (a * cos(t) - f);
```

```
y = E. * (b * cos(th) * sin(t));
z = E. * (b * sin(th) * sin(t));
plot3(x,y,z,'g')                    % 画全程轨线
[X,Y,Z] = sphere(30);
X = R0 * X;
Y = R0 * Y;
Z = R0 * Z;                         % 获得单位球坐标
grid on
hold on
surf(X,Y,Z)
shading interp                      % 画地球
x1 = - 18 * R0;
x2 = 6 * R0;
y1 = - 12 * R0;
y2 = 12 * R0;
z1 = - 6 * R0;
z2 = 6 * R0;
axis([x1 x2 y1 y2 z1 z2])           % 确定坐标范围
view([120 30]),
comet3(x,y,z,0.02)
hold off                            % 设视角、画运动轨线
```

运行结果如图 4-24 所示。

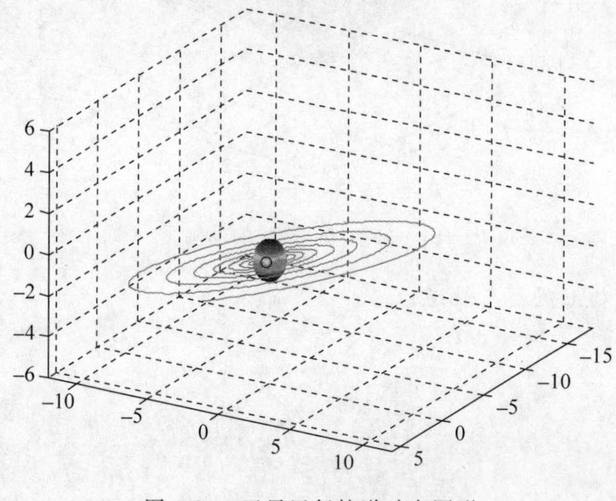

图 4-24　卫星运行轨道动态图形

4.5　四维图形可视化

4.5.1　用颜色描述第四维

用色彩表现函数的不同特征。例如当三维网线图、曲面图的第四个输入参量取一些特殊矩阵时,色彩就能表现或加强函数的某特征,例如梯度、曲率、方向导数等。

【例 4-23】 用颜色描述第四维示例。

程序命令如下：

```
[X,Y,Z] = peaks(50);
R = sqrt(X.^2 + Y.^2);
subplot(1,2,1);surf(X,Y,Z,Z);
axis tight
subplot(1,2,2);surf(X,Y,Z,R);
axis tight
```

运行结果如图 4-25 所示。

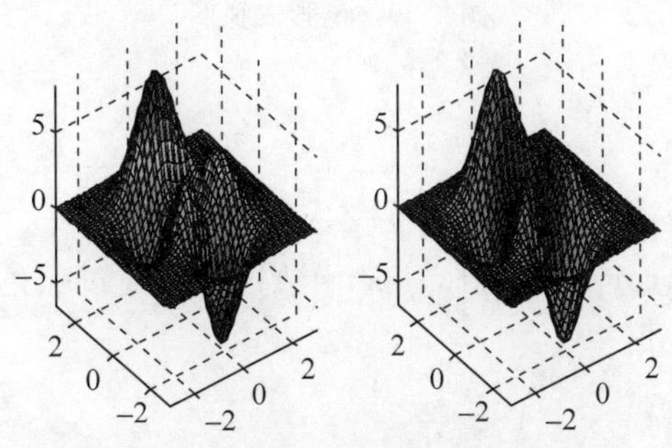

图 4-25 使用色彩描述第四维示例

【例 4-24】 用色图阵表现函数的不同特征。

程序命令如下：

```
x = 2 * pi * ( - 1:1/15:1);
y = x;
[X,Y] = meshgrid(x,y);
R = sqrt(X.^2 + Y.^2) + eps;
Z = tan (R)./R;
[dzdx,dzdy] = gradient(Z);
dzdr = sqrt(dzdx.^2 + dzdy.^2);                %计算对r的全导数
dz2 = del2(Z);                                  %计算曲率
subplot(1,2,1)
surf(X,Y,Z)
title('No. 1 surf(X,Y,Z)')
shading faceted
colorbar('horiz')
brighten(0.2)
subplot(1,2,2)
surf(X,Y,Z,R)
title('No. 2 surf(X,Y,Z,R)')
shading faceted;
colorbar('horiz')
```

运行结果如图 4-26 所示。

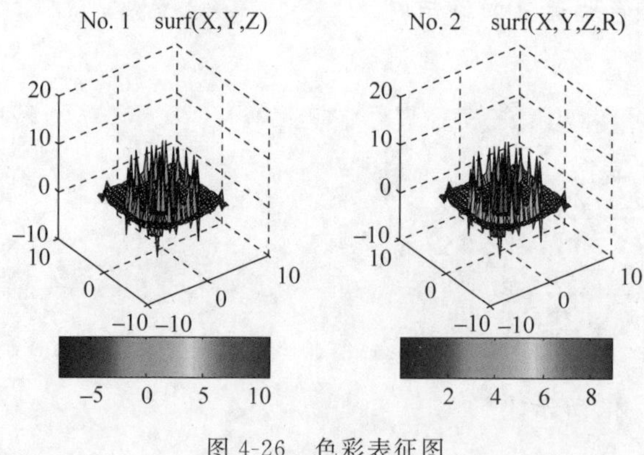

图 4-26 色彩表征图

4.5.2 其他函数

除了 surf、mesh 和 pcolor 函数外，slice 函数也可以通过颜色来表示存在于第四维空间中的值，其语法格式如下：

```
slice(X,Y,Z,V,sx,sy,sz)
```

沿着由 sx、sy、sz 定义的曲面穿过立体 V 的切片图。

【例 4-25】 利用 slice 绘制四维切片图。

程序命令如下：

```
clf;
[X,Y,Z,V] = flow;
x1 = min(min(min(X)));
x2 = max(max(max(X)));                    %取 x 坐标上下限
y1 = min(min(min(Y)));
y2 = max(max(max(Y)));                    %取 y 坐标上下限
z1 = min(min(min(Z)));
z2 = max(max(max(Z)));                    %取 z 坐标上下限
sx = linspace(x1 + 1.2,x2,5);             %确定 5 个垂直 x 轴的切面坐标
sy = 1;                                   %在 y = 1 处,取垂直 y 轴的切面
sz = 0;                                   %在 z = 0 处,取垂直 z 轴的切面
slice(X,Y,Z,V,sx,sy,sz);                  %画切片图
view([ - 12,30]);
shading interp;
colormap jet;
axis off;
colorbar
```

运行结果如图 4-27 所示。

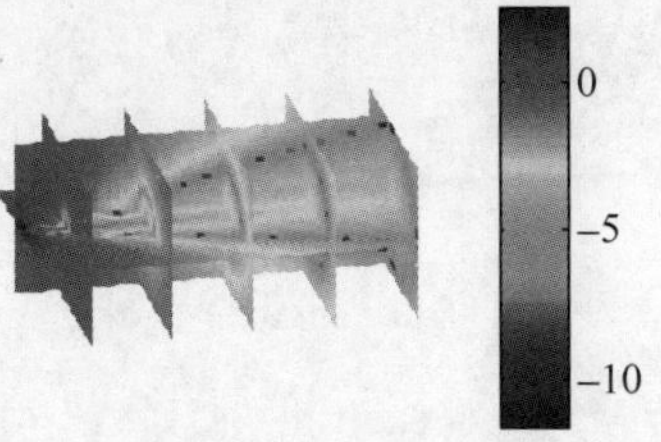

图 4-27　四维切片图

本章小结

本章主要介绍三维图形基本绘制以及三维图形的显示与控制，其中包括颜色控制、坐标控制、视角控制。同时介绍了四维图形的可视化和动画图形的绘制。三维图形的绘制功能和二维图形有很多类似之处，其中曲线属性的设置是完全相同的，读者可以根据第 3 章的介绍对三维图形进行更多的操作。

第5章 图像处理的基础知识

数字图像处理是一门新兴技术，随着计算机硬件的发展，数字图像的实时处理已经成为可能。下面介绍 MATLAB 中图像显示函数及其功能，并介绍基本的图像处理函数、图像类型转换等。

学习目标：

(1) 理解图像文件的读写与显示；

(2) 掌握图像类型转换的基本原理与实现步骤。

5.1 数字图像概述

5.1.1 什么是数字图像

图像有多种含义，其中最常见的定义是指各种图形和影像的总称。在日常的学习或统计中，图像都是必不可少的组成部分，它为人类构建了一个形象的思维模式，有助于学习和思考问题。

随着数字技术的不断发展和应用，现实生活中的许多信息都可以用数字形式的数据进行处理和存储，数字图像就是以数字形式进行存储和处理的图像。利用计算机可以对它进行常见图像处理技术所不能实现的加工处理，还可以将它在网上传输，也可以多次复制而不失真。

数字图像是指一个被采样和量化后的二维函数（该二维函数由光学方法产生），采用等距矩形网格采样，对幅度进行等间隔量化。一幅是指图像是一个被量化的采样数值的二维矩阵。

5.1.2 图像的分类

在计算机中，按照颜色和灰度的多少可以将图像分为二值图像、灰度图像、索引图像和真彩色 RGB 图像四种基本类型。目前，大多数图像处理软件都支持这四种类型的图像。

1. 二值图像

一幅二值图像的二维矩阵仅由 0、1 两个值构成，0 代表黑色，1 代表白色。由于每一像素(矩阵中每一元素)取值仅有0、1两种可能,所以计算机中二值图像的数据类型通常为1个二进制位。二值图像通常用于文字、线条图的扫描识别(OCR)和掩膜图像的存储,如图5-1所示。

2. 灰度图像

灰度图像矩阵元素的取值范围通常为[0,255]。因此其数据类型一般为8位无符号整型(int8),这就是人们经常提到的256灰度图像。0表示纯黑色,255表示纯白色,中间的数字从小到大表示由黑到白的过渡色。在某些软件中,灰度图像也可以用双精度数据类型(double)表示,像素的值域为[0,1],0代表黑色,1代表白色,0到1之间的小数表示不同的灰度等级。二值图像可以看成是灰度图像的一个特例,如图5-2所示。

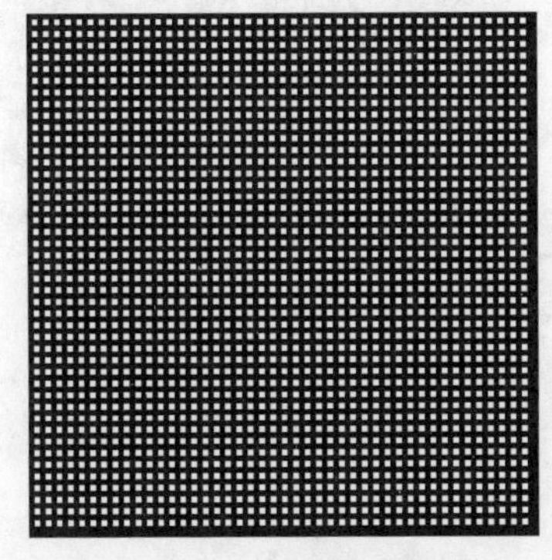

图5-1 二值图像

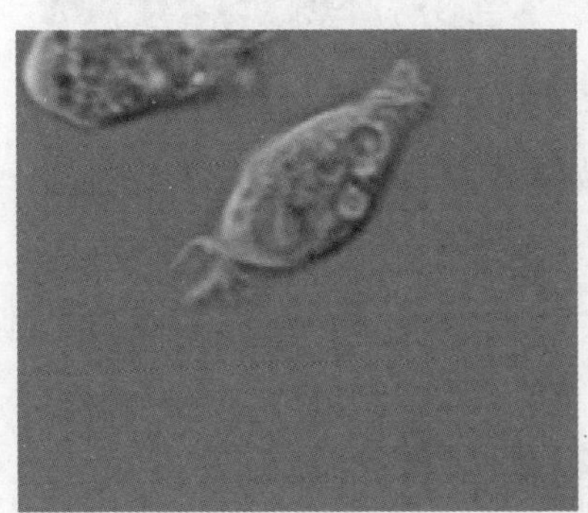

图5-2 灰度图像

3. 索引图像

索引图像的文件结构比较复杂,除了存放图像的二维矩阵外,还包括一个称之为颜色索引矩阵MAP的二维数组。MAP的大小由存放图像的矩阵元素值域决定,例如矩阵元素值域为[0,255],则MAP矩阵的大小为256×3,用MAP=[RGB]表示。

MAP中每一行的三个元素分别指定该行对应颜色的红、绿、蓝单色值,MAP中每一行对应图像矩阵像素的一个灰度值,如某一像素的灰度值为64,则该像素就与MAP中的第64行建立了映射关系,该像素在屏幕上的实际颜色由第64行的[RGB]组合决定。也就是说,图像在屏幕上显示时,每一像素的颜色由存放在矩阵中该像素的灰度值作为索引通过检索颜色索引矩阵MAP得到。

索引图像的数据类型一般为8位无符号整型(int8),相应索引矩阵MAP的大小为256×3,因此一般索引图像只能同时显示256种颜色,但通过改变索引矩阵,颜色的类型可以调整。索引图像的数据类型也可采用双精度浮点型(double)。索引图像一般用于存放色彩要求比较简单的图像,如Windows中色彩构成比较简单的壁纸多采用索引图像存放,如图5-3所示,如果图像的色彩比较复杂,就要用到RGB真彩色图像。

4. RGB彩色图像

RGB图像与索引图像一样都可以用来表示彩色图像。与索引图像一样,它分别用红(R)、绿(G)、蓝(B)三原色的组合来表示每个像素的颜色。但与索引图像不同的是,RGB图像每一个像素的颜色值(由RGB三原色表示)直接存放在图像矩阵中,由于每一像素的颜色需由R、G、B三个分量来表示,M、N分别表示图像的行列数,三个$M \times N$的二维矩阵分别表示各个像素的R、G、B三个颜色分量。RGB图像的数据类型一般为8位无符号整型,通常用于表示和存放真彩色图像,如图5-4所示(当然也可以存放灰度图像)。

图5-3 索引图像

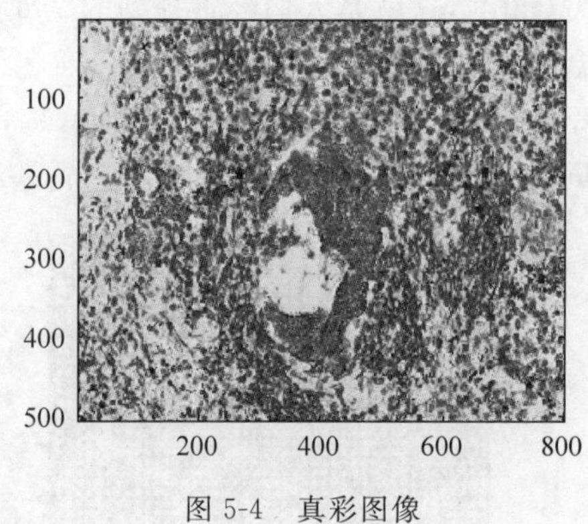

图5-4 真彩图像

5.2 图像文件的读写

图像处理是MATLAB工具箱中一个很重要的应用,MATLAB图像处理工具箱集成了很多图像处理的算法,为读者提供了很多便利,利用强大的MATLAB图像处理工具箱可以实现很多功能。在MATLAB中,要想对一幅图像或者文件进行处理,最首要的步骤就是对图像或者文件进行读取,然后进行处理,最后保存处理后的图像。

5.2.1 图像文件的查询

在图像处理中,可以利用imfinfo函数来获取一张图片的具体信息。这些具体信息包括图片的格式、尺寸、颜色数量、修改时间等等。在MATLAB中,用imfinfo指令加上文件及其完整路径名来查询一个图像文件的信息,其函数调用格式为

```
info = imfinfo(filename.fmt)
info = imfinfo(filename)
```

其中,参数fmt对应于所有图像处理工具箱中所支持的图像文件格式。

由此函数获得的图像信息主要有:filename(文件名)、fileModDate(最后修改日期)、fileSize(文件大小)、format(文件格式)、formatVersion(文件格式的版本号)、width(图像宽度)、height(图像高度)、bitDepth(每个像素的位数)、colorType:'truecolor'(图像类型)等。

【例5-1】 利用imfinfo查询图像文件信息示例。

程序命令如下:

```
>> info = imfinfo('pout.tif')
                     Filename: 'D:\MATLAB\R2013a\toolbox\images\imdemos\pout.tif'
                  FileModDate: '04 - 十二月 - 2000 13:57:50'
                     FileSize: 69004
                       Format: 'tif'
                FormatVersion: []
                        Width: 240
                       Height: 291
                     BitDepth: 8
                    ColorType: 'grayscale'
              FormatSignature: [73 73 42 0]
                    ByteOrder: 'little - endian'
               NewSubFileType: 0
                BitsPerSample: 8
                  Compression: 'PackBits'
    PhotometricInterpretation: 'BlackIsZero'
                 StripOffsets: [8 7984 15936 23976 32089 40234 48335 56370 64301]
              SamplesPerPixel: 1
                 RowsPerStrip: 34
              StripByteCounts: [7976 7952 8040 8113 8145 8101 8035 7931 4452]
                  XResolution: 72
                  YResolution: 72
               ResolutionUnit: 'Inch'
                     Colormap: []
          PlanarConfiguration: 'Chunky'
                    TileWidth: []
                   TileLength: []
                  TileOffsets: []
               TileByteCounts: []
                  Orientation: 1
                    FillOrder: 1
             GrayResponseUnit: 0.0100
               MaxSampleValue: 255
               MinSampleValue: 0
                 Thresholding: 1
                       Offset: 68754
```

5.2.2 图像文件的读取

MATLAB 中,提供了非常重要的用于图像文件的读取的指令函数 imread,其常见调用格式为

```
A = imread(filename.fmt)
```

其作用是将文件名用字符串 filename 表示的、扩展名用 fmt 表示的图像文件中的数据读到矩阵 **A** 中。如果 filename 所指的为灰度级图像,则 **A** 为一个二维矩阵;如果

filename 所指的为 RGB 图像，则 $\boldsymbol{A}$ 为一个 $m\times n\times 3$ 的三维矩阵。Filename 表示的文件名必须在 MATLAB 的搜索路径范围内，否则需指出其完整路径。

除此之外，imread 还有其他几种重要的调用格式：

```
[X,map] = imread(filename.fmt)
[X,map] = imread(filename)
[X,map] = imread(URL,...)
[X,map] = imread(...,idx) (CUR,ICO and TIFF only)
[X,map] = imread(...,'frames',idx) (GIF only)
[X,map] = imread(...,ref) (HDF only)
[X,map] = imread(...,'BackgroundColor',BG) (PNG only)
[A,map,alpha] = imread(...) (ICO,CUR and PNG only)
```

其中，idx 是指读取图标(cur、ico、tiff)文件中第 idx 个图像，默认值为 1；'frame',idx 是指读取 gif 文件中的图像帧，idx 值可以是数量、向量或'all'；ref 是指整数值；alpha 是指透明度。

【例 5-2】 下面的例子为读取一幅图像。

程序命令如下：

```
close all;                                              %关闭当前所有图形窗口
clear all;                                              %清空工作空间变量
clc;                                                    %清屏
I1 = imread('football.jpg');                            %读取一幅 RGB 图像
I2 = imread('pout','tif');                              %读取一幅灰度图像
I3 = imread('E:\dog.jpg');                              %读取非当前路径下的一幅 RGB 图像
set(0,'defaultFigurePosition',[100,100,1000,500]);      %修改图形图像位置的默认设置
set(0,'defaultFigureColor', [1 1 1])                    %修改图形背景颜色的设置
figure,
subplot(1,3,1),imshow(I1);                              %显示该 RGB 图像
title('显示 RGB 图像');
subplot(1,3,2),imshow(I2);                              %显示该灰度图像
title('显示灰度图像');
subplot(1,3,3),imshow(I3);                              %显示该 RGB 图像
title('显示非当前路径下的图像')
```

运行结果如图 5-5 所示。

显示RGB图像

显示灰度图像

显示非当前路径下的图像

图 5-5　图像的读取

5.2.3 图像文件的存储

在 MATLAB 中，用函数 imwrite 来存储图像文件，其常用调用格式为

```
imwrite(A,filename,fmt)
imwrite(X,map,filename,fmt)
imwrite(...,filename)
imwrite(...,Param1,Val1,Param2,Val2...)
```

其中，imwrite(...,Param1,Val1,Param2,Val2,...)可以让用户控制 HDF、JPEG、TIFF 等一些图像文件格式的输出特性。

【例 5-3】 将 tif 图像保存为 jpg 图像示例。

程序命令如下：

```
[x,map] = imread('canoe.tif');
whos
imwrite(x,map,'canoe.jpg','JPG','Quality',75)
```

如图 5-6 所示，运行结果如下：

```
Name         Size              Bytes  Class     Attributes

  I1         256x320x3        245760  uint8
  I2         291x240           69840  uint8
  I3         328x344x3        338496  uint8
  map        256x3              6144  double
  x          207x346           71622  uint8
```

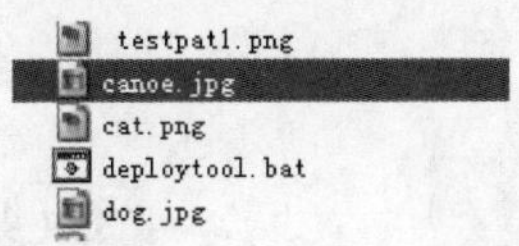

图 5-6　将 tif 图像保存为 jpg 图像

5.3 图像处理的基本函数

图像处理是 MATLAB 工具箱中一个很重要的应用，MATLAB 图像处理工具箱集成了很多图像处理的算法，为读者提供了很多便利，利用强大的 MATLAB 图像处理工具箱可以实现很多功能。本节将对一些常用的函数进行详细地介绍，并且提供实例讲解。

5.3.1 imshow 函数

在 MATLAB 中，imshow 函数用于显示一幅图像，该函数将自动设置图像窗口、坐标轴和图像属性等，对于每类图像，imshow 函数的调用方法略有不同，常用的几种调用方法如下：

imshow(filename)：表示显示图像文件；

imshow(BW)：表示显示二值图像，***BW*** 为黑白二值图像矩阵；

imshow(X,MAP)：表示显示索引图像，***X*** 为索引图像矩阵，map 为色彩图示；

imshow(I)：表示显示灰度图像，***I*** 为灰度图像矩阵；

imshow(RGB)：表示显示 RGB 图像，***RGB*** 为 RGB 图像矩阵；

imshow(I,[low high])：表示将非图像数据显示为图像，这需要考虑数据是否超出了所显示类型的最大允许范围，其中[low high]用于定义待显示数据的范围。

【例 5-4】 直接显示图像。

程序命令如下：

```
imshow('pout.tif');
I = getimage;
```

运行结果如图 5-7 所示。

【例 5-5】 显示双精度灰度图像。

程序命令如下：

```
bw = zeros(100,100);
bw (2:2:98,2:2:98) = 1;
imshow(bw);
whos bw
```

运行结果如图 5-8 所示。

图 5-7　直接显示图像

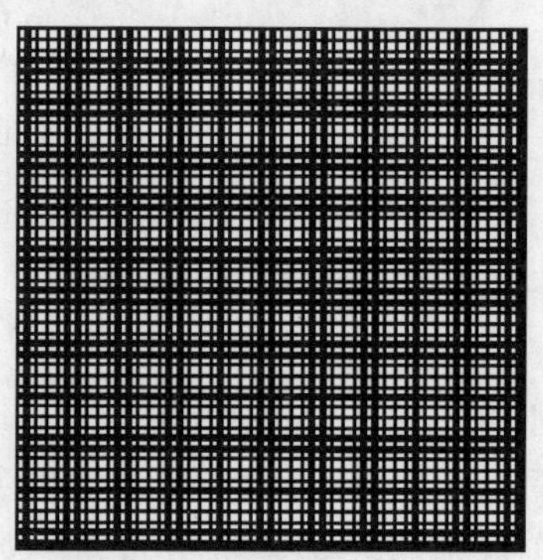

图 5-8　显示双精度灰度图像

【例 5-6】 显示索引图像。

程序命令如下：

```
[X,MAP] = imread('trees.tif');
imshow(X,MAP);
```

运行结果如图 5-9 所示。

【例 5-7】 显示灰度图像。

程序命令如下：

```
I = imread('tire.tif');
imshow(I)
```

运行结果如图 5-10 所示。

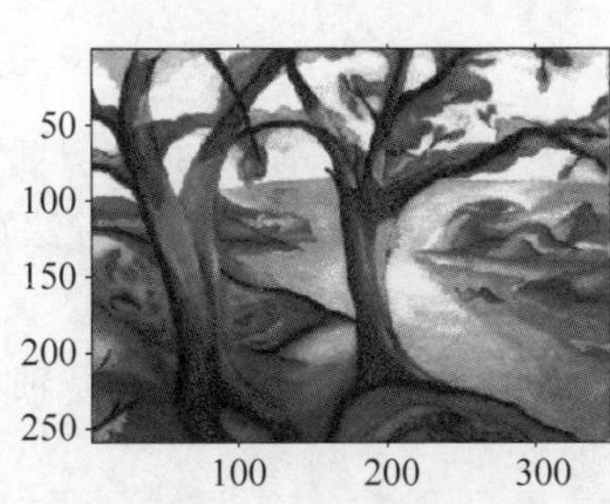

图 5-9 显示索引图像

图 5-10 灰度图像

【例 5-8】 按最大灰度范围显示图像。

程序命令如下：

```
close all;                                              %关闭当前所有图形窗口
clear all;                                              %清空工作空间变量
clc;                                                    %清屏
I = imread('pout.tif');                                 %读取图像信息
set(0,'defaultFigurePosition',[100,100,1000,500]);
                                                        %修改图形图像位置的默认设置
set(0,'defaultFigureColor', [1 1 1])                    %修改图形背景颜色的设置
subplot(121),imshow(I);                                 %以 128 灰度级显示该灰度图像
subplot(122),imshow(I,[60,120]);                        %设置灰度上下为[60,120]显示该灰度图像
```

运行结果如图 5-11 所示。

图 5-11 显示索引图像

5.3.2 image 函数和 imagesc 函数

在 MATLAB 中，常用的显示图像函数除了 imshow 函数，还有 image 函数和 imagesc 函数。image 函数是显示图像的最基本的手段。该函数还产生了图像对象的句柄，并允许对对象的属性进行设置。imagesc 函数也具有 image 的功能，不同的是 imagesc 函数还自动将输入数据比例化，以全色图的方式显示。image 函数的调用方法如下：

```
image(C)
image(x,y,C)
image(x,y,C,'PropertyName',PropertyValue,...)
image('PropertyName',PropertyValue,...)
handle = image(...)
```

其中，x 和 y 分别表示图像显示位置的左上角坐标，C 表示所需显示的图像。

imagesc 函数具有对显示的数据进行自动缩放的功能。该函数的调用方法如下：

imagesc(C)：表示将输入变量 C 显示为图像。

imagesc(x,y,C)：输入变量 C 显示为图像，并且使用 x 和 y 变量确定 x 轴和 y 轴的边界。

imagesc(...,clims)：归一化 C 的值在 clims 所确定的范围内，并将 C 显示为图片。clims 是两元素的向量，用来限定 C 中的数据的范围，这些值映射到当前色图的整个范围。

【例 5-9】 对比观察 imshow 函数、image 函数和 imagesc 函数对图像的显示。

程序命令如下：

```
close all;                  %关闭当前所有图形窗口
clear all;                  %清空工作空间变量
clc;                        %清屏
I= imread('cell.tif');      %读取图像信息
figure,
subplot(221),imshow(I);
subplot(222),image(I);
subplot(223),image([50,200],[50,300],I);
subplot(224),imagesc(I,[60,150]);
```

运行结果如图 5-12 所示。

5.3.3 colorbar 函数

在 MATLAB 中，可以用 colorbar 函数将颜色条添加到坐标轴对象中，如果该坐标轴包含一个图像对象，则添加的颜色条将指示出该图像中不同颜色的数据值，这一用法有助于了解被显示图像的灰度级别。该函数调用方法如下：

colorbar：表示在当前坐标轴的右侧添加新的垂直方向的颜色条；

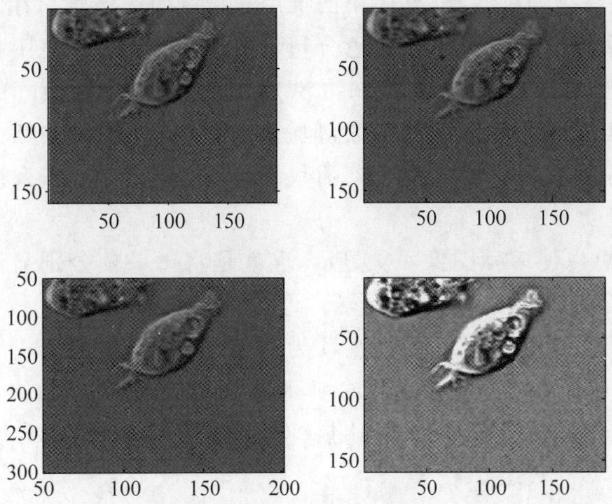

图 5-12　多种函数对图像的显示

colorbar(…,'peer',axes_handle)：表示创建与 axes_handle 所代表的坐标轴相关联的颜色条；

colorbar('location')：表示在相对于坐标轴的指定方位添加颜色条；

colorbar(…,'PropertyName',propertyvalue)：表示指定用来创建颜色条的坐标轴的属性名称和属性值。

【例 5-10】 下面的例子为在灰度图像的显示中添加一个颜色条。

程序命令如下：

```
I = imread('cameraman.tif');
imshow(I,[])
colorbar
```

运行结果如图 5-13 所示。

图 5-13　添加颜色条

5.3.4　montage 函数

多帧图像是一种包含多幅图像或帧的图像文件，又称为多页图像或图像序列。在

MATLAB中,它是一个四维数组,其中第四维用来指定帧的序号。在一个多帧图像数组中,每一幅图像必须有相同的大小和颜色分量,每一幅图像还要使用相同的颜色图。另外,图像处理工具箱中的许多函数(如 imshow)只能对多幅图像矩阵的前两维或三维进行操作,也可以对四维数组使用这些函数,但是必须单独处理每一帧。如果将一个数组传递给一个函数,并且数组的维数超过该函数设计的操作维数,那么得到的结果将是不可预知的。

montage 函数可以使多帧图像一次显示,也就是将每一帧分别显示在一幅图像的不同区域,所有子区的图像都用同一个色彩条。其调用格式为

montage(I):显示灰度图像 I 共 k 帧,I 为 $m\times n\times 1\times k$ 的数组;

montage(BW):显示二值图像 I 共 k 帧,I 为 $m\times n\times 1\times k$ 的数组;

montage(X,map):显示索引图像 I 共 k 帧,色图由 map 指定为所有的帧图像的色图,X 为 $m\times n\times 1\times k$ 的数组;

montage(RGB):显示真彩色图像 RGB 共 k 帧,RGB 为 $m\times n\times 3\times k$ 的数组。

【例 5-11】 利用 montage 函数来显示图像示例。

程序命令如下:

```
mri = uint8(zeros(128,128,1,6));
for frame = 1:9
[mri(:,:,:,frame),map] = imread('mri.tif',frame);       %把每一帧读入内存中
end
montage(mri,map);
```

运行结果如图 5-14 所示。

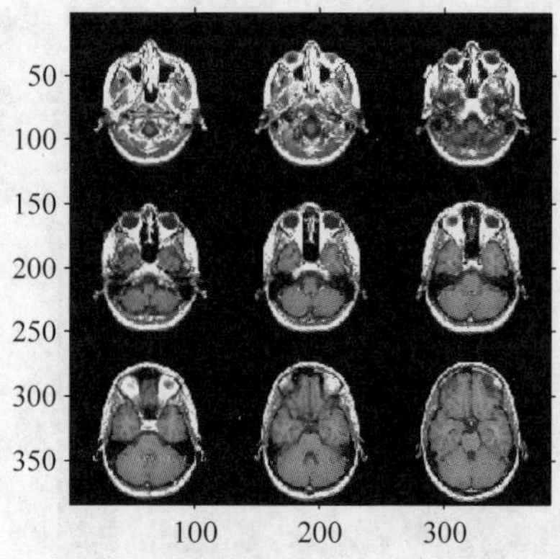

图 5-14　多帧图像的显示

5.3.5　warp 函数

纹理映射是一种将二维图像映射到三维图形表面的一种显示技术,在 MATLAB 中提供了 warp 函数来实现纹理映射,该函数的调用方法如下:

warp(X,map):将索引图像显示在默认表面上;

warp(I,n)：将灰度图像显示在默认表面上；

warp(BW)：将二值图像显示在默认表面上；

warp(RGB)：将真彩图像显示在默认表面上；

warp(z,...)：将图像显示 z 表面上；

warp(x,y,z,...)：将图像显示(x,y,z)表面上；

h = warp(...)：返回图像的句柄。

【例 5-12】 下面的例子为将图像纹理映射到圆柱面和球面。

程序命令如下：

```
close all;                                  %关闭当前所有图形窗口
clear all;                                  %清空工作空间变量
clc;                                        %清屏
I = imread('cell.tif');                     %读取图像信息
[x,y,z] = sphere;
                                            %创建三个(N+1)×(N+1)的矩阵,使得 surf(X,Y,Z)建
                                            %立一个球体,N 默认取 20
set(0,'defaultFigurePosition',[100,100,1000,400]);
                                            %修改图形图像位置的默认设置
set(0,'defaultFigureColor', [1 1 1]) %修改图形背景颜色的设置
figure,
subplot(121),warp(I);                       %显示图像映射到矩形平面
subplot(122),warp(x,y,z,I);                 %将二维图像纹理映射三维球体表面
grid;                                       %建立网格
```

运行结果如图 5-15 所示。

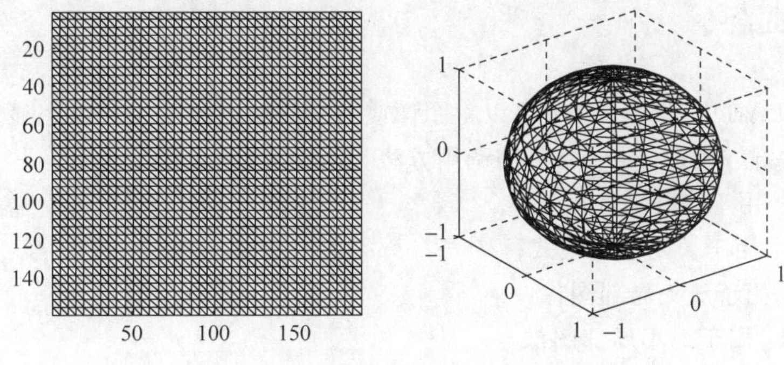

图 5-15　图像纹理映射到圆柱面和球面

5.3.6 subimage 函数

在 MATLAB 中,想要在一个图形区域内显示多个图像可以用函数 subimage 来实现,该函数调用方法如下：

subimage(X, map)：显示索引图像 X 以及 map；

subimage(I)：在当前的坐标轴显示强度图像 I；

subimage(BW)：在当前的坐标轴显示二值图像 BW；

subimage(RGB)：在当前的坐标轴显示真彩色图像 RGB；

subimage(x, y...)：将图像按照指定的坐标系显示；

h＝subimage(...)：显示该图像并返回图像对象的句柄 h。

【例 5-13】 下面的例子为一个图形区域显示多个颜色图的图像。

程序命令如下：

```
load trees;
[x2,map2] = imread('forest.tif');
subplot(1,2,1),
subimage(X,map);                    %显示索引图像
subplot(1,2,2),
subimage(x2,map2);
```

运行结果如图 5-16 所示。

图 5-16　一个图形区域内显示多个图像

5.3.7　zoom 命令

在 MATLAB 中，函数 zoom 可以将图像或二维图形进行放大或缩小显示。zoom 本身是一个开关键。函数 zoom 常见的调用方法为

zoom on：用于打开缩放模式；

zoom off：用于关闭缩放模式；

zoom in：用于放大局部图像；

zoom out：用于缩小局部图像。

5.3.8　impixel 函数

impixel 函数返回指定的图像像素的 RGB(红 red、绿 green、蓝 blue)像素信息。在下面的语法中，impixel 函数显示输入图像，并需要指定像素：

```
P = impixel(I)
P = impixel(X,map)
P = impixel(RGB)
```

如果省略输入参数，impixel 则作用于当前使用的图像。完成像素的选择后，impixel 向输出参数中返回一个代表所选像素 RGB 值的 $m\times 3$ 的矩阵，m 为所选像素的个数。如果没有提供输出参数，impixel 则将矩阵返回到 ans 中。

通过非交互式的方式指定像素：

```
P = impixel(I,c,r)
P = impixel(X,map,c,r)
P = impixel(RGB,c,r)
```

其中，r 和 c 是等长的向量，代表所选像素的坐标，像素的 RGB 值返回到 P 中。P 的第 K 行包含像素($r(k)$，$c(k)$)的 RGB 值。

如果提供三个输出参数，impixel 则返回所选像素的坐标。例如：

```
[c,r,P] = impixel(...)
```

给输入图像指定一个非默认的三维坐标系，可以使用以下语法：

```
P = impixel(x,y,I,xi,yi)
P = impixel(x,y,X,map,xi,yi)
P = impixel(x,y,RGB,xi,yi)
```

其中，x 和 y 是代表图像的 x 坐标和 y 坐标的二元向量。xi 和 yi 是等长的向量，代表像素的三维坐标，像素的 RGB 值返回到 P 中。如果提供三个输出参数，impixel 返回所选像素的坐标。

【例 5-14】 利用 impixel 函数显示图像指定的像素信息。

程序命令如下：

```
close all;                                   %关闭当前所有图形窗口
clear all;                                   %清空工作空间变量
clc;                                         %清屏
RGB = imread('onion.png');                   %读取图像信息
c = [13 146 410];                            %新建一个向量c,存放像素纵坐标
r = [104 156 139];                           %新建一个向量r,存放像素横坐标
set(0,'defaultFigurePosition',[100,100,1000,500]);    %修改图形图像位置的默认设置
set(0,'defaultFigureColor', [1 1 1])         %修改图形背景颜色的设置
pixels1 = impixel(RGB)                       %交互式用鼠标选择像素
pixels2 =  impixel(RGB,c,r)                  %将像素坐标作为输入参数,显示特定像素的颜色值
```

如图 5-17 所示，运行结果如下：

```
pixels1 =
   183   181   121
   141   130    74
pixels2 =
   205   193   151
   148   157   119
   180   157    98
```

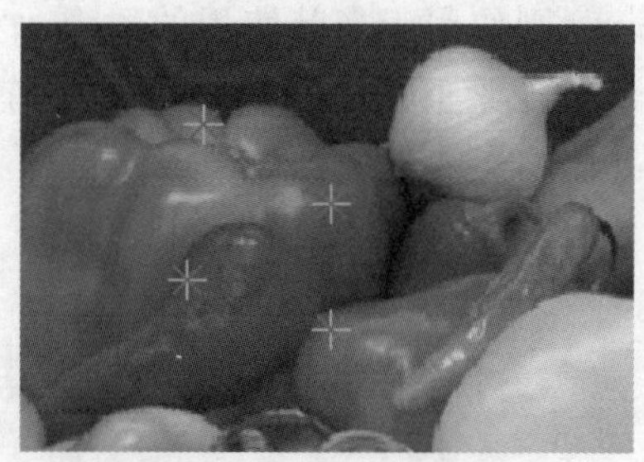

图 5-17 利用 impixel 函数显示图像指定的像素信息

5.4 图像类型的转换

图像的四种基本类型是可以相互转换的。有时需要对图像类型进行转换以方便某些处理，MATLAB 提供了 RGB 图像、灰度图像、索引图像及二值图像相互转换的函数。

5.4.1 通过抖动算法转换图像类型的函数 dither

在 MATLAB 中，用 dither 函数实现对图像的抖动。该函数通过颜色抖动（颜色抖动即改变边沿像素的颜色，使像素周围的颜色近似于原始图像的颜色，从而以空间分辨率来换取颜色分辨率）来增强输出图像的颜色分辨率。该函数可以把 RGB 图像转换成索引图像或把灰度图像转换成二值图像。其调用方法为

x＝dither (RGB，map)：通过抖动算法将真彩色图像 RGB 按指定的调色板 map 转换成索引图像 X；

x＝dither(RGB，map，Qm，Qe)：利用给定的参数 Qm、Qe 从真彩色图像 RGB 中产生索引图像 x。Qm 对于补色决定各颜色轴的量化位数，Qe 决定量化误差的位数。如果 Qe＜Qm，则不进行抖动操作。Qm 的默认值是 5，Qe 的默认值是 8。

BW＝dither(I)：将灰度图像抖动成二值图像，输入图像数据类型可以是 double 或 uint8，如果输出的图像是二值图像或颜色种类不超过 256 的索引图像，则数据类型是 uint8 或 double。

【例 5-15】 下面的例子为通过抖动将 RGB 图像转换成索引图像。

程序命令如下：

```
clear all;
I = imread('dog.jpg');
map = pink(512);
X = dither(I,map);   % 将 RGB 图像转换成索引图像
subplot(1,2,1),
imshow(I); title('原始图像');
subplot(1,2,2),
imshow(X,map);      title('转换成索引图像');
```

运行结果如图 5-18 所示。

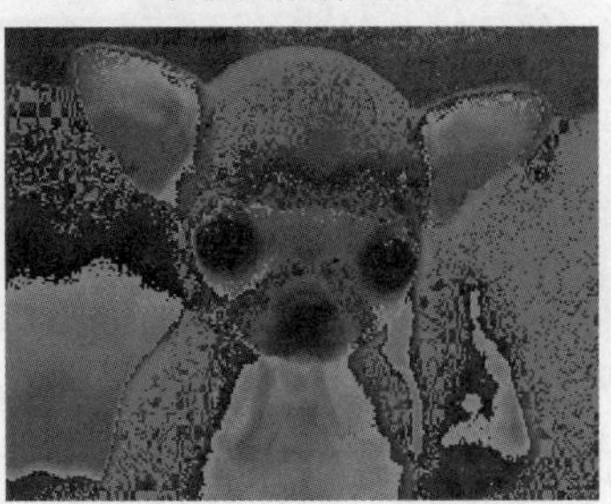

图 5-18　RGB 图像转换成索引图像

【例 5-16】　下面的例子为利用 dither 函数将灰度图像转换成二值图像。

程序命令如下：

```
clear all;
I = imread('pout.tif');
BW = dither(I);      % 将灰度图像转换成二值图像
subplot(1,2,1),
imshow(I); title('原始图像');
subplot(1,2,2),
imshow(BW);  title('转换成二值图像');
```

运行结果如图 5-19 所示。

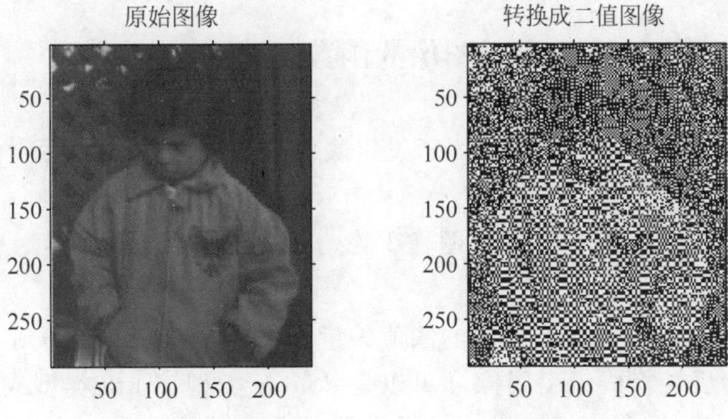

图 5-19　将灰度图像转换成二值图像

5.4.2　将灰度图像转换为索引图像的函数 gray2ind

在 MATLAB 中，gray2ind 函数用于灰度图像或二值图像向索引图像转换。该函数的调用方法为

[X,map]= gray2ind(I,n)：按照指定的灰度级 n 把灰度图像 I 转换成索引图像 X，map 为 gray(n)，n 的默认值为 64。

【例 5-17】 下面的例子为利用 gray2ind 函数将灰度图像转换成索引图像。

程序命令如下：

```
clear all;
I = imread('cell.tif');
[X,map] = gray2ind(I,32);      % 灰度图像转换成索引图像
subplot(1,2,1),
imshow(I);
title('原始图像');
subplot(1,2,2),
imshow(X,map);
title('索引图像');
```

运行结果如图 5-20 所示。

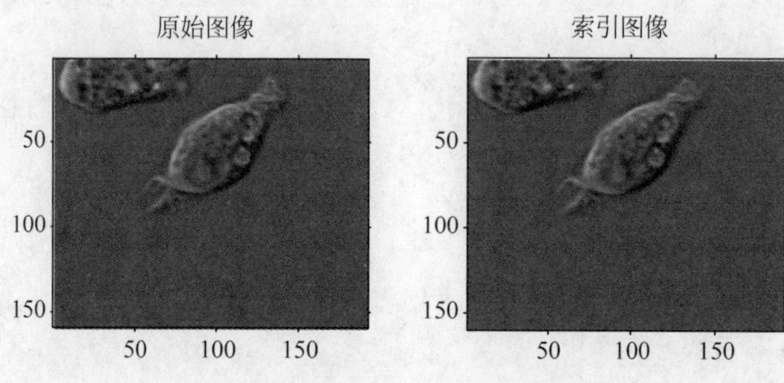

图 5-20 将灰度图像转换成索引图像

5.4.3 将灰度图像转换为索引图像的函数 grayslice

在 MATLAB 中，grayslice 函数用于设定阈值将灰度图像转换为索引图像。该函数的调用方法为

X＝grayslice(I,n)：表示将灰度图像 I 均匀量化为 n 个等级，然后转换为伪彩色图像 X；

X＝grayslice(I,v)：表示按指定的阈值矢量 $\boldsymbol{v}$(其中每个元素在 0 和 1 之间)对图像 I 进行阈值划分，然后转换成索引图像，I 可以是 double 类型、uint8 类型或 uint16 类型。

【例 5-18】 利用 grayslice 函数将灰度图像转换为索引图像示例。

程序命令如下：

```
clc
close all
clear
I = imread('tire.tif');
X2 = grayslice(I,8);                % 将灰度图像转换为索引图像
subplot(1,2,1);
subimage(I);
title('原始图像');
```

```
subplot(1,2,2);
subimage(X2,jet(8));
title('索引图像');
```

运行结果如图 5-21 所示。

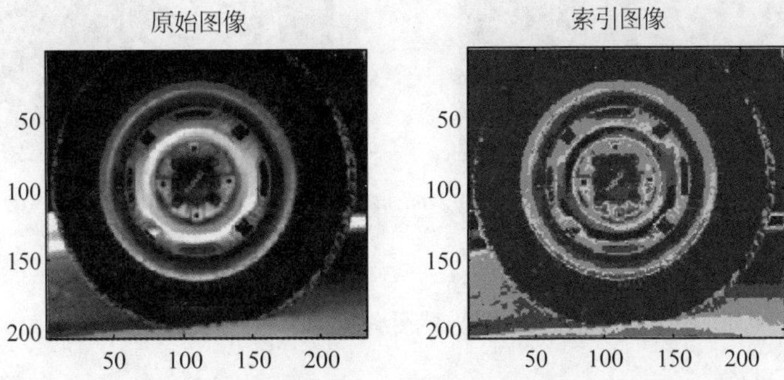

图 5-21 设定阈值将灰度图像转换为索引图像

5.4.4 将其他图像转换为二值图像的函数 im2bw

在 MATLAB 中,im2bw 函数用于设定阈值将索引图像、灰度图像及 RGB 图像转换为二值图像。该函数的调用方法为

BW=im2bw(I,map,level):将颜色图为 map 的索引图像转换为二值图像;

BW=im2bw(I,level):将灰度图像 I 转换为二值图像;

BW=im2bw(RGB,level):将 RGB 图像转换为二值图像。

【例 5-19】 利用 im2bw 函数将真彩色图像转换为二值图像示例。

程序命令如下:

```
I = imread('cat.jpg');
X = im2bw(I,0.5);           %将真彩色转换为二值图像
subplot(1,2,1),
imshow(I);
title('原始图像');
subplot(1,2,2),
imshow(X);
title('二值图像');
```

运行结果如图 5-22 所示。

5.4.5 将索引图像转换为灰度图像的函数 ind2gray

在 MATLAB 中,ind2gray 函数用于将索引图像转换为灰度图像。该函数的调用方法为

I= ind2gray(X, map):将具有颜色图 map 的索引图像 X 转换为灰度图像 I,X 可以

图 5-22　将真彩色图像转换为二值图像

是双精度型或 unit8 型,I 是双精度型。

【例 5-20】 利用 ind2gray 函数将索引图像转换为灰度图像。

程序命令如下:

```
load trees
subplot(1,2,1);
imshow(X,map);
I = ind2gray(X,map)                    %将索引图像转换为灰度图像
title('原始图像');
subplot(1,2,2);
imshow(I);
title('灰度图像');
```

运行结果如图 5-23 所示。

图 5-23　将索引图像转换为灰度图像

5.4.6　将索引图像转换为 RGB 图像的函数 ind2rgb

在 MATLAB 中,ind2rgb 函数用于将索引图像转换为 RGB 图像。该函数的调用方法为

RGB= ind2rgb(X, map):将具有颜色图 map 的索引图像 X 转换为真彩色图像 RGB。

【例 5-21】 下面的例子为利用 ind2rgb 函数将索引图像转换为 RGB 图像。

程序命令如下：

```
[I,map] = imread('m83.tif');
X = ind2rgb(I,map);                %将索引图像转换为 RGB 图像
subplot(1,2,1);
imshow(I,map);
title('原始图像');
subplot(1,2,2);
imshow(X);
title('RGB 图像');
```

运行结果如图 5-24 所示。

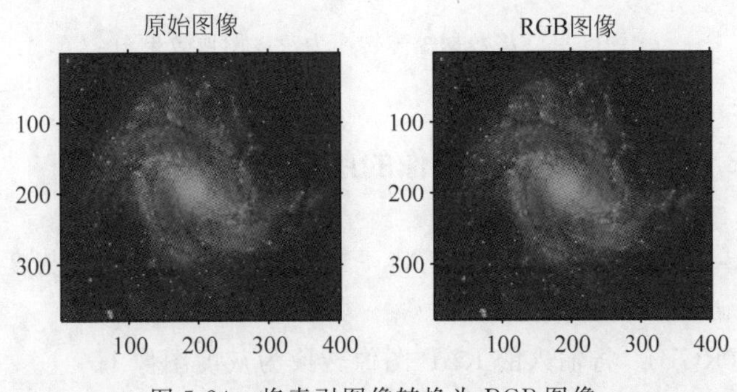

图 5-24　将索引图像转换为 RGB 图像

5.4.7　将数据矩阵转换为灰度图像的函数 mat2gray

在 MATLAB 中，mat2gray 函数用于将数据矩阵转换为灰度图像。该函数的调用方法为

I = mat2gray(A,[amin amax])：将图像矩阵 **A** 中介于 amin 和 amax 的数据归一化处理，其余小于 amin 的元素都变为 0，大于 amax 的元素都变为 1。

I = mat2gray(A)：将图像矩阵 **A** 归一化为图像矩阵 ***I***，归一化后矩阵中每个元素的值都在 0 到 1 范围内(包括 0 和 1)。其中 0 表示黑色，1 表示白色。

【例 5-22】　利用 mat2gray 函数将数据矩阵转换为灰度图像。

程序命令如下：

```
I = imread('pout.tif');
A = filter2(fspecial('sobel'),I);
J = mat2gray(A);                   %将数据矩阵转换为灰度图像
subplot(1,2,1);
subimage(A);
title('原始图像');
subplot(1,2,2);
subimage(J);
title('转换为灰度图像');
```

运行结果如图 5-25 所示。

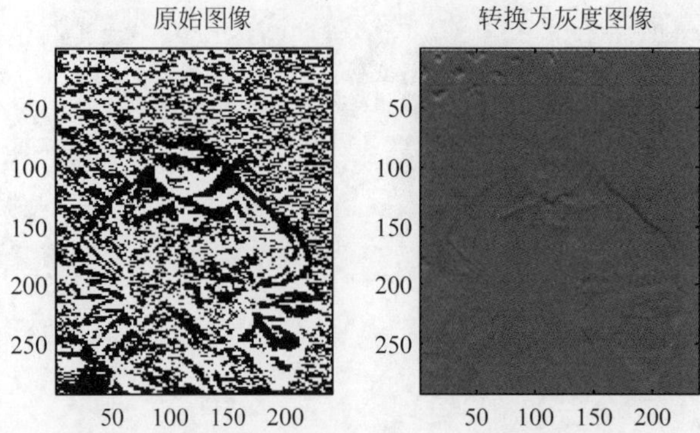

图 5-25　将数据矩阵转换为灰度图像效果图

5.4.8　将 RGB 图像转换为灰度图像的函数 rgb2gray

在 MATLAB 中,rgb2gray 函数用于将一幅真彩色图像转换成灰度图像。该函数的调用方法为

I=rgb2gray(RGB)：将输入的 RGB 图像转换为灰度图像 I;

newmap=rgb2gray(map)：将输入的颜色图 map 返回一个等价。

【例 5-23】 下面的例子为利用 rgb2gray 函数将一幅真彩色图像转换成灰度图像。

程序命令如下：

```
RGB = imread('dog.jpg');
X = rgb2gray(RGB);            % 将一幅真彩色图像转换成灰度图像
subplot(1,2,1);
imshow(RGB);
title('原始图像');
subplot(1,2,2);
imshow(X);
title('灰度图像');
```

运行结果如图 5-26 所示。

原始图像

灰度图像

图 5-26　将一幅真彩色图像转换成灰度图像

5.4.9 将 RGB 图像转换为索引图像的函数 rgb2ind

在 MATLAB 中,rgb2ind 函数用于将真彩色图像转换成索引图像。该函数的调用方法为

[X,map]=rgb2ind(RGB):直接将 RGB 图像转换为具有颜色图 map 的矩阵 ***X***。

[X,map]=rgb2ind(RGB,tol):用均匀量化的方法将 RGB 图像转换为索引图像 X,tol 的范围从 0.0 到 1.0。

[X,map]=rgb2ind(RGB,n):使用最小量化方法将 RGB 图像转换为索引图像 X,map 中至少包括 n 个颜色。

[X,map]=rgb2ind(RGB,map):将 RGB 中的颜色与颜色图 map 中最相近的颜色匹配,将 RGB 转换为具有 MAP 颜色图的索引图。

[...] = rgb2ind(...,dither_option):其中 dither_option 用于开启/关闭 dither,dither_option 可以是'dither'(默认值)或'nodither'。

【例 5-24】 下面的例子为利用 rgb2ind 函数将真彩色图像转换成索引图像。

程序命令如下:

```
RGB = imread('cat.jpg');
[X,MAP] = rgb2ind(RGB,0.7);        %将真彩色图像转换成索引图像
subplot(1,2,1);
imshow(RGB);
title('原始图像');
subplot(1,2,2);
imshow(X,MAP);
title('索引图像');
```

运行结果如图 5-27 所示。

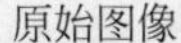

图 5-27 将真彩色图像转换成索引图像

5.5 文件读取 I/O 操作

MATLAB 程序可以看作数据处理器,该处理器从外部源(文件、网络、磁盘等)读入数据,并将处理结果输出到指定设备(文件、网络、磁盘等),即 I/O 操作,在 MATLAB 中

提供了许多读取和写入文件的函数，通过这些函数可以控制I/O操作。

本节学习目标：

（1）了解工作空间数据的读取；

（2）熟悉二进制及记事本文件数据的读写；

（3）掌握电子表格、声音、视频文件的读写。

5.5.1 数据基本操作

利用save命令保存工作区或工作区任何指定的文件，文件名为matlab.mat，mat文件可以通过load命令再次导入工作区。两个命令的调用格式如下：

```
save(filename)
save(filename,variables)
save(filename,variables,fmt)
save(filename,variables,version)
save(filename,variables,'-append')
load(filename)
load(filename,variables)
load(filename,'-ascii')
load(filename,'-mat')
load(filename,'-mat',variables)
```

【例5-25】 数据的保存和导入。

程序命令如下：

```
p = rand(1,10);
q = ones(10);
save('test.mat','p','q')
whos('-file','test.mat')
a = 50;
save('test.mat','a','-append')
whos('-file','test.mat')
load('handel.mat','y')
load handel.mat y
whos -file accidents.mat
load('accidents.mat', '-regexp', '^(?!hwy)...')
load accidents.mat -regexp '^(?!hwy)...'
```

运行结果为

```
  Name      Size            Bytes  Class     Attributes
  p         1x10               80  double
  q        10x10              800  double
  Name      Size            Bytes  Class     Attributes
  a         1x1                 8  double
  p         1x10               80  double
```

```
q          10x10                 800 double
Name                 Size               Bytes  Class     Attributes
datasources           3x1                2568  cell
hwycols               1x1                   8  double
hwydata             51x17                6936  double
hwyheaders           1x17                1874  cell
hwyidx               51x1                 408  double
hwyrows               1x1                   8  double
statelabel           51x1                3944  cell
ushwydata            1x17                 136  double
uslabel               1x1                  86  cell
```

5.5.2 底层文件基本 I/O 操作

MATLAB 还有大量底层文件 I/O 指令,如表 5-1 所示。这些指令可以对多种类型的数据文件进行操作。低级文件指令,能够满足大部分本地文件和 MATLAB 工作区的交互需要,可以解决大部分文件数据导入导出的问题。

表 5-1 MATLAB 低级文件 I/O 函数

函数	说　明
fclose	关闭文件
feof	测试文件结束
ferror	查询文件 I/O 的错误状态
fgetl	读文件的行,忽略回车符
fgets	读文件的行,包括回车符
fopen	打开文件
frewind	返回到文件开始位置
fseek	设置文件位置指示符
ftell	获取文件位置指示符

fopen 函数用于打开一个文件并返回这个文件的文件句柄值。它的基本调用形式如下:

```
fileID = fopen(filename)
fileID = fopen(filename,permission)
fileID = fopen(filename,permission,machinefmt,encodingIn)
[fileID,errmsg] = fopen(___)
fIDs = fopen('all')
filename = fopen(fileID)
[filename,permission,machinefmt,encodingOut] = fopen(fileID)
```

其中 fileID 用于存储文件句柄值,如果返回的句柄值大于 0,则说明文件打开成功。文件名 filename 用字符串形式表示,代表待打开的数据文件。permission 表示打开方式,常见的打开方式如表 5-2 所示。

表 5-2　fopen 函数打开方式

打开方式	说　　明
'r'	只读方式打开文件(默认的打开方式),该文件必须已存在
'r+'	读写方式打开文件,打开后先读后写,该文件必须已存在
'w'	打开后写入数据,若该文件存在则更新；不存在则创建
'w+'	读写方式打开文件,先读后写,若该文件存在则更新；不存在则创建
'a'	在打开的文件末端添加数据,若文件不存在则创建
'a+'	打开文件后,先读入数据再添加数据,文件不存在则创建

fclose 函数用来关闭打开的文件并返回文件操作码。文件在进行读、写等操作后,应及时关闭,以免数据丢失。fclose 的调用格式为

```
fclose(fileID)
fclose('all')
status = fclose(...)
```

该函数关闭 fileID 所表示的文件。status 为关闭文件操作的返回代码,若关闭文件成功,返回 0,否则返回－1。若要关闭所有已打开的文件使用 fclose('all')。

【例 5-26】 文件打开关闭示例。

程序命令如下：

```
fileID = fopen('airfoil.m');
tline = fgetl(fileID);
fclose(fileID)
ans =
     0
```

运行结果如下：

```
ans =
     0
```

5.6　文件的读写

MATLAB 除了能读写 mat 文件,还能够读写文本文件、Word 文件、Excel 文件、图像文件和音频文件等。其中图像文件的读写会在图像处理中再具体介绍。

5.6.1　二进制文件的读写

对于 MATLAB 而言,二进制文件相对容易进行写操作。函数 fwrite 的作用是将一个矩阵元素按照所定的二进制格式写入某个打开的文件中,并返回成功写入的数据个数。其调用格式为

```
fwrite(fileID, A)
fwrite(fileID, A, precision)
fwrite(fileID, A, precision, skip)
fwrite(fileID, A, precision, skip, machineformat)
count = fwrite(...)
```

其中 count 返回所写的数据元素个数，fid 为文件句柄，A 用来存放写入文件的数据，precision 代表数据精度，默认的数据精度为 uint8。

【例 5-27】 数据的保存和导入。

程序命令如下：

```
fid = fopen('magic5.bin','w');
count = fwrite(fid,magic(6),'int32');
status = fclose(fid)
fid = fopen('magic5.bin','r')
data = (fread(fid,25,'int32'))
```

运行结果如下：

```
status =
     0
fid =
     5
data =
    35
     3
    31
     8
    30
     4
     1
    32
     9
    28
     5
    36
     6
     7
     2
    33
    34
    29
    26
    21
    22
    17
    12
    13
    19
```

MATLAB中fread函数可以从文件中读取二进制数据，将结果写入一个矩阵中返回。其调用格式为

```
A = fread(fileID)
A = fread(fileID,sizeA)
A = fread(fileID,sizeA,precision)
A = fread(fileID,sizeA,precision,skip)
A = fread(fileID,sizeA,precision,skip,machinefmt)
[A,count] = fread(___)
```

其中**A**是用于存放读取数据的矩阵。count是返回所读取的数据元素个数。fileID为文件句柄。size为可选项，若不选用则读取整个文件内容；若选用，则它的值可以取下列值：N(读取N个元素到一个列向量)、inf(读取整个文件)、[M,N](读数据到$M\times N$的矩阵中，数据按列存放)。precision用于控制所写数据的精度，其形式与fwrite函数相同。

【例5-28】 将矩阵写入二进制文件。

程序命令如下：

```
str = ['AB'; 'CD'; 'EF'; 'FA'];
fileID = fopen('bcd.bin','w');
fwrite(fileID,hex2dec(str),'ubit8');
fclose(fileID);
fileID = fopen('bcd.bin');
onebyte = fread(fileID,4,'*ubit8');
disp(dec2hex(onebyte))
```

运行结果如下：

```
AB
CD
EF
FA
```

5.6.2 记事本数据的读写

MATLAB的函数fprintf可以将数据按指定格式写入到文本文件中。其调用格式为

```
fprintf(fileID,formatSpec,A1,...,An)
fprintf(formatSpec,A1,...,An)
nbytes = fprintf(___)
```

fileID为文件句柄，指定要写入数据的文件。formatspec是用来控制所写数据格式的格式符，与fscanf函数相同。**A**是用来存放数据的矩阵。

【例 5-29】 将矩阵写入记事本文件。

程序命令如下：

```
x = 0:.1:1;
A = [x; exp(x)];
fileID = fopen('exp.txt','w');
fprintf(fileID,'     %6s %12s\n','x','exp(x)');
fprintf(fileID,'     %6.2f %12.8f\n',A);
fclose(fileID);
type exp.txt
```

运行结果如下：

```
x       exp(x)
  0.00  1.00000000
  0.10  1.10517092
  0.20  1.22140276
  0.30  1.34985881
  0.40  1.49182470
  0.50  1.64872127
  0.60  1.82211880
  0.70  2.01375271
  0.80  2.22554093
  0.90  2.45960311
  1.00  2.71828183
```

fscanf 函数可以读取文本文件的内容，并按指定格式存入矩阵。其调用格式为

```
A = fscanf(fileID,formatSpec)
A = fscanf(fileID,formatSpec,sizeA)
[A,count]= fscanf(___)
```

其中 **A** 用来存放读取的数据。count 返回所读取的数据元素个数。fileID 为文件句柄。format 用来控制读取的数据格式，由%加上格式符组成，常见的格式符有：d(整型)、f(浮点型)、s(字符串型)、c(字符型)等，在%与格式符之间还可以插入附加格式说明符，如%12f。size 为可选项，决定矩阵 **A** 中数据的大小，它可以取下列值：N(读取 N 个元素到一个列向量)、inf(读取整个文件)、[M,N](读数据到 $M\times N$ 的矩阵中，数据按列存放)。

【例 5-30】 读取记事本文件内容并存入矩阵。

程序命令如下：

```
x = 1:1:5;
y = [x;rand(1,5)];
fileID = fopen('nums2.txt','w');
fprintf(fileID,'%d %4.4f\n',y);
fclose(fileID);
```

```
type nums2.txt
fileID = fopen('nums2.txt','r');
formatSpec = '%d %f';
sizeA = [2 Inf];
A = fscanf(fileID,formatSpec,sizeA)
fclose(fileID);
```

运行结果如下：

```
1 0.6555
2 0.1712
3 0.7060
4 0.0318
5 0.2769
A =
    1.0000  2.0000  3.0000  4.0000  5.0000
    0.6555  0.1712  0.7060  0.0318  0.2769
```

5.6.3 电子表格数据的读写

最常见的电子表格文件是Excel生成的.xls文件，MATLAB中提供了xlsread和xlswrite函数用于.xls文件和MATLAB工作区之间数据的读写，具体语法格式如下：

```
num = xlsread(filename)
num = xlsread(filename,sheet)
num = xlsread(filename,xlRange)
num = xlsread(filename,sheet,xlRange)
num = xlsread(filename,sheet,xlRange,'basic')
[num,txt,raw] = xlsread(___)
___ = xlsread(filename,-1)
[num,txt,raw,custom] = xlsread(filename,sheet,xlRange,'',functionHandle)
xlswrite(filename,A)
xlswrite(filename,A,sheet)
xlswrite(filename,A,xlRange)
xlswrite(filename,A,sheet,xlRange)
status = xlswrite(___)
[status,message] = xlswrite(___)
```

【例5-31】 电子表格的读操作示例。

程序命令如下：

```
values = {1, 2, 3 ; 4, 5, 'x' ; 7, 8, 9};
headers = {'First','Second','Third'};
xlswrite('myExample.xlsx', [headers; values]);
filename = 'myExample.xlsx';
```

```
A = xlsread(filename)
filename = 'myExample.xlsx';
sheet = 1;
xlRange = 'B2:C3';
subsetA = xlsread(filename, sheet, xlRange)
filename = 'myExample.xlsx';
columnB = xlsread(filename,'B:B')
[ndata, text, alldata] = xlsread('myExample.xlsx')
misc = pi*gallery('normaldata',[10,3],1);
xlswrite('myExample.xlsx',misc,'MyData');
trim = xlsread('myExample.xlsx','MyData','','',@setMinMax)
function [Data] = setMinMax(Data)
  minval = -3; maxval = 3;
   for k = 1:Data.Count
    v = Data.Value{k};
    if v > maxval || v < minval
       if v > maxval
          Data.Value{k} = maxval;
       else
           Data.Value{k} = minval;
       end
    end
  end
```

运行结果如下：

```
A =
    1    2    3
    4    5  NaN
    7    8    9
subsetA =
    2    3
    5  NaN
columnB =
    2
    5
    8
ndata =
    1    2    3
    4    5  NaN
    7    8    9
text =
    'First'    'Second'    'Third'
    ''          ''           ''
    ''          ''           'x'
alldata =
    'First'    'Second'    'Third'
    [    1]    [    2]    [    3]
    [    4]    [    5]    'x'
```

```
    [     7]    [     8]    [     9]
trim =
    2.7156   -3.0000    1.8064
    0.2959   -2.3383   -2.7210
   -2.6764   -1.7351   -3.0000
    2.7442   -2.5752   -3.0000
   -1.3761    3.0000    0.6683
   -1.3498   -1.9319    1.5014
   -3.0000   -0.8000    0.3162
    1.2448   -0.8477    0.9344
   -3.0000   -3.0000    1.7912
    0.5292   -3.0000   -3.0000
```

【例 5-32】 电子表格写操作示例。

程序命令如下：

```
filename = 'testdata.xlsx';
A = {'Time','Temperature'; 12,98; 13,99; 14,97};
sheet = 2;
xlRange = 'E1';
xlswrite(filename,A,sheet,xlRange)
```

运行结果如图 5-28 所示。

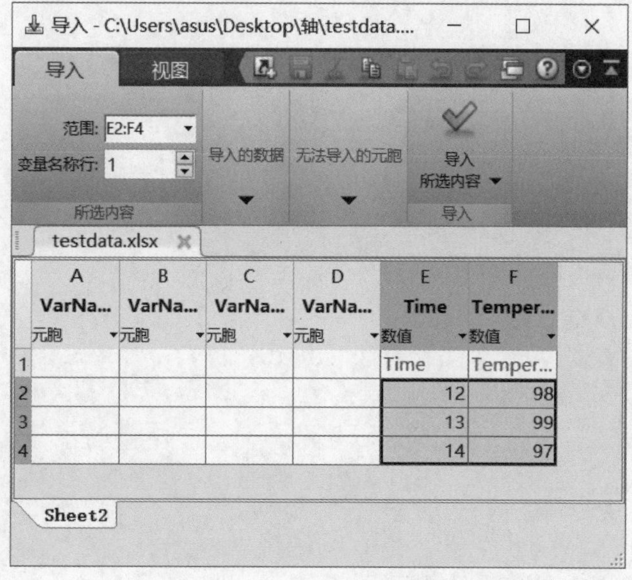

图 5-28　电子表格导出

5.6.4　声音文件的读写

MATLAB 通过函数 sound. soundsc 将向量转换为音频信号，或者通过 wavread 函数读取文件获得 MATLAB 音频信号，wavwrite 函数用来写入音频文件信息。wavread、wavwrite 函数语法格式如下：

```
y = wavread(filename)
[y, Fs] = wavread(filename)
[y, Fs, nbits] = wavread(filename)
[y, Fs, nbits, opts] = wavread(filename)
[___] = wavread(filename, N)
[___] = wavread(filename,[N1 N2])
[___] = wavread(___, fmt)
siz = wavread(filename,'size')
wavwrite(y,filename)
wavwrite(y,Fs,filename)
wavwrite(y,Fs,N,filename)
```

【例 5-33】 声音文件的保存和导入。

程序命令如下：

```
load handel.mat
hfile = 'handel.wav';
wavwrite(y, Fs, hfile)
clear y Fs
[y, Fs, nbits, readinfo] = wavread(hfile);
sound(y, Fs);
duration = numel(y) / Fs;
pause(duration + 2)
nsamples = 2 * Fs;
[y2, Fs] = wavread(hfile, nsamples);
sound(y2, Fs);
pause(4)
sizeinfo = wavread(hfile, 'size');
tot_samples = sizeinfo(1);
startpos = tot_samples / 3;
endpos = 2 * startpos;
[y3, Fs] = wavread(hfile, [startpos endpos]);
sound(y3, Fs);
```

5.6.5 视频文件的读写

MATLAB 中的视频对象称为 MATLAB movie。MATLAB 可以通过 aviread 函数读入 avi 视频文件得到 MATLAB movie 数据，并对其进行播放等操作。用户可以通过 avifile 函数创建 avi 视频文件，然后通过 addframe 函数将得到的视频帧添加到视频文件中，添加完成后通过 close 命令关闭 avi 文件。

【例 5-34】 视频文件的读写示例。

程序命令如下：

```
aviobj = avifile('example.avi','compression','None');
t = linspace(0,2.5 * pi,40);
fact = 10 * sin(t);
fig = figure;
[x,y,z] = peaks;
for k = 1:length(fact)
    h = surf(x,y,fact(k) * z);
    axis([ - 3 3 - 3 3 - 80 80])
    axis off
    caxis([ - 90 90])
    F = getframe(fig);
    aviobj = addframe(aviobj,F);
end
close(fig);
aviobj = close(aviobj);
```

运行结果如图 5-29 所示。

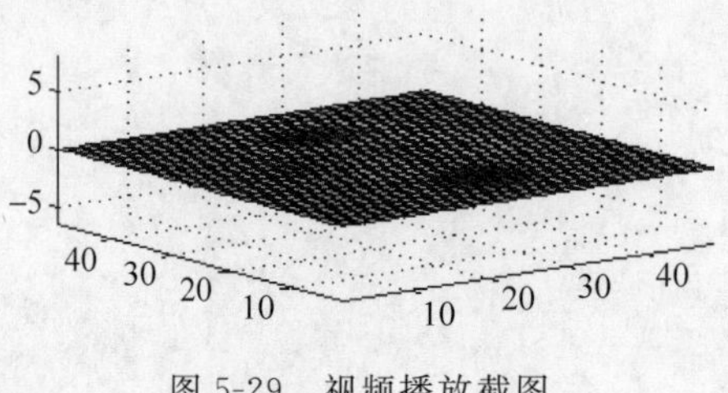

图 5-29　视频播放截图

本章小结

本章介绍了图像文件的读写、基本的图像处理函数、图像类型转换、颜色模型的转换等,并给出的大量的示例来阐述其在 MATLAB 中的实现方法,掌握这些内容是进行 MATLAB 图像处理的基础。MATLAB 提供了多种函数和命令来实现文件的读取和输出,包括二进制文件、文本文件以及声音文件等多种格式。这些格式的文件读写大大加强了 MATLAB 与其他部分的交互能力。本章还介绍底层文件 I/O 程序及其相关函数。希望读者通过学习,能够熟悉和掌握其中的基本思想,为后面的复杂文件处理打下基础。

第二部分 基于GUI的常见设计技术

第 6 章　句柄图形对象

第 7 章　GUI 控件及 uimenu 菜单

第 8 章　MATLAB GUI 基础设计

第6章 句柄图形对象

绘图函数将不同的曲线或曲面绘制在图形窗口中，而图形窗口是由不同的对象（如坐标轴、曲线、曲面或文字等）组成的图形界面。MATLAB给每个图形对象分配一个标识符，称为句柄。以后可以通过句柄对该图形对象的属性进行设置，也可以获取有关的属性值，从而能够更加自主地绘制各种图形。

学习目标：

（1）掌握MATLAB图形对象句柄的操作；

（2）掌握MATLAB图形对象属性的设置及其访问。

6.1 图形对象及其句柄

MATLAB的图形对象包括计算机屏幕、图形窗口、坐标轴、用户菜单、用户控件、曲线、曲面、文字、图像、光源、区域块和方框等。系统将每一个对象按树型结构组织起来。每个具体图形不必包含每个对象，但每个图形必须具备根对象和图形窗口。如图6-1所示，是句柄图形体系的对象树结构。

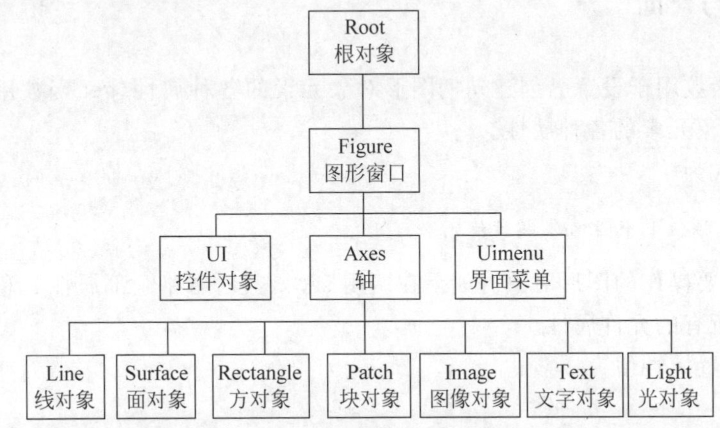

图6-1 句柄图形体系的对象树结构

MATLAB在创建每一个图形对象时，都会为该对象分配唯一的一个值，称其为图形对象句柄（Handle）。句柄是图形对象的唯一标识符，不同对象的句柄不可能重复和混淆。

计算机屏幕作为根对象由系统自动建立，其句柄值为0，而图形窗口对象的句柄值为一正整数，并显示在该窗口的标题栏，其他图形对象的句柄为浮点数。MATLAB提供了若干个函数用于获取已有图形对象的句柄，如figure、line、text、surface、axes(xlabel、ylabel、zlabel、title)。

若要获取当前的图形、坐标轴和对象的句柄值，可使用下列函数：

gcf：获取当前图形窗口的句柄值；

gca：获取当前图形窗口中当前坐标轴的句柄值；

gco：获取当前图形窗口中当前对象的句柄值；

gcbf：获取正在执行的回调函数对应的对象所在窗口的句柄值；

gcbo：获取正在执行的回调函数对应的对象句柄值。

【例6-1】 绘制曲线并查看有关对象的句柄示例。

程序命令如下：

```
x = 0:0.2 * pi:3 * pi;
y = cos(x);
h1 = gcf
h2 = gca
```

运行结果如下：

```
h1 =
     1
h2 =
  173.0016
```

6.1.1 属性的设置与查询

MATALB中set函数用于设置已创建句柄图形对象元素的各种属性，get函数用于查询已创建句柄图形对象元素的各种属性。

set函数的调用格式为

```
set(句柄,属性名1,属性值1,属性名2,属性值2,…)
```

其中句柄用于指明要操作的图形对象。如果在调用set函数时省略全部属性名和属性值，则将显示出句柄所有的允许属性。

根对象的所有可设置属性值为

```
set(0)
    CurrentFigure
    Diary: [ on | off ]
    DiaryFile
    Echo: [ on | off ]
```

```
    FixedWidthFontName
    Format: [ short | long | shortE | longE | shortG | longG | hex | bank | + | rational |
debug | shortEng | longEng ]
    FormatSpacing: [ loose | compact ]
    Language
    More: [ on | off ]
    PointerLocation
    RecursionLimit
    ScreenDepth
    ScreenPixelsPerInch
    ShowHiddenHandles: [ on | {off} ]
    Units: [ inches | centimeters | normalized | points | pixels | characters ]

    ButtonDownFcn: string - or - function handle - or - cell array
    Children
    Clipping: [ {on} | off ]
    CreateFcn: string - or - function handle - or - cell array
    DeleteFcn: string - or - function handle - or - cell array
    BusyAction: [ {queue} | cancel ]
    HandleVisibility: [ {on} | callback | off ]
    HitTest: [ {on} | off ]
    Interruptible: [ {on} | off ]
    Parent
    Selected: [ on | off ]
    SelectionHighlight: [ {on} | off ]
    Tag
    UIContextMenu
    UserData
    Visible: [ {on} | off ]
```

get 函数的调用格式为

get(H)：过去属性列表。

V=get(句柄,属性名)：V 是返回的属性值。如果在调用 get 函数时省略属性名，则将返回句柄所有的属性值。

获取根对象的属性列表如下：

```
get(0)
    CallbackObject = []
    CommandWindowSize = [126 31]
    CurrentFigure = []
    Diary = off
    DiaryFile = diary
    Echo = off
    FixedWidthFontName = SimHei
    Format = short
    FormatSpacing = loose
    Language = zh_cn
    MonitorPositions = [1 1 1600 900]
```

```
    More = off
    PointerLocation = [546 211]
    RecursionLimit = [500]
    ScreenDepth = [32]
    ScreenPixelsPerInch = [116]
    ScreenSize = [1 1 1600 900]
    ShowHiddenHandles = off
    Units = pixels

    BeingDeleted = off
    ButtonDownFcn =
    Children = []
    Clipping = on
    CreateFcn =
    DeleteFcn =
    BusyAction = queue
    HandleVisibility = on
    HitTest = on
    Interruptible = on
    Parent = []
    Selected = off
    SelectionHighlight = on
    Tag =
    Type = root
    UIContextMenu = []
    UserData = []
    Visible = on
```

【例 6-2】 绘制二维曲线，通过选择不同的选项可以设置曲线的颜色、线型和数据点的标记符号。

程序命令如下：

```
x = 0:pi/10:2 * pi;
h = plot(x,cos(x));
pause
set(h,'color','b','linestyle',':','marker','P');
```

运行结果如图 6-2 所示。

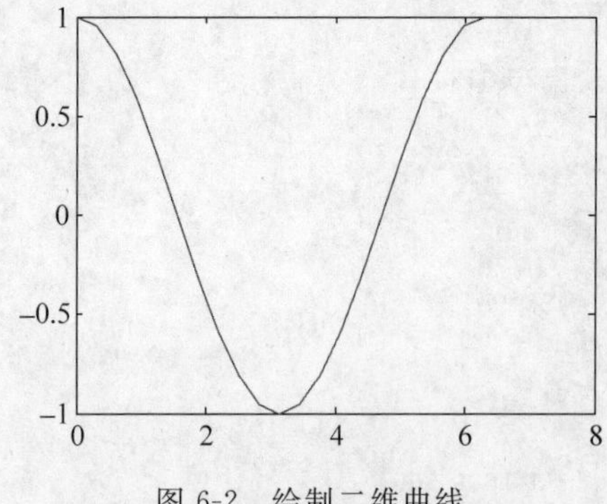

图 6-2　绘制二维曲线

【例 6-3】 获取句柄的属性值示例。

程序命令如下：

```
x = 0:pi/10:2 * pi;
h = plot(x,cos(x));
set(h,'color','r','linestyle',':','marker','P');
get(h,'marker')
```

如图 6-3 所示,运行结果如下：

```
ans =
pentagram
```

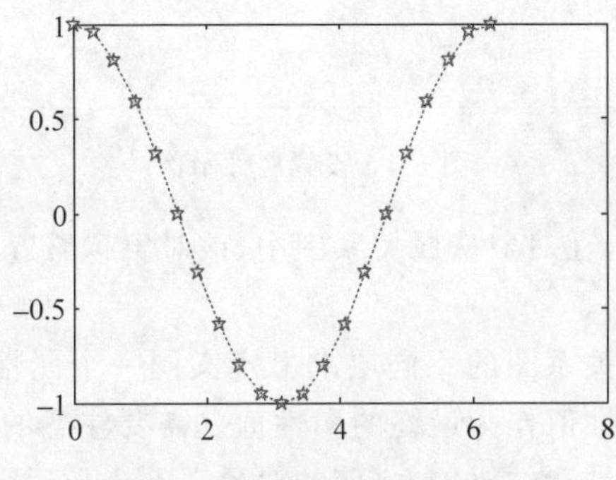

图 6-3 获取句柄的属性值

【例 6-4】 设置属性示例。

程序命令如下：

```
figure('Position',[1 2 650 350],'Units','inches')
set(gcf,'Units','pixels')
get(gcf,'Position')
set(gcf,'Units','pixels','Position',[1 1 500 300],'Units',...
   'inches')
get(gcf,'Position')
```

如图 6-4 所示,运行结果如下：

```
ans =
      1   2   650   350
ans =
          0   0   4.3103   2.5862
```

6.1.2 对象的默认属性值

MATLAB 对默认属性值的搜索从当前对象开始,沿着对象的从属关系图向更高的层次搜索,直到发现系统的默认值或用户自己定义的值。

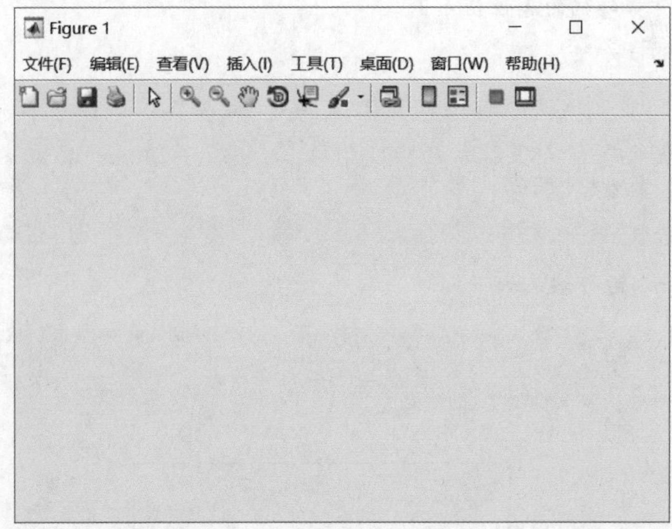

图 6-4 设置属性示例

定义对象的默认值时，在对象从属关系图中，该对象越靠近 Root(根)对象，其作用的范围就越广。

如果用户在对象从属关系图的不同层次上定义同一个属性的默认值，则 MATLAB 将会自动选择最下层的属性值作为最终的属性值。需要注意的是，用户自定义的属性值只能影响到该属性设置后创建的对象，之前的对象都不会受到影响。

指定 MATLAB 对象的默认值，首先需要创建一个以 Default 开头的字符串，该字符串的中间部分为对象类型，末尾部分为属性的名称。属性默认值的描述结构为

```
Default + 对象名称 + 对象属性
```

例如：

```
DefaultFigureColor: 图形窗口的颜色;
DefaultAxesAspaceRatio: 轴的视图比率;
DefaultLineLineWide: 线的宽度;
DefaultLineColor: 线的颜色。
```

默认值的获得与设置也是通过 get 和 set 函数实现的，例如：

```
get(0,'DefaultFigureColor'): 获得图形窗口的默认值;
set(h,'DefaultLineColor','r'): 设置线的颜色为红色。
```

【例 6-5】 在轴对象上(父代对象)设置线的颜色默认值为红色。

程序命令如下：

```
x = 0:2 * pi/180:2 * pi;
y = cos(2 * x);
set(gca,'DefaultLineColor',[1 0 0]);
h = line(x,y)
```

如图 6-5 所示,运行结果如下:

```
h =
   174.0018
```

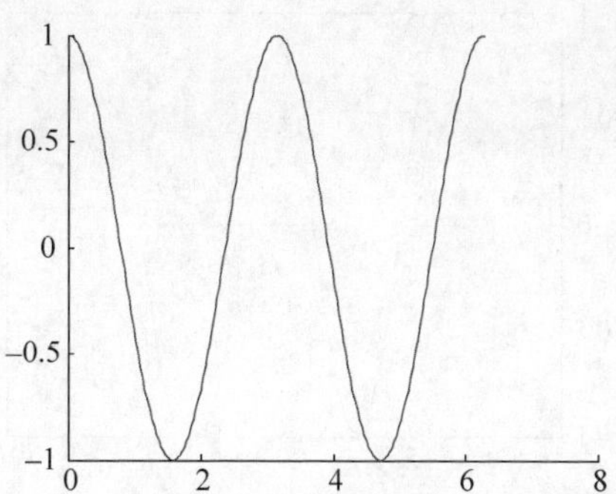

图 6-5　设置线的颜色默认值为红色

6.1.3　对象的属性查找

MATLAB 的 findobj 函数用于快速遍历对象从属关系表并获取具有特定属性值的对象句柄。如果用户没有指定起始对象,那么 findobj 函数从根对象开始查找。该函数的调用格式为

findobj: findobj 返回根对象的句柄和所有子对象;

h = findobj: 返回根对象的句柄和所有子对象;

h = findobj('PropertyName',PropertyValue,...): 返回所有属性名为'PropertyName',属性值为'PropertyValue'的图形对象的句柄;

h = findobj('-regexp','PropertyName','regexp',...): 属性名可以使用正则表达式;

h = findobj('-property','PropertyName'): 如果存在'PropertyName'这个属性名,就返回此图形句柄;

h = findobj(objhandles,...): 限制搜索范围为 objhandles 和他们的子图中;

h = findobj(objhandles,'-depth',d,...): 指定搜索深度,深度参数'd'控制遍历层数,若 d 为 inf 表示遍历所有层,若 d 为 0 等同 d='flat';

h = findobj(objhandles,'flat','PropertyName',PropertyValue,...)=: 'flat'限制搜索范围只能是当前层,不能搜索子图。如果句柄指向一个不存在的图形,findobj 则返回一个错误。findobj 正确匹配任何合法属性值,例如 findobj('Color','r')找到所有 color 值为红的对象。为了寻找满足指定条件的 handle 对象,可以使用 handle. findobj。

【例 6-6】 findobj 函数使用示例。

程序命令如下:

```
clf reset
x = -2 * pi:0.4:2 * pi;
y1 = sin(x + 1);y2 = cos(x);
```

```
plot(x,y1,x,y2,'g',x,zeros(size(x)),'k:')
hg = findobj(gca,'Color','g')        %在当前轴上寻找绿线的句柄
```

运行结果如图 6-6 所示。

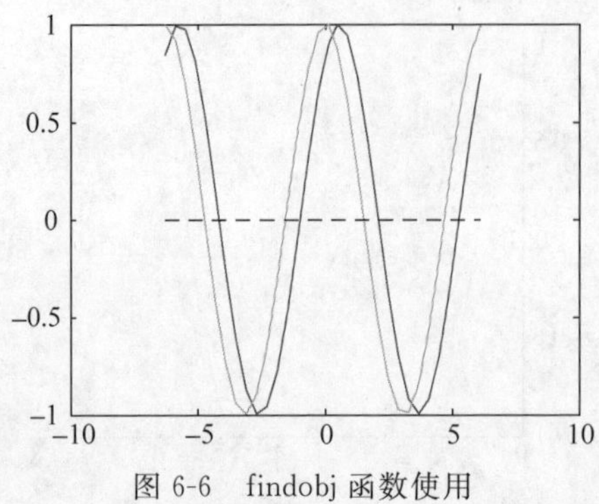

图 6-6　findobj 函数使用

6.1.4　图形对象的复制

通过 copyobj 函数可以实现将对象从一个父对象移动至另一个父对象中。新对象与原对象的唯一差别在于其 Parent 属性值不同，并且其句柄不同。在 MATLAB 中，可以向一个新的父对象中复制多个子对象，也可以将一个子对象复制到多个父对象中。复制对象需要注意的是，子对象和父对象之间的类型必须匹配。在复制对象时，如果被复制的对象包含子对象，MATLAB 将同时复制所有的子对象。copyobj 函数的用法为

new_handle = copyobj(h,p)：该语句复制 h 指定的图形对象至 p 指定的对象中，成为 p 的子对象。h 和 p 的取值可以有下面三种情况：

(1) h 和 p 均为向量。此时 h 和 p 长度必须相同，返回值 new_handle 为长度相同的向量。在这种情况下，new_handle(i)是 h(i)的副本，其父对象为 p(i)；

(2) h 为标量，p 为向量，此时将 h 复制到 p 指定的所有对象中，返回结果 new_handle 为与 p 长度相等的向量，每个 new_handle(i)是 h 的副本，其父对象为 p(i)；

(3) h 为向量，p 为标量，此时将 h 指定的所有对象复制到 p 中，返回结果 new_handle 为与 h 长度相等的向量，每个 new_handle(i)是 h(i)的副本，其父对象为 p。

6.1.5　图形对象的删除

在 MATLAB 中，利用 delete 函数，可以删除图形对象。其格式为

delete(h)：该语句删除 h 所指定的对象。

6.2　图形对象属性

MATLAB 给每种对象的每一个属性规定了一个名字，称为属性名，而属性名的取值称为属性值。图形对象的属性控制图形的外观和显示特点。图形对象的共有属性如

表 6-1 所示。

表 6-1 图形对象的共有属性

属　　性	描　　述
BeingDeleted	当对象的 DeleteFcn 函数调用后，该属性的值为 on
BusyAction	控制 MATLAB 图形对象句柄响应函数点中断方式
ButtonDownFcn	当单击按钮时执行响应函数
Children	该对象所有子对象的句柄
Clipping	打开或关闭剪切功能(只对坐标轴子对象有效)
CreateFcn	当对应类型的对象创建时执行
DeleteFcn	删除对象时执行该函数
HandleVisibility	用于控制句柄是否可以通过命令行或者响应函数访问
HitTest	设置当鼠标单击时是否可以使选中对象成为当前对象
Interruptible	确定当前的响应函数是否可以被后继的响应函数中断
Parent	该对象的上级(父)对象
Selected	表明该对象是否被选中
SelectionHighlight	指定是否显示对象的选中状态
Tag	用户指定的对象标签
Type	该对象的类型
UserData	用户想与该对象关联的任意数据
Visible	设置该对象是否可见

Children 属性：该属性的取值是该对象所有子对象的句柄组成的一个向量。例如：

```
get(gca,'children') %得到当前坐标轴对象的子对象(曲线)的句柄值.
ans =
   Empty matrix: 0 - by - 1
```

Parent 属性：该属性的取值是该对象的父对象的句柄。

```
get(gcf,'parent') %得到图形窗口的父对象(计算机屏幕)的句柄值 0
ans =
     0
```

Tag 属性：该属性的取值是一个字符串，它相当于给该对象定义了一个标识符。定义了 Tag 属性后，在任何程序中都可以通过 findobj 函数获取该标识符所对应图形的句柄。例如：

```
clc;clear;close all;
x = 0:pi/10:2 * pi;
h = plot(x,cos(x))
set(h,'tag','flag1')
hf = findobj(0,'tag','flag1')
```

运行结果如下所示：

```
h =
  174.0021
hf =
  174.0021、
```

Type 属性：表示该对象的类型。显然，该属性的取值是不可改变的。例如：

```
clc;clear;close all;
x = 0:pi/10:2 * pi;
h = plot(x,cos(x))
get(h,'type')
ans =
          line
```

UserData 属性：该属性的取值是一个矩阵，默认值为空矩阵。在程序设计中，可以将与图形对象有关的比较重要的数据存储在这个属性中，借此可以达到数据传递的目的。例如：

```
set(0,'userdata',[1 2 3;4 5 6])
get(0,'userdata')
```

运行结果如下：

```
ans =
     1   2   3
     4   5   6
```

Visible 属性：该属性的取值是 on(默认值)或 off。当它的值为 off 时，可以用来隐藏该图形窗口的动态变化过程，如窗口大小的变化、颜色的变化等。例如：

```
peaks
pause(6)
set(gcf,'visible','off')
pause(6)
set(gcf,'visible','on')
```

如图 6-7 所示，运行结果如下：

```
z  =  3 * (1 - x).^2. * exp( - (x.^2) - (y + 1).^2) ...
   - 10 * (x/5 - x.^3 - y.^5). * exp( - x.^2 - y.^2) ...
   - 1/3 * exp( - (x + 1).^2 - y.^2)
```

ButtonDownFcn 属性：该属性的取值是一个字符串，一般是某个 M 文件名或一小段 MATLAB 程序。当鼠标指针位于对象之上，用户按下鼠标键时执行字符串。例如：

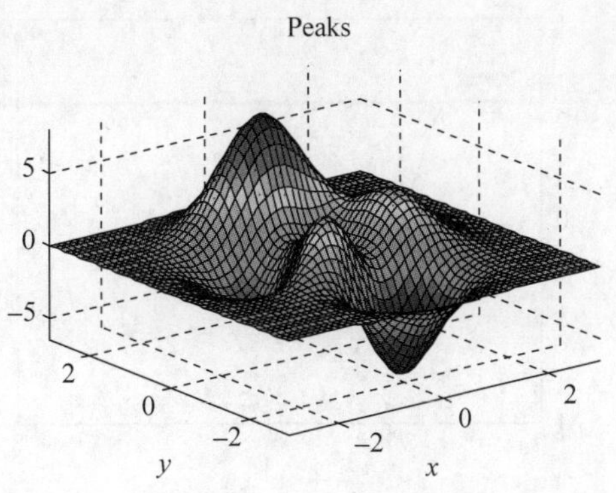

图 6-7 Visible 属性

```
clc;clear;
figure
set(gcf,'buttondown','example4_10');
```

【例 6-7】 在同一坐标下绘制红、绿两根不同曲线，获得绿色曲线的句柄，并对其进行设置。

程序命令如下：

```
clc;clear;close all;
x = 0:pi/50:2 * pi;
y = sin(x + 1);
z = cos(x + 1);
plot(x,y,'r',x,z,'g');                    %绘制两条不同的曲线;
Hl = get(gca,'children')                  %获取两曲线的句柄向量 Hl;
for k = 1:size(Hl)
    if get(Hl(k),'color') == [0 1 0]      %[0 1 0]代表绿色;
       Hlg = Hl(k);
    end
end
pause                                     %便于观察设置前后的效果;
set(Hlg,'linestyle',':','marker','p');
```

如图 6-8 所示，运行结果如下：

```
Hl =
  175.0046
  174.0051
```

6.2.1 根对象

根对象位于 MATLAB 层次结构的最上层，在 MATLAB 中创建图形对象时，只能创建唯一的一个 Root 对象，而其他的所有对象都从属于该对象。根对象是由系统在启动

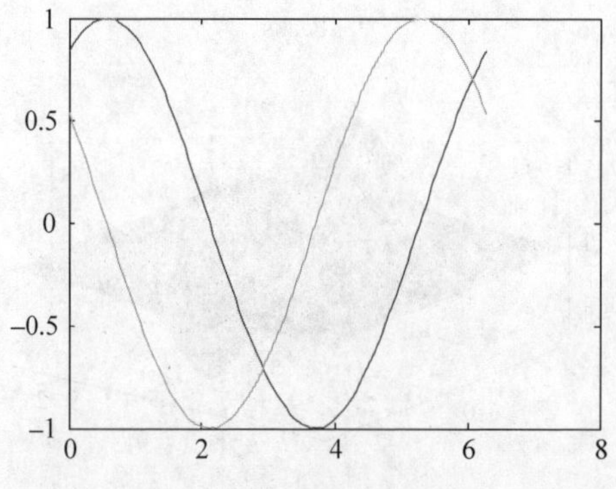

图 6-8　图形对象属性示例

MATLAB 时自动创建的，用户可以对根对象的属性进行设置，从而改变图形的显示效果。表 6-2 介绍了根对象的重要属性。

表 6-2　根对象的属性

属性名称	意　义
BlackAndWhite on {off}	自动硬件检测标志 认为显示是单色的，不检测 检测显示类型
* VlaxkOutUnusedSlots	值为[{no}|yes]
CaptureMatrix	由 CaptureRect 矩形所包围的区域内图像数据的只读矩阵，使用 image 来显示
CaptureRect	捕捉矩形的尺寸和位置，是一个四元素的向量[left，bottom，width，height]，单位由 Units 属性指定
* CaseSen	值为[{on}|off]
CurrentFigure	当前图形的句柄
Diary on {off}	会话记录 将所有的键盘输入和大部分输出复制到文件中 不将输入和输出存入文件
DiaryFile	一个包含 diary 文件名的字符串，默认的文件名为 diary
Echo on {off}	脚本响应模式 在文件执行时，显示脚本文件的每一行 除非指定 echo on，否则不响应
Format {short} shortE long longE hex bank + rat	数字显示的格式 5 位的定点格式 5 位的浮点格式 15 位换算过的定点格式 15 位的浮点格式 十六进制格式 美元和分的定点格式 显示+和一符号 用整数比率逼近

续表

属性名称	意　义
FormatSpacing {loose} compact	输出间隔 显示附加行的输入 取消附加行的输入
* HideUndocumented no {yes}	控制非文件式属性的显示 显示非文件式属性 不显示非文件式属性
PointerLocation	相对于屏幕左下角指针位置的只读向量[left,bottom]或[X,Y]，单位由 Units 属性指定
PointerWindow	含有鼠标指针的图形句柄，如果不在图形窗口内，值为 0
ScreenDepth	整数，指定以比特为单位的屏幕颜色深度，例如：1 代表单色，8 代表 256 色或灰度
ScreenSize	位置向量[left, bottom, width, height]，其中[left, bottom]常为[0　0]，[width,height]是屏幕尺寸，单位由 Units 属性指定
* StatusTable	向量
* TerminalHideGraphCommand	文本串
TerminalOneWindow no yes	由终端图形驱动器使用 终端有多个窗口 终端只有一个窗口
* TerminalDimensions	终端尺寸向量[width,height]
TerminalProtocal none X tek401x tek410x	启动时终端类型设置，然后为只读 非终端模式，不连到 X 服务器 找到 X 显示服务器，X Windows 模式 Tektronix　4010/4014 仿真模式 Tektronix　4100/4105 仿真模式
* TerminalShowGraphCommand	文本串
Units inches centimeters normalized points {pixels}	Position 属性值的度量单位 英寸 厘米 归一化坐标，屏幕的左下角映射到[0　0]，右上角映射到[1　1] 排字机的点，等于 1/72 英寸 磅 屏幕像素，计算机屏幕分辨率的最小单位
* UsageTable	向量
ButtonDowFcn	MATLAB 回调字符串，当对象被选择时传给函数 eval，初始值是一空矩阵
Children	所有图形对象句柄的只读向量
Clipping {on} off	数据限幅模式 对根对象无效果 对根对象无效果
Interruptible {no} yes	ButtonDowFcn 回调字符串的可中断性 不能被其他回调中断 可以被其他回调中断

续表

属性名称	意　义
Parent	父对象的句柄,常为空矩阵
* Selected	值为[on|off]
* Tag	文本串
Type	只读的对象辨识字符串,常是 root
UserData	用户指定的数据,可以是矩阵、字符串等
Visible {on} off	对象可视性 对根对象无效果 对根对象无效果

查看根对象的隐藏属性,命令如下:

```
set(0, 'HideUndocumented', 'off')
get(0)
```

运行结果如下:

```
BlackAndWhite = off
    CallbackObject = []
    CommandWindowSize = [140 31]
    CurrentFigure = []
    Diary = off
    DiaryFile = diary
    Echo = off
    ErrorMessage =
    FixedWidthFontName = SimHei
    Format = short
    FormatSpacing = loose
    HideUndocumented = off
    Language = zh_cn
    MonitorPositions = [1 1 1600 900]
    More = off
    PointerLocation = [366 567]
    PointerWindow = [0]
    RecursionLimit = [500]
    ScreenDepth = [32]
    ScreenPixelsPerInch = [116]
    ScreenSize = [1 1 1600 900]
    ShowHiddenHandles = off
    Units = pixels
    AutomaticFileUpdates = on

    BeingDeleted = off
    PixelBounds = [0 0 0 0]
    ButtonDownFcn =
    Children = []
    Clipping = on
    CreateFcn =
    DeleteFcn =
```

```
BusyAction = queue
HandleVisibility = on
HelpTopicKey =
HitTest = on
Interruptible = on
Parent = []
Selected = off
SelectionHighlight = on
Serializable = on
Tag =
Type = root
UIContextMenu = []
UserData = []
ApplicationData = [ (1 by 1) struct array]
Behavior = [ (1 by 1) struct array]
Visible = on
XLimInclude = on
YLimInclude = on
ZLimInclude = on
CLimInclude = on
ALimInclude = on
IncludeRenderer = on
```

6.2.2 图形窗口对象

使用 figure 函数建立图形窗口对象，其调用格式为

```
句柄变量 = figure(属性名 1,属性值 1,属性名 2,属性值 2,…)
```

MATLAB 通过对属性的操作来改变图形窗口的形式。也可以使用 figure 函数按 MATLAB 默认的属性值建立图形窗口，例如：

```
figure
句柄变量 = figure
```

要关闭图形窗口，使用 close 函数，其调用格式为

```
close(窗口句柄)
```

另外，close all 命令可以关闭所有的图形窗口。clf 命令则是清除当前图形窗口的内容，但不关闭窗口。图形窗口对象主要的属性如表 6-3 所示。

表 6-3 图形窗口对象的属性

属性名称	意　义
BackingStore	为了快速重画，存储图形窗口的复制文件
{on}	当一个图原来被覆盖的一部分显露时，复制备份，刷新窗口较快，但需要较多的内存
off	重画图形以前被覆盖的部分，刷新较慢，但节省内存
* CapterMap	矩阵

续表

属性名称	意　义
* Client	矩阵
Color	图形背景色，一个三元素的 RGB 向量或 MATLAB 预定的颜色名，默认的颜色是黑色
Colormap	m×3 的 RGB 向量矩阵，参阅函数 colormap
* Colortable	矩阵，也许包含一份系统颜色映像的复制文件
CurrentAxes	图形的当前坐标轴的句柄
CurrentCharacter	当鼠标指针在图形窗口中，键盘上最新按下的字符键
CurrentMenu	最近被选择的菜单项的句柄
CurrentObject	图形内最近被选择的对象的句柄，即由函数 gco 返回的句柄
CurrentPoint	一个位置向量[left，bottom]或图形窗口的点的[X,Y]，该处是鼠标指针最近一次按下或释放时所在的位置
FixedColors	n×3 的 RGB 向量矩阵，它使用系统查色表中的槽来定义颜色，初始确定的颜色是 black 和 white
* Flint	
InvertHardcopy {on} off	改变图形元素的颜色以打印 将图形的背景色改为白色，而线条、文本和坐标轴改为黑色以打印 打印的输出颜色和显示的颜色完全一致
KeyPressFcn	当鼠标指针处在图形内，单击，传递给函数 eval 的 MATLAB 回调字符串
MenuBar {figure} none	将 MATLAB 菜单在图形窗口的顶部显示，或在某些系统中在屏幕的顶部显示 显示默认的 MATLAB 菜单 不显示默认的 MATLAB 菜单
MinColormap	颜色表输入项使用的最小数目，它影响系统颜色表，如果设置太低，会使未选中的图形以伪彩色显示
Name	图形框架窗口的标题（不是坐标轴的标题），默认时是空串，如设为 string（字符串），窗口标题变为 Figure　No. n：string
NextPlot new {add} replace	决定新图作图行为 画前建立一个新的图形窗口 在当前的图形中加上新的对象 在画图前，将除位置属性外的所有图形对象属性重新设置为默认值，并删除所有子对象
NumberTitle {on} off	在图形标题中加上图形编号 如果 Name 属性值被设为 string，窗口标题是 Figure　No. N：string 窗口标题仅仅是 Name 属性字符串
PaperUnits {inches} centimeters normalized points	纸张属性的度量单位 英寸 厘米 归一化坐标 点，每一点为 1/72 英寸

续表

属性名称	意义
PaperOrientation {portrait} landscape	打印时的纸张方向 肖像方向,最长页面尺寸是垂直方向 景象方向,最长页面尺寸是水平方向
PaperPosition	代表打印页面上图形位置的向量[left,bottom,width,height],[left,bottom]代表了相对于打印页面图形左下角的位置,[width,height]是打印图形的尺寸,单位由 PaperUnits 属性指定
PaperSize	向量[width,height]代表了用于打印的纸张尺寸,单位由 PaperUnits 属性指定,默认的纸张大小为[8.5 11]
PaperType	打印图形纸张的类型,当 PaperUnits 设定为归一化坐标时,MATLAB 使用 PaperType 来按比例调整图形的大小
Pointer crosshair {arrow} watch top1 topr bot1 botr circle cross fleur	鼠标指针形状 十字形指针 箭头 钟表指针 指向左上方的箭头 指向右上方的箭头 指向左下方的箭头 指向右下方的箭头 圆 双线十字形 4 箭头形或指南针形
Position	位置向量[left,bottom,width,height],[left,bottom]代表了相对于计算机屏幕的左下角窗口左下角的位置,[width,height]是屏幕尺寸,单位由 Units 属性指定
Resize {on} off	是否允许交互图形重新定尺寸 窗口可以用鼠标来重新定尺寸 窗口不能用鼠标来重新定尺寸
ResizeFcn	MATLAB 回调字符串,当窗口用鼠标重新定尺寸时传给函数 eval
* Scrolled	值为[{on}|off]
SelectionType {normal} extended alt open	一个只读字符串,提供了有关最近一次鼠标按钮选择所使用方式的信息,但实际是哪个键和/或按钮按下与平台有关 单击(按下和释放)鼠标左键,或只是鼠标按钮 按下 Shift 键并进行多个常规(normal)选择;同时双击按钮鼠标的两个按钮;或单击一个三按钮鼠标的中按钮 按 Ctrl 键并进行一次常规选择 双击任何鼠标按钮
Share Colors no {yes}	共享颜色表的槽 不和其他窗口共享颜色表的槽 只要可能,重用颜色表中的槽

续表

属性名称	意　义
* StatusTable	向量
Units inches centimeters normalized points {pixels}	各种位置属性值的度量单位 英寸 厘米 归一化坐标，屏幕的左下角映射到[0　0]，右上角映射到[1　1] 排字机的点，等于 1/72 英寸 屏幕像素，计算机屏幕分辨率的最小单位
* UsageTable	向量
WindowButtonDownFcn	当鼠标指针在图形内时，只要按一个鼠标按钮，MATLAB 回调字符串传递给函数 eval
WindowButtonMotionFcn	当鼠标指针在图形内时，只要移动一个鼠标按钮，MATLAB 回调字符串传递给函数 eval
* WindowID	长整数
ButtonDownFcn	当图形被选中时，MATLAB 回调字符串传递给函数 eval，初始值是一个空矩阵
Children	图形中所有子对象句柄的只读向量；坐标轴对象，uicontrol 对象和 uimenu 对象
Clipping {on} off	数据限幅模式 对图形对象不起作用 对图形对象不起作用
Interruptible {no} yes	指定图形回调字符串是否可中断 不能被其他回调中断 可以被其他回调中断
Parent	图形父对象的句柄，常是 0
* Selected	值为[on|off]
* Tag	文本串
Type	只读的对象辨识字符串，常是 figure
UserDate	用户指定的数据，可以是矩阵、字符串等等
Visible {on} off	图形窗口的可视性 窗口在屏幕上可视 窗口不可视

【例 6-8】 创建图形窗口示例。

程序命令如下：

```
hf = figure('Color',[0.7,0.7,0.7],...
        'Position',[100,200,600,400],...
        'Menu','none',...
        'NumberTitle','off',...
        'Name','Figure Demo')
```

如图 6-9 所示，运行结果如下：

```
hf =
     1
```

图 6-9　创建图形窗口示例

MenuBar 属性：该属性的取值可以是 figure(默认值)或 none，用来控制图形窗口是否应该具有菜单条。例如：

```
clc;clear;close all;
figure;
pause
set(gcf,'menubar','none');
pause
set(gcf,'menubar','figure');
```

运行结果如图 6-10 和图 6-11 所示。

Name 属性：该属性的取值可以是任何字符串，它的默认值为空。例如：

```
clc;clear;close all;
figure;
pause
set(gcf,'name','My pictures');
pause
set(gcf,'name','');
```

运行结果如图 6-12 所示。

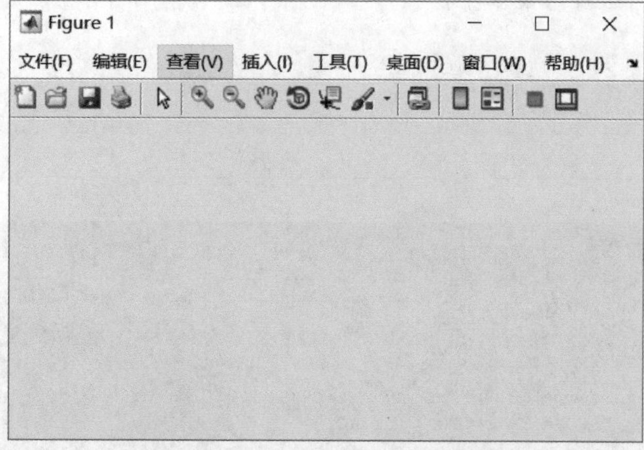

图 6-10　MenuBar 属性之有菜单条

图 6-11　MenuBar 属性之无菜单条

图 6-12　Name 属性设置

NumberTitle 属性：该属性的取值是 on(默认值)或 off。决定图形窗口标题是否以“Figure No. n”为标题前缀。

```
clc;clear;close all;
figure;
pause
set(gcf,'numbertitle','off');
pause
set(gcf,'numbertitle','on');
```

运行结果如图 6-13 和图 6-14 所示。

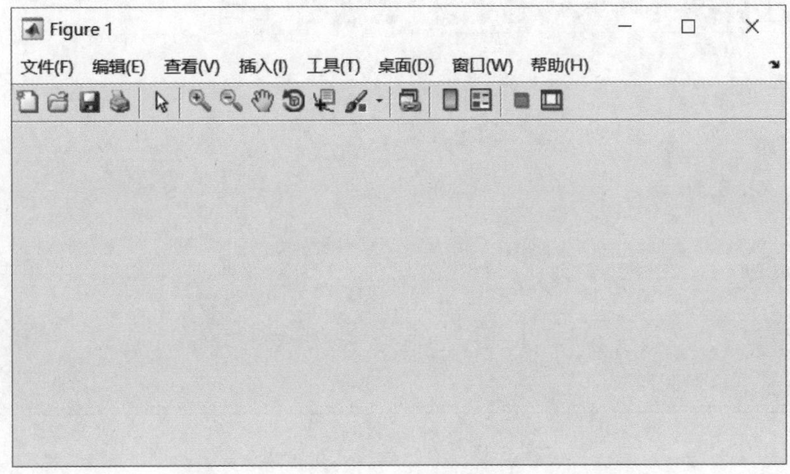

图 6-13　NumberTitle 属性的取值是 on 情况

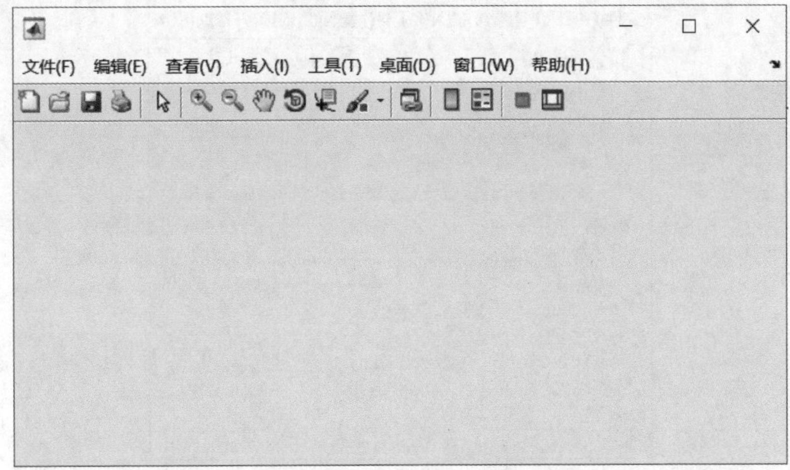

图 6-14　NumberTitle 属性的取值是 off 情况

Resize 属性：该属性的取值是 on(默认值)或 off。决定图形窗口建立后可否用鼠标改变该窗口的大小。例如：

```
clc;clear;close all;
figure;
pause
set(gcf,'resize','off');
pause
set(gcf,'resize','on');
```

运行结果如图 6-15 和图 6-16 所示。

图 6-15　不可改变大小情况

图 6-16　可改变大小情况

Position 属性：该属性的取值是一个由四个元素构成的向量，其形式为[$n1$,$n2$,$n3$,$n4$]。向量定义了图形窗口对象在屏幕上的位置和大小，其中 $n1$ 和 $n2$ 分别为窗口左下角的横纵坐标值，$n3$ 和 $n4$ 分别为窗口的宽度和高度。单位由 units 属性决定。例如：

```
clc;clear;close all;
figure;
pause
set(gcf,'position',[2 3 600 300]);
pause
set(gcf,'position',[100 100 60 30]);
pause
set(gcf,'position',[500 500 600 40]);
pause
set(gcf,'position',[360 565 623 659]);
```

Units 属性：该属性的取值可以是下列字符串中的任何一种：pixel(像素，为默认值)、normalized(相对单位)、inches(英寸)、centimeters(厘米)和 points(磅)。

```
clc;clear;close all;
figure;
set(gcf,'units')
get(gcf,'units')
```

运行结果如下：

```
inches | centimeters | normalized | points | {pixels} | characters
ans =
pixels
```

Color 属性：该属性的取值是一个颜色值，既可以用字符表示，也可以用 RGB 三元组表示。默认值为[0.8 0.8 0.8]。

```
clc;clear;close all;
figure;
pause
set(gcf,'color','r');
pause
set(gcf,'color','k');
pause
set(gcf,'color','g');
pause
set(gcf,'color',[1 1 1]);
pause
set(gcf,'color',[0.67 0 1]);
pause
set(gcf,'color',[0.8 .8 .8]);
```

运行结果如图 6-17 和图 6-18 所示。

Pointer 属性：该属性的取值是 arrow(默认值)、crosshair、watch、topl、topr、botl、botr、circle、cross、fleur、custom 等，用于设定鼠标标记的显示形式。

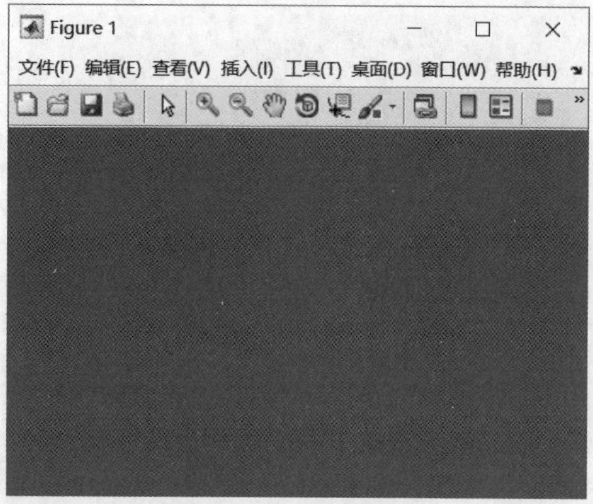

图 6-17　红色情况

图 6-18　白色情况

```
clc;clear;close all;
figure;
pause
set(gcf,'pointer','crosshair');
pause
set(gcf,'pointer','watch');
pause
set(gcf,'pointer','topl');
pause
set(gcf,'pointer','topr');
pause
set(gcf,'pointer','botl');
pause
set(gcf,'pointer','botr');
pause
```

```
set(gcf,'pointer','circle');
pause
set(gcf,'pointer','cross');
pause
set(gcf,'pointer','fleur');
pause
set(gcf,'pointer','custom');
pause
set(gcf,'pointer','arrow');
```

【例 6-9】 建立一个图形窗口,该图形窗口没有菜单条,标题名称为"图形窗口对象示例",起始于屏幕左下角、宽度和高度分别为 500 像素点和 200 像素点,背景颜色为绿色,且当用户从键盘按下任意一个键时,将在该图形窗口绘制出余弦曲线。

程序命令如下:

```
clc;clear;close all;
x = linspace(0,2 * pi,60);
y = cos(x);
hf = figure('color',[0 1 0],'position',[1 1 450 250],...
           'name','图形窗口对象示例','numbertitle','off',...
           'menubar','none','keypressfcn',...
           'plot(x,y);axis([0,2 * pi, - 1,1])');
```

运行结果如图 6-19 所示。

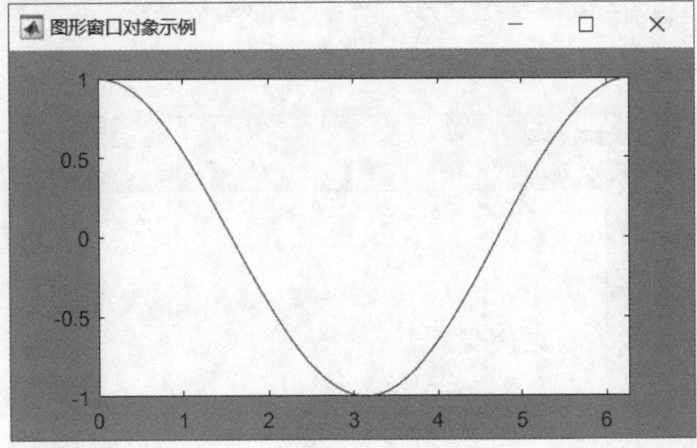

图 6-19　图形窗口对象示例

WindowButtonDownFcn:鼠标键按下响应,例如:

```
clc;clear;close all;
x = linspace(0,2 * pi,60);
y = sin(x);
hf = figure('color',[0 1 1],'position',[1 1 450 250],...
           'name','鼠标键按下响应示例','numbertitle','off',...
           'menubar','none','windowbuttondownfcn',...
           'plot(x,y);axis([0,2 * pi, - 1,1])');
```

当单击鼠标左键时，图形如图 6-20 所示。

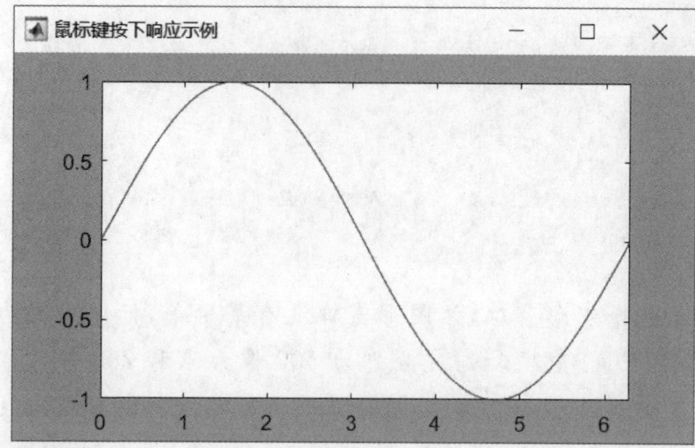

图 6-20　鼠标键按下响应示例

WindowButtonUpFcn：鼠标键释放响应，例如：

```
clc;clear;close all;
x = linspace(0,2 * pi,60);
y = sin(x);
hf = figure('color',[1 1 0],'position',[1 1 450 250],...
          'name','标键释放响应','numbertitle','off',...
          'menubar','none','windowbuttonupfcn',...
          'plot(x,y);axis([0,2 * pi, - 1,1])');
```

当按住的鼠标键释放时，效果如图 6-21 所示。

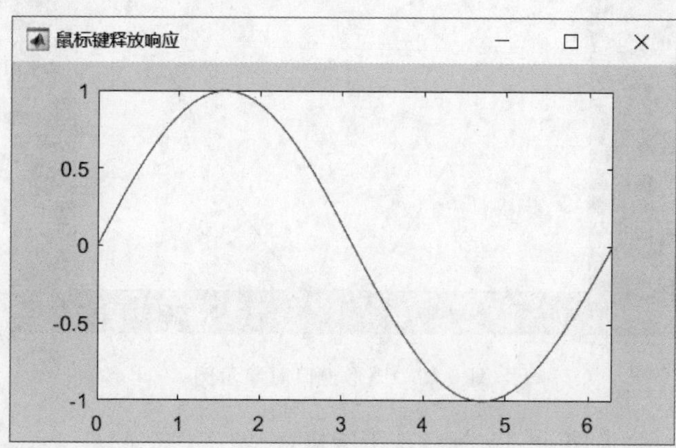

图 6-21　鼠标键释放响应示例

WindowButtonMotionFcn：鼠标移动响应，例如：

```
clc;clear;close all;
x = linspace(0,2 * pi,60);
y = sin(x);
```

```
hf = figure('color',[0 1 0],'position',[1 1 450 250],...
        'name','鼠标移动响应','numbertitle','off',...
        'menubar','none','windowbuttonmotionfcn',...
        'plot(x,y);axis([0,2 * pi, - 1,1])');
```

当用鼠标拖动窗口时,效果如图 6-22 所示。

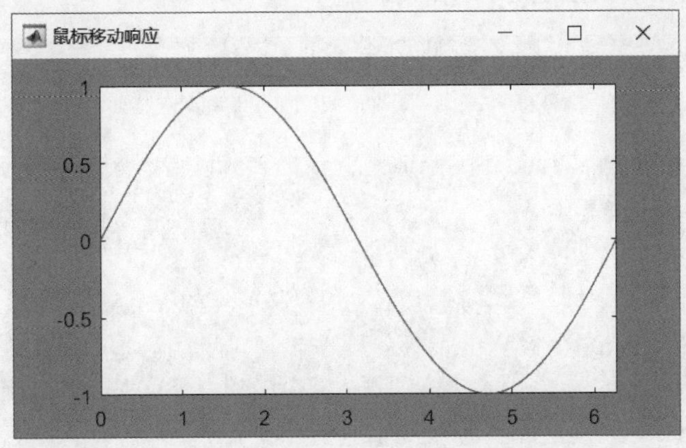

图 6-22　鼠标移动响应响应示例

【例 6-10】 建立一个图形窗口,使之背景颜色为红色,并在窗口上保留原有的菜单项,而在按下鼠标左键之后显示出"按下鼠标左键"字样。

```
clc;clear;close all;
figure('color',[1 0 0],'windowbuttondownfcn','axis off;text(.2,.5,''按下鼠标左键'',
''fontsize'',30)');
```

运行程序,当按下鼠标左键时,结果如图 6-23 所示。

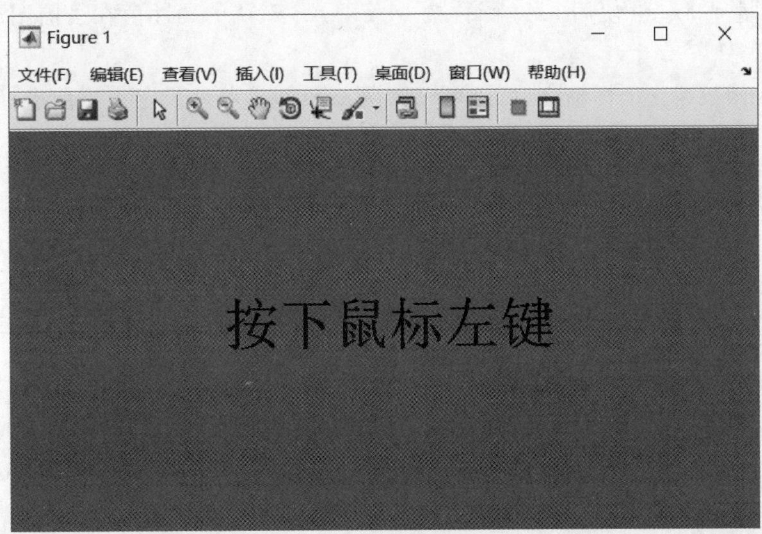

图 6-23　图形窗口示例

对于上面的例子，可改变文字颜色，例如：

```
clc;clear;close all;
figure('color',[1 0 0],'windowbuttondownfcn','axis off;text(.2,.5,''按下鼠标左键文字变蓝色'',''fontsize'',30,''color'',''b'')');
```

运行程序，当按下鼠标左键时，结果如图 6-24 所示。

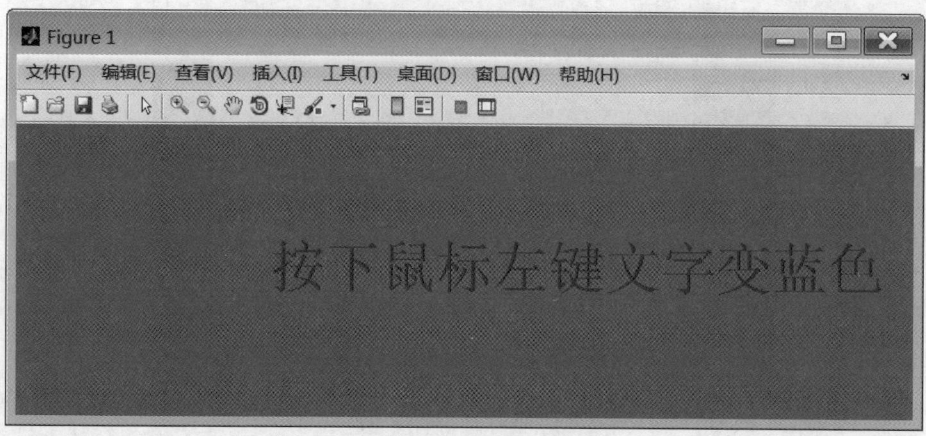

图 6-24　改变文字颜色示例

6.2.3　坐标轴对象

在 MATLAB 中，建立坐标轴对象使用 axes 函数，该函数调用格式为

句柄变量＝axes(属性名 1，属性值 1，属性名 2，属性值 2，…)：调用 axes 函数用指定的属性在当前图形窗口创建坐标轴，并将其句柄赋给左边的句柄变量。

句柄变量＝ axes：使用 axes 函数按 MATLAB 默认的属性值在当前图形窗口创建坐标轴。

用 axes 函数建立坐标轴之后，还可以调用 axes 函数将之设定为当前坐标轴，且坐标轴所在的图形窗口自动成为当前图形窗口：

```
axes(坐标轴句柄)
```

坐标轴对象主要的属性如表 6-4 所示。

表 6-4　坐标轴对象的属性

属性名称	意　义
AspectRatio	纵横比向量[axis_ratio，data_ratio]，这里 axis_ratio 是坐标轴对象的纵横比(宽度/高度)，data_ratio 是沿着水平轴和垂直轴的数据单位的长度比，如设置，则 MATLAB 建立一个最大的坐标轴，保留这些比率，该最大轴将在 Position 定义的矩形内拟合，该属性的默认值为[NaN，NaN]

续表

属性名称	意　义
Box on {off}	坐标轴的边框 将坐标轴包在一个框架或立方体内 坐标轴无边框
CLim	颜色界限向量[cmin　cmax]，它确定将数据映射到颜色映象，cmin是映射到颜色映象第一个入口项的数据，cmax是映射到最后一项的数据，参阅函数cmais
CLimMode {auto} manual	颜色限制模式 颜色界限包括子对象的数据整个范围 颜色界限并不自动改变，设置CLim就把CLimMode值设为人工
Color	坐标轴背景颜色，一个三元素的RGB向量或一个预定义的颜色名，默认值是none，它使用图形的背景色
ColorOrder	一个$m \times 3$ RGB值矩阵，如果线条颜色没有用函数plot和plot3指定，就用这些颜色，默认的ColorOrder为黄、紫红、洋红、红、绿和蓝
CurrentPoint	包含在坐标轴空间内的一对点的坐标矩阵，它定义了从坐标空间前面延伸到后面的一条三维直线，其形式是[xb　yb　zb；xf　yf　zf]，单位在Units属性中指定，点[xf　yf　zf]是鼠标在坐标轴对象中上一次单击的坐标
DrawMode {normal} fast	对象生成次序 将对象排序，然后按照当前视图从后向前绘制 按已建立的次序绘制对象，不用首先排序
* ExpFontAngle	值为[{normal}|italic|oblique]
* ExpFontName	默认值为Helvetica
* ExpFontSize	默认值为8点
* ExpFontStrikeThrough	值为[on|{off}]
* ExpFontUnderline	值为[on|{off}]
* ExpFontWeight	值为[light|{normal}|demi|bold]
FontAngle {normal} italic oblique	坐标轴文本为斜体 正常的字体角度 斜体 某些系统中为斜体
FontName	坐标轴单位标志的字体名，坐标轴上的标志并不改变字体，除非通过设置XLabel，YLabel和ZLable属性来重新显示它们，默认的字体为Helvetica
FontSize	坐标轴标志和标题的大小，以点为单位，默认值为12点
* FontStrikeThrough	值为[on|{off}]
* FontUnderline	值为[on|{off}]
FontWeight light {normal} demi bold	坐标轴文本加黑 淡字体 正常字体 适中或者黑体 黑体

续表

属性名称	意　义
GridLineStyle - -- {:} -.	栅格线形 实线 虚线 点线 点画线
* Layer	值为[top|{bottom}]
LineStyleOrder	指定线形次序的字符串,用在坐标轴上画多条线
LineWidth	X、Y 和 Z 坐标轴的宽度,默认值为 0.5 点
* MinorGridLineStyle	值为[-	--	{:}	-.]
NextPlot new add {replace}	画新图时要采取的动作 在画前建立新的坐标轴 把新的对象添加到当前坐标轴,参阅 hold 在画前,删除当前坐标轴和它的子对象,并用新的坐标轴对象来代替它
Position	位置向量[left,bottom,width,height],这里[left,bottom]代表了相对于图形对象左下角的坐标轴左下角位置,[width,height]是坐标轴的尺寸,单位由 Units 属性指定
TickLength	向量[2Dlength 3Dlength],代表了在二维和三维视图中坐标轴刻度标记的长度,该长度是相对于坐标轴的长度,默认值为[0.01 0.01],代表二维视图坐标轴长度的 1/100,三维视图坐标轴长度的 5/1000
TickDir in out	值为[{in}|out] 刻度标记从坐标轴线向内,二维视图为默认值 刻度标记从坐标轴线向外,三维视图为默认值
Title	坐标轴标题文本对象的句柄
Units inches centimeters {normalized} points pixels	位置属性值的度量单位 英寸 厘米 归一化坐标,对象左下角映射到[0 0],右上角映射到[1 1] 排字机的点,等于 1/72 英寸 屏幕像素,计算机屏幕分辨率的最小单位
View	向量[az el],它代表了观察者的视角,以度为单位,az 为方位角或视角相对于负 y 轴向右的转角; el 为 xy 平面向上的仰角,详细细节见三维图形这一章
XColor	RGB 向量或预定的颜色字符串,它指定 x 轴线、标志、刻度标记和栅格线的颜色。默认为 white(白色)
XDir {normal} reverse	x 值增加的方向 x 值从左向右增加 x 值从右向左增加
XForm	一个 4×4 的视图转换矩阵,设置 view 属性影响 XForm
XGrid on {off}	x 轴上的栅格线 x 轴上每个刻度标记处画栅格线 不画栅格线

续表

属性名称	意　义
XLabel	x 轴标志文本对象的句柄
XLim	向量[xmin　xmax]，指定 x 轴最小和最大值
xLimMode {auto} manual	x 轴的界限模式 自动计算 XLim，包括所有轴子对象的 XData 从 XLim 取 x 轴界限
* XMinorGrid	值为[on|{off}]
* XMinorTicks	值为[on|{off}]
Xscale {linear} log	x 轴换算 线形换算 对数换算
XTick	数据值向量，按此数据值将刻度标记画在 x 轴上，将 XTick 设为空矩阵就撤销刻度标记
XTickLabels	文本字符串矩阵，用在 x 轴上标出刻度标记，如果是空矩阵，那么 MATLAB 在刻度标记上标出该数字值
XTickLabelMode {auto} manual	x 轴刻度标记的标志模式 x 轴刻度标记张成 XData 从 XTickLabels 中取 x 轴刻度标记
XTickMode {auto} manual	x 轴刻度标记的间隔模式 x 轴刻度标记间隔以张成 XData 从 XTick 生成 x 轴刻度标记
YColor	RGB 向量或预定的颜色字符串，它指定 y 轴线、标志、刻度标记和栅格线的颜色。默认为 white(白色)
YDir {normal} reverse	y 值增加的方向 y 值从左向右增加 y 值从右向左增加
YGrid on {off}	y 轴上的栅格线 y 轴上每个刻度标记处画栅格线 不画栅格线
YLabel	y 轴标志文本对象的句柄
YLim	向量[Ymin　Ymax]，指定 y 轴最小和最大值
YLimMode {auto} manual	y 轴的界限模式 自动计算 YLim，包括所有轴子对象的 YData 从 YLim 取 y 轴界限
* YMinorGrid	值为[on|{off}]
* YMinorTicks	值为[on|{off}]
Yscale {linear} log	y 轴换算 线形换算 对数换算
YTick	数据值向量，按此数据值将刻度标记画在 y 轴上。将 YTick 设为空矩阵就消去刻度标记
YTickLabels	文本字符串矩阵，用在 y 轴上标出刻度标记，如果是空矩阵，那么 MATLAB 在刻度标记上标出该数字值

续表

属性名称	意　义
YTickLabelMode {auto} manual	y 轴刻度标记的标志模式 y 轴刻度标记张成 YData 从 YTickLabels 中取 y 轴刻度标记
YTickMode {auto} manual	y 轴刻度标记的间隔模式 y 轴刻度标记间隔以张成 YData 从 YTick 生成 y 轴刻度标记
ZColor	RGB 向量或预定的颜色字符串，它指定 z 轴线、标志、刻度标记和栅格线的颜色，默认为 white(白色)
ZDir {normal} reverse	z 值增加的方向 z 值从左向右增加 z 值从右向左增加
ZGrid on {off}	z 轴上的栅格线 z 轴上每个刻度标记处画栅格线 不画栅格线
ZLabel	z 轴标志文本对象的句柄
ZLim	向量[Zmin　Zmax]，指定 z 轴最小和最大值
ZLimMode {auto} manual	z 轴的界限模式 自动计算 ZLim，包括所有轴子对象的 ZData 从 ZLim 取 z 轴界限
* ZMinorGrid	值为[on|{off}]
* ZMinorTicks	值为[on|{off}]
Zscale {linear} log	z 轴换算 线形换算 对数换算
ZTick	数据值向量，按此数据值将刻度标记画在 z 轴上，将 ZTick 设为空矩阵就撤销刻度标记
ZTickLabels	文本字符串矩阵，用在 z 轴上标出刻度标记，如果是空矩阵，那么 MATLAB 在刻度标记上标出该数字值
ZTickLabelMode {auto} manual	z 轴刻度标记的标志模式 z 轴刻度标记张成 ZData 从 ZTickLabels 中取 z 轴刻度标记
ZTickMode {auto} manual	z 轴刻度标记的间隔模式 z 轴刻度标记间隔以张成 ZData 从 ZTick 生成 z 轴刻度标记
ButtonDownFcn	MATLAB 回调字符串，当坐标轴被选中时，将它传递给函数 eval；初始值是一个空矩阵
Children	除了轴标志和标题对象以外，所有子对象句柄的只读向量；包括线、曲面、图像、补片和文本对象

续表

属 性 名 称	意 义
Clipping {on} off	数据限幅模式 对坐标轴对象不起作用 对坐标轴对象不起作用
Interruptible {no} yes	指定 ButtonDownFcn 回调字符串是否可中断 该回调字符串不能被其他回调所中断 该回调字符串可以被其他回调所中断
Parent	包含坐标轴对象的图形句柄
* Selected	值为[on|{off}]
* Tag	文本串
Type	只读的对象辨识字符串,常为 axes
UserData	用户指定的数据,可以是矩阵、字符串等等
Visible {on} off	轴线、刻度标记和标志的可视性 坐标轴在屏幕上可视 坐标轴不可视

Box 属性：该属性的取值为 on 或 off(默认值),其决定坐标轴是否带有边框。例如：

```
clc;clear;close all;
figure
pause
axes
pause
set(gca,'box','on')
pause
set(gca,'box','off')
```

运行结果如图 6-25、图 6-26 和图 6-27 所示。

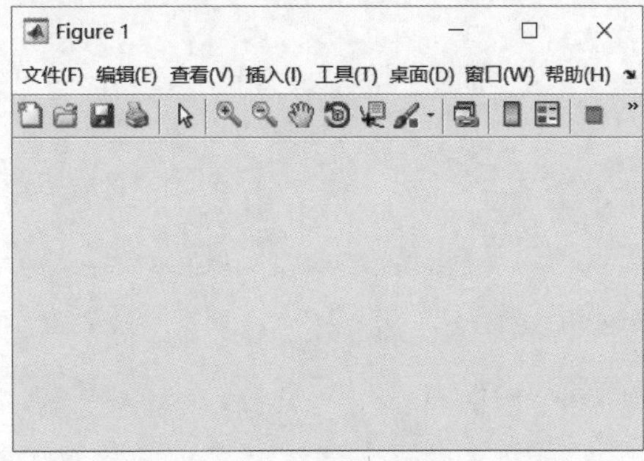

图 6-25　初始界面图

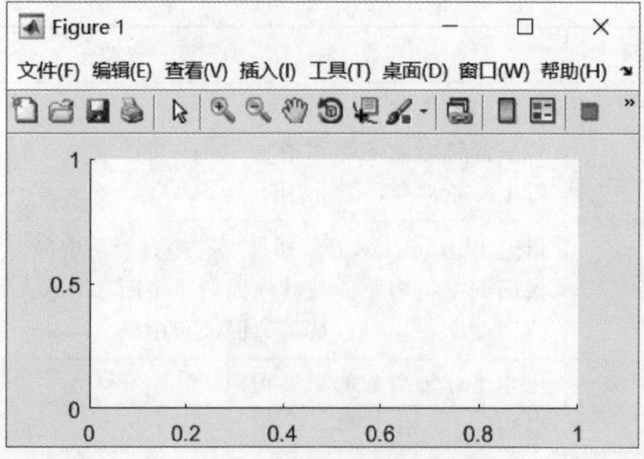

图 6-26　Box 属性取值为 off

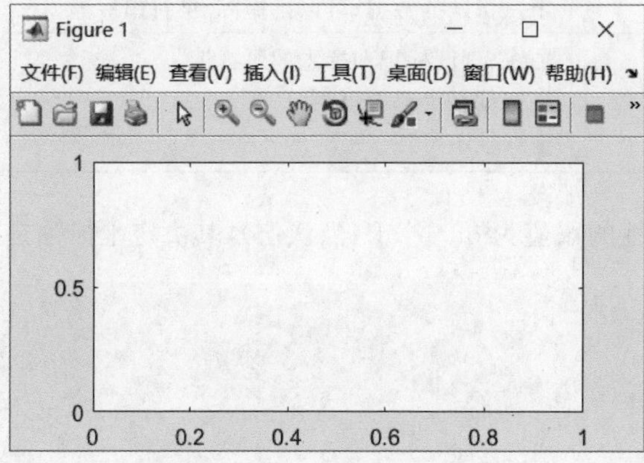

图 6-27　Box 属性取值为 on

GridLineStyle 属性：该属性的取值可以是':'(默认值)、'-'、'-. '、'--'或'none'。定义网格线的类型。例如：

```
clc;clear;close all;
figure
pause
axes
pause
grid on
pause
set(gca,'gridlinestyle','-');
pause
set(gca,'gridlinestyle','-.');
pause
set(gca,'gridlinestyle','--');
pause
set(gca,'gridlinestyle','none');
pause
set(gca,'gridlinestyle',':');
```

运行结果如图 6-28 和图 6-29 所示。

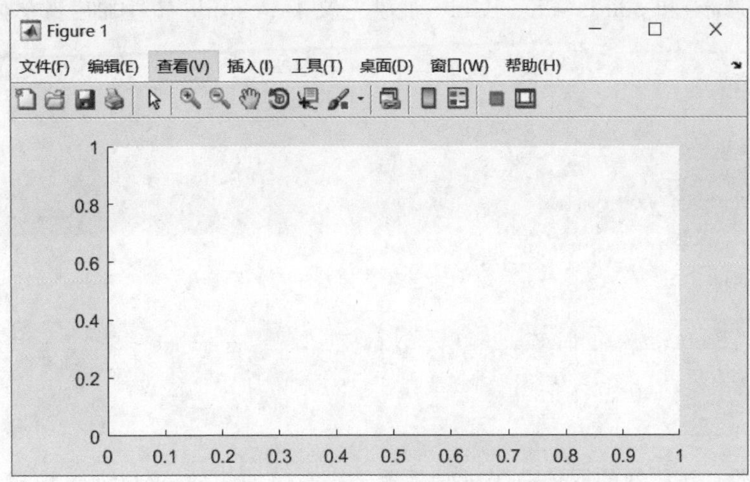

图 6-28 GridLineStyle 属性取值“-.”情况

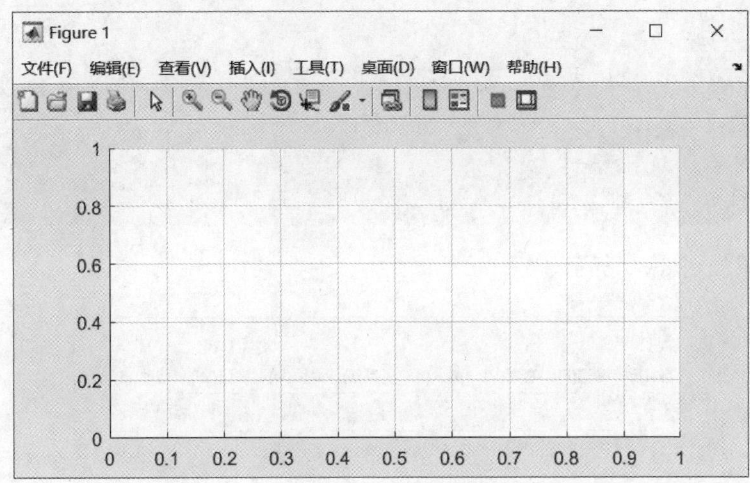

图 6-29 GridLineStyle 属性取值“--”情况

Position 属性：该属性的取值是一个由四元素构成的向量，其形式为[$n1$,$n2$,$n3$,$n4$]。这个向量决定坐标轴矩形区域在图形窗口中的位置，矩形的左下角相对于图形窗口左下角的坐标为($n1$,$n2$)，矩形的宽和高分别为 $n3$ 和 $n4$，它们的单位由 Units 属性决定。

```
clc;clear;close all;
figure
axes
get(gca,'position')
```

运行结果如下：

```
ans =
    0.1300   0.1100   0.7750   0.8150
```

Units 属性：该属性的取值有 normalized（相对单位，为默认值）、inches（英寸）、centimetres（厘米）和 points（磅）。Units 属性定义了 Position 属性的度量单位。

```
clc;clear;close all;
figure
axes
set(gca,'units')
get(gca,'units')
```

运行结果如下：

```
[ inches | centimeters | {normalized} | points | pixels | characters]
ans =
normalized
```

Title 属性：该属性的取值是坐标轴标题文字对象的句柄，可以通过该属性对坐标轴标题文字对象进行操作。例如，改变标题颜色，可以执行以下命令：

```
clc;clear;close all;
figure
axes
h = get(gca,'title')
set(h,'color','r')
title('Title 属性示例')
```

运行结果如图 6-30 所示。

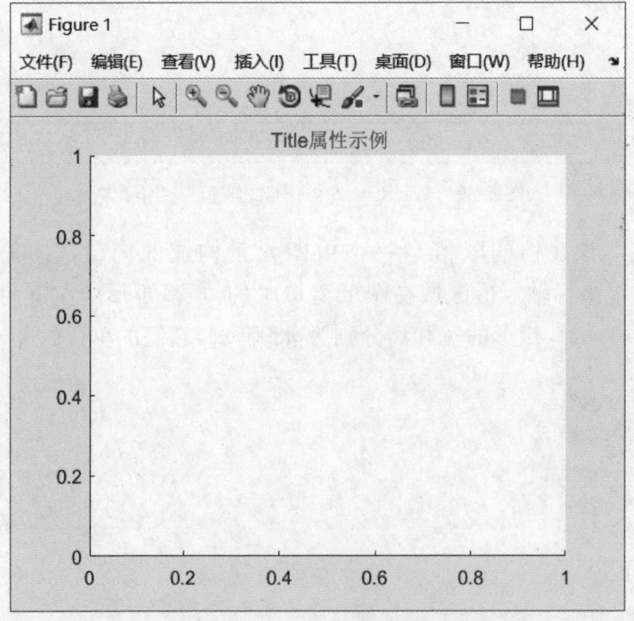

图 6-30　Title 属性示例

XLabel、YLabel、ZLabel 属性：3 种属性的取值分别为 x、y、z 轴说明文字的句柄。其操作与 Title 属性相同。例如，设置 x 轴文字说明的命令如下：

```
clc;clear;close all;
figure
axes
h = get(gca,'xlabel');
set(h,'string','x 的值','color','r');
```

运行结果如图 6-31 所示。

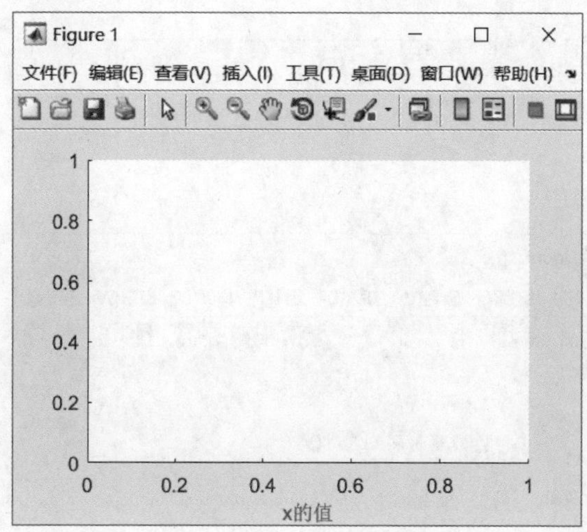

图 6-31 XLabel 属性设置

XLim、YLim、ZLim 属性：3 种属性的取值分别都是具有两个元素的数值向量，分别定义各坐标轴的上下限，默认值为[0,1]。例如，设置 XLim 和 YLim 属性的指令如下：

```
clc;clear;close all;
figure
axes
pause
set(gca,'xlim',[0 2],'ylim',[1 6])
```

运行结果如图 6-32 所示。

XScale、YScale、ZScale 属性：3 种属性的取值分别都是'linear'(默认值)或 log，定义了各坐标轴的刻度类型。

View 属性：该属性的取值是两个元素的数值向量，定义了视点方向。

【例 6-11】 创建坐标轴对象示例。

程序命令如下：

```
ha = axes('Position',[0.1,0.2,0.5,0.5], 'Box','on')
title('创建坐标轴对象示例')
xlabel('X')
ylabel('Y')
```

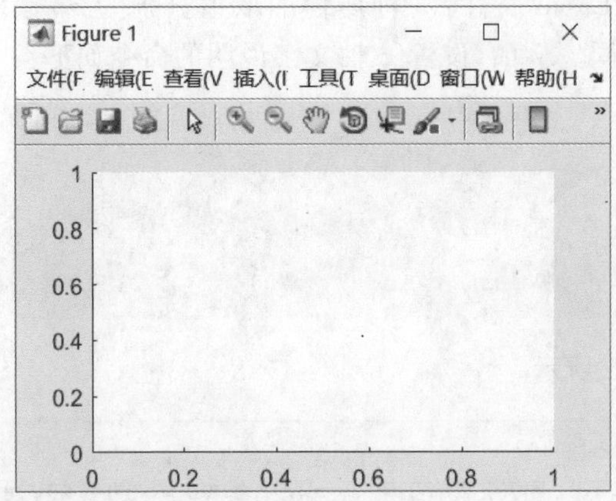

图 6-32　XLim、YLim 属性设置

运行结果如图 6-33 所示。

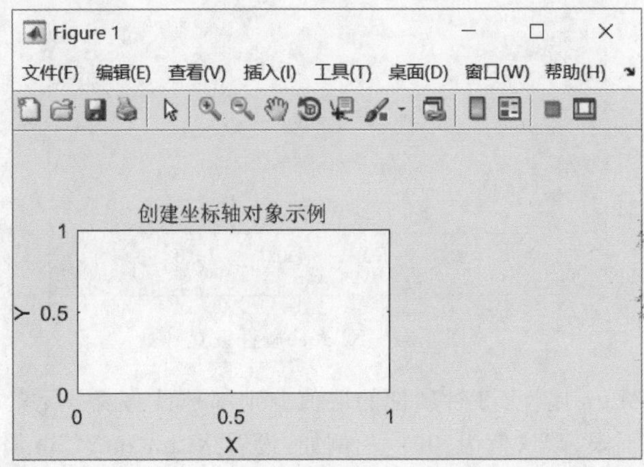

图 6-33　创建坐标轴对象示例

【例 6-12】 在一个图形中放置 4 个不同缩放尺寸的球体。

程序命令如下：

```
H(1) = axes('Position',[0 0 1 1]);
sphere
H(2) = axes('Position',[0 0 .3 .6]);
sphere
H(3) = axes('Position',[0 .5 .5 .5]);
sphere
H(3) = axes('Position',[.5 0 .3 .3]);
Sphere
```

运行结果如图 6-34 所示。

【例 6-13】 利用 axes 函数可以在不影响图形窗口上其他坐标轴的前提下建立一个新的坐标轴，从而实现图形窗口的任意分割。

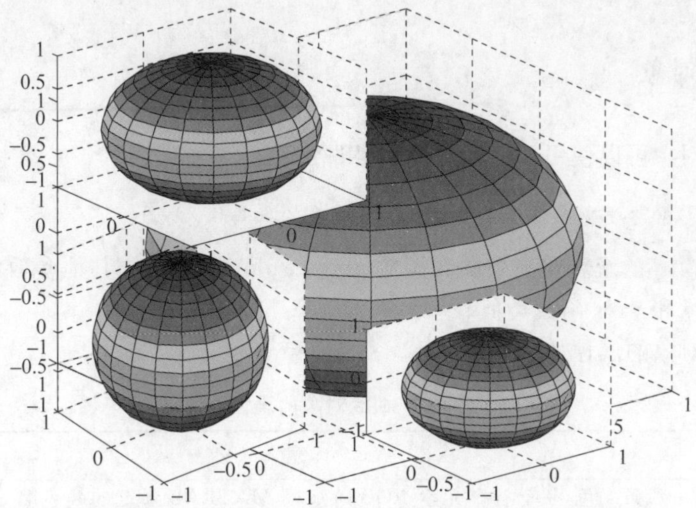

图 6-34　在一个图形中放置 4 个不同缩放尺寸的球体

程序命令如下：

```
clc;clear;clf;
x = linspace(0,2 * pi,20);
y = cos(x);
axes('position',[0.2,0.2,0.2,0.7],'gridlinestyle','-.');
plot(y,x);
grid on
axes('position',[0.4,0.2,0.5,0.5]);
t = 0:pi/100:20 * pi;
x = cos(t);
y = cos(t);
z = t. * cos(t). * cos(t);
plot3(x,y,z);
axes('position',[0.55,0.6,0.25,0.3]);
[x,y] = meshgrid( - 8:0.5:8);
z = sin(sqrt(x.^2 + y.^2))./sqrt(x.^2 + y.^2 + eps);
mesh(x,y,z);
```

运行结果如图 6-35 所示。

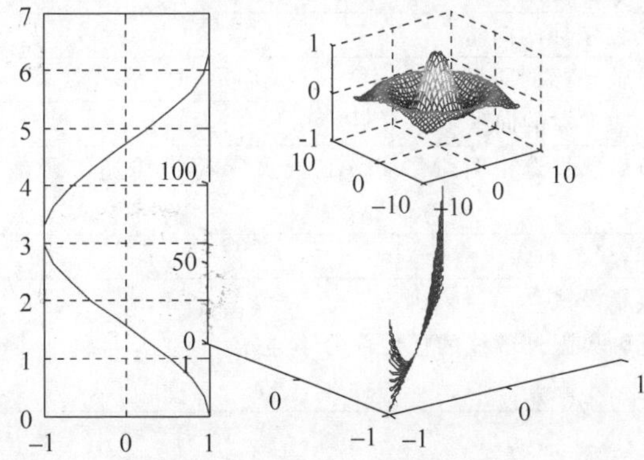

图 6-35　图形窗口的任意分割

6.2.4 曲线对象

建立曲线对象可以使用 line 函数,其调用格式为

```
句柄变量 = line(x,y,z,属性名 1,属性值 1,属性名 2,属性值 2,…)
```

其中对 x、y、z 的解释与高层曲线函数 plot 和 plot3 等一样,其他参数的解释与前面介绍过的 figure 和 axes 函数类似。

每个曲线对象的属性如表 6-5 所示。

表 6-5 曲线对象的属性

属性名称	意 义
Color	线条颜色,一个三个元素 RGB 向量或 MATLAB 预定的颜色名之一,默认值是 white(白色)
EraseMode {normal} background xor none	消除和重画模式 重画影响显示的作用区域,以保证所有的对象正确地画出,这是最精确的,也是最慢的一种模式 通过在图形背景色中重画线来消除线条。这会破坏被消除的线后的对象 用线下屏幕的颜色执行异或 OR(XOR)运算,画出和消除线条。当画在其他对象上时,可造成不正确的颜色 当移动或删除线条时该线不会被消除
LineStyle {-} -- : -. + o * . X	线形控制 画通过所有数据点的实线 画通过所有数据点的虚线 画通过所有数据点的点线 画通过所有数据点的点画线 用加号作记号,标出所有的数据点 用圆圈作记号,标出所有的数据点 用星号作记号,标出所有的数据点 用实点作记号,标出所有的数据点 用 X 符号作记号,标出所有的数据点
LineWidth	以点为单位的线宽,默认值是 0.5
MarkerSize	以点为单位的记号大小,默认值是 6 点
Xdate	线的 x 轴坐标的向量
Ydate	线的 y 轴坐标的向量
Zdate	线的 z 轴坐标的向量
ButtonDownFcn	当线条对象被选中时,MATLAB 回调字符串传递给函数 eval,初始值是一个空矩阵
Children	空矩阵,线条对象没有子对象
Clipping {on} off	数据限幅模式 在坐标轴界限外的线的任何部分不显示 线条数据不限幅

续表

属性名称	意　　义
Interruptible {no} yes	指定 ButtonDownFcn 回调字符串是否可中断 不能被其他回调中断 可以被其他回调中断
Parent	包含线条对象的坐标轴句柄
* Selected	值为[on|{off}]
* Tag	文本串
Type	只读的对象辨识字符串,常为 line
UserData	用户指定的数据,可以是矩阵、字符串等等
Visible {on} off	线的可视性 线在屏幕上可视 线在屏幕上不可视

【例 6-14】 创建一个线对象并获取句柄值。

程序命令如下：

```
x=[0.5,0.1,0.7,0.8,0.3];
y=[0.1,0.3,0.7,0.6,0.4];
hl=line(x,y)
```

如图 6-36 所示,运行结果如下：

```
hl =
     9.77e-04
```

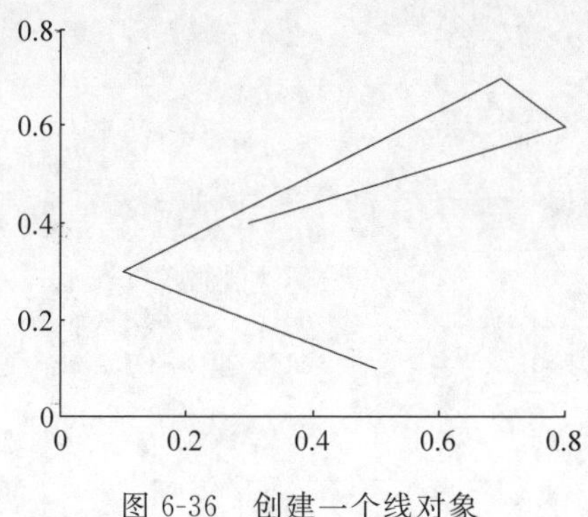

图 6-36　创建一个线对象

【例 6-15】 利用曲线对象绘制曲线。

程序命令如下：

```
t=0:pi/20:2*pi;
y1=cos(t);
y2=sin(t+1);
figh=figure('position',[30,100,800,350]);
```

```
axes('Gridlinestyle','-.','xlim',[0,2*pi],'ylim',[-1,1]);
line('xdata',t,'ydata',y1,'linewidth',2);
line(t,y2);
grid on
```

运行结果如图 6-37 所示。

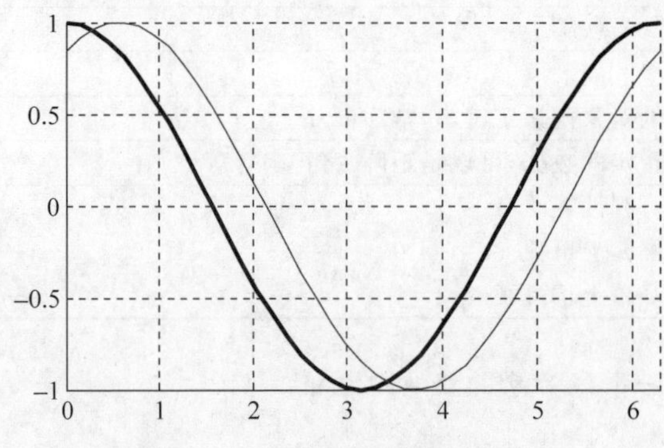

图 6-37　利用曲线对象绘制曲线

【例 6-16】　创建满足要求的 line 对象。

程序命令如下：

```
h0 = figure('menubar','none',...            %创建窗口
    'position',[200 60 450 450],...
    'numbertitle', 'off',...
    'name','创建满足要求的 line 对象');
h1 = axes('parent',h0,...                   %创建坐标轴
    'position',[0.15 0.45 0.75 0.45],...
    'visible','on');
xlabel('x');                                %x 轴标签
ylabel('y');                                %y 轴标签
title('y = cos(x)');                        %标题
x = 0 : 0.1 : 2 * pi;                       %x 轴数据
k = line(x,sin(x));                         %绘制数据曲线
set(0,'DefaultUicontrolfontsize',12)        %设置控件默认的字体大小
p1 = uicontrol('parent',h0,...              %创建【加号】按钮
    'string','+',...
    'position',[80 120 50 30],...
    'callback','set(k,''marker'',''+'')');
p2 = uicontrol('parent',h0,...              %创建【圆圈】按钮
    'string','o',...
    'position',[200 120 50 30],...
    'callback','set(k,''marker'',''o'')');
p3 = uicontrol('parent',h0,...              %创建【星号】按钮
    'string','*',...
    'position',[320 120 50 30],...
    'callback','set(k,''marker'',''*'')');
c1 = uicontrol('parent',h0,...              %创建【红色】按钮
```

```
    'string','r',...
    'position',[80 80 50 30],...
    'callback','set(k,''color'',''r'')');
c2 = uicontrol('parent',h0,...           %创建【绿色】按钮
    'string','g',...
    'position',[200 80 50 30],...
    'callback','set(k,''color'',''g'')');
c3 = uicontrol('parent',h0,...           %创建【蓝色】按钮
    'string','b',...
    'position',[320 80 50 30],...
    'callback','set(k,''color'',''b'')');
```

运行结果如图 6-38 所示。

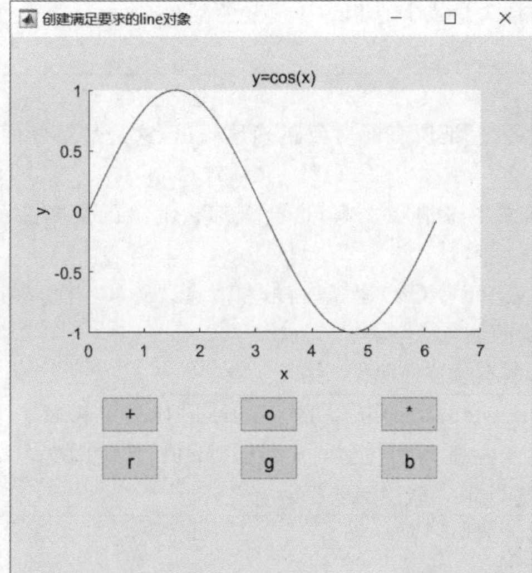

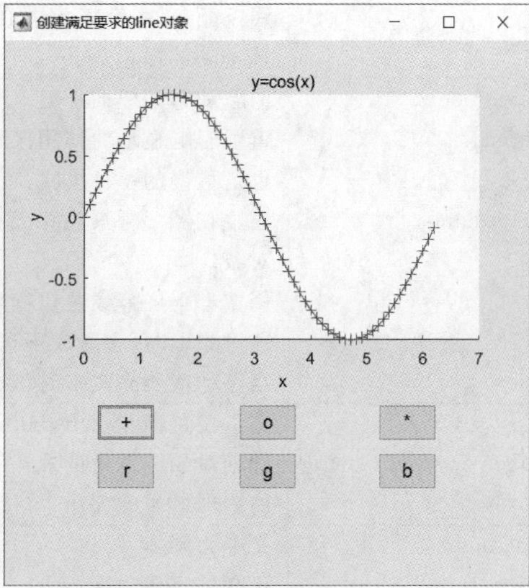

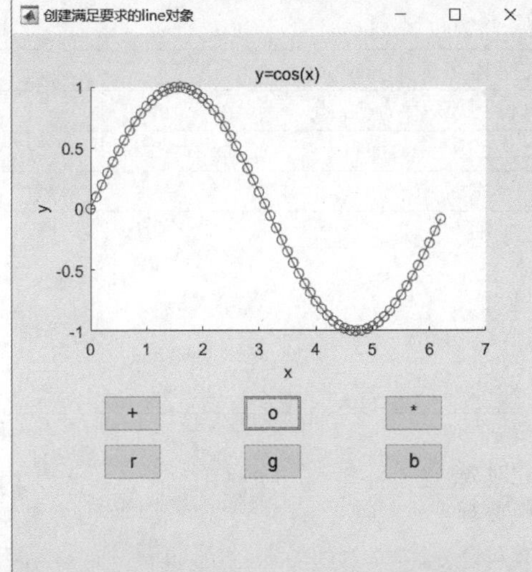

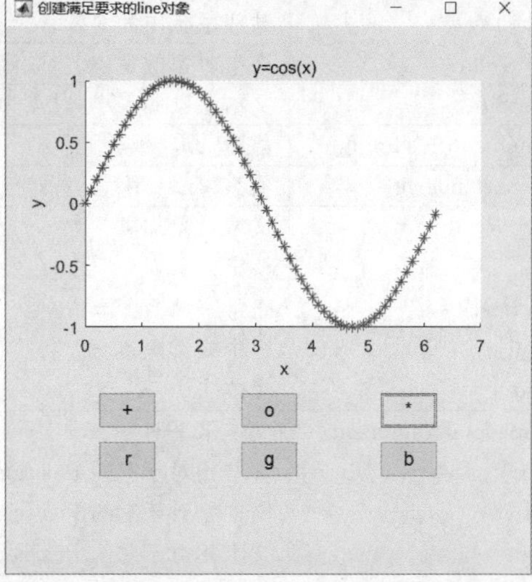

图 6-38 line 对象效果图

6.2.5 文字对象

使用 text 函数可以根据指定位置和属性值添加文字说明，并保存句柄。该函数的调用格式为

```
句柄变量 = text(x,y,z,'说明文字',属性名 1,属性值 1,属性名 2,属性值 2,…)
```

其中说明文字中除使用标准的 ASCII 字符外，还可使用 LaTeX 格式的控制字符。

文字对象的常用属性如表 6-6 所示。

表 6-6 文字对象的属性

属性名称	意 义
Color	线条颜色，一个三元素 RGB 向量或 MATLAB 预定的颜色名之一，默认值是 white(白色)
EraseMode {normal} background xor none	消除和重画模式 重画影响显示的作用区域，以保证所有的对象正确地画出，这是最精确的，也是最慢的一种模式 通过在图形背景色中重画文本来消除文本，这会破坏被消除的文本后的对象 用文本下屏幕颜色执行异或 OR(XOR)运算，画出和消除该文本，当画在其他对象上时，会造成不正确的颜色 当移动或删除文本时该文本不会被消除
Extent	文本位置向量[left,bottom,width,height]，[left,bottom]代表了相对于坐标轴对象左下角的文本对象左下角的位置，[width,height]是包围文本串的矩形区域的大小，单位由 Units 属性指定
FontAngle {normal} italics oblique	文本为斜体 正常的字体角度 斜体 某些系统中为斜体
FontName	文本对象的字体名，默认的字体名为 Helvetica
FontSize	文本对象的大小，以点为单位，默认值为 12 点
* FontStrikeThrough	值为[on|{off}]
* FontUnderline	值为[on|{off}]
FontWeight light {normal} demi bold	文本对象加黑 淡字体 正常字体 适中或者黑体 黑体
HorizontalAlignment {left} center right	文本水平对齐 文本相对于它的 Position 左对齐 文本相对于它的 Position 中央对齐 文本相对于它的 Position 右对齐

续表

属性名称	意义
Position	两元素或三元素向量[X Y Z]，指出文本对象在三维空间中的位置，单位由 Units 属性指定
Rotation {0} ±90 ±180 ±270	以旋转度数表示的文本方向 水平方向 文本旋转±90° 文本旋转±180° 文本旋转±270°
String	要显示的文本串
Units inches centermeters normalized points pixels {data}	位置属性值的度量单位 英寸 厘米 归一化坐标，对象左下角映射到[0 0]，右上角映射到[1 1] 排字机的点，等于 1/72 英寸 屏幕像素，计算机屏幕分辨率的最小单位 父坐标轴的数据单位
VerticalAlignment top cap {middle} baseline bottom	文本垂直对齐 文本串放在指定的 y 位置顶部 字体的大写字母的高度在指定的 y 位置 文本串放在指定的 y 位置中央 字体的基线放在指定的 y 位置 文本串放在指定的 y 位置底部
ButtonDownFcn	当文本对象被选中时，MATLAB 回调字符串传递给函数 eval，初始值是一个空矩阵
Children	空矩阵，文本对象没有子对象
Clipping {on} off	数据限幅模式 在坐标轴界限外的文本的任何部分不显示 文本数据不限幅
Interruptible {no} yes	指定 ButtonDownFcn 回调字符串是否可中断 不能被其他回调中断 可以被其他回调中断
Parent	包含文本对象的坐标轴句柄
* Selected	值为[on|{off}]
* Tag	文本串
Type	只读的对象辨识字符串，常为 text
UserData	用户指定的数据，可以是矩阵、字符串等等
Visible {on} off	文本的可视性 文本在屏幕上可视 文本在屏幕上不可视

【例 6-17】 文字对象标注示例。

程序命令如下：

```
x = [0.5,0.1,0.7,0.8,0.3];
y = [0.1,0.3,0.7,0.6,0.4];
hl = line(x,y)
ht = text(0.2,0.5,'文字')
```

运行结果如图 6-39 所示。

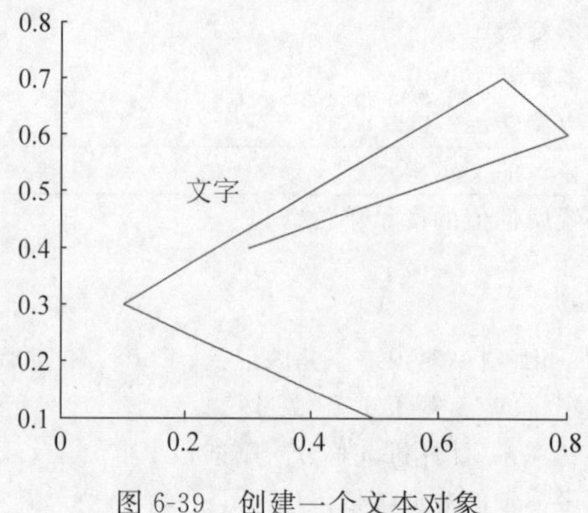

图 6-39　创建一个文本对象

【例 6-18】 利用曲线对象绘制曲线并利用文字对象完成标注。

程序命令如下：

```
x = - pi:0.1:pi
y1 = sin(x);
y2 = sin(x + 1);
figure('position',[30,100,800,358]);
h = line(x,y1,'linestyle',':','color','g')
line(x,y2,'linestyle','--','color','b')
xlabel('{ - \pi\leq\theta\leq\pi}')
ylabel('{sin(\theta)}')
text( - pi/4,sin( - pi/4),'{\leftarrow sin( - \pi\div4)}','fontsize',20)
set(h,'color','r','linewidth',2)
```

运行结果如图 6-40 所示。

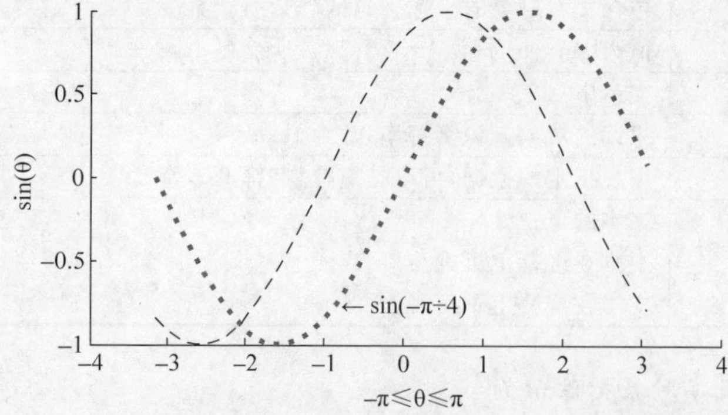

图 6-40　利用曲线对象绘制曲线并利用文字对象完成标注

【例 6-19】 制作一个简易的水平循环滚动条，显示“12345678”。

程序命令如下：

```
clear;                          %清除所有变量
%% 初始化滚动条参数
isMoveFirst = true;             %值为真时移动文本控件 hDown,值为假时移动文本控件 hDown2
delt = 10;                      %每次移动的长度,单位为 points
a = 50;                         %滚动条左边界与窗口左边界的距离
b = 50;                         %滚动条右边界与窗口右边界的距离
width = 450;                    %窗口的宽度
height = 200;                   %窗口的高度
strDisp = '12345678';           %要滚动显示的字符串
%% 创建隐藏的窗口,并将窗口移到屏幕中间
hFigure = figure('Name', '文字对象设计示例', 'MenuBar', 'none', 'ToolBar', 'none',...
    'NumberTitle', 'off', 'Units', 'points', 'Position', [0 0 width height],...
    'Visible', 'off');
movegui(hFigure, 'center');
%% 设置 uicontrol 控件默认的字体大小、字体粗细和计量单位
set(0, 'DefaultuicontrolFontSize', 12);
set(0, 'DefaultuicontrolFontWeight', 'bold');
set(0, 'DefaultuicontrolUnits', 'point');
%% 以下 5 个控件创建的顺序不能颠倒
uicontrol('Style', 'edit', 'Enable', 'inactive', 'BackgroundColor', 'w', 'Position',...
    [a - 2 height/2 width - a - b + 4 30], 'ForegroundColor', 'r');        %创建白色背景
hDown2 = uicontrol('Style', 'text', 'BackgroundColor', 'w', 'String', strDisp, 'Position',...
    [width - b height/2 + 1 300 24], 'ForegroundColor', 'r', 'Hor', 'left');
                                                                      %创建文本控件 hDown2
hDown = uicontrol('Style', 'text', 'BackgroundColor', 'w', 'String', strDisp,...
    'Position', [width - b height/2 + 1 300 24], 'Hor', 'left');     %创建文本控件 hDown
hUpLeft = uicontrol('Style', 'text', 'Position', [a - 202 height/2 200 30],...
    'BackgroundColor', get(hFigure, 'Color'));                        %创建左边界遮挡条
hUpRight = uicontrol('Style', 'text', 'Position', [width - b - 2 height/2 200 30],...
    'BackgroundColor', get(hFigure, 'Color'));                        %创建右边界遮挡条
%% 显示窗口
set(hFigure, 'Visible', 'on');
%% 循环显示
while ishandle(hFigure)
if isMoveFirst %isMoveFirst 值为真时移动文本控件 hDown
    pos = get(hDown, 'position');
    pos(1) = pos(1) - delt;
    if pos(1) + 300 > a %若文本控件 hDown 的最右端在 hUpLeft 的覆盖范围之外
        set(hDown, 'position', pos);
    else                        %若文本控件 hDown 被 hUpLeft 完全覆盖
        isMoveFirst = false;
        pos(1) = width - b;
        set(hDown, 'Position', pos);
    end
    if pos(1) < a % 若文本控件 hDown 的最左端被 hUpLeft 覆盖,开始移动文本控件 hDown2
        pos = get(hDown2, 'position');
        pos(1) = pos(1) - delt;
        set(hDown2, 'Position', pos);
    end
```

```
else                    % isMoveFirst 值为假时移动文本控件 hDown2
    pos = get(hDown2, 'position');
    pos(1) = pos(1) - delt;
    if pos(1) > - 300   % 若文本控件 hDown2 的最右端在 hUpLeft 的覆盖范围之外
        set(hDown2, 'position', pos);
    else                % 若文本控件 hDown2 被 hUpLeft 完全覆盖
        isMoveFirst = true;
        pos(1) = width - b;
        set(hDown2, 'Position', pos);
    end
    if pos(1) < a      % 若文本控件 hDown2 的最左端被 hUpLeft 覆盖,开始移动文本控件 hDown
        pos = get(hDown, 'position');
        pos(1) = pos(1) - delt;
        set(hDown, 'Position', pos);
    end
end
drawnow;                % 重绘窗口
pause(0.1);             % 暂停 0.1 秒后继续执行循环
end
```

运行结果如图 6-41 所示。

文字对象设计示例

12345678

文字对象设计示例

12345678

图 6-41　水平循环滚动条

6.2.6 曲面对象

建立曲面对象可以使用 surface 函数，其调用格式为

```
句柄变量 = surface(x,y,z,属性名 1,属性值 1,属性名 2,属性值 2,…)
```

其中对 x、y、z 的解释与高层曲面函数 mesh 和 surf 等一样，其他参数的解释与前面介绍过的 figure 和 axes 等函数类似。

曲面对象的属性如表 6-7 所示。

表 6-7 曲面对象的属性

属性名称	意义
CData	指定 ZData 中每一点颜色的数值矩阵，如果 CData 的大小与 ZData 不同，CData 中包含的图像被映射到 ZData 所定义的曲面
EdgeColor none {flat} interp A ColorSpec	曲面边缘颜色控制 不画边缘线 边缘线为单一颜色，由该面 CData 的第一个入口项决定，默认值是 black(黑色)， 各边缘的颜色由顶点的值通过线性插值得到 三元素 RGB 向量或 MATLAB 预定的颜色名之一，指定边缘的单一颜色，默认值 是 black(黑色)
EraseMode {normal} backgrount xor none	消除和重画模式 重画影响显示的作用区域，以保证所有的对象正确地画出，这是最精确的，也是最 慢的一种模式 通过在图形背景色中重画曲面来消除曲面，这会破坏被消除的曲面后的对象 用曲面下屏幕颜色执行异或 OR(XOR)运算，画出和消除曲面，当画在其他对象上 时会造成不正确的颜色 当移动或删除曲面时该曲面不会被消除
FaceColor none {flat} interp A ColorSpec	曲面表面颜色控制 不画表面，但画出边缘 第一个 CData 入口项决定曲面颜色 各面颜色由曲面网格点通过线性插值得到 三元素 RGB 向量或 MATLAB 预定的颜色名之一，指定表面为单一颜色
LineStyle {—} —— : —. + o * . X	边缘线形控制 画通过所有网格点的实线 画通过所有网格点的虚线 画通过所有网格点的点线 画通过所有网格点的点画线 用加号作记号，标出所有的网格点 用圆圈作记号，标出所有的网格点 用星号作记号，标出所有的网格点 用实点作记号，标出所有的网格点 用 X 符号作记号，标出所有的网格点
LineWidth	边缘线的宽度，默认值是 0.5 点
MarkerSize	边缘线的记号大小，默认值是 6 点

续表

属性名称	意　义
MeshStyle {both} row column	画行和/或列线 画所有的边缘线 只画行边缘线 只画列边缘线
* PaletteMode	值为[{scaled}|direct|bypass]
XData	曲面中点的 x 坐标
YData	曲面中点的 y 坐标
ZData	曲面中点的 z 坐标
ButtonDownFcn	当曲面对象被选中时,MATLAB 回调字符串传递给函数 eval,初始值是一个空矩阵
Children	空矩阵,曲面对象没有子对象
Clipping {on} off	数据限幅模式 在坐标轴界限外的曲面的任何部分不显示 曲面数据不限幅
Interruptible {no} yes	指定 ButtonDownFcn 回调字符串是否可中断 不能被其他回调中断 可以被其他回调中断
Parent	包含曲面对象的坐标轴句柄
* Selected	值为[on|{off}]
* Tag	文本串
Type	只读的对象辨识字符串,常为 surface
UserData	用户指定的数据,可以是矩阵、字符串等等
Viible {on} off	曲面的可视性 曲面在屏幕上可视 曲面在屏幕上不可视

EdgeColor 属性：取值是代表某颜色的字符或 RGB 值,还可以是 flat、interp 或 none,默认值为黑色。其定义了曲面网格线的颜色或着色方式。如下：

```
clc;clear;close all;
[x,y,z] = peaks(20);
axes('xlim',[-3 3],'ylim',[-3 3]);
view([-37.5 30]);
h = surface(x,y,z);
pause
set(h,'edgecolor','r')
pause
set(h,'edgecolor',[0 0 1])
pause
set(h,'edgecolor','flat')
pause
set(h,'edgecolor','interp')
pause
set(h,'edgecolor','none')
pause
set(h,'edgecolor','k')
```

运行结果如图 6-42 所示。

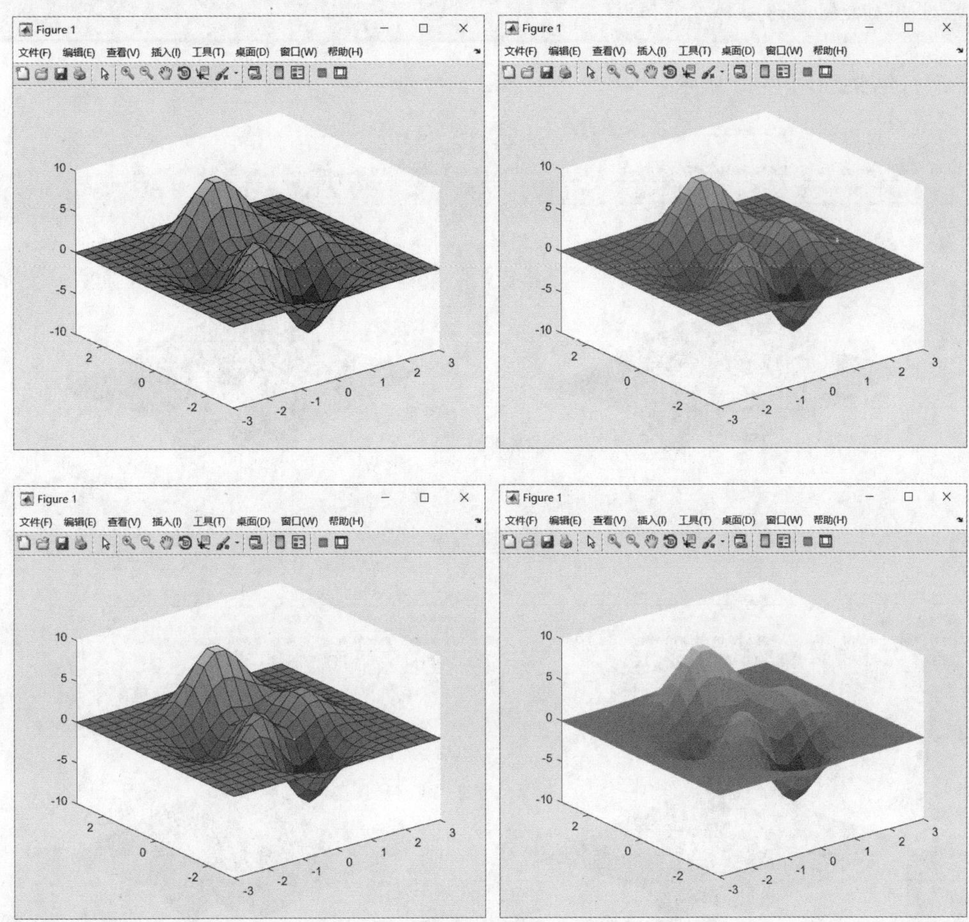

图 6-42　初始情况与前三个属性示例

FaceColor 属性：取值与 EdgeColor 属性相似，默认值为 flat。定义了曲面网格片的颜色或着色方式。如下：

```
clc;clear;close all;
[x,y,z] = peaks(30);
axes('xlim',[ - 3 3],'ylim',[ - 3 3]);
view([ - 37.5 30]);
h = surface(x,y,z);
pause
set(h,'facecolor','r')
pause
set(h,'facecolor',[0 0 1])
pause
set(h,'facecolor','flat')
pause
set(h,'facecolor','interp')
pause
set(h,'facecolor','none')
```

```
pause
set(h,'facecolor','k')
```

运行结果如图 6-43 所示。

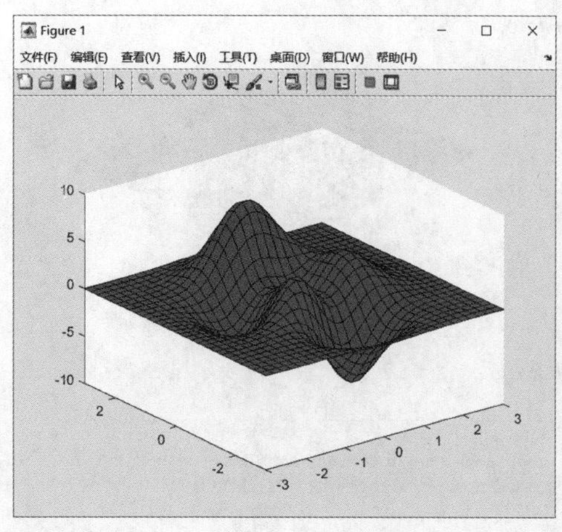

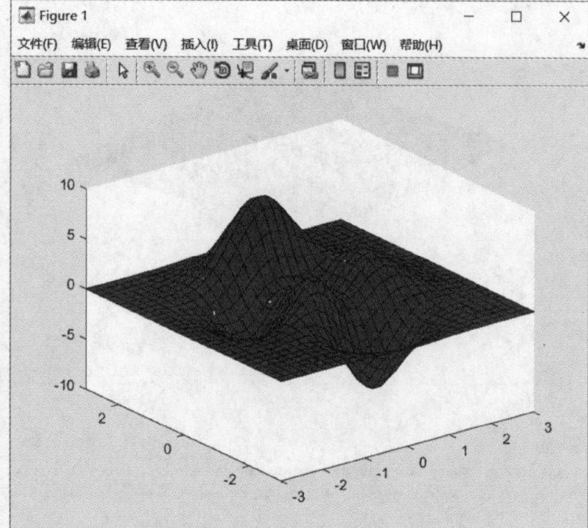

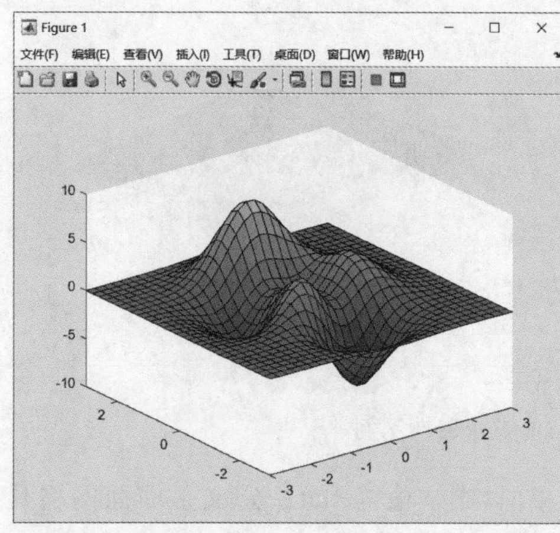

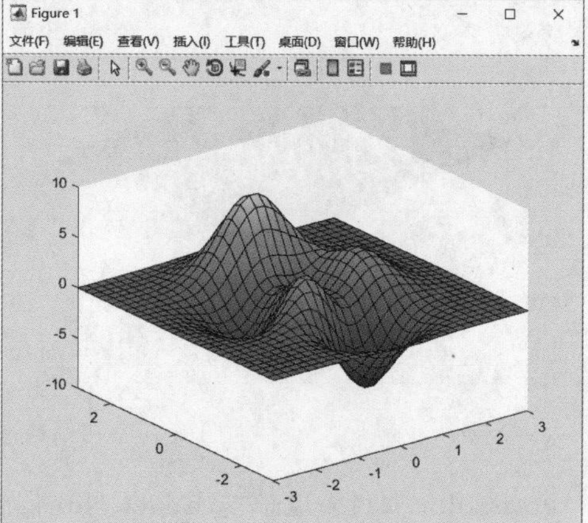

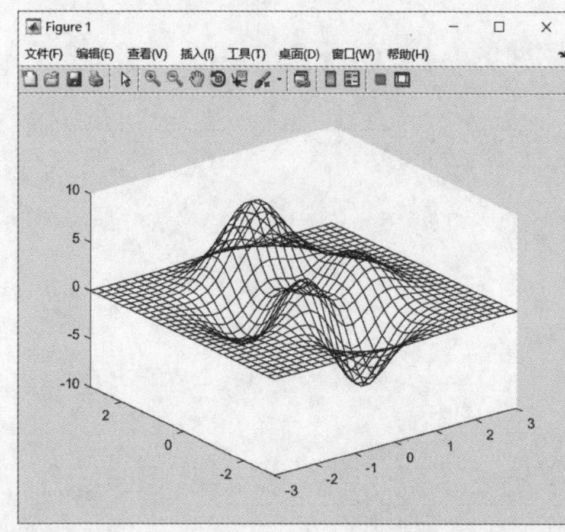

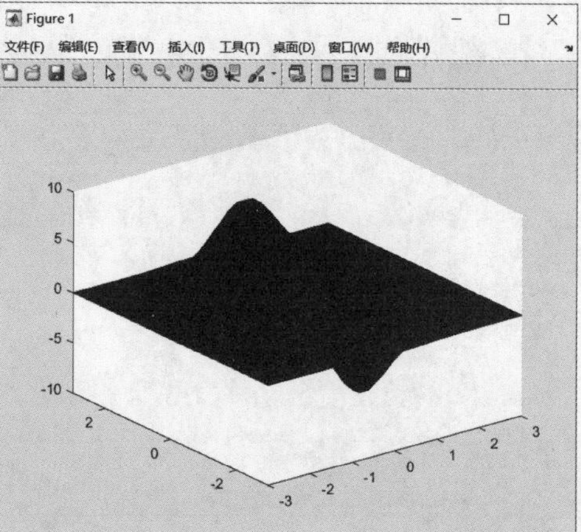

图 6-43　前 6 个 FaceColor 属性

LineStyle 属性：定义曲面网格线的类型。如下：

```
clc;clear;close all;
[x,y,z] = peaks(30);
axes('xlim',[ - 3 3],'ylim',[ - 3 3]);
view([ - 37.5 30]);
h = surface(x,y,z);
pause
set(h,'linestyle',':')
pause
set(h,'linestyle','- .')
pause
set(h,'linestyle','-- ')
pause
set(h,'linestyle','- ')
```

运行结果如图 6-44 所示。

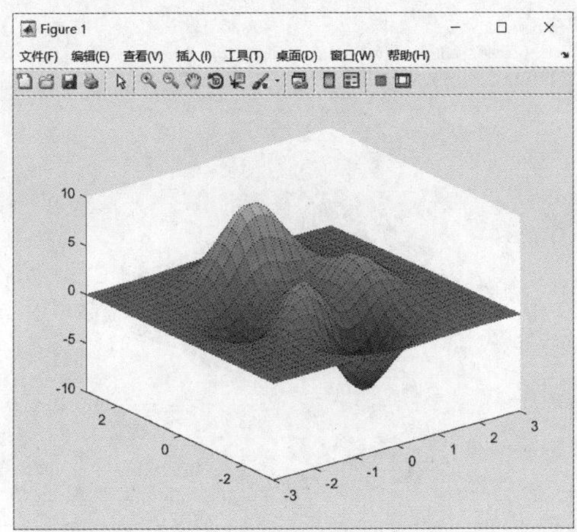

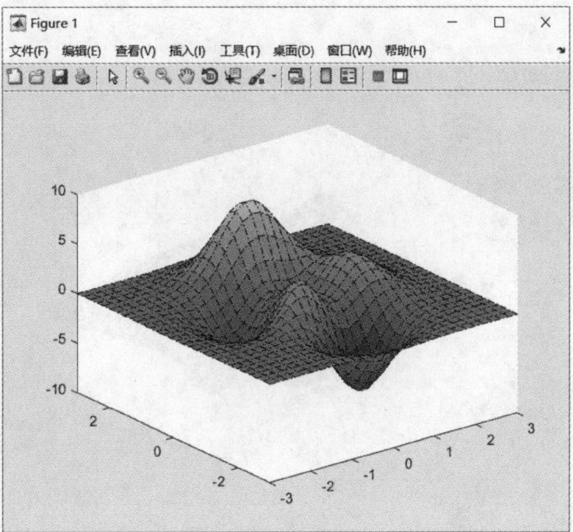

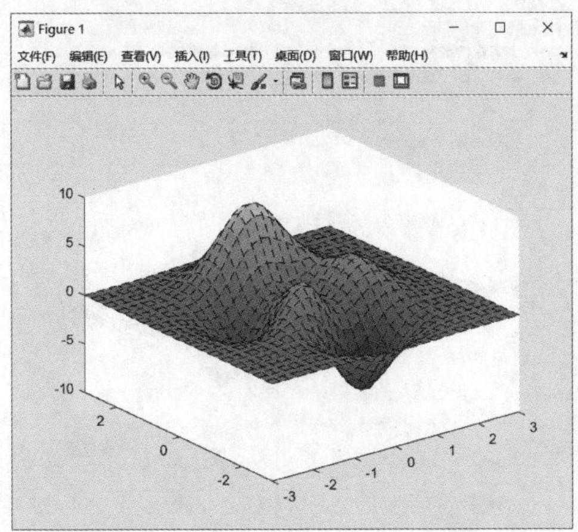

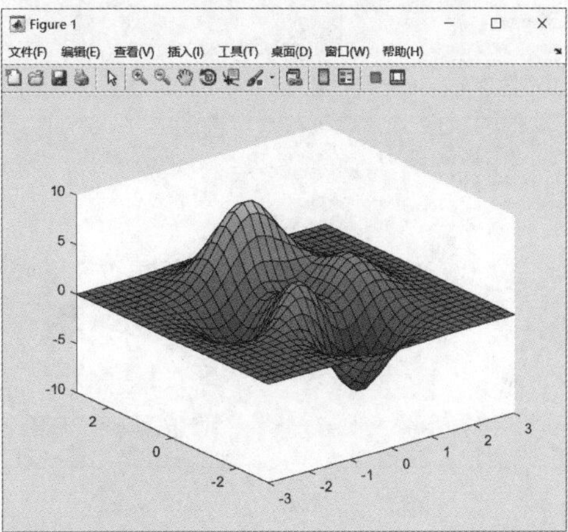

图 6-44　LineStyle 属性

LineWidth 属性：定义网格线的线宽。如下：

```
clc;clear;close all;
[x,y,z] = peaks(20);
axes('xlim',[-3 3],'ylim',[-3 3]);
view([-37.5 30]);
h = surface(x,y,z);
pause
set(h,'linewidth',10)
pause
set(h,'linewidth',3)
pause
set(h,'linewidth',5)
pause
set(h,'linewidth',.5)
```

运行结果如图 6-45 所示。

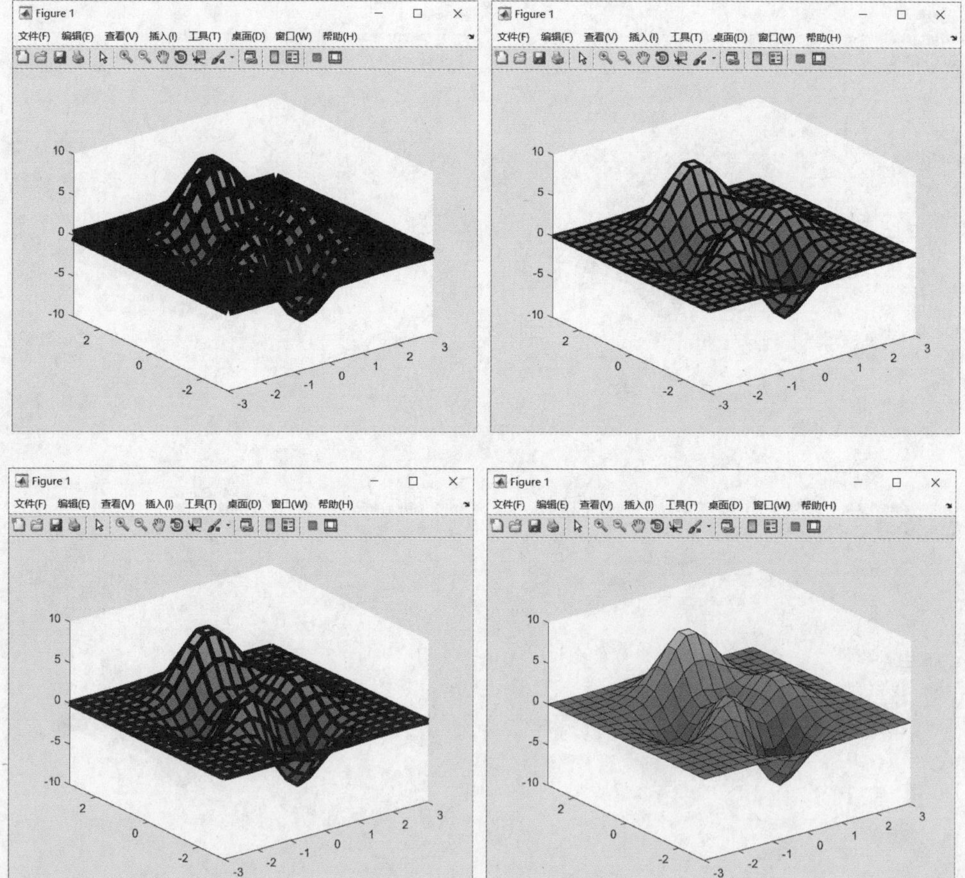

图 6-45　LineWidth 属性

Marker 属性：定义曲面数据点标记符号，默认值为 none。如下：

```
clc;clear;close all;
[x,y,z] = peaks(20);
axes('xlim',[ - 3 3],'ylim',[ - 3 3]);
view([ - 37.5 30]);
h = surface(x,y,z);
pause
set(h,'marker','p')
pause
set(h,'marker',' + ')
pause
set(h,'marker','s')
pause
set(h,'marker','none')
```

运行结果如图 6-46 所示。

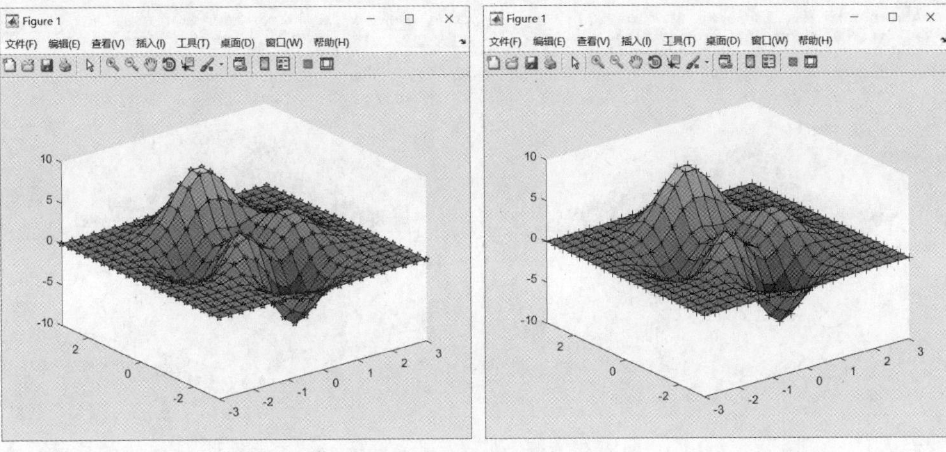

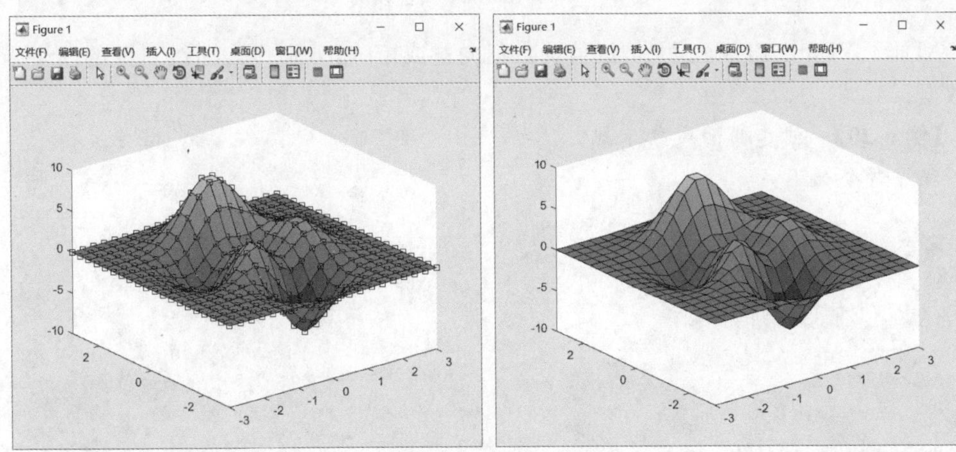

图 6-46　Marker 属性

MarkerSize 属性：定义曲面数据点标记符号的大小，默认值为 6 磅。如下：

```
clc;clear;close all;
[x,y,z] = peaks(20);
axes('xlim',[ - 3 3],'ylim',[ - 3 3]);
view([ - 37.5 30]);
h = surface(x,y,z);
pause
set(h,'marker','p','markersize',10)
pause
set(h,'marker',' + ','markersize',20)
pause
set(h,'marker','s','markersize',6)
pause
set(h,'marker','none')
```

运行结果如图 6-47 所示。

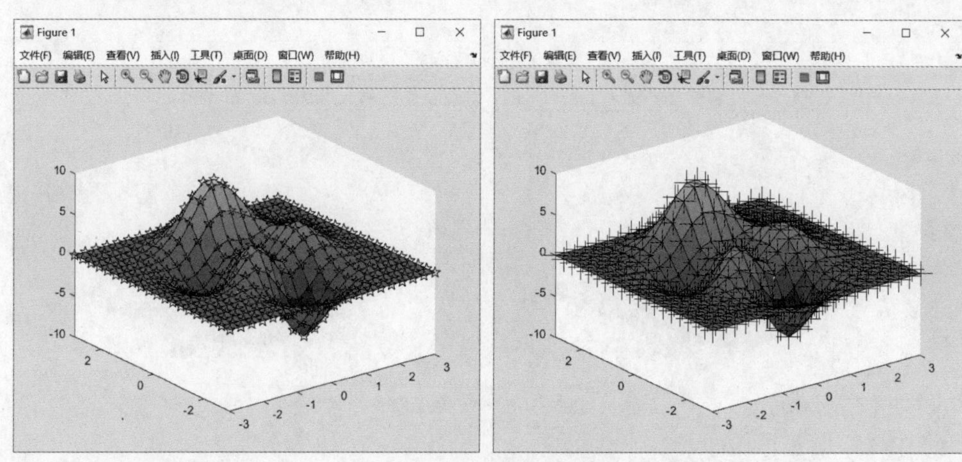

图 6-47　MarkerSize 属性设为 20

XData、YData、ZData 属性：取值为数值向量或矩阵，分别代表曲线对象的 3 个坐标轴数据。

【例 6-20】 创建曲面对象示例。

程序命令如下：

```
x1 = [1 1 2;4 6 7;1 2 9];
y1 = [0.1 0.5 0.4;2 4 6;4 2 7];
z1 = [0.5 0.1 0.7;2.2 0.1 5;4 8 5];
h = plot3(x1,y1,z1);
delete(h);
c = z1; % c 颜色矩阵
hs = surface(x1,y1,z1,c)
```

运行结果如图 6-48 所示。

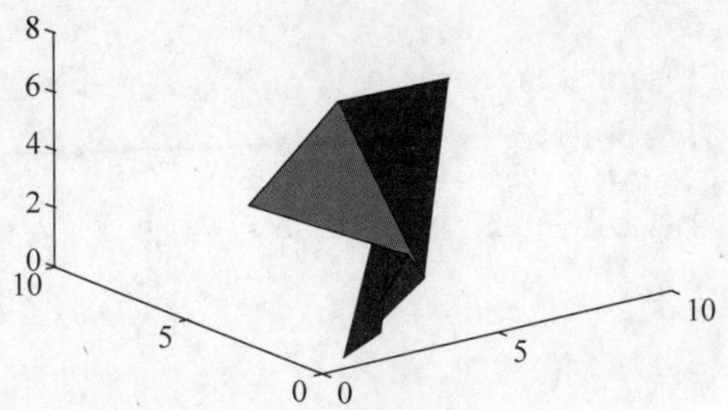

图 6-48　创建曲面对象示例

【例 6-21】 利用曲面对象绘制三维曲面 $z=\cos(x+1)$。

程序命令如下：

```
x = 0:pi/20:2 * pi;
[X,Y] = meshgrid(x);
Z = cos(X + 1);
axes('view',[ - 37.5,80])
hs = surface(X,Y,Z,'facecolor','g','edgecolor','r');
grid on
set(get(gca,'xlabel'),'string','x - axis');
set(get(gca,'ylabel'),'string','y - axis');
set(get(gca,'zlabel'),'string','z - axis');
title('mesh - surf')
pause
set(hs,'facecolor','interp')
```

运行结果如图 6-49 所示。

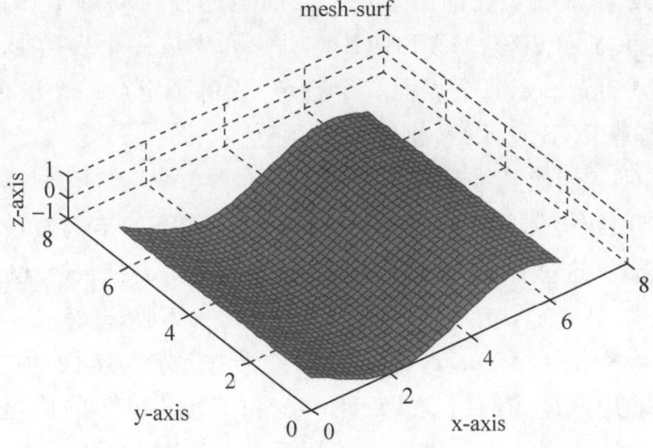

图 6-49　利用曲面对象绘制三维曲面 $z=\cos(x+1)$

【例 6-22】 利用曲面对象绘制一个三维曲面。

程序命令如下：

```
clc,clear,close all
[x,y] = meshgrid([ - 3:.5:3]);
```

```
z = x.^3 - 2 * y.^3;
fh = figure('Position',[350 275 400 300],'Color','w');
ah = axes('Color',[0.8,0.8,0.8]);
h = surface('XData',x,'YData',y,'ZData',z,'FaceColor',...
get(ah,'Color') + 0.2,'EdgeColor','k','Marker','o');
view(45,15)
```

运行结果如图 6-50 所示。

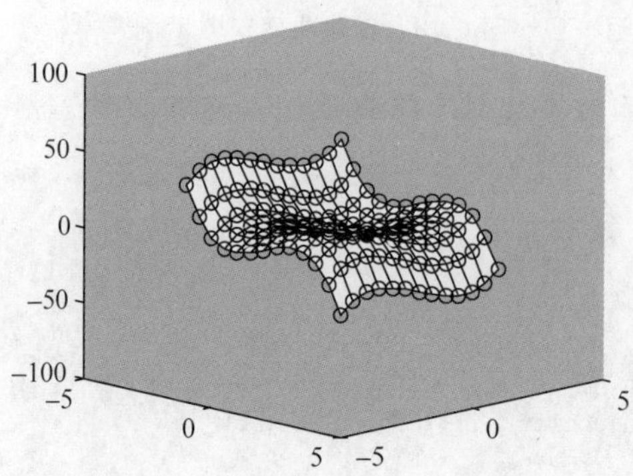

图 6-50　利用曲面对象绘制一个三维曲面

6.2.7　块对象

patch 是个底层的图形函数，用来创建块图形对象。一个块对象是由其顶点坐标确定的一个或多个多边形。用户可以指定块对象的颜色和灯光。该函数的调用方法如下：

patch(X,Y,C)：添加已填充的二维块到当前坐标轴。X 和 Y 中的元素指定了多边形的定点。如果 X 和 Y 是矩阵，MATLAB 将每一列生成一个多边形。C 决定了块的颜色，它可以是单个的 ColorSpec，每个表面一个颜色，或每个定点一个颜色。如果 C 是 1×3 的向量，它将被看成是 RGB 三元组，直接指定颜色。

patch(X,Y,Z,C)：创建三维坐标下的块。

patch(FV)：使用结构体 FV 来创建块。FV 包含如下的结构域：vertices、faces 以及 facevertexdata(可选)。这些结构域对应块对象的 Vertices、Faces 和 FaceVerticxCData 属性。

patch('PropertyName',propertyvalue,...)：利用指定的属性/值参数对来指定块对象的所有属性。除非用户显式的指定 FaceColor 和 EdgeColor 的值，否则，MATLAB 会使用默认的属性值。该调用格式允许用户使用 Faces 和 Vertices 属性值来定义块。

handle＝patch(...)：返回创建的块对象的句柄。

需要注意以下两点：

(1) 不同于 fill 或 area 这样的高层创建函数，patch 并不检查图形窗口的设置以及坐标轴的 NextPlot 属性，它仅仅将块对象添加到当前坐标轴。

(2) 如果坐标数据不能定义封闭的多边形，patch 函数自动使多边形封闭。数据能定义凹面或交叉的多边形。然而，如果单个块面的边缘相互交叉，得到的面可能不会完全填充，在这种情况下，最好将面分解为更小的多边形。

块对象的常用属性如表 6-8 所示。

表 6-8 块对象的属性

属性名称	意义
CData	指定沿块边缘每一点颜色的数值矩阵，只有 EdgeColor 或 FaceColor 被设为 interp 或 flat 时才可使用
EdgeColor none {flat} interp A ColorSpec	块边缘颜色控制 不画边缘线 边缘线为单一颜色，由块颜色数据的均值指定，默认值是 black(黑色) 边缘颜色由块顶点的值通过线性插值得到 三元素 RGB 向量或 MATLAB 预定的颜色名之一，指定边缘为单一颜色。默认值是 black(黑色)
EraseMode {normal} backgrount xor none	消除和重画模式 重画影响显示的作用区域，以保证所有的对象正确地画出，这是最精确的，也是最慢的一种模式 通过在图形背景色中重画块来消除该块，这会破坏被消除的块后的对象 用块下屏幕颜色执行异或 OR(XOR)运算，画出和消除块，当画在其他对象上时会造成不正确的颜色 当移动或删除块时该块不会被消除
FaceColor none {flat} interp A ColorSpec	块表面颜色控制 不画表面，但画出边缘 颜色参量 c 中的值决定各块的表面颜色 各表面颜色由 CData 属性指定的值通过线性插值决定 三元素 RGB 向量或 MATLAB 预定的颜色名之一，指定表面为单一颜色
LineWidth	轮廓线的宽度，以点为单位。默认值为 0.5 点
* PaletteModel	值为[{scaled}|direct|bypass]
XData	沿块边缘点的 x 坐标
YData	沿块边缘点的 y 坐标
ZData	沿块边缘点的 z 坐标
ButtonDownFcn	当块对象被选中时，MATLAB 回调字符串传递给函数 eval，初始值是一个空矩阵
Children	空矩阵，块对象没有子对象
Clipping {on} off	数据限幅模式 在坐标轴界限外的块的任何部分不显示 块数据不限幅
Interruptible {no} yes	指定 ButtonDownFcn 回调字符串是否可中断 不能被其他回调中断 可以被其他回调中断
Parent	包含块对象的坐标轴句柄
* Selected	值为[on|{off}]
* Tag	文本串
Type	只读的对象辨识字符串，常为 patch
UserData	用户指定的数据，可以是矩阵、字符串等

续表

属性名称	意　义
Visible	块的可视性
{on}	块在屏幕上可视
off	块在屏幕上不可视

【例 6-23】 创建一个块对象示例。

程序命令如下：

```
x1 = [1 1 3;4 6 7;1 3 9];
y1 = [0.1 0.5 0.4;4 4 6;4 3 7];
z1 = [0.5 0.1 0.7;3.4 0.1 5;4 8 5];
hp = patch(x1,y1,z1,[0.3,0.5,0.4])
```

如图 6-51 所示，运行结果如下：

```
hp =
   0.0031
```

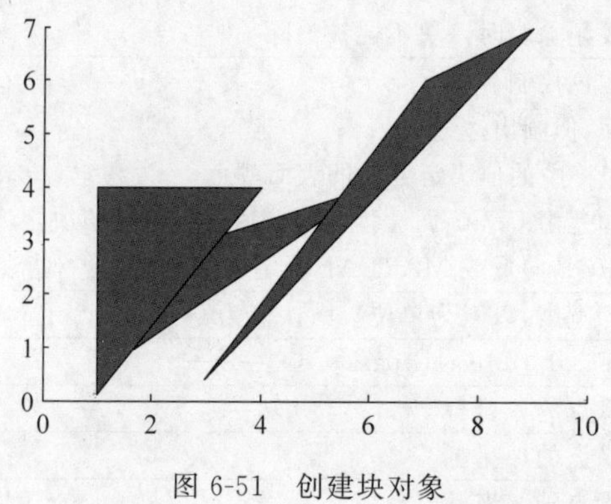

图 6-51　创建块对象

【例 6-24】 用 patch 函数绘制一个长方体，长方体由 6 个面构成，每面有 4 个顶点。

程序命令如下：

```
clf;
k = 2; % k为长宽比
%X、Y、Z的每行分别表示各面的四个点的x、y、z坐标
X = [0 1 1 0;1 1 1 1;1 0 0 1;0 0 0 0;1 0 0 1;0 1 1 0]';
Y = k * [0 0 0 0;0 1 1 0;1 1 1 1;1 0 0 1;0 0 1 1;0 0 1 1]';
Z = [0 0 1 1;0 0 1 1;0 0 1 1;0 0 1 1;0 0 0 0;1 1 1 1]';
%生成和X同大小的颜色矩阵
tcolor = rand(size(X,1),size(X,2));
patch(X,Y,Z,tcolor,'FaceColor','interp');
view( - 37.5,35); axis equal off
```

运行结果如图 6-52 所示。

图 6-52 patch 函数绘制一个长方体

6.2.8 图像对象

图像对象是一个存储坐标系下每个像素点颜色的数据数组，也包括一个颜色表数组。在 MATLAB 中，采用 image 函数来创建图像对象，该函数的调用方法如下：

```
H = image(x)
```

其中 x 为图像矩阵。

图像对象常用的属性如表 6-9 所示。

表 6-9 图像对象的属性

属性名称	意义
CData	指定图像中各元素颜色的值矩阵。image(c)将 c 赋给 CData。CData 中的元素是当前颜色映象的下标
XData	图像 X 数据；指定图像中行的位置。如忽略，使用 CData 中的行下标
YData	图像 Y 数据；指定图像中列的位置。如忽略，使用 CData 中的列下标
ButtonDownFcn	当图像对象被选中时，MATLAB 回调字符串传递给函数 eval，初始值是一个空矩阵
Children	空矩阵，图像对象没有子对象
Clipping {on}： off：	数据限幅模式 在坐标轴界限外的图像的任何部分不显示 图像数据不限幅
Interruptible {no}： yes：	指定 ButtonDownFcn 回调字符串是否可中断 不能被其他回调中断 可以被其他回调中断
Parent	包含图像对象的坐标轴句柄
* Selected	值为[on|{off}]
* Tag	文本串
Type	只读的对象辨识字符串，常为 image
UserData	用户指定的数据，可以是矩阵、字符串等
Visible {on}： off：	图像的可视性 图像在屏幕上可视 图像在屏幕上不可视

【例 6-25】 创建图像对象示例。

程序命令如下：

```
hi = image([0.2 0.4 0.6 0.4 04 09 0.4 0.6 0.7])
```

如图 6-53 所示,运行结果如下：

```
hi =
   0.0033
```

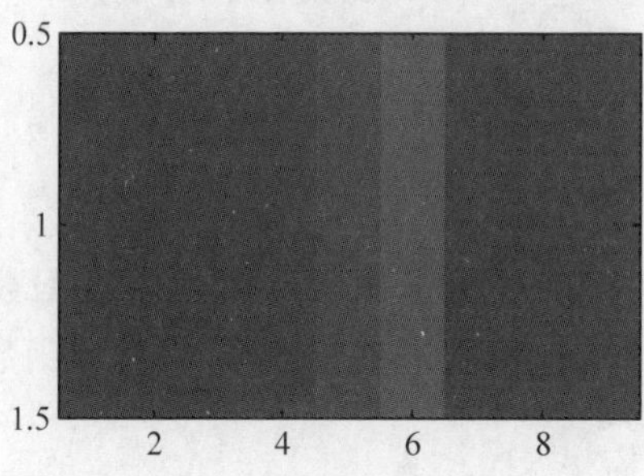

图 6-53　创建图像对象

【例 6-26】 为窗口设计背景图片示例。

程序命令如下：

```
hFigure = figure('menubar', 'none', 'NumberTitle', 'off', 'position',...
    [1000 1000 720 450], 'name', '窗口', 'Visible', 'off');
movegui(hFigure, 'center');
hAxes = axes('visible', 'off', 'units', 'normalized', 'position', [0 0 1 1]);
axis off;
%% 显示图片
cData = imread('11.jpg');
image(cData);
strCell = {'12345', '67890',...
    '13579', '24680'};
for i = 1 : numel(strCell)          % 穷举
    strTemp = strCell{i};           % 获取第 i 条诗句
    str = [strTemp; 10 * ones(1, length(strTemp))];
    str = str(:)';                  % 获取添加了换行符的诗句字符串
    text('string', str, 'position', [250 - 50 * i 150], 'Horizontal', 'right',...
        'FontName', '华文楷体', 'FontSize', 18, 'FontWeight', 'bold', 'color', 'red');
end
%% 显示窗口
set(hFigure, 'Visible', 'on');
```

运行结果如图 6-54 所示。

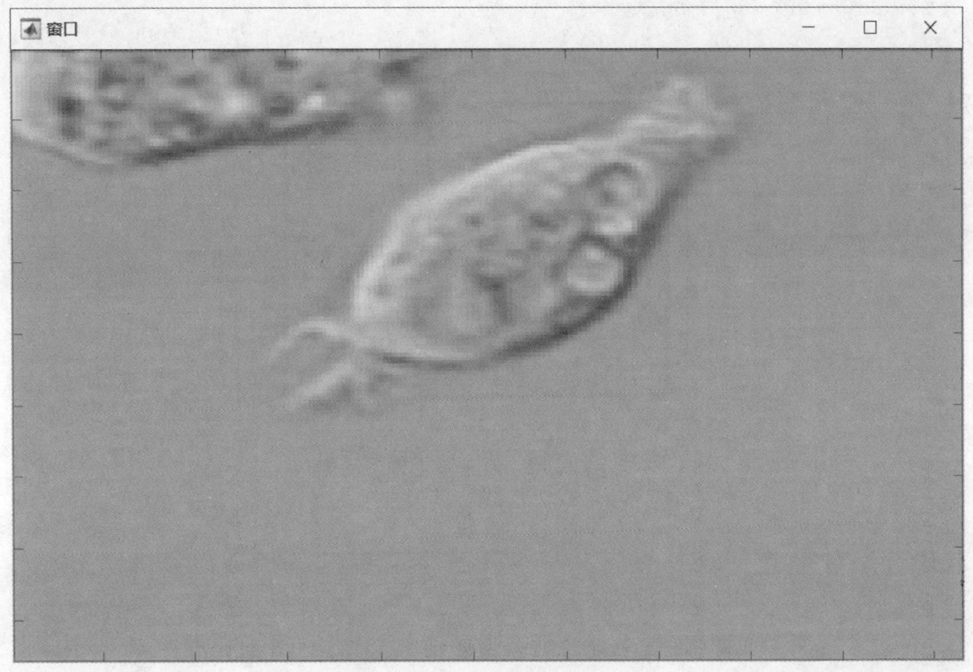

图 6-54 为窗口设计背景图片

6.2.9 方对象

在 MATLAB 中,矩形、椭圆以及二者之间的过渡图形(如圆角矩形)都称为矩形对象。创建矩形对象的低层函数是 rectangle,该函数调用格式为

```
rectangle(属性名 1,属性值 1,属性名 2,属性值 2,…)
```

除公共属性外,矩形对象的其他常用属性如下:

(1) Position 属性:与坐标轴的 Position 属性基本相同,相对坐标轴原点定义矩形的位置。

(2) Curvature 属性:定义矩形边的曲率。

(3) LineStyle 属性:定义线型。

(4) LineWidth 属性:定义线宽,默认值为 0.5 磅。

(5) EdgeColor 属性:定义边框线的颜色。

【例 6-27】 在同一坐标轴上绘制矩形、圆角矩形、椭圆和圆。

程序命令如下:

```
rectangle('Position',[0,0,40,30],'LineWidth',2,'EdgeColor','r')
rectangle('Position',[5,5,20,30],'Curvature',0.4,'LineStyle','-.')
rectangle('Position',[10,10,30,20],'curvature',[1,1],'linewidth',2)
rectangle('Position',[0,0,30,30],'Curvature',[1,1],'EdgeColor','b')
axis equal
```

运行结果如图 6-55 所示。

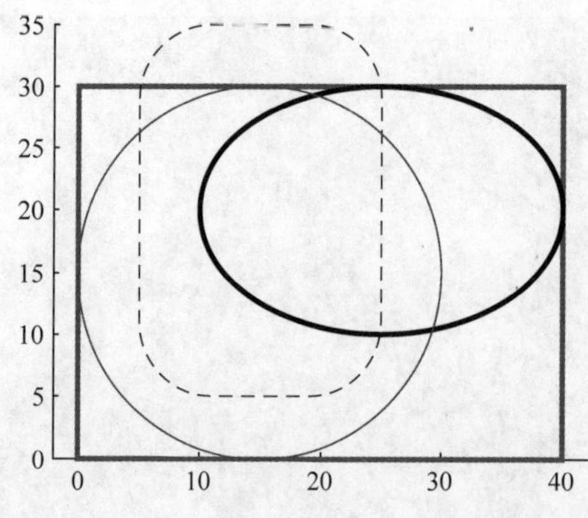

图 6-55　在同一坐标轴上绘制图形

6.2.10　光对象

发光对象定义为光源，这些光源会影响坐标轴中所有 patch 对象和 surface 对象的显示效果。

MATLAB 提供 light 函数创建发光对象，其调用格式为

```
light(属性名1,属性值1,属性名2,属性值2,…)
```

发光对象有如下 3 个重要属性：

(1) Color 属性：设置光的颜色。

(2) Style 属性：设置发光对象是否在无穷远，可取值为 infinite(默认值)或 local。

(3) Position 属性：该属性的取值是数值向量，用于设置发光对象与坐标轴原点的距离。发光对象的位置与 Style 属性有关，若 Style 属性为 local，则设置的是光源的实际位置；若 Style 属性为 infinite，则设置的是光线射过来的方向。

【例 6-28】　光照处理后的球体。

程序命令如下：

```
[X,Y,Z] = sphere(30);
surface(X,Y,Z,'FaceColor','flat','EdgeColor','none');
shading interp;
view(-37.5,30)
lighting gouraud
axis square
rotate3D on
light('Position',[1 -1 2],'Style','infinite','color','yellow');
```

运行结果如图 6-56 所示。

图 6-56　光照处理后的球体

本章小结

本章介绍了 MATLAB 图形句柄方面的基本内容，主要包括句柄图形对象、句柄图形对象属性的访问和设置、根对象、图形窗口对象、核心图形对象等。这些内容是 MATLAB 提供的底层绘图命令，不仅是高级绘图命令的基础，而且还可以作为底层图形开发的工具。

第7章 GUI控件及uimenu菜单

控件对象是事件响应的图形界面对象。当某一事件发生时，应用程序会做出响应并执行某些预定的功能子程序。

学习目标：

(1) 了解 GUIDE 界面的基本内容；

(2) 掌握控件和属性的基本原理和操作；

(3) 掌握如何建立用户菜单；

(4) 理解菜单对象的常用属性；

(5) 掌握上下文菜单的建立。

7.1 GUIDE 界面

由窗口、菜单、图标、光标、按键、对话框和文本等各种图形对象组成的用户界面叫作图形用户界面(GUI)。它可以允许用户定制与 MATLAB 的交互方式，从而命令窗口不再是唯一与 MATLAB 的交互方式。用户通过鼠标或键盘选择、激活这些图形对象，使计算机产生某种动作或变化。

GUIDE(graphical user interfaces development environment)是由窗口、光标、按键、菜单、文字说明等对象(objects)构成的一个用户界面。

GUI 的打开方式有以下两种：

(1) 命令方式

打开 GUI 设计工作台的命令如下：

guide：打开设计工作台启动界面。

guide file：在工作台中打开文件名为 file 的用户界面。

其中，guide 命令中文件名不区分大小写。

(2) 菜单方式

打开 MATLAB 的主窗，选择新建菜单项，然后选择其中的图形用户界面命令，就会显示 GUI 的设计模板，如图 7-1 所示。

MATLAB 为 GUI 设计提供了 4 种模板，分别是：Blank GUI (空白模板，默认)、GUI with Uicontrols(带控件对象的 GUI 模板)、GUI

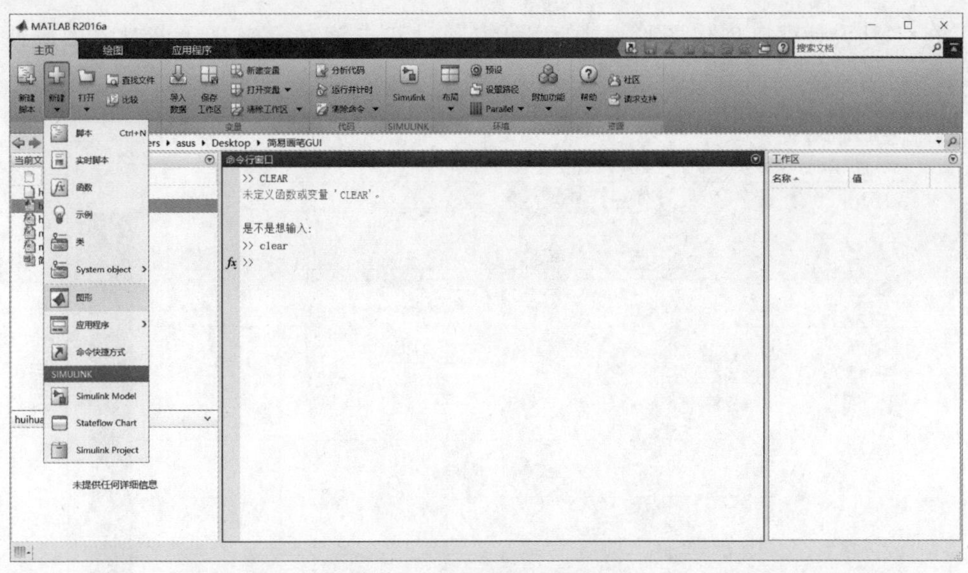

图 7-1　GUI 的设计模板

with Axes and Menu(带坐标轴与菜单的 GUI 模板)、Modal Question Dialog(带模式问题对话框的 GUI 模板)。

当用户选择不同的模板时,在 GUI 设计模板界面的右边就会显示出与该模板对应的 GUI 图形。GUI 模板如图 7-2 所示。

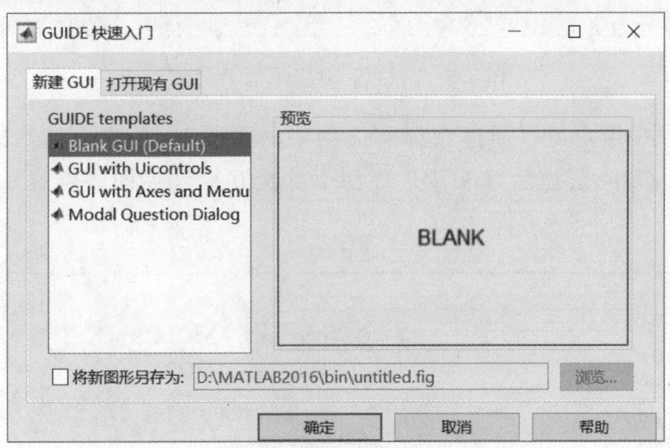

图 7-2　GUIDE 启动模板

在 GUI 设计模板中选中一个模板,单击"确定"按钮,就会显示 GUI 设计窗口。选择不同的 GUI 设计模式时,相应的显示结果是不一样的。图形用户界面 GUI 设计窗口功能区由菜单栏、工具栏、控件工具栏以及图形对象设计等组成。

GUI 设计窗口的菜单栏中的菜单项有:文件、编辑、视图、布局、工具和帮助,如图 7-3 所示,可以通过使用其中的命令完成图形用户界面的设计操作。

在菜单栏的下方为编辑工具,提供了常用的工具;窗口的左半部分为设计工具区,提供了设计 GUI 过程中所用的用户控件;空间模板区是网格形式的用户设计 GUI 的空白区域。

在GUI设计窗口创建图形对象后,可以通过双击该对象来显示该对象的属性编辑器。

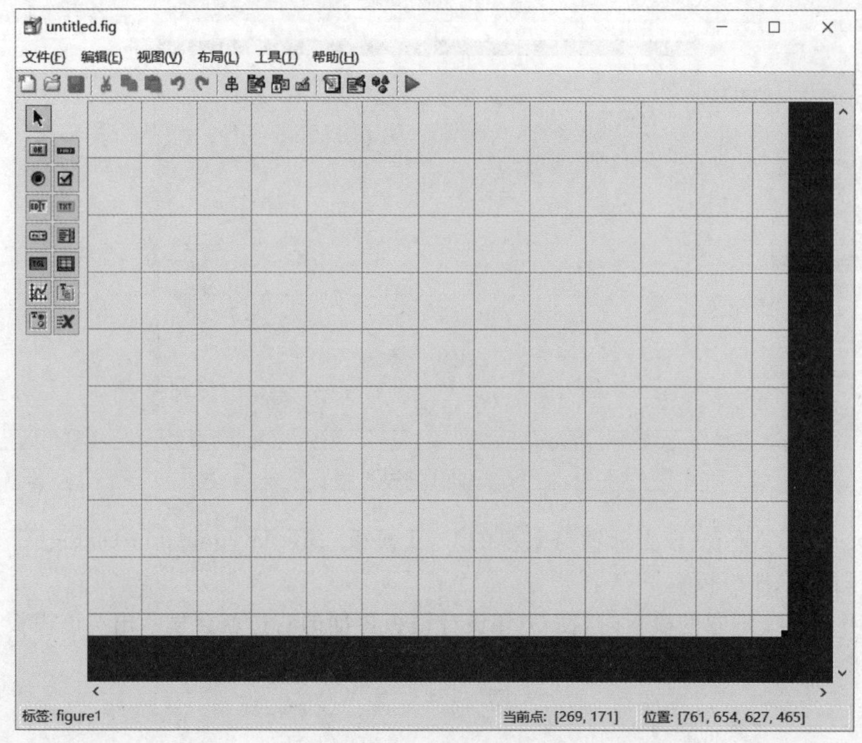

图7-3　空白的GUIDE设计界面

在实际编程中,用户可以通过选择文件菜单的预设项,在弹出的性能设置对话框中选择第二项,单击OK按钮后,GUIDE界面下的交互控件界面将会显示各控件的名称,如图7-4所示。

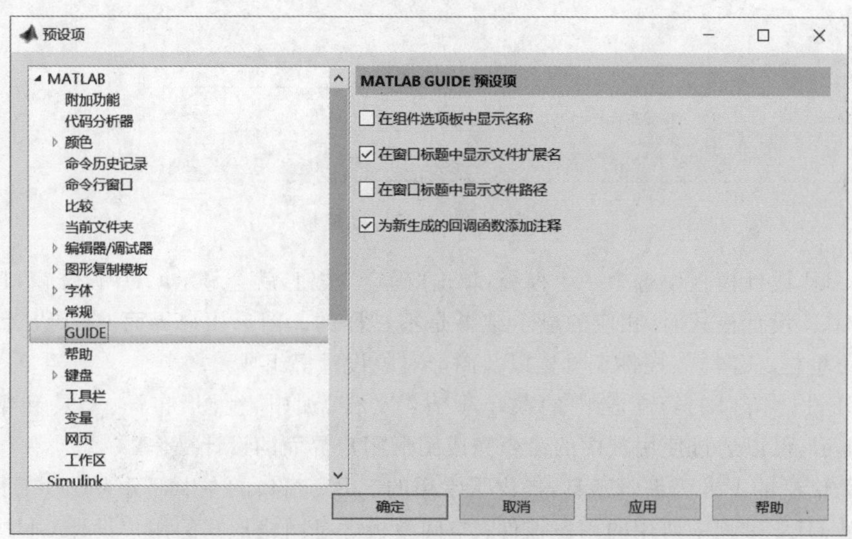

图7-4　性能设置对话框

7.2 控件及属性

GUI是由各种图形对象组成的用户界面，在这种用户界面下，用户的命令和对程序的控制是通过“选择”各种图形对象来实现的。基本图形对象分为控件对象和用户界面菜单对象，简称控件和菜单。表7-1列出了MATLAB中常用的控件。

表7-1 MATLAB中常用的控件

名　称	功　能
按钮	执行某种预定的功能或操作
切换按钮 (Toggle Button)	产生一个动作并指示一个二进制状态(开或关)，当鼠标单击它时按钮将下陷，并执行Callback(回调函数)中指定的内容，再次单击，按钮复原，并再次执行Callback中的内容
单选按钮 (Radio Button)	单个的单选框用来在两种状态之间切换，多个单选框组成一个单选框组时，用户只能在一组状态中选择单一的状态，或称为单选项
复选框 (Check Boxes)	单个的复选框用来在两种状态之间切换，多个复选框组成一个复选框组时，可使用户在一组状态中做组合式的选择，或称为多选项
可编辑文本 (Editable Texts)	用来使用键盘输入字符串的值，可以对编辑框中的内容进行编辑、删除和替换等操作
静态文本 (Static Texts)	仅用于显示单行的说明文字
滑块 (Slider)	可输入指定范围的数量值
列表框 (List Boxes)	在其中定义一系列可供选择的字符串
弹出式菜单 (Popup Menus)	让用户从一列菜单项中选择一项作为参数输入
轴 (Axes)	用于显示图形和图像

每一个控件都不可能是完全符合界面设计要求的，需要对其属性进行设置，以获得所需的界面显示效果。可以通过双击该控件，打开控件属性对话框。属性对话框具有良好的交互界面，以列表的形式给出该控件的每一项属性。表7-2介绍了控件对象的公共属性。

表7-2 控件对象的公共属性

名　称	说　明
Children	取值为空矩阵，因为控件对象没有自己的子对象
Parent	取值为某个图形窗口对象的句柄，该句柄表明了控件对象所在的图形窗口
Tag	取值为字符串，定义了控件的标识值，在任何程序中都可以通过这个标识值控制该控件对象
Type	取值为uicontrol，表明图形对象的类型
UserDate	取值为空矩阵，用于保存与该控件对象相关的重要数据和信息

续表

名　称	说　明
Visible	取值为 on 或 off
BackgroundColor	取值为颜色的预定义字符或 RGB 数值，默认值为浅灰色
Callback	取值为字符串，可以是某个 M 文件名或一小段 MATLAB 语句，当用户激活某个控件对象时，应用程序就运行该属性定义的子程序
Enable	取值为 on(默认值)，inactive 和 off
Extend	取值为四元素矢量[0, 0, width, height]，记录控件对象标题字符的位置和尺寸
ForegroundColor	取值为颜色的预定义字符或 RGB 数值，该属性定义控件对象标题字符的颜色，默认值为黑色
Max, Min	取值都为数值，默认值分别为 1 和 0
String	取值为字符串矩阵或块数组，定义控件对象标题或选项内容
Style	取值可以是 pushbutton(默认值)、radiobutton、checkbox、edit、text、slider、frame、popupmenu 或 listbox
Units	取值可以是 pixels (默认值)、normalized(相对单位)、inches(英寸)、centimeters(厘米)或 points(磅)
Value	取值可以是矢量，也可以是数值，其含义及解释取决于控件对象的类型
FontAngle	取值为 normal(正体，默认值)、italic(斜体)、oblique(方头)
FontName	取值为控件标题等字体的字库名
FontSize	取值为数值
FontUnits	取值为 points(默认值)、normalized、inches、centimeters 或 pixels
FontWeight	取值为 normal(默认值)、light、demi 和 bold，定义字符的粗细
HorizontalAligment	取值为 left、center (默认值)或 right，定义控件对象标题等的对齐方式
ListboxTop	取值为数量值，用于 listbox 控件对象
SliderStep	取值为两元素矢量[minstep, maxstep]，用于 slider 控件对象
Selected	取值为 on 或 off(默认值)
SlectionHoghlight	取值为 on 或 off(默认值)
BusyAction	取值为 cancel 或 queue(默认值)
ButtDownFun	取值为字符串，一般为某个 M 文件名或一小段 MATLAB 程序
Creatfun	取值为字符串，一般为某个 M 文件名或一小段 MATLAB 程序
DeletFun	取值为字符串，一般为某个 M 文件名或一小段 MATLAB 程序
HandleVisibility	取值为 on(默认值)，callback 或 off
Interruptible	取值为 on 或 off(默认值)

在 MATLAB 中的对话框上有各种各样的控件用于实现有关控制，其中 uicontrol 函数用于建立控件对象，其调用格式为

```
对象句柄 = uicontrol(图形窗口句柄,属性名 1,属性值 1,属性名 2,属性值 2,…)
```

下面将分别对各种 uicontrol 对象进行讨论，并用示例说明。

7.2.1　按钮

按钮键，又称命令按钮或直角按钮，是小的长方形屏幕对象，常常在对象本身标有文

本。将鼠标指针移动至对象,来选择按钮键 uicontrol,单击鼠标按钮,执行由回调字符串所定义的动作。按钮键的 Style 属性值是 pushbutton。

【例 7-1】 按钮控件示例。

程序命令如下:

```
clear
clc
hf = figure('Position',[200 200 600 400] ,...
           'Name','Uicontrol1' ,...
           'NumberTitle','off');
ha = axes('Position',[0.4 0.1 0.5 0.7],...
           'Box','on');
hbSin = uicontrol(hf,...
                 'Style','pushbutton',...
                 'Position',[50,140,100,30],...
                 'String','绘制 sin(x)',...
                 'CallBack',...
                 ['subplot(ha);'...
                   'x = 0:0.1:4 * pi;'...
                   'plot(x,sin(x));'...
                   'axis([0 4 * pi  -1 1]);'...
                   'xlabel(''x'');'...
                  'ylabel(''y = sin(x)'');'...
                   'if get(hcGrid,''Value'') == 1;'... % add
                       'grid on;'...
                    'else;'...
                      'grid off;'...
                    'end;'...
                 ]);
hbCos = uicontrol(hf,...
                 'Style','pushbutton',...
                 'Position',[50,100,100,30],...
                 'String','绘制 cos(x)',...
                 'CallBack',...
                 ['subplot(ha);'...
                   'x = 0:0.1:4 * pi;'...
                   'plot(x,cos(x));'...
                   'axis([0 4 * pi  -1 1]);'...
                 'xlabel(''x'');'...
                  'ylabel(''y = cos(x)'');'...
                   'if get(hcGrid,''Value'') == 1;'... % add
                 'grid on;'...
                   'else;'...
                  'grid off;'...
                   'end;'...
                 ]);
hbClose = uicontrol(hf,...
                 'Style','pushbutton',...
                 'Position',[50,60,100,30],...
                 'String','退出',...
                 'CallBack','close(hf)');
```

运行结果如图 7-5 所示。

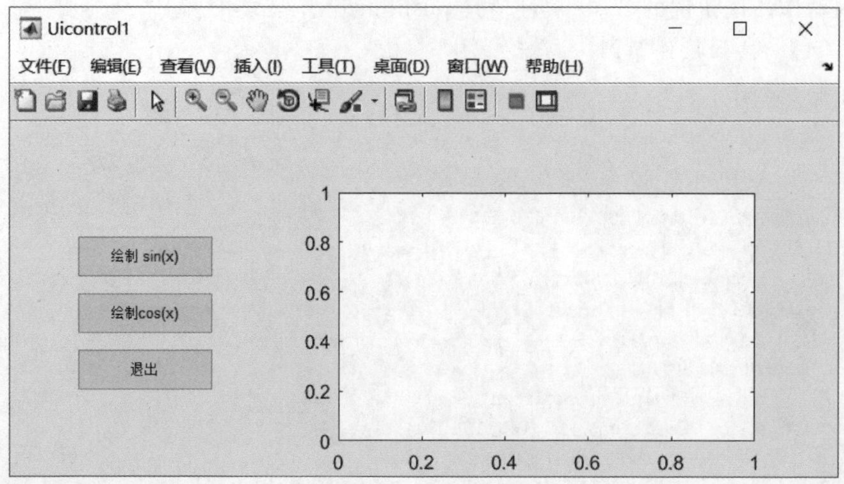

图 7-5 按键控件

单击“绘制 sin(x)”按钮控件后的图形结果如图 7-6 所示。

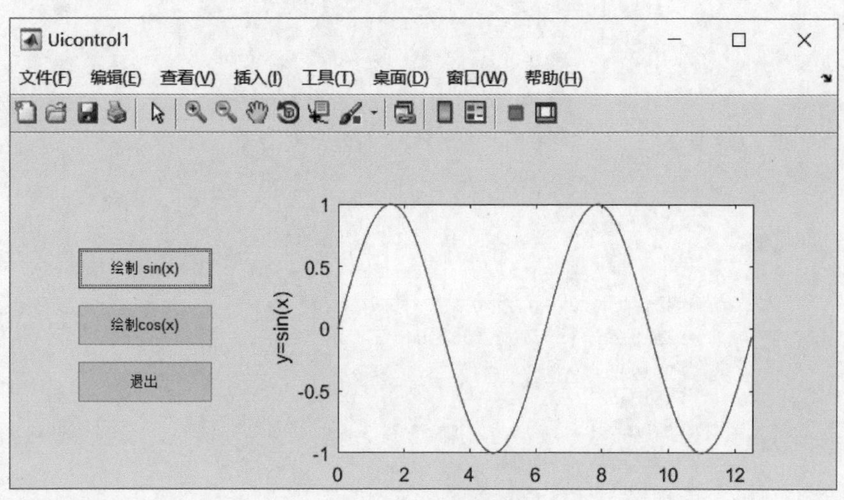

图 7-6 按键控件“绘制 sin(x)”

7.2.2 滑块

滑块或称滚动条，包括三个独立的部分，分别是：滚动槽或长方条区域，代表有效对象值范围；滚动槽内的指示器，代表滑标当前值；以及在槽的两端的箭头。滑块 uicontrol 的 Style 属性值是 slider。

滑标典型地应用于从几个值域范围中选定一个。滑标值有三种方式设定：

(1) 鼠标指针指向指示器，移动指示器。拖动鼠标时，要按住鼠标按钮，当指示器位于期望位置后松开鼠标；

(2) 当指针处于槽中但在指示器的一侧时，单击鼠标按钮，指示器按该侧方向移动距离约等于整个值域范围的10%；

(3) 在滑标不论哪端单击鼠标箭头，指示器沿着箭头的方向移动大约为滑标范围的1%。滑标通常与所用文本 uicontrol 对象一起显示标志、当前滑标值及值域范围。

【例 7-2】 实现了一个滑块用于设置视点方位角，用三个文本框分别指示滑标的最大值、最小值和当前值。

程序命令如下：

```
fig = meshgrid(2:100);
mesh(fig)
vw = get(gca, 'View');
Hc_az = uicontrol(gcf, 'Style', 'slider', 'Position', [10 5 140 20], 'Min', -90, 'Max', 90,
'Value', vw(1), 'CallBack', ['set(Hc_cur,"String",num2str(get(Hc_az,"Value")))', 'set(gca,
"View", [get(Hc_az,"Value") , vw(2)])']);
Hc_min = uicontrol(gcf,'Style','text','Position',[10 25 40 20],'String',[num2str(get(Hc_az,
'Min' )),num2str(get(Hc_az, 'Min'))]);
Hc_max = uicontrol(gcf, 'Style', 'text', 'Position', [110 25 40 20], 'String', num2str(get(Hc
_az,'Max')));
Hc_cur = uicontrol(gcf, 'Style', 'text', 'Position', [60 25 40 20], 'String' , num2str(get(Hc
_az,'Value')));
Axis off
```

运行结果如图 7-7 所示。

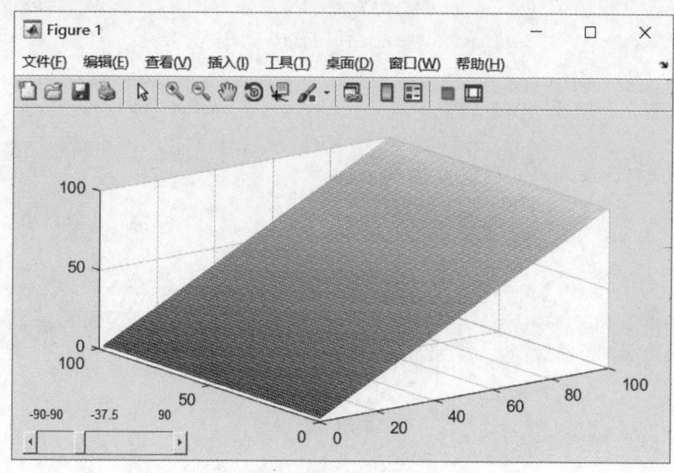

图 7-7 实现了一个滑块

【例 7-3】 改变目标位置示例。

程序命令如下：

```
function sliderexample

set(0,'Units','pixels');
Ssize = get(0,'ScreenSize');                  %获得屏幕的大小

H.gui = dialog('WindowStyle','normal',...     %设置对话框
```

```
                'Resize','on',...
                'Name','改变目标位置示例',...
                'Units','pixels',...
                'Position',[(Ssize(3) - 500)/2 (Ssize(4) - 400)/2 500 400]);
H.axes = axes('Parent',H.gui,...                    % 设置坐标轴
                 'Units','pixels',...
                'Position',[30 30 380 340]);

H.Button = uicontrol('Style','pushbutton',...       % 目标按钮
                    'Parent',H.gui,...
                    'Units','pixels',...
                    'Position',[100 100 100 60]);

DefPos = get(H.Button ,'Position');                 % 目标按钮的默认位置
set(H.Button,'UserData',DefPos)                     % 保存目标按钮的默认位置
set(H.Button,'String',strcat(num2str(DefPos(1)),',',num2str(DefPos(2))))
                                                    % 显示目标按钮的位置坐标

H.Hslider = uicontrol('Style','slider',...          % 水平 slider
                    'Parent',H.gui,...
                    'Units','pixels',...
                    'Position',[30 375 360 20],...
                    'Min',30,'Max',370,...
                    'Value',DefPos(1),...
                    'Callback',{@local_Hslider,H});

H.Vslider = uicontrol('Style','slider',...          % 竖直 slider
                    'Parent',H.gui,...
                    'Units','pixels',...
                    'Position',[415 30 20 330],...
                    'Min',30,'Max',330,...
                    'Value',DefPos(2),...
                    'Callback',{@local_Vslider,H});
H.Default = uicontrol('Style','pushbutton',...      % 默认按钮,恢复目标按钮的位置
                    'Parent',H.gui,...
                    'Units','pixels',...
                    'Position',[440 200 60 30],...
                    'String','默认',...
                    'Callback',{@local_Default,H});
Hm = uimenu('Parent',H.gui,'Label','文件');        % 菜单
uimenu('Parent',Hm,...
       'Label','默认',...
       'Callback',{@local_Default,H});              % 调用默认按钮
uimenu('Parent',Hm,...
       'Label','关闭',...
       'Callback','close(gcbf)');                   % 关闭图形
function local_Hslider(cbo,eventdata,h)             % 改变目标按钮的水平位置
SliderValue = get(cbo,'Value');
pos = get(h.Button,'Position');
```

```
set(h.Button,'Position',[SliderValue pos(2:4)])
set(h.Button,'String',strcat(num2str(SliderValue),',',num2str(pos(2)))) % 显示目标按钮
                                                                         % 的位置坐标

% ---------------------------------------------------------------
function local_Vslider(cbo,eventdata,h) % 改变目标按钮的竖直位置
SliderValue = get(cbo,'Value');
pos = get(h.Button,'Position');
set(h.Button,'Position',[pos(1) SliderValue pos(3:4)])
set(h.Button,'String',strcat(num2str(pos(1)),',',num2str(SliderValue))) % 显示目标按钮
                                                                         % 的位置坐标

% ---------------------------------------------------------------
function local_Default(cbo,eventdata,h) % 恢复目标按钮的默认位置

defpos = get(h.Button,'UserData');
set(h.Button,'Position',defpos)
set(h.Hslider,'Value',defpos(1))
set(h.Vslider,'Value',defpos(2))
set(h.Button,'String',strcat(num2str(defpos(1)),',',num2str(defpos(2)))) % 显示目标按钮
                                                                          % 的位置坐标
```

移动滑块,方块的位置将改变,单击默认按钮,方块将回到初始位置上。运行结果如图 7-8 和图 7-9 所示。

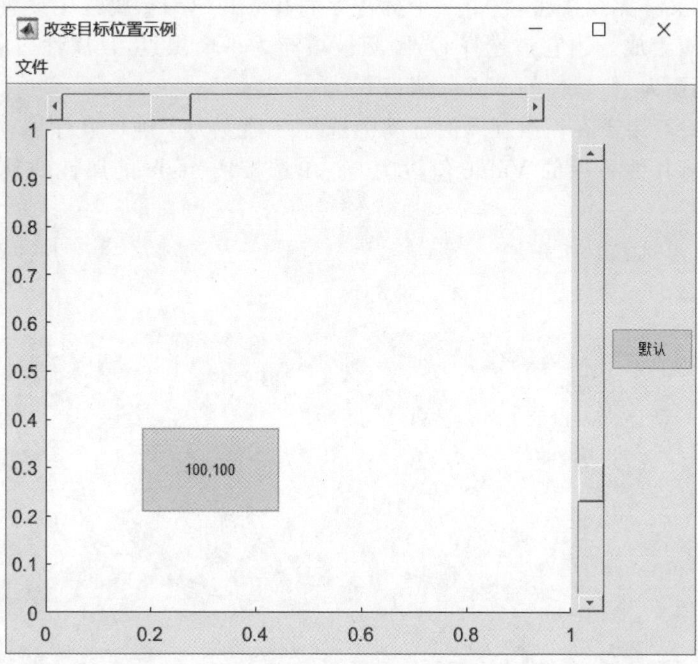

图 7-8 初始位置

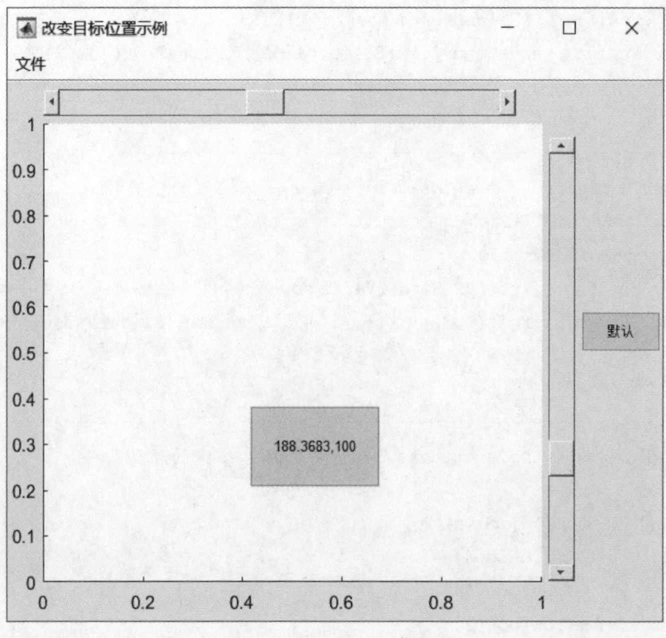

图 7-9　改变目标位置

7.2.3　单选按钮

单选按钮,又称无线按钮,它由一个标注字符串(在 String 属性中设置)和字符串左侧的一个小圆圈组成。当它被选择时,圆圈被填充为一个黑点,且属性 Value 的值为 1;若未被选择,圆圈为空,属性的 Value 值为 0。

单选按钮一般用于在一组互斥的选项中选择一项。为了确保互斥性,各单选按钮的回调程序需要将其他各项的 Value 值设为 0。单选按钮 style 的属性的默认值是 Radio Button。

【例 7-4】 单选按钮示例。

程序命令如下:

```
clear
clc
hf = figure('Position',[200 200 600 400] ,...
            'Name','Uicontrol1',...
            'NumberTitle','off');
ha = axes('Position',[0.4 0.1 0.5 0.7],...
           'Box','on');
hrboxoff = uicontrol(gcf,'Style','radio',...                    % 单选按钮 off
              'Position',[50 180 100 20],...
              'String','Set box off',...
              'Value',0,...
              'CallBack',[...
                          'set(hrboxon,''Value'',0);'...
```

```
                            'set(hrboxoff,''Value'',1);'...
                            'set(gca,''Box'',''off'');']);
hrboxon = uicontrol(gcf,'Style','radio',...              %单选按钮 on
                'Position',[50 210 100 20],...
                'String','Set box on',...
                'Value',1,...
                'CallBack',[...
                            'set(hrboxon,''Value'',1);'...
                            'set(hrboxoff,''Value'',0);'...
                            'set(gca,''Box'',''on'');']);
```

运行结果如图 7-10 所示。

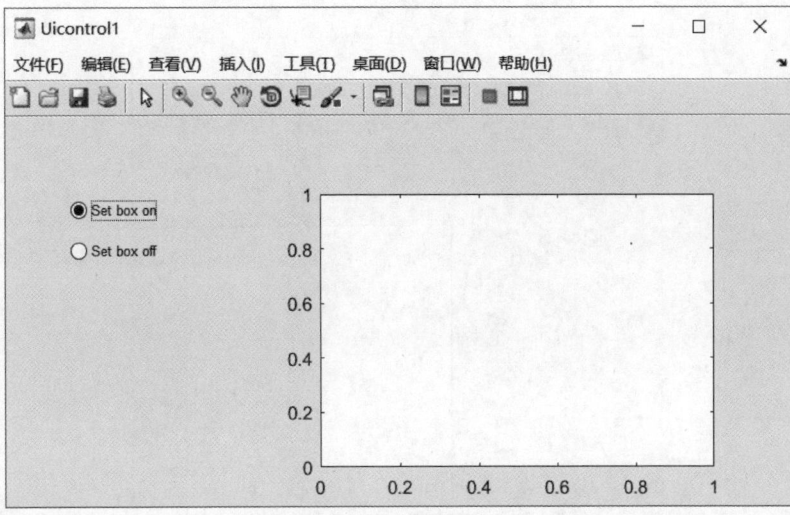

图 7-10　单选按钮示例

7.2.4　复选框

复选框，又称检查框，它由一个标注字符串（在 String 属性中设置）和字符串左侧的一个小方框所组成。选中时在方框内添加“√”符号，Value 属性值设为 1；未选中时方框变空，Value 属性值设为 0。复选框一般用于表明选项的状态或属性。

【例 7-5】　复选框示例。

程序命令如下：

```
clear
clc
hf = figure('Position',[200 200 600 400],...
         'Name','Uicontrol1',...
         'NumberTitle','off');
ha = axes('Position',[0.4 0.1 0.5 0.7],...
          'Box','on');
```

```
hcGrid = uicontrol(hf,'Style','check',...              %复选框
                'Position',[50 240 100 20],...     %复选框位置
                'String','Grid on',...
                'Value',1,...
                'CallBack',[...
                        'if get(hcGrid,''Value'') == 1;' ... %判断是否选中
                         'Grid on;'...
                         'else;'...
                        'Grid off;'...
                         'end;'...
                          ]);
```

运行结果如图 7-11 所示。

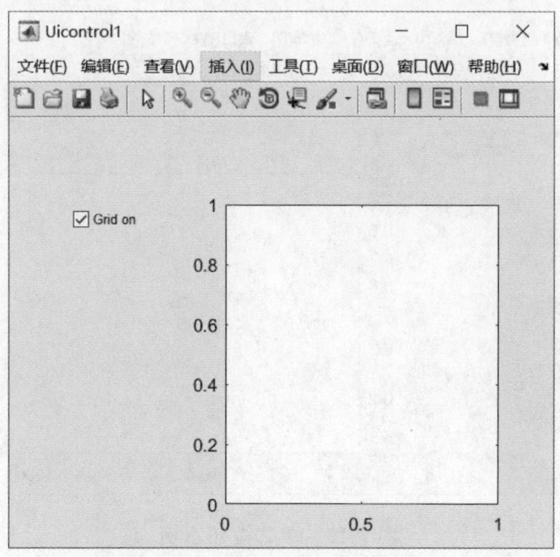

图 7-11　复选框示例

7.2.5　静态文本

静态文本是仅仅显示一个文本字符串的 uicontrol，该字符串是由 string 属性所确定的。静态文本框的 Style 属性值是 text。静态文本框典型地用于显示标志、用户信息及当前值。

静态文本框之所以称之为"静态"，是因为用户不能动态地修改所显示的文本。文本只能通过改变 String 属性来更改。

【例 7-6】 静态文本示例。

程序命令如下：

```
hf = figure('Position',[200 200 600 400] ,...
          'Name','Uicontrol1',...
          'NumberTitle','off');
```

```
htDemo = uicontrol(hf,'Style','text',...        %文本标签
                   'Position',[100 100 100 30],...
                   'String','静态文本示例');
```

运行结果如图 7-12 所示。

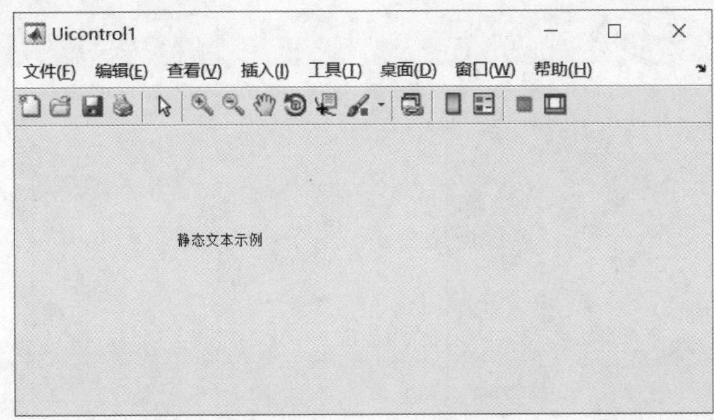

图 7-12 静态文本示例

7.2.6 可编辑文本框

可编辑文本框,和静态文本框一样,在屏幕上显示字符。但与静态文本框不同,可编辑文本框允许用户动态地编辑或重新安排文本串,就像使用文本编辑器或文字处理器一样。在 String 属性中有该信息。可编辑文本框 uicontrol 的 Style 属性值是 edit。可编辑文本框典型地用在让用户输入文本串或特定值的场合。

可编辑文本框可包含一行或多行文本。单行可编辑文本框只接受一行输入,而多行可编辑文本框可接受一行以上的文本输入。

【例 7-7】 可编辑文本框示例。

程序命令如下:

```
clear
clc
varX = ['NumStr = get(heNum,''String'');',...                  %调用过程
        'Num = str2num(NumStr);',...
       'x = 0:0.1:Num * pi;'];
hf = figure('Position',[200 200 600 400] ,...
            'Name','Uicontrol1',...
            'NumberTitle','off');
ha = axes('Position',[0.4 0.1 0.5 0.7],...
            'Box','on');
heNum = uicontrol(hf,'Style','edit',...                       %可编辑文本框
                  'Position',[50 270 100 20],...
                  'String','6',...                            %默认输入为 4
                   'CallBack',varX);
```

运行结果如图 7-13 所示。

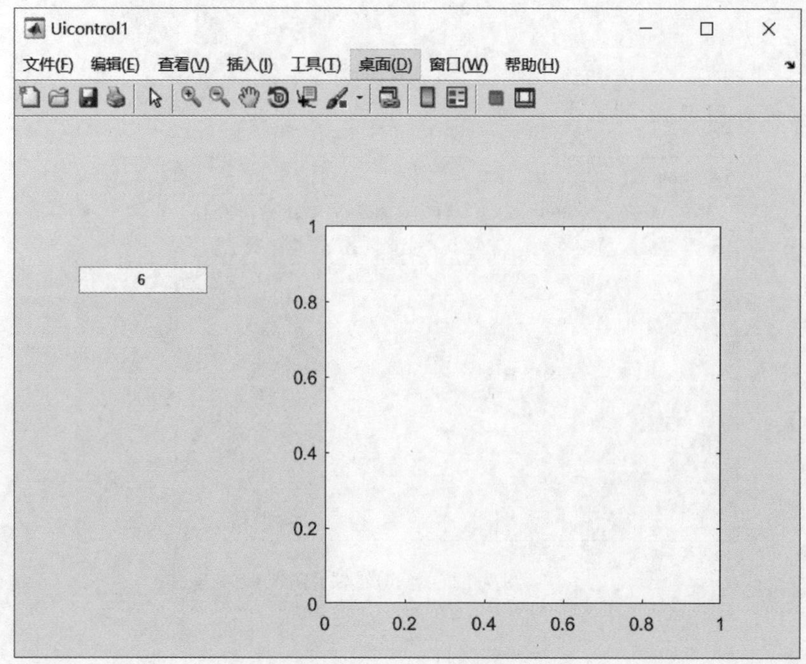

图 7-13 可编辑文本框示例

7.2.7 弹出式菜单

弹出式菜单(Pop-up Menu),向用户提出互斥的一系列选项清单,用户可以选择其中的某一项。弹出式菜单不受菜单条的限制,可以位于图形窗口内的任何位置。

通常状态下,弹出式菜单以矩形的形式出现,矩形中含有当前选择的选项,在选项右侧有一个向下的箭头来表明该对象是一个弹出式菜单。当指针处在弹出式菜单的箭头之上并按下鼠标时,出现所有选项。移动指针到不同的选项,单击鼠标左键就选中了该选项,同时关闭弹出式菜单,显示新的选项。

选择一个选项后,弹出式菜单的 Value 属性值为该选项的序号。

弹出式菜单的 Style 属性的默认值是 popupmenu,在 string 属性中设置弹出式菜单的选项字符串,在不同的选项之间用“|”分隔,类似于换行。

【例 7-8】 弹出式菜单示例,建一个弹出式菜单以提供不同颜色的选取。

程序命令如下:

```
clear
clc
 PlotS = [
        'UD = get(hpcolor,''UserData'');',...
         'set(gcf,''Color'',UD(get(hpcolor,''Value''),:));'...
        ];
```

```
hf = figure('Position',[200 200 600 400] ,...
           'Name','Uicontrol1',...
           'NumberTitle','off');
ha = axes('Position',[0.4 0.1 0.5 0.7],...
            'Box','on');

    hpcolor = uicontrol(gcf,'Style','popupmenu',...
          'Position',[340 360 100 20],...
          'String','Black|Red|Yellow|Green|Cyan|Blue|Magenta|White',...
          'Value',1,...
          'UserData',[[0 0 0];...
                             [1 0 0];...
                             [1 1 0];...
                             [0 1 0];...
                             [0 1 1];...
                             [0 0 1];...
                             [1 0 1];...
                             [1 1 1]],...
          'CallBack',PlotS);
```

运行结果如图 7-14 所示。

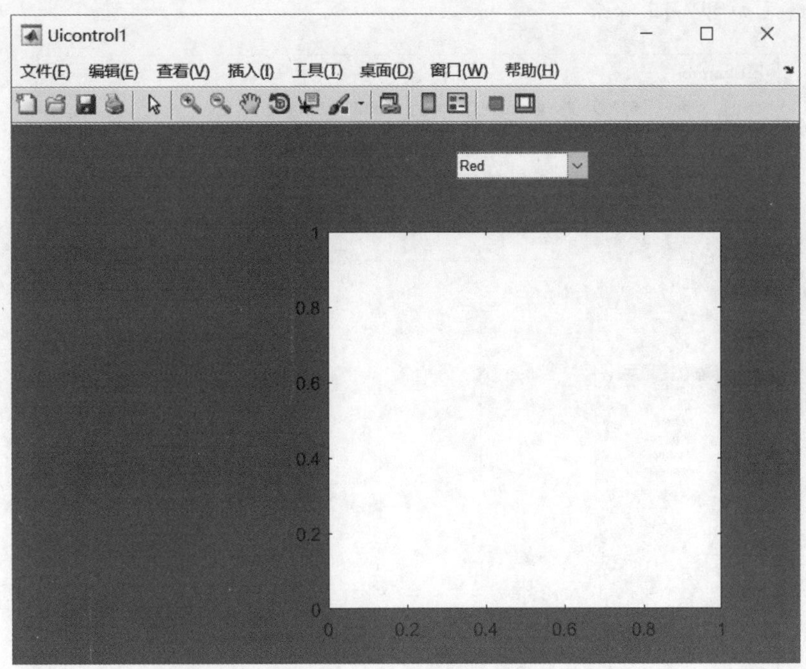

图 7-14　弹出式菜单提供不同颜色的选取

7.2.8　列表框

列表框列出一些选项的清单,并允许用户选择其中的一个或多个选项,一个或多个的模式由 Min 和 Max 属性控制。Value 属性的值为被选中选项的序号,同时也指示了选中选项的个数。

当单击鼠标按钮选中该项后,Value 属性的值被改变,释放鼠标按钮的时候 MATLAB 执行列表框的回调程序。列表框的 Style 属性的默认值是 listbox。

【例 7-9】 列表框示例。

程序命令如下:

```
clear
clc
hf = figure('Position',[200 200 600 400] ,...
            'Name','Uicontrol1',...
            'NumberTitle','off');
ha = axes('Position',[0.4 0.1 0.5 0.7],...
            'Box','on');
hlist = uicontrol(gcf,'Style','list',...             % 列表框
                  'position', [50,140,100,100],...
    'string','. point| - solid|o circle|: dotted|x x - mark|'- . dashdot| -- dashed| + plus|
s square|d diamond| * star',...
                  'Max',2);                           % 调用 PlotSin
```

运行结果如图 7-15 所示。

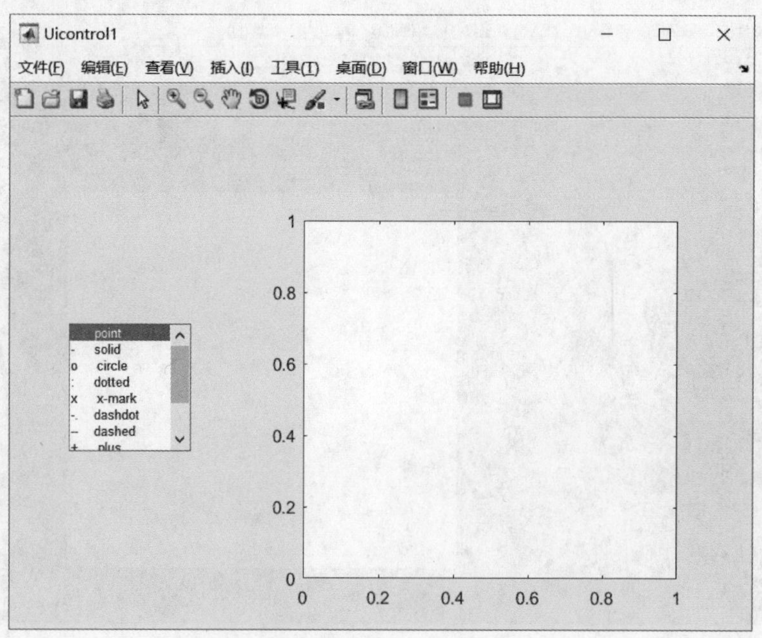

图 7-15 列表框示例

7.2.9 切换按钮

切换按钮,它由标志和标志左边的一个小方框所组成。激活时,uicontrol 在检查和

清除状态之间切换。在检查状态时，根据平台的不同，方框被填充，或在框内含 X，Value 属性值设为 1；若为清除状态，则方框变空，Value 属性值设为 0。

【例 7-10】 切换按钮示例。

程序命令如下：

```
hf = figure('Position',[200 200 600 400] ,...
            'Name','Uicontrol1',...
            'NumberTitle','off');
ha = axes('Position',[0.4 0.1 0.5 0.7],...
             'Box','on',...
           'XGrid','on',...                    %x 有网格
          'YGrid','on');                       %y 有网格
htg = uicontrol(gcf,'style','toggle',...      %切换按钮
      'string','Grid on',...
      'position',[50,200,100,40],...
      'callback',[...
                  'grid;'...
      'if length(get(htg,''String'')) == 7 & get(htg,''String'') == ''Grid on'';'...
                  'set(htg,''String'',''无网格'');'...        %改变字符显示
                  'else;'...
                 'set(htg,''String'',''有网格'');end;'...     %改变字符显示
                  ]);
```

运行结果如图 7-16 所示，切换按钮呈现上凸状态。

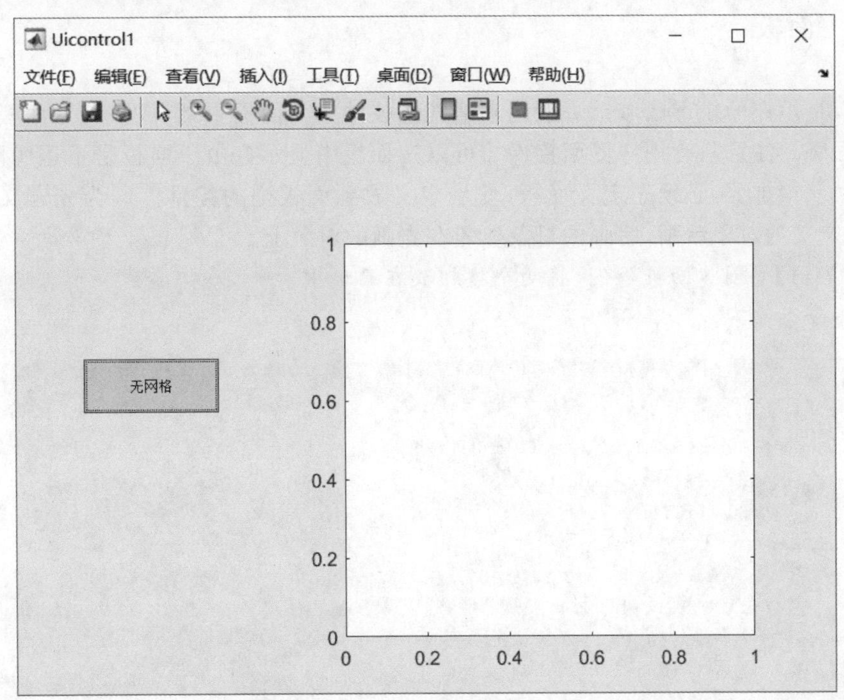

图 7-16 切换按钮呈现上凸状态

单击切换按钮如图 7-17 所示，切换按钮呈现下凹状态。

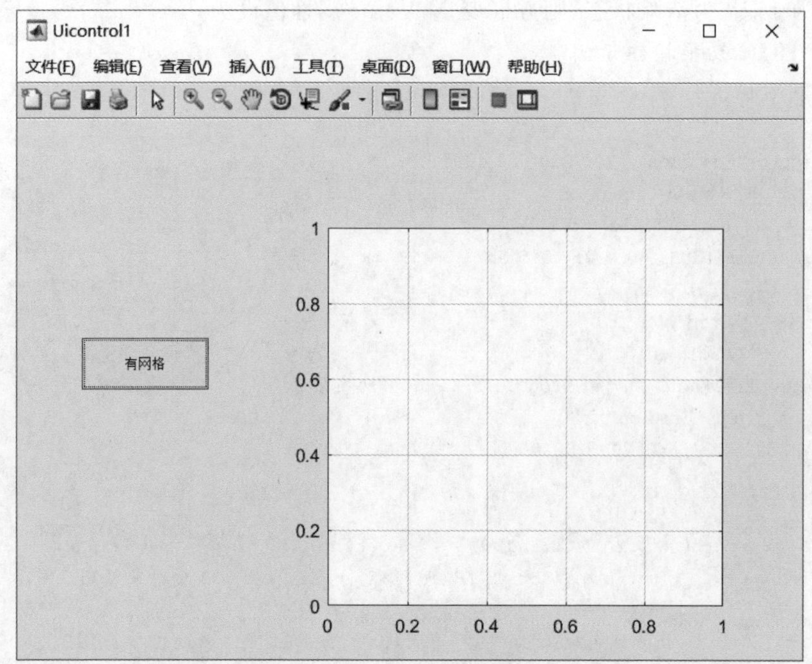

图 7-17 切换按钮呈现下凹状态

7.2.10 面板

面板是填充的矩形区域。一般用来把其他控件放入面板中，组成一组。面板本身没有回调程序。注意只有用户界面控件才可以在面板中显示。由于面板是不透明的，因而定义顺序就很重要，必须先定义面板，然后定义放到面板中的控件。因为先定义的对象先画，后定义的对象后画，后画的对象覆盖在先画的对象上。

【例 7-11】 创建面板示例，将两个按钮放在面板中。

程序命令如下：

```
clear
clc
hf = figure('Position',[200 200 600 400] ,...
        'Name','Uicontrol1',...
        'NumberTitle','off');
hp = uipanel('units','pixels',...                  % 面板
        'Position',[48 78 110 100],...
    'Title','面板示例','FontSize',12);             % 面板标题
ha = axes('Position',[0.4 0.1 0.5 0.7],...
        'Box','on');
hbSin = uicontrol(hf,...
            'Style','pushbutton',...            % sin 按钮
            'Position',[50,120,100,30],...
```

```
                'String','绘制 sin(x)',...
                'CallBack',...
                            ['subplot(ha);'...
                             'x = 0:0.1:4 * pi;'...
                             'plot(x,sin(x));'...          % 绘制 sin
                             'axis([0 4 * pi -1 1]);'...
                             'grid on;'...
                            'xlabel(''x'');'...
                            'ylabel(''y = sin(x)'');'...
                             ]);
hbClose = uicontrol(hf,...
                'Style','pushbutton',...                   % 结束按钮
                'Position',[50,80,100,30],...
                'String','退出',...
                'CallBack','close(hf)');
```

运行结果如图 7-18 所示。

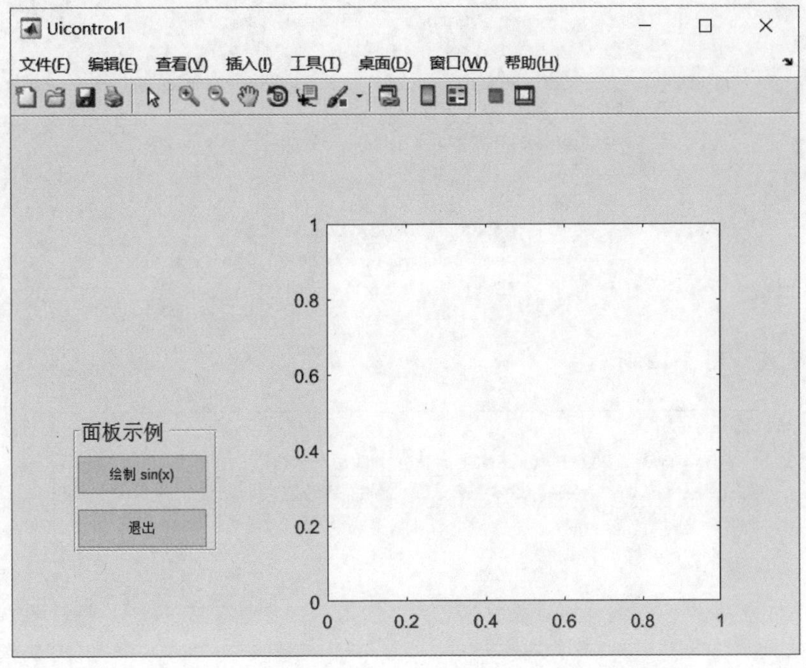

图 7-18 创建面板示例

7.2.11 按钮组

按钮组(Button Group),放到按钮组中的多个单选按钮具有排他性,但与按钮组外的单选按钮无关。制作界面时常常会遇到有几组参数具有排他性的情况,即每一组中只能选择一种情况。此时,可以用几组按钮组表示这几组参数,每一组单选按钮放到一个按钮组控件中。

【例 7-12】 按钮组示例，创建按钮组，将两个单选按钮放在一个按钮组中。

程序命令如下：

```
clear
clc
hf = figure('Position',[200 200 600 400] ,...
            'Name','Uicontrol1',...
            'NumberTitle','off');
ha = axes('Position',[0.4 0.1 0.5 0.7],...
             'Box','on');
hbg = uibuttongroup('units','pixels',...                   % 按钮组
                   'Position',[48 178 104 70],...
                  'Title','按钮组示例' );                   % 按钮组标题
hrboxoff = uicontrol(gcf,'Style','radio',...               % 单选按钮 off
                  'Position',[50 180 100 20],...
                  'String','Set box off',...
                  'Value',0,...
                  'CallBack',[...
                                    'set(hrboxon,''Value'',0);'...
                                    'set(hrboxoff,''Value'',1);'...
                                    'set(gca,''Box'',''off'');']);
hrboxon = uicontrol(gcf,'Style','radio',...                % 单选按钮 on
                   'Position',[50 210 100 20],...
                   'String','Set box on',...
                   'Value',1,...
                   'CallBack',[...
                                     'set(hrboxon,''Value'',1);'...
                                    'set(hrboxoff,''Value'',0);'...
                                    'set(gca,''Box'',''on'');']);
```

运行结果如图 7-19 所示。

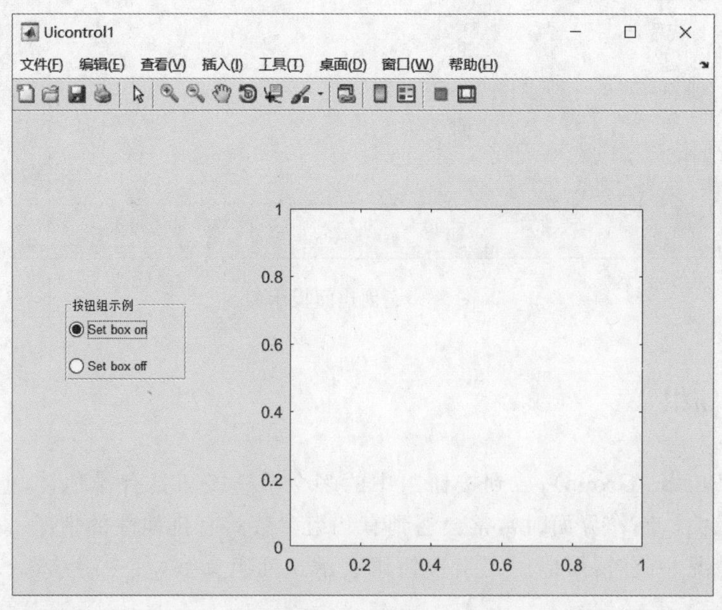

图 7-19 按钮组示例

7.2.12 轴

轴控件经常用来显示图像或者图形的坐标轴，在GUI中，可以设置一个或者多个坐标轴，下面举例说明轴的用法。

【例 7-13】 坐标轴的用法示例，双击轴可以查看它的属性，如图 7-20 和图 7-21 所示。

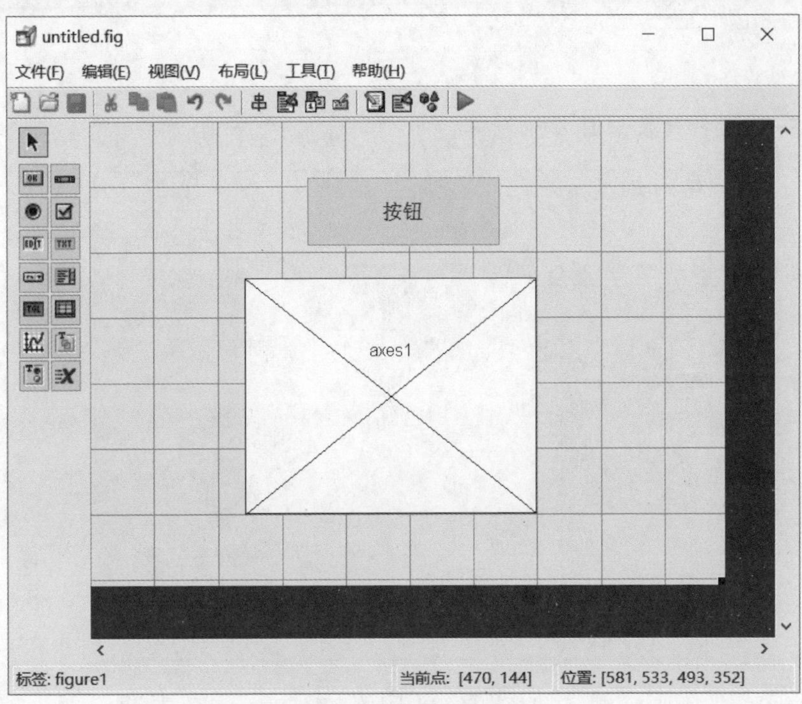

图 7-20 轴 GUI 示例

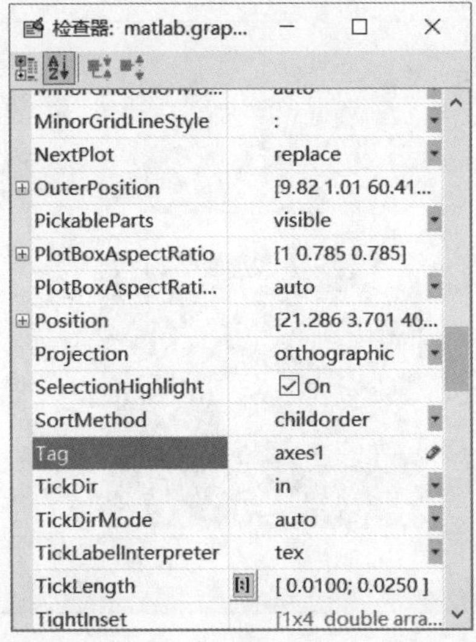

图 7-21 Tag 为 axes1

在“按钮”下添加如下代码：

```
function pushbutton1_Callback(hObject, eventdata, handles)
% hObject handle to pushbutton1 (see GCBO)
% eventdata reserved - to be defined in a future version of MATLAB
% handles structure with handles and user data (see GUIDATA)
warning off
im = imread('11.jpg');
axes(handles.axes1)
imshow(im)
```

保存函数，运行结果如图 7-22 所示。

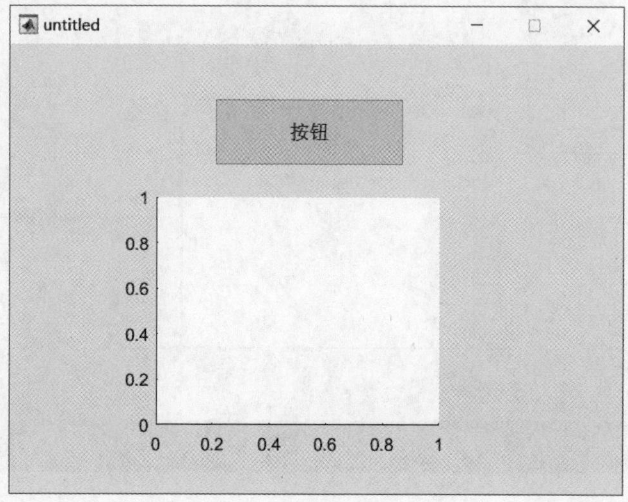

图 7-22　GUI 为 axes1

单击“按钮”键，就会显示图片“11.jpg”，如图 7-23 所示。

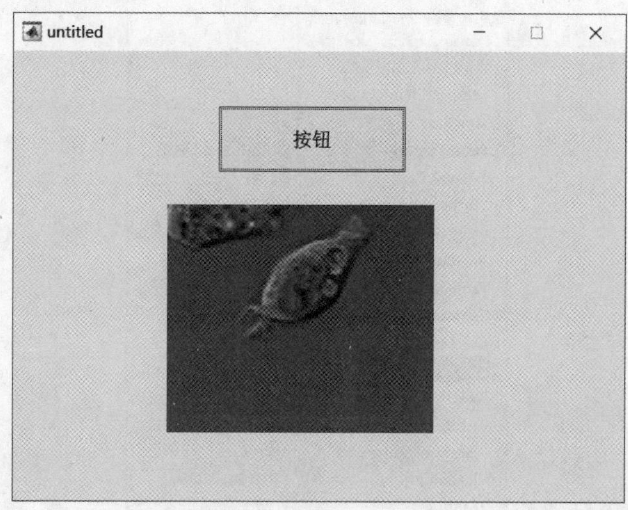

图 7-23　axes1 下的显示

7.3 控件对象示例

【例7-14】 在图形窗口底部安装一个命令按钮、一个可编辑文本框、一个静态文本框。针对命令按钮(Push Button)编写程序,使程序运行后,单击该命令按钮,便随机绘制出一些折线,同时可编辑文本框背景色变为蓝色,静态文本框背景色变为红色。

主程序创建安装一个Push Button按钮,然后,在set语句中使用Callback属性调用函数fun。

```
h1 = uicontrol('style','pushbutton','Position',[280,0,50,20])
    set(h1,'String','触发','Callback','fun')
```

在函数fun中除了绘图之外,还制作了一个Edit Text、一个Static Text,并且把这两个控件的背景色分别设置为蓝色[0 0 1]与红色[1 0 0]。

```
function fun
  plot(rand(3,5))
  h2 = uicontrol('style','edit','TooltipString',
    'Edit Text','Position',[80,0,30,20])
  h3 = uicontrol('style','text','Position',
    [440,0,30,20],'TooltipString','Static Text')
  set(h2,'BackGroundColor',[0 0 1])
  set(h3,'BackGroundColor',[1 0 0])
```

运行结果如图7-24所示。

图7-24 初始界面

单击"触发"按钮,运行效果如图7-25所示。

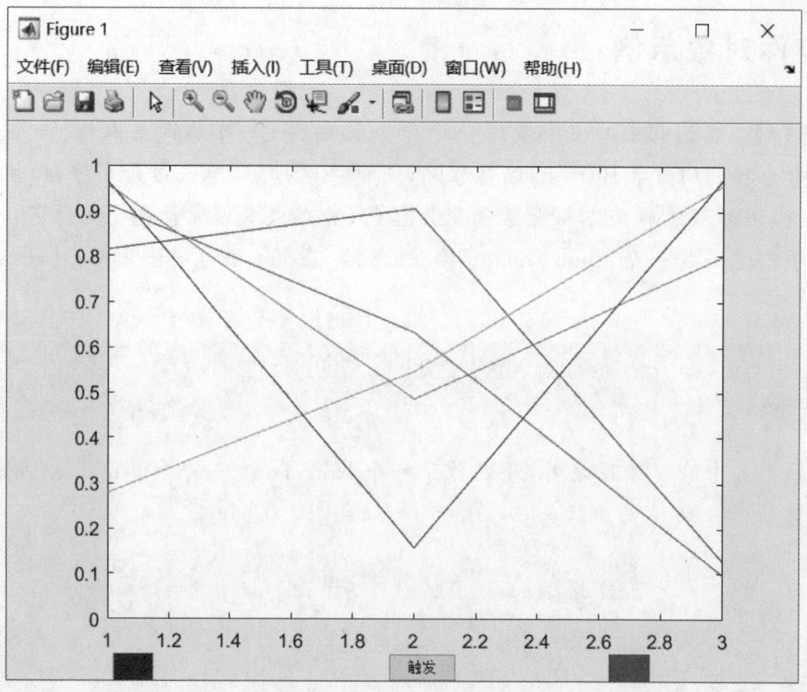

图 7-25 触发效果

【例 7-15】 多种 uicontrol 对象应用示例。

程序命令如下：

```
clear
clc
PlotCos = [...
'lineSymbols = {''.'',''-'',''o''};'...
        'k = get(hlist,''Value'');'...                 %获得列表框选中项的 value
        'Num = get(hs,''Value'');'...
        'set(heNum,''String'',num2str(Num));'...
         'subplot(ha);'...
          'x = 0:0.1:Num * pi;'...
          'plot(x,cos(x),lineSymbols{k});'...          %设置 cos 的线型
          'axis([0 Num * pi -1 1]);'...
          'xlabel(''x'');'...
          'ylabel(''y = cos(x)'');'...
          'if get(hcGrid,''Value'') == 1;'...          %判断是否选中
          'grid on;'...
         'else;',...
         'grid off;'...
         'end;'...
          ];
hf = figure('Position',[200 200 600 400] ,...
          'Name','Uicontrol1',...
          'NumberTitle','off');
```

```
ha = axes('Position',[0.4 0.1 0.5 0.7],...
          'Box','on');
hbCos = uicontrol(hf,...
                 'Style','pushbutton',...                %cos 按钮
                 'Position',[50,140,100,30],...
                 'String','绘制曲线 cos(x)',...
                 'CallBack',PlotCos);                    %调用 PlotCos
hbClose = uicontrol(hf,...
                 'Style','pushbutton',...                %结束按钮
                 'Position',[50,100,100,30],...
                 'String','退出',...
                 'CallBack','close(hf)');
hrboxoff = uicontrol(hf,'Style','radio',...
                'Position',[50 180 100 20],...
                'String','Set box off',...               %单选按钮 off
                'Value',0,...
                'CallBack',[...
                        'set(hrboxon,''Value'',0);'...
                        'set(hrboxoff,''Value'',1);'...
                        'set(gca,''Box'',''off'');']);
hrboxon = uicontrol(hf,'Style','radio',...
                 'Position',[50 210 100 20],...
                 'String','Set box on',...               %单选按钮 on
                 'Value',1,...
                 'CallBack',[...
                         'set(hrboxon,''Value'',1);'...
                        'set(hrboxoff,''Value'',0);'...
                        'set(gca,''Box'',''on'');']);
hcGrid = uicontrol(hf,'Style','check',...                %复选框
                'Position',[50 240 100 20],...
                'String','Grid on',...
                'Value',1,...
                'CallBack',[...
                'if get(hcGrid,''Value'') == 1;'...      %判断是否选中
               'grid on;'...
                'else;'...
               'grid off;'...
               'end;'...
                ]);
heNum = uicontrol(hf,'Style','edit',...                  %编辑文本框
                    'Position',[50 270 100 20],...
                    'String','4',...
'CallBack','set(heNum,''String'',num2str(Num))');
htpi = uicontrol(hf,'Style','text',...
                    'Position',[150 270 20 20],...
                    'String','Pi');
htminmax = uicontrol(hf,'Style','text',...               %静态标签
                    'Position',[50 330 100 20],...
                    'String','1pi 10pi');
```

```
hs = uicontrol(hf,'Style','slider',...                    % 滑动条
                    'Position',[50 310 100 20],...
                    'value',4,...
                     'Min',1,...
                     'Max',10,...
                     'CallBack',PlotCos);
hlist = uicontrol(gcf,'Style','list',...                 % 列表框
                   'position',[460,330,100,60],...
    'string','. point| - solid|o star',...
                   'Max',2,...
                   'CallBack',PlotCos);                   % 调用 PlotCos
```

运行结果如图 7-26 所示。

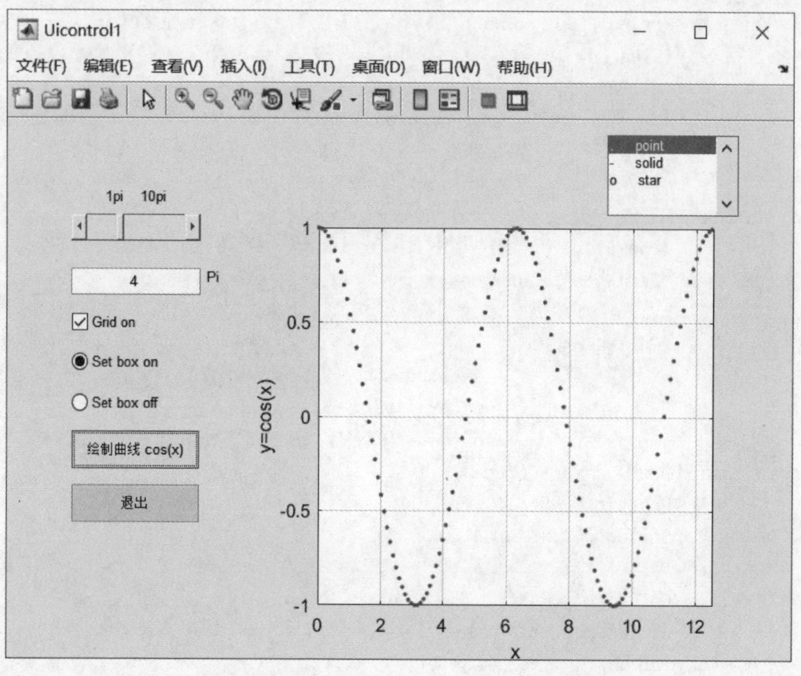

图 7-26　多种 uicontrol 对象应用示例效果

【例 7-16】　建立数制转换对话框，在左边输入一个十进制整数和一个二-十六之间的转换后进制数，单击"转换"按钮能在右边得到十进制数转换后字符串，单击"退出"按钮退出对话框。

程序命令如下：

```
hf = figure('Color',[0,1,1],'Position',[100,200,400,200],...
    'Name','数制转换','NumberTitle','off','MenuBar','none');
  uicontrol(hf,'Style','Text', 'Units','normalized',...
    'Position',[0.05,0.8,0.45,0.1],'Horizontal','center',...
    'String','输 入 框','Back',[0,1,1]);
  uicontrol(hf,'Style','Text','Position',[0.5,0.8,0.45,0.1],...
    'Units','normalized','Horizontal','center',...
```

```
    'String','输 出 框','Back',[0,1,1]);
  uicontrol(hf,'Style','Frame','Position',[0.04,0.33,0.45,0.45],...
   'Units','normalized','Back',[1,1,0]);
  uicontrol(hf,'Style','Text','Position',[0.05,0.6,0.25,0.1],...
    'Units','normalized','Horizontal','center',...
    'String','十进制数','Back',[1,1,0]);
  uicontrol(hf,'Style','Text','Position',[0.05,0.4,0.25,0.1],...
    'Units','normalized','Horizontal','center',...
    'String','二—十六进制','Back',[1,1,0]);
  he1 = uicontrol(hf,'Style','Edit','Position',[0.25,0.6,0.2,0.1],...
    'Units','normalized','Back',[0,1,0]);
  he2 = uicontrol(hf,'Style','Edit','Position',[0.25,0.4,0.2,0.1],...
    'Units','normalized','Back',[0,1,0]);
  uicontrol(hf,'Style','Frame','Position',[0.52,0.33,0.45,0.45],...
   'Units','normalized','Back',[1,1,0]);
  ht = uicontrol(hf,'Style','Text','Position',[0.6,0.5,0.3,0.1],...
    'Units','normalized','Horizontal','center','Back',[0,1,0]);
  COMM = ['n = str2num(get(he1,''String''));','b = str2num(get(he2,''String''));',...
    'dec = trdec(n,b);','set(ht,''string'',dec);'];
  uicontrol(hf,'Style','Push','Position',[0.18,0.1,0.2,0.12],...
     'String','转 换','Units','normalized','Call',COMM);
  uicontrol(hf,'Style','Push','Position',[0.65,0.1,0.2,0.12],...
    'String','退 出','Units','normalized','Call','close(hf)');
```

程序调用了 trdec.m 函数文件,该函数的作用是将任意十进制整数转换为二-十六进制字符串。trdec.m 函数文件如下:

```
function dec = trdec(n,b)
  ch1 = '0123456789ABCDEF';           % 十六进制的 16 个符号
  k = 1;
  while n~ = 0                        % 不断除某进制基数取余直到商为 0
     p(k) = rem(n,b);
     n = fix(n/b);
     k = k + 1;
  end
  k = k - 1;
  strdec = '';
  while k >= 1                        % 形成某进制数的字符串
     kb = p(k);
     strdec = strcat(strdec,ch1(kb + 1:kb + 1));
     k = k - 1;
  end
  dec = strdec;
```

运行结果如图 7-27 所示。

若在输入框十进制数里填写“100”,在需要进制里填写“16”,那么在输出框里则显示相应的结果,如图 7-28 所示。

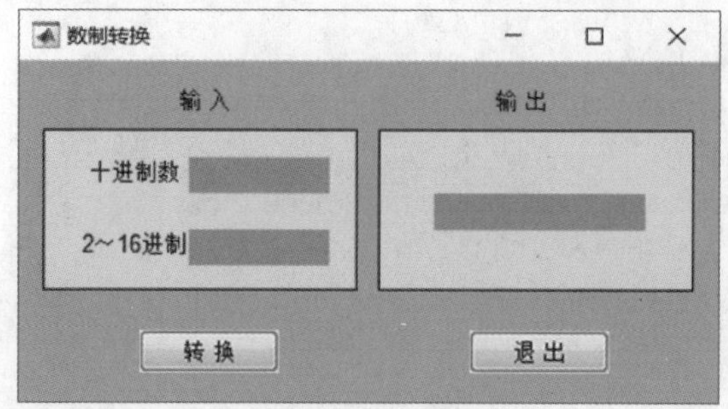

图 7-27　数制转换对话框

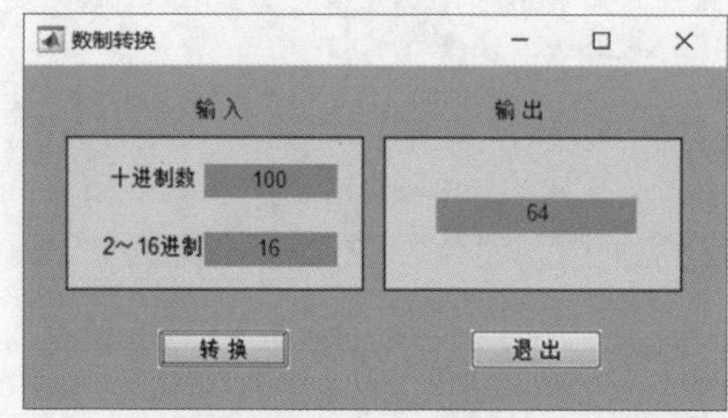

图 7-28　数制转换对话框

7.4　基于 MATLAB 的日历设计

本设计主要是制作一个时钟软件，包括一个时钟表和一个日历。程序自动运行时，显示系统当前日期和时间，日期和时间可以由用户自行更改。

本软件由一个主程序 myclcok 及两个子函数 rili 和 ck 组成。主程序 myclcok 主要用于建立主窗口的菜单及相关的功能编辑，rili 函数用于建立日历界面，ck 函数用于建立时钟界面。

主程序如下：

```
function myclock
    global aa ti hs hm hh;
    aa = 1;
    hs = 0;hm = 0;hh = 0;
     hfig = figure('NumberTitle','off','position',[624 118 600 350],...
       'name','日历','MenuBar','none','color',[0.8 0.7 0.8]);
        editdate = ['s = clock;',...
           'p1 = {''年'',''月 '',''日''};',...
           'A = inputdlg(p1,''日期:'',1);',...
           's(1) = str2num(A{1});',...
           's(2) = str2num(A{2});',...
           's(3) = str2num(A{3});',...
           'rili(s);']
```

```
u1 = uimenu(hfig,'label','&设置日期','call',editdate);
u2 = uimenu(hfig,'label','&恢复当前日期','call','ti = clock;rili(ti);');
ab = ['global aa ti hs hm hh;',...
          'aa = 0;',...
          'ti = clock;'...
          'p2 = {''时'',''分'',''秒''};',...
          'B = inputdlg(p2,''日期:'',1);',...
          'ti(4) = str2num(B{1});',...
          'ti(5) = str2num(B{2});',...
          'ti(6) = str2num(B{3});',...
           'delete(hs);delete(hm);delete(hh);'...
         'aa = 1;'...
         'ck(ti);'
];
u3 = uimenu(hfig,'label','&设置时间','Callback',ab);
ab1 = ['global aa ti hs hm hh;',...
          'aa = 0;',...
          'delete(hs);delete(hm);delete(hh);'...
          'ti = clock;'...
          'aa = 1;'...
          'ck(ti);'
];
u4 = uimenu(hfig,'label','&恢复当前时间','call',ab1);
u5 = uimenu(hfig,'label','&退出','Call','close(gcf)');
u6 = uicontrol(hfig,'style','text','string','GUI 示例',...
           'Units','normalized', 'position',[0.85 0.01 0.15 0.05],...
           'back',[0.8 0.7 0.8])
ti = clock;rili(ti);ck(ti);
```

时钟子函数如下：

```
function f = ck(ti)
global aa hs hm hh
set(gca,'position',[[0 0 0.5 0.9]])
A = linspace(0,6.3,1000);
x1 = 8 * cos(A);
y1 = 8 * sin(A);
x2 = 7 * cos(A);
y2 = 7 * sin(A);
plot(x1,y1,'b','linewidth',1.4)
hold on
plot(x2,y2,'b','linewidth',3.5)
fill(0.4 * cos(A),0.4 * sin(A),'r');
axis off
axis([ - 10 10  - 10 10])
axis equal
for k = 1:12;
xk = 9 * cos( - 2 * pi/12 * k + pi/2);
yk = 9 * sin( - 2 * pi/12 * k + pi/2);
```

```
plot([xk/9 * 8 xk/9 * 7],[yk/9 * 8 yk/9 * 7],'color',[0.8 0.1 0.5])
h = text(xk - 0.5,yk,num2str(k),'fontsize',13,'color',[0.9 0.3 0.8]);
end
% 计算时针位置
th = - (ti(4) + ti(5)/60 + ti(6)/3600)/12 * 2 * pi + pi/2;
xh3 = 4.0 * cos(th);
yh3 = 4.0 * sin(th);
xh2 = xh3/2 + 0.5 * cos(th - pi/2);
yh2 = yh3/2 + 0.5 * sin(th - pi/2);
xh4 = xh3/2 - 0.5 * cos(th - pi/2);
yh4 = yh3/2 - 0.5 * sin(th - pi/2);
hh = fill([0 xh2 xh3 xh4 0],[0 yh2 yh3 yh4 0],[0.6 0.5 0.3]);
set(hh,'EraseMode','Xor');
% 计算分针位置
tm = - (ti(5) + ti(6)/60)/60 * 2 * pi + pi/2;
xm3 = 6.0 * cos(tm);
ym3 = 6.0 * sin(tm);
xm2 = xm3/2 + 0.5 * cos(tm - pi/2);
ym2 = ym3/2 + 0.5 * sin(tm - pi/2);
xm4 = xm3/2 - 0.5 * cos(tm - pi/2);
ym4 = ym3/2 - 0.5 * sin(tm - pi/2);
hm = fill([0 xm2 xm3 xm4 0],[0 ym2 ym3 ym4 0],[0.6 0.5 0.3]);
set(hm,'EraseMode','Xor');
% 计算秒针位置
ts = - (ti(6))/60 * 2 * pi + pi/2;
hs = line([0 7 * cos(ts)],[0 7 * sin(ts)],'color',...
    [0.6 0.5 0.3],'linewidth',3);
set(hs,'EraseMode','Xor');
set(gcf,'doublebuffer','on');

while 1
    if aa == 0
        aaa = 1
        break
    end
   % 计算时针位置
   th = - (ti(4) + ti(5)/60 + ti(6)/3600)/12 * 2 * pi + pi/2;
   xh3 = 4.0 * cos(th);
   yh3 = 4.0 * sin(th);
   xh2 = xh3/2 + 0.5 * cos(th - pi/2);
   yh2 = yh3/2 + 0.5 * sin(th - pi/2);
   xh4 = xh3/2 - 0.5 * cos(th - pi/2);
   yh4 = yh3/2 - 0.5 * sin(th - pi/2);
   set(hh,'XData',[0 xh2 xh3 xh4 0],'YData',[0 yh2 yh3 yh4 0])
   plot(0,0,' * ')
   % 计算分针位置
   tm = - (ti(5) + ti(6)/60)/60 * 2 * pi + pi/2;
   xm3 = 6.0 * cos(tm);
   ym3 = 6.0 * sin(tm);
   xm2 = xm3/2 + 0.5 * cos(tm - pi/2);
```

```
    ym2 = ym3/2 + 0.5 * sin(tm - pi/2);
    xm4 = xm3/2 - 0.5 * cos(tm - pi/2);
    ym4 = ym3/2 - 0.5 * sin(tm - pi/2);
    set(hm,'XData',[0 xm2 xm3 xm4 0],'YData',[0 ym2 ym3 ym4 0])
    % 计算秒针位置
    ts = - (ti(6))/60 * 2 * pi + pi/2;
    set(hs,'XData',[0 7 * cos(ts)],'YData',[0 7 * sin(ts)])
    drawnow;
    pause(0.05) ;
    %时间更新
    ti(6) = ti(6) + 0.15;
    if ti(6)> 60
        ti(6) = 0;
        ti(5) = ti(5) + 1;
    end
    if ti(5)> 60
        ti(5) = 0;
        ti(4) = ti(4) + 1;
    end
    if ti(4)> 12
        ti(4) = 0;
    end
end
```

日历子函数如下：

```
function f = rili(ti)
global h3
a = calendar(ti(1),ti(2));
for i = 1:6
    for j = 1:7
        if a(i,j) == 0
      h(i * 7 + j) = uicontrol(gcf,'Style','text','Units','normalized',...
          'position',[0.45 + 0.06 * j 0.65 - 0.08 * i 0.06 0.08],'fontsize',13,...
          'fontweight','bold','back',[0.6 0.8 0.1]);
        else
    h(i * 7 + j) = uicontrol(gcf,'Style','text','string',a(i,j),'Units','normalized',...
           'position',[0.45 + 0.06 * j 0.65 - 0.08 * i 0.06 0.08],'fontsize',13,...
           'fontweight','bold','back',[0.6 0.8 0.1]);
           end
           if a(i,j) == ti(3)
               set(h(i * 7 + j),'back',[0.5 0.2 0.5]);
           end
    end
end
h2 = uicontrol(gcf,'Style','text','string','日 一 二 三 四 五 六',...
      'Units','normalized', 'position',[0.51 0.65 0.42 0.1],'fontsize',16,...
      'fontweight','bold','back',[0.2 0.8 0.2]);
for m = 1:3
```

```
    h3(m) = uicontrol(gcf,'Style','text','string',num2str(ti(m)), 'Units','normalized',
'position',...
    [0.39 + 0.13 * m 0.78 0.09 0.08],'back',[0.9 0.8 0.8],'fontsize',13, 'fontweight','bold');
end
uicontrol(gcf,'Style','text','string','年', 'Units','normalized', 'position',...
    [0.61 0.78 0.04 0.08],'back',[0.9 0.8 0.8],'fontsize',13, 'fontweight','bold');
uicontrol(gcf,'Style','text','string','月', 'Units','normalized', 'position',...
    [0.73 0.78 0.05 0.08],'back',[0.9 0.8 0.8],'fontsize',13, 'fontweight','bold');
uicontrol(gcf,'Style','text','string','日', 'Units','normalized', 'position',...
    [0.86 0.78 0.04 0.08],'back',[0.9 0.8 0.8],'fontsize',13, 'fontweight','bold');
end
```

运行程序，程序界面如图 7-29 所示。

图 7-29 程序界面

本程序在一开始运行时便显示系统当前日期和时间，用户可以根据需要更改日期和时间。更改日期和时间步骤一样。下面以更改日期为例简单进行介绍，单击“设置日期”，弹出对话框如图 7-30 所示，输入更改后年月日，单击“确定”，设置后如图 7-31 所示。

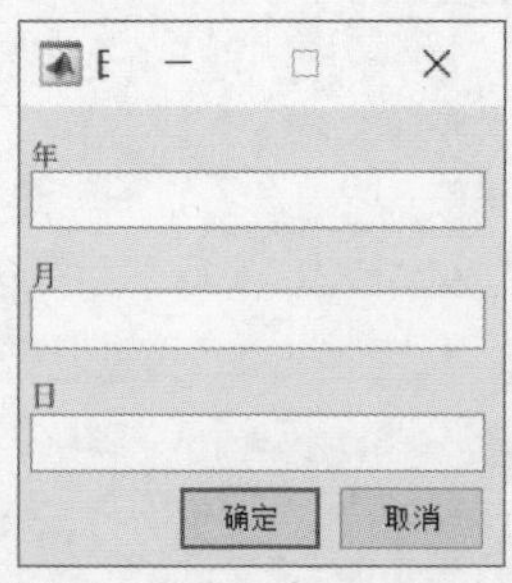

图 7-30 “设置日期”对话框

图 7-31 “设置日期”后的效果

用户还可以通过设置“恢复当前日期”和“恢复当前时间”两个菜单项来恢复当前系统的日期和时间。

7.5 uimenu 菜单及设计

菜单是动态呈现的选择列表，它对应于相关方法（常称为命令）或 GUI 状态。菜单可以包含其他菜单或者菜单项，也可以包含菜单（即分层的菜单），表示可以执行的命令或所选择的 GUI 状态。菜单可以与应用程序的菜单栏相关，也可以漂浮在应用程序窗口之上，形成弹出式菜单。

7.5.1 建立用户菜单

MATLAB 的各个图形窗口有自己的菜单栏，包括 File、Edit、Windows 和 Help 等菜单项。为了建立用户自己的菜单系统，可以先将图形窗口的 MenuBar 属性事先设置为 none，以取消图形窗口默认的菜单，然后再建立用户自己的菜单。要建立用户菜单可用 uimenu 函数，uimenu 函数的调用格式为

```
Hm = uimenu(Hp,属性名 1,属性值 1,属性名 2,属性值 2,…)
```

其功能为创建句柄值为 Hm 的自定义的用户菜单。Hp 为其父对象的句柄，属性名和属性值构成属性二元对，定义用户菜单的属性。

该函数可以用于建立一级菜单项和子菜单项。

建立一级菜单项的函数调用格式为

```
一级菜单项句柄 = uimenu(图形窗口句柄,属性名 1,属性值 1,属性名 2,属性值 2,…)
```

建立子菜单项的函数调用格式为

子菜单项句柄=uimenu(一级菜单项句柄,属性名1,属性值1,属性名2,属性值2,…)

在MATLAB还可以进行隐藏和显示标准菜单的操作,其常用的指令如下:

创建图形窗:h=Figure;

隐去标准菜单使用命令:set(h,'MenuBar','none');set(gcf,'menubar',menubar);

恢复标准菜单使用命令:set(gcf,'menubar','figure')。

【例7-17】 建立一个菜单系统。

程序命令如下:

```
screen = get(0,'ScreenSize');
W = screen(3);H = screen(4);
hf = figure('Color',[1,1,1],'Position',[1,1,0.4 * W,0.3 * H],...
'Name','菜单示例','NumberTitle','off','MenuBar','none');
hfile = uimenu(hf,'label','&文件');
hhelp = uimenu(hf,'label','&帮助');
uimenu(hfile,'label','&新建','call','disp(''New Item'')');
uimenu(hfile,'label','&打开','call','disp(''Open Item'')');
hsave = uimenu(hfile,'label','&保存','Enable','off');
uimenu(hsave,'label','Text file','call','k1 = 0;k2 = 1;file01;');
uimenu(hsave,'label','Graphics file','call','k1 = 1;k2 = 0;file10;');
uimenu(hfile,'label','&保存到','call','disp(''Save As Item'')');
uimenu(hfile,'label','&退出','separator','on','call','close(hf)');
uimenu(hhelp,'label','关于','call',...
['disp(''Help Item'');','set(hsave,''Enable'',''on'')']);
```

运行结果如图7-32和图7-33所示。

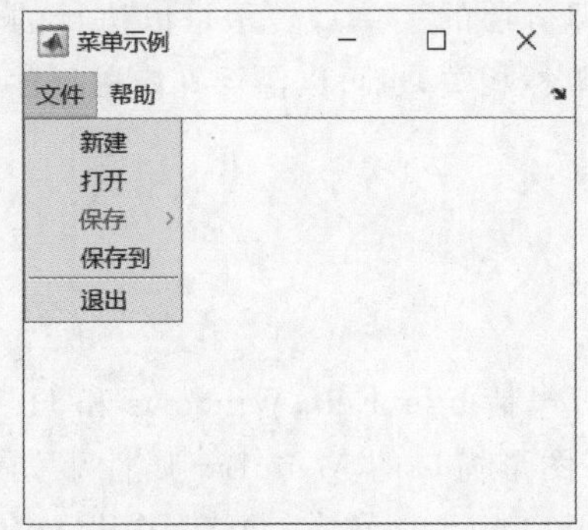

图7-32 菜单系统文件菜单项

图7-33 菜单系统帮助菜单项

7.5.2 菜单对象常用属性

菜单对象除具有Children(子对象)、Parent(父对象)、Tag(标签)、Type(类型)、UserData(用户数据)、Enable(使能)和Visible(可见性)等公共属性,还有一些常用的特殊属性,如回调(Callback)属性和菜单名(Label)。另外,用户菜单的外观有四个属性:Position(位置)、Separator(分隔线)、Checked(检录符)和ForeGroundColor(前景颜色)。

表7-3中列出了MATLAB 4.2版本中的uimenu对象的属性及其属性值。注意:带

有"＊"的属性是非文件式的，使用时需加小心；在括号"{}"内的属性值是默认值。

表 7-3　菜单对象的属性

属　性	说　明
Accelerator	指定菜单项等价的按键或快捷键。对于 X-windows，按键顺序是 Control＋字符；Macintosh 系统，按键顺序是 Command ＋字符或♯＋字符
BackgroundColor	uimenu 背景色，是一个三元素的 RGB 向量或 MATLAB 预先定义的颜色名称，默认的背景色是亮灰色
Callback	MATLAB 回调字符串，选择菜单项时，回调串传给函数 eval，初始值为空矩阵
Checked on {off}	被选项的校验标记 校验标记出现在所选选项的旁边 校验标记不显示
Enable {on} off	菜单使能状态 菜单项使能。选择菜单项能将 Callback 字符串传给 eval 菜单项不使能，菜单标志变灰，选择菜单项不起任何作用
ForegroundColor	uimenu 前景(文本)色，是一个三元素的 RGB 向量或 MATLAB 预先定义的颜色名称，默认的前景色是黑色
Label	含有菜单项标志的文本串，在 PC 系统中，标记中前面有'&'，定义了快捷键，它由 Alt＋字符激活
Position	uimenu 对象的相对位置。顶层菜单从左到右编号，子菜单从上至下编号
Separator on {off}	分隔符一线模式 分隔线在菜单项之上 不画分隔线
＊Visible {on} off	uimenu 对象的可视性 uimenu 对象在屏幕上可见 uimenu 对象不可见
ButtonDownFcn	当对象被选择时，MATLAB 的回调串传给函数 eval。初始值为空矩阵
Children	其他 uimenu 对象的句柄
Clipping {on} off	限幅模式 对 uimenu 对象无效果 对 uimenu 对象无效果
DestroyFcn	仅用于 Macintosh 4.2 版本。没有文本说明
Interrruptible {no} yes	指明 ButtonDownFcn 和 CallBack 串可否中断 回调不可中断 回调串可中断
Parent	父对象的句柄。如果 uimenu 对象是顶层菜单，则为图形对象；若 uimenu 是子菜单，则为父对象的 uimenu 对象句柄
＊Select	值为[on|off]
＊Tag	文本串
Type	只读对象辨识串，通常为 uimenu
UserData	用户指定的数据。可以是矩阵，字符串等等
Visible {on} off	uimenu 对象的可视性 uimenu 对象在屏幕上可见 uimenu 对象不可见

【例 7-18】 Callback 属性示例，在图形窗上自制一个名为 Callback 的"顶层菜单项"，当用鼠标单击该菜单项时，将产生一个带分格的封闭坐标轴。通过本例说明回调属性的运作机理、用户顶层菜单项的制作、uimenu 属性的设置方法以及复杂字符串的构成方法和注意事项。

在 MATLAB 指令窗中运行以下程序可产生带分格的封闭坐标轴：

```
grid on,set(gca,'box','on')
```

在 MATLAB 指令窗中用以下 eval 指令可产生与上面相同的界面：

```
eval('grid on,set(gca,''box'',''on'')')
```

产生如图 7-34 所示界面的 uimenu 有几种不同的方式：

方法一：

```
uimenu('Label',' Callback ','Callback','grid on,set(gca,''box'',''on'')')   %直接连续表示法
```

方法二：

```
uimenu('Label','Example', ...                    %方括号续行号表示法
        'Callback',['grid on,', ...
                    'set(gca,''box'',''on'');'])
```

方法三：

```
MnE = 'Example';            %串变量法
GB = ['grid on,','set(gca,''box'',''on''),'];
uimenu('Label', MnE, 'Callback', GB)
```

方法四：

```
Mgui.Label = 'Example';        %构架法
Mgui.Callback = ['grid on;','set(gca,''box'',''on'');'];
uimenu(Mgui)
```

运行结果如图 7-34 所示。

【例 7-19】 Label 属性示例，颜色菜单项及其下拉的蓝色菜单各带一个简捷键，而另一个下拉红色菜单带一个快捷键。

程序命令如下：

```
h_menu = uimenu(gcf,'Label','&C 颜色');                  %带简捷键 C 的用户菜单 Color
h_submenu1 = uimenu(h_menu,'Label','&B 蓝色',...         %带简捷键 B 的下拉蓝色菜单
    'Callback','set(gcf,''color'',''blue'')');
h_submenu2 = uimenu(h_menu,'label','红色',...            %制作另一个下拉红色菜单
    'Callback','set(gcf,''color'',''red'')',...
    'Accelerator','r');
```

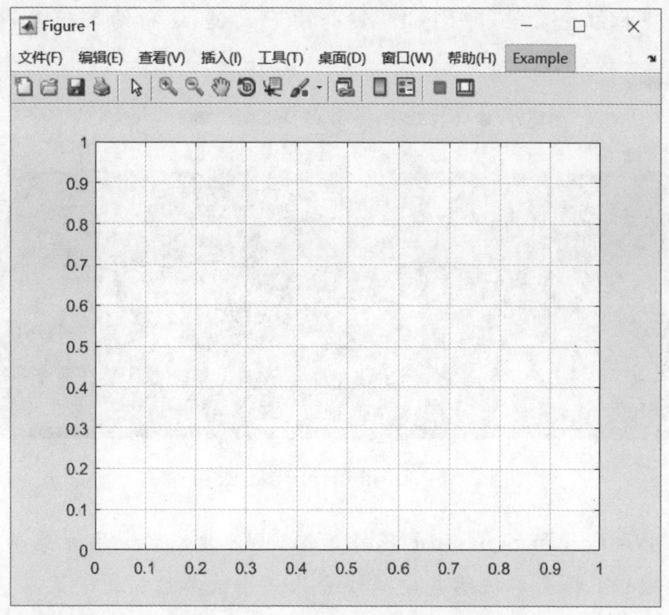

图 7-34　Callback 属性示例效果图

带简捷键 C 的用户菜单 Color,运行结果如图 7-35 所示。

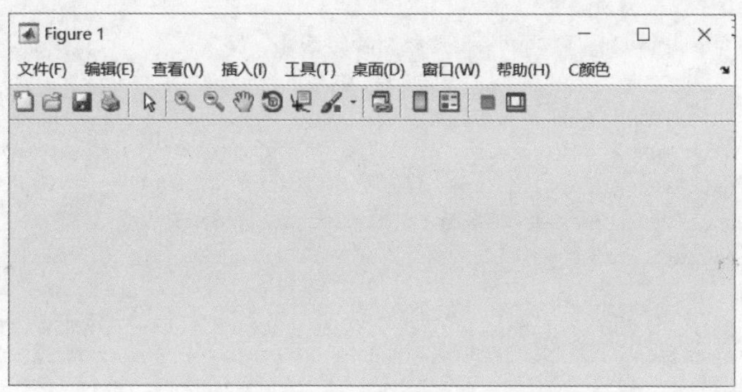

图 7-35　Label 属性示例效果图一

带简捷键 B 的下拉蓝色菜单,即按 Alt 并按下 C 键,运行结果如图 7-36 所示。

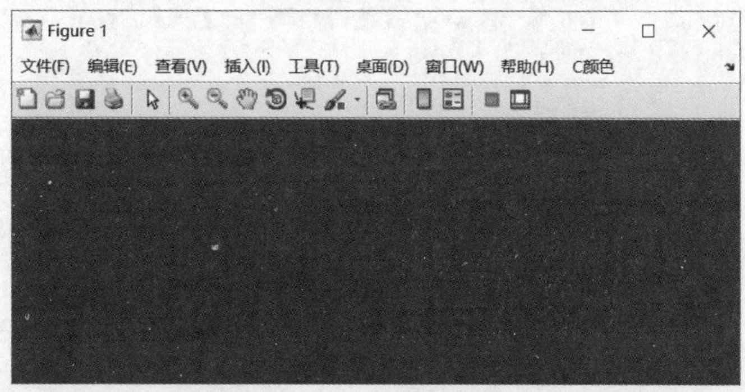

图 7-36　Label 属性示例效果图二

制作另一个下拉红色菜单，即按 Ctrl 键并按下 R 键，运行结果如图 7-37 所示。

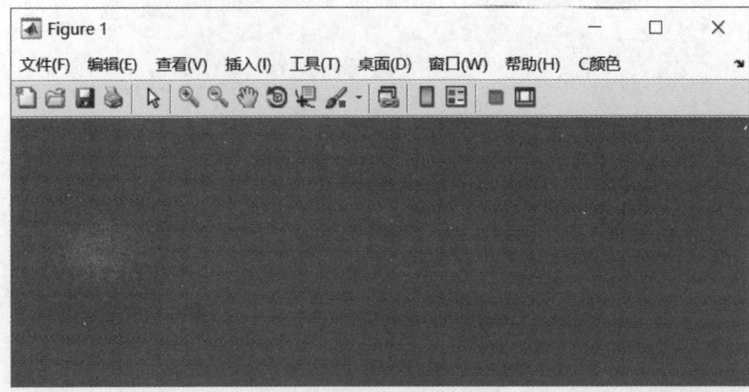

图 7-37 Label 属性示例效果图三

【例 7-20】 Position 和 Separator 属性示例，设计要求：把用户菜单 Option 设置为顶层的第三菜单项；下拉菜单被两条分隔线分为三个菜单区；最下菜单项又由两个子菜单组成。

程序命令如下：

```
figure
h_menu = uimenu( 'label', 'Option', 'Position',3);
h_sub1 = uimenu(h_menu, 'label', 'grid on', 'callback', 'grid on');
h_sub2 = uimenu(h_menu, 'label', 'grid off', 'callback', 'grid off ');
h_sub3 = uimenu(h_menu, 'label', 'box on', 'callback', 'box on', 'separator', 'on');
h_sub4 = uimenu(h_menu, 'label', 'box off', 'callback', 'box off');
h_sub5 = uimenu(h_menu, 'label', '颜色', 'Separator', 'on');
h_subsub1 = uimenu(h_sub5, 'label', '红色', 'ForeGroundColor','r','callback', 'set(gcf,''
Color'',''r'')');
h_subsub2 = uimenu(h_sub5, 'label', '复位', 'callback', 'set(gcf,''Color'',''w'')');
```

运行结果如图 7-38 所示。

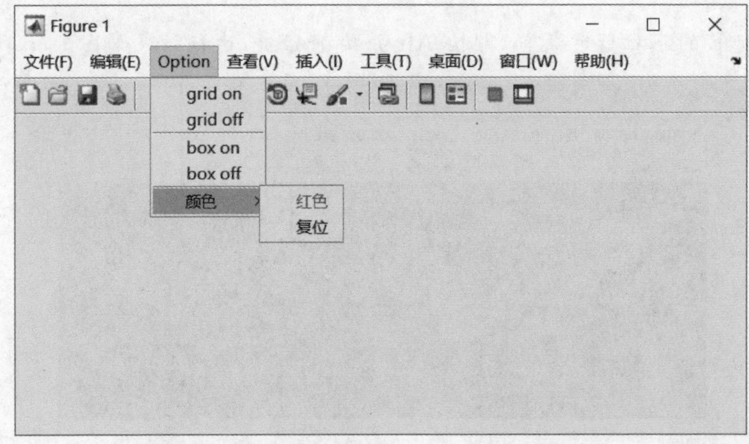

图 7-38 Position 和 Separator 属性示例效果图

【例 7-21】 Checked 属性示例，当某菜单项被选中后，使该菜单项贴上检录符“√”。

程序命令如下：

```
figure
hm0 = uimenu('label','Option');
h1 = uimenu(hm0,'label','显示网格',...
    'callback',[...
        'grid on,',...
        'set(h1,''checked'',''on''),',...
        'set(h2,''checked'',''off''),',...
                    ]);
hm0sub2 = uimenu(hm0,'label','不显示网格',...
    'callback',[...
        'grid off,',...
        'set(h2,''checked'',''on''),',...
        'set(h1,''checked'',''off''),',...
                        ]);
```

运行结果如图 7-39 所示。

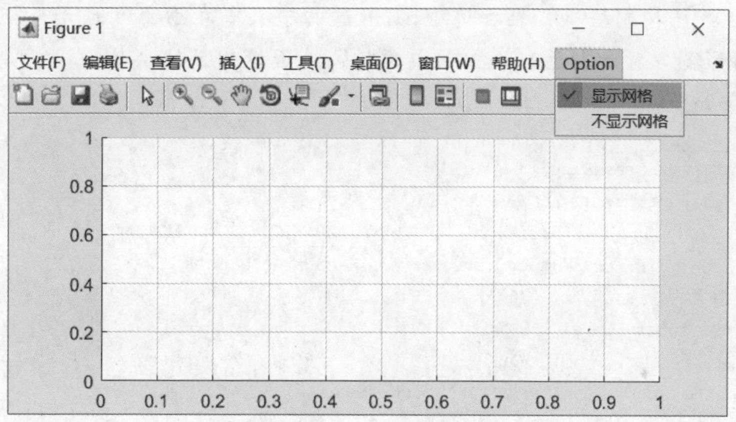

图 7-39 Checked 属性示例效果图

【例 7-22】 Enable 和 Visible 属性示例。

程序命令如下：

```
clf
h_menu = uimenu( 'label', 'Option' );
h_sub1 = uimenu(h_menu, 'label', 'Axis on' );
h_sub2 = uimenu(h_menu, 'label', 'Axis off','enable', 'off' );
set(h_sub1, 'callback',['Axis on,','set(h_sub1,''enable'',''off''),','set(h_sub2,'
'enable'',''on''),', ...
set(h_sub2, 'callback',['axis off,','set(h_sub1,''enable'',''on''),','set(h_sub2,'
'enable'',''off''),', ...
```

运行结果如图 7-40 所示。

【例 7-23】 建立“图形演示系统”菜单示例。菜单条中含有三个菜单项：绘图、选项和退出。绘图菜单项中有 tan 和 cot 两个子菜单项，分别控制在本图形窗口画出正切和

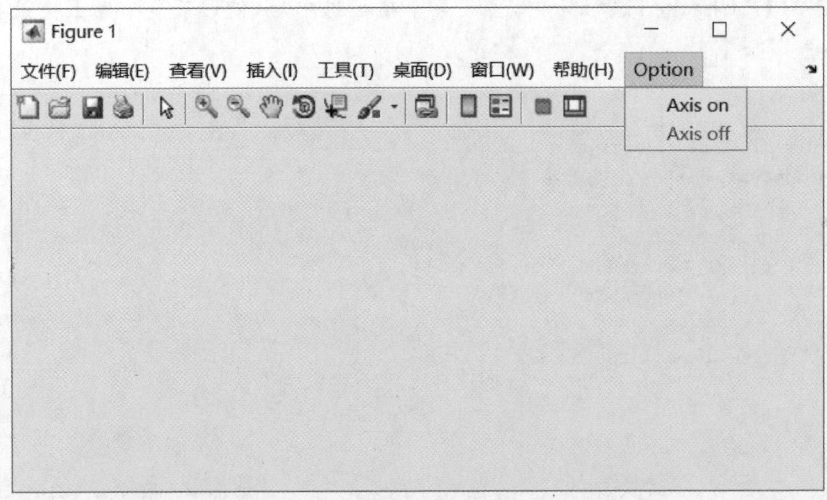

图 7-40　Enable 和 Visible 属性示例效果图

余切曲线。选项菜单项包含五个子菜单项：Grid on 和 Grid off 控制给坐标轴加网格线，Box on 和 Box off 控制给坐标轴加边框，而且这四项只有在画曲线时才是可选的，Figure Color 控制图形窗口背景颜色。退出菜单项控制是否退出系统。

程序命令如下：

```
screen = get(0,'ScreenSize');
W = screen(3);H = screen(4);
figure('Color',[1,1,1],'Position',[0.2 * H,0.2 * H,0.6 * W,0.4 * H],...
'Name','图形演示系统','NumberTitle','off','MenuBar','none');
%定义绘图菜单项
hplot = uimenu(gcf,'Label','&绘图');
uimenu(hplot,'Label','tan','Call',['t = - pi:pi/30:pi;','plot(t,tan(t));',...
'set(hgon,''Enable'',''on'');','set(hgoff,''Enable'',''on'');',...
'set(hbon,''Enable'',''on'');','set(hboff,''Enable'',''on'');']);
uimenu(hplot,'Label','cot','Call',['t = - pi:pi/30:pi;','plot(t,cot(t));',...
'set(hgon,''Enable'',''on'');','set(hgoff,''Enable'',''on'');',...
'set(hbon,''Enable'',''on'');','set(hboff,''Enable'',''on'');']);
%定义选项菜单项
hoption = uimenu(gcf,'Label','&选项');
hgon = uimenu(hoption,'Label','&Grig on','Call','grid on','Enable','off');
hgoff = uimenu(hoption,'Label','&Grig off','Call','grid off','Enable','off');
hbon = uimenu(hoption,'Label','&Box on','separator','on','Call','box on','Enable','off');
hboff = uimenu(hoption,'Label','&Box off','Call','box off','Enable','off');
hfigcor = uimenu(hoption,'Label','&Figure Color','Separator','on');
uimenu(hfigcor,'Label','&红','Accelerator','r','Call','set(gcf,''Color'',''r'');');
uimenu(hfigcor,'Label','&蓝','Accelerator','b','Call','set(gcf,''Color'',''b'');');
uimenu(hfigcor,'Label','&黄','Call','set(gcf,''Color'',''y'');');
uimenu(hfigcor,'Label','&白','Call','set(gcf,''Color'',''w'');');
%定义退出菜单项
uimenu(gcf,'Label','&退出','Call','close(gcf)');
```

运行结果如图 7-41 所示。

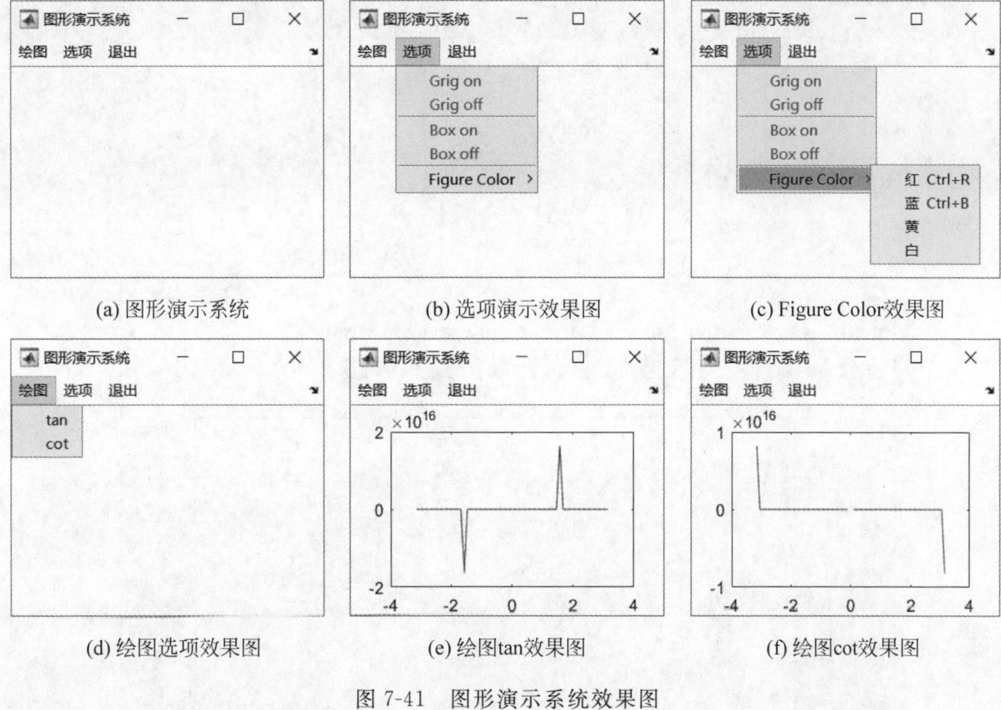

(a) 图形演示系统　(b) 选项演示效果图　(c) Figure Color效果图

(d) 绘图选项效果图　(e) 绘图tan效果图　(f) 绘图cot效果图

图 7-41　图形演示系统效果图

7.5.3　上下文菜单的建立

用鼠标右键单击某对象时在屏幕上弹出的菜单叫作上下文菜单。这种菜单出现的位置是不固定的，而且总是和某个图形对象相联系。在 MATLAB 中，可以使用 uicontextmenu 函数和图形对象的 UIContextMenu 属性来建立上下文菜单，具体步骤如下：

（1）利用 uicontextmenu 函数建立上下文菜单，格式为

hc=uicontextmenu：其功能建立上下文菜单，并将句柄值赋给变量 hc。

（2）利用 uimenu 函数为上下文菜单建立菜单项，格式为

uimenu('上下文菜单名',属性名,属性值,...)：其功能为创建的上下文菜单赋值，其中属性名和属性值构成属性二元对。

（3）利用 set 函数将该上下文菜单和某图形对象联系起来。

【例 7-24】 绘制曲线 $y=3e-0.6x\sin(2\ \mathrm{pi}\ x)$，并建立一个与之相联系的上下文菜单，用以控制曲线的线型和曲线宽度。

程序命令如下：

```
x = 0:pi/100:2 * pi;
y = 3 * exp( - 0.6 * x). * sin(2 * pi * x);
hl = plot(x,y);
hc = uicontextmenu;                          %建立上下文菜单
```

```
hls = uimenu(hc,'Label','线型');                 %建立菜单项
hlw = uimenu(hc,'Label','线宽');
uimenu(hls,'Label','虚线','Call','set(hl,''LineStyle'','':'');');
uimenu(hls,'Label','实线','Call','set(hl,''LineStyle'',''-'');');
uimenu(hlw,'Label','加宽','Call','set(hl,''LineWidth'',2);');
uimenu(hlw,'Label','变细','Call','set(hl,''LineWidth'',0.5);');
set(hl,'UIContextMenu',hc);                      %将该上下文菜单和曲线对象联系起来
```

运行结果如图 7-42 所示。

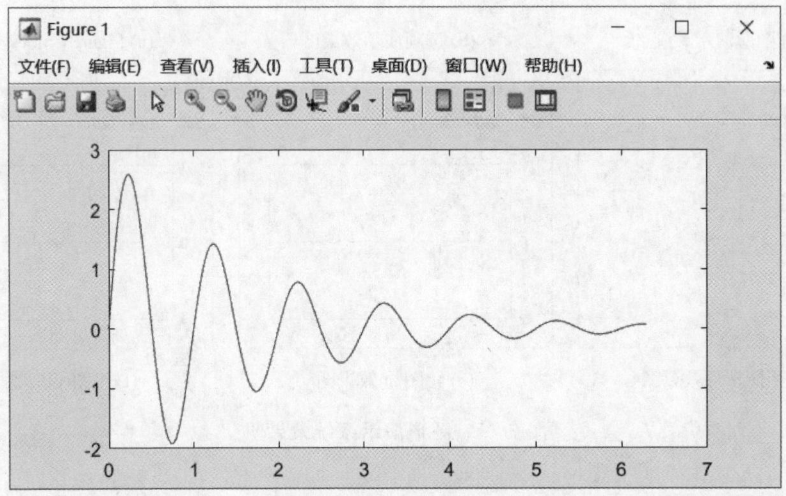

图 7-42　图形演示系统

此图形演示系统有线型和线宽两种选项,如图 7-43 和图 7-44 所示。

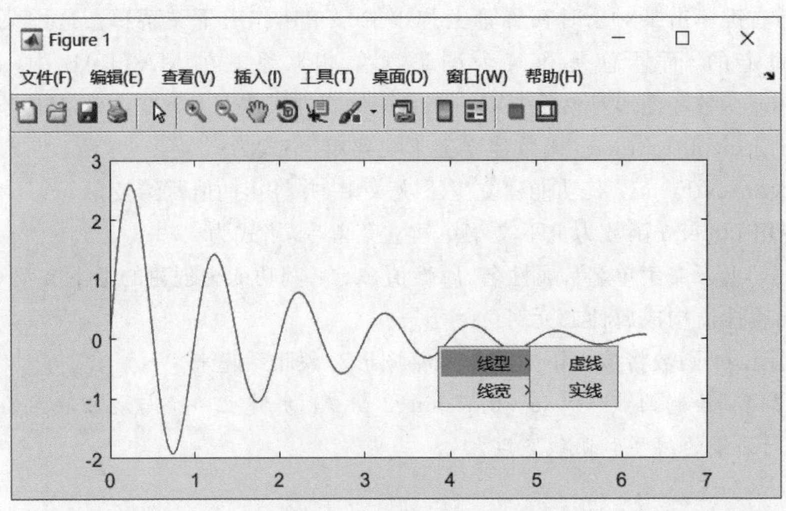

图 7-43　线型的选择

若选择的是虚线和加粗,则图像如图 7-45 所示。

【例 7-25】 制作一个依附于某对象的弹出式上下文菜单。

程序命令如下:

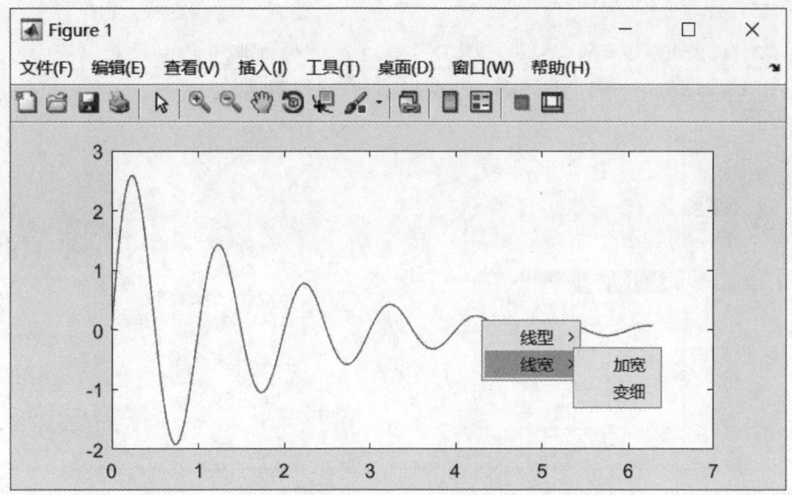

图 7-44 线宽的选择

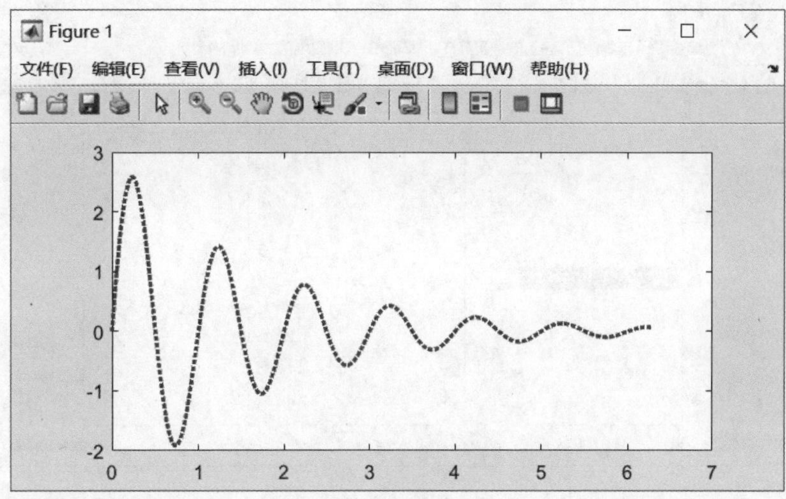

图 7-45 虚线和加粗

```
m = uicontextmenu;
subplot(1,3,1)
h1 = line([1,2],[2,2],'LineWidth',12,'UIContextMenu',m)    % 单击鼠标右键,弹出上下文菜单
c1 = ['subplot(1,3,2);line([2 1],[3 1])'];
c2 = ['subplot(1,3,3);plot(magic(3))'];
uimenu(m,'Label','line','Callback',c1);
uimenu(m,'Label','magic(3)','Callback',c2);
```

运行程序后在蓝色宽条上单击鼠标右键，弹出上下文菜单，菜单上有两个选项 line 与 magic(3)，如图 7-46 所示。

选择 line 绘制出图 7-47 中第二部分所示线段；选择 magic(3)绘制出图 7-47 中第三部分所示 3 条 magic 线段。

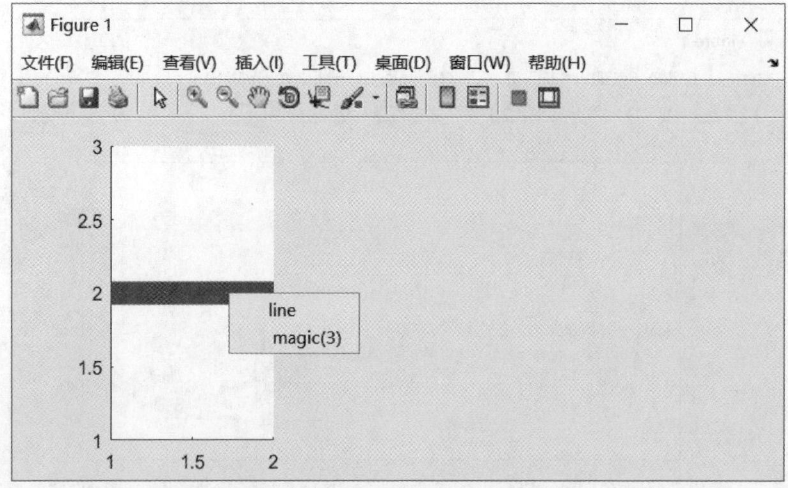

图 7-46　弹出式上下文菜单窗口

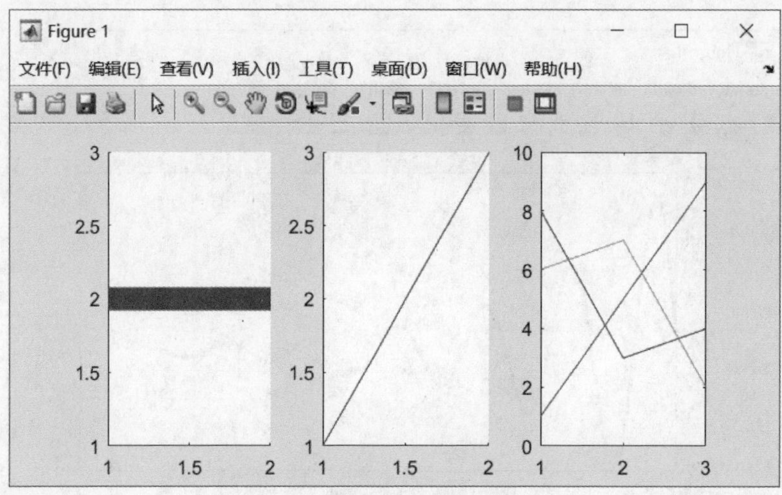

图 7-47　弹出式菜单效果窗口

【例 7-26】 在一个图形窗口绘制抛物线和余弦曲线，并创建一个与之相联系的上下文菜单，用于控制线条的颜色、线宽、线型及标记点风格。

程序命令如下：

```
% 画曲线 y1,并设置其句柄
h = uicontextmenu;
t = 0:0.1:2 * pi;;subplot(2,1,1);y1 = sin(t);h_line1 = plot(t,y1);
% 建立上下文菜单
uimenu(h,'label','red','callback','set(h_line1,''color'',''r'')');
uimenu(h,'label','green','callback','set(h_line1,''color'',''g'')');
uimenu(h,'label','yellow','callback','set(h_line1,''color'',''y'')');
uimenu(h,'label','linewidth1.5','callback','set(h_line1,''linewidth'',1.5)');
uimenu(h,'label','linestyle * ','callback','set(h_line1,''linestyle'','' * '')');
uimenu(h,'label','linestyle:','callback','set(h_line1,''linestyle'','':'')');
```

```
uimenu(h,'label','marker','callback','set(h_line1,''marker'',''s'')');
set(h_line1, 'uicontextmenu',h)        % 使上下文菜单与正弦曲线 h_line1 相联系
title('正弦和余弦曲线','fontweight','bold','fontsize',10)
set(gca,'xtick',[ - 1:0.5:1])          % 设置坐标轴的标度范围
set(gca,'xticklabel',{'-1','0.5','0','0.5','1'})  % 设置坐标轴的标度值
%画曲线 y2, 并设置其句柄
subplot(2,1,2);t = 0:0.1:2 * pi;y2 = cos(t);h_line2 = plot(t,y2);
h = uicontextmenu;
uimenu(h,'label','red','callback','set(h_line2,''color'',''r'')');
uimenu(h,'label','crimson','callback','set(h_line2,''color'',''m'')');
uimenu(h,'label','black','callback','set(h_line2,''color'',''k'')');
uimenu(h,'label','linewidth1.5','callback','set(h_line2,''linewidth'',1.5)');
uimenu(h,'label','linestyle * ','callback','set(h_line2,''linestyle'','' * '')');
uimenu(h,'label','linestyle:','callback','set(h_line2,''linestyle'','':'')');
uimenu(h,'label','marker','callback','set(h_line2,''marker'',''s'')');
set(h_line2,'uicontextmenu',h)
set(gca,'xtick',[0:pi/2:2 * pi])
set(gca,'xticklabel',{'0','pi/2','pi','3pi/2','2pi'})
xlabel('time 0 - 2\pi','fontsize',10)
% 建立关闭图形用户界面按钮
hbutton = uicontrol('position',[10 10 60 30],'string','退出', 'fontsize',8,'fontweight',
'bold','callback','close');
```

在 MATLAB 中运行该程序段,得到如图 7-48 所示图形。

将鼠标指向线条,单击鼠标右键,弹出上下文菜单,在选中某菜单项后,将执行该菜单项的操作,如图 7-49 所示。

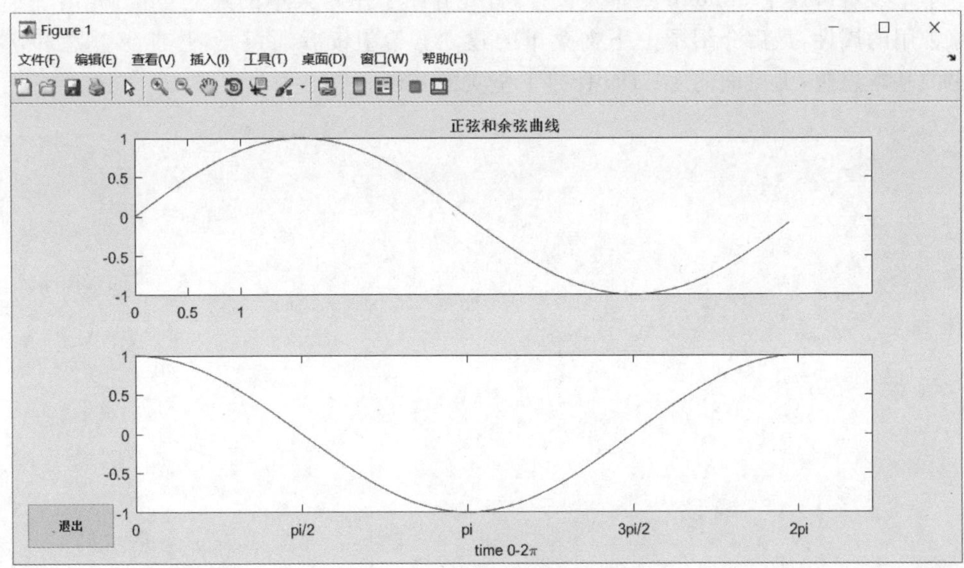

图 7-48　绘制抛物线和余弦曲线

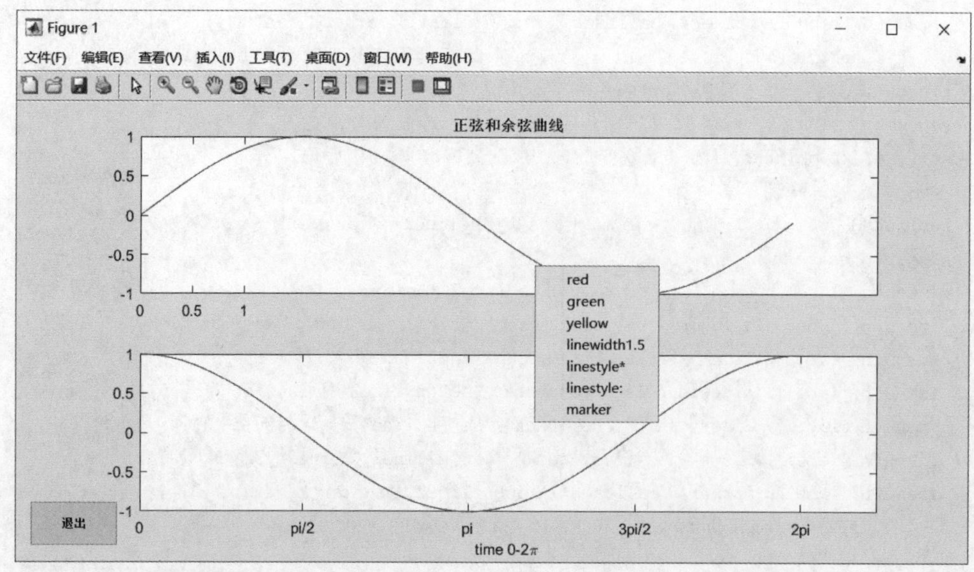

图 7-49 上下文菜单效果

本章小结

本章主要介绍了 GUI 控件及属性，读者需要着重掌握控件的相关属性和操作，主要包括按钮、滑块、单选按钮、复选框、静态文本、可编辑文本框、弹出式菜单、列表框、切换按钮、面板、按钮组等，同时需要了解对象属性的选择及其动作的执行。

本章接着讲述了 uimenu 菜单及设计，首先介绍了用户菜单的建立，然后介绍了菜单对象常用的属性，最后介绍了上下文菜单的建立。希望读者通过学习，能够熟悉和掌握其中的基本思想，为后面的 GUI 设计打下坚实的基础。

第8章 MATLAB GUI基础设计

GUI是用户与计算机程序之间的交互方式，也是用户与计算机进行信息交流的方式。通过图形用户接口，用户不需要输入命令，不需要了解任务的内部运行方式。图形用户界面包含了多个图形对象，例如窗口、图标、菜单和文本。

学习目标：

(1) 了解GUI设计原则和步骤；

(2) 理解GUI设计工具的内容；

(3) 掌握对话框设计的原理和操作；

(4) 掌握回调函数的内容和操作；

(5) 理解GUI的数据传递方式。

8.1 GUI设计原则和步骤

一个好的图形界面应该遵守以下三个设计原则：简单性、一致性、习常性。

(1) 简单性。设计界面时，应力求简洁、直接、清晰地体现界面的功能和特征。无用的功能，应尽量删去，以保持界面的整洁。设计的图形界面要直观，所以应该多采用图形，而尽量避免数值。设计界面应尽量减少窗口数目，避免在许多不同的窗口之间来回切换。

(2) 一致性。所谓一致性具有两层意思：一是开发者自己开发的界面要保持风格尽量一致；二是新设计的界面要与其他已有的界面风格不要截然相左。

(3) 习常性。设计新界面时，应尽量使用人们熟悉的标志和符号。以至于用户可能并不了解新界面的具体含义及操作方法，但是可以根据熟悉的标志做出正确的猜测，容易自学。

(4) 其他考虑因素。除了以上对界面的静态要求之外，还应该注意界面的动态性能。面对用户操作的响应要迅速、连续；对持续时间较长的运算，要给出等待时间提示，并且允许用户中断运算，尽量做到人性化。

界面制作包括界面设计和程序实现。具体步骤如下：

(1) 分析界面所要求实现的主要功能,明确设计任务;

(2) 绘出草图,并站在使用者的角度来审查草图;

(3) 按照构思的草图上机制作(静态)界面,并仔细检查;

(4) 编写界面实现动态功能的程序,对功能进行仔细验证、仔细检查。

8.2 GUI 的设计工具

MATLAB 为 GUI 设计提供了 4 种模板,分别是:Blank GUI(空白模板,默认)、GUI with Uicontrols(带控件对象的 GUI 模板)、GUI with Axes and Menu(带坐标轴与菜单的 GUI 模板)、Modal Question Dialog(带模式问题对话框的 GUI 模板)。在 GUI 设计模板中选中一个模板,然后单击"确定"按钮就会显示 GUI 设计窗口。但用户选择空白模板时,就会弹出如图 8-1 所示的模板界面。

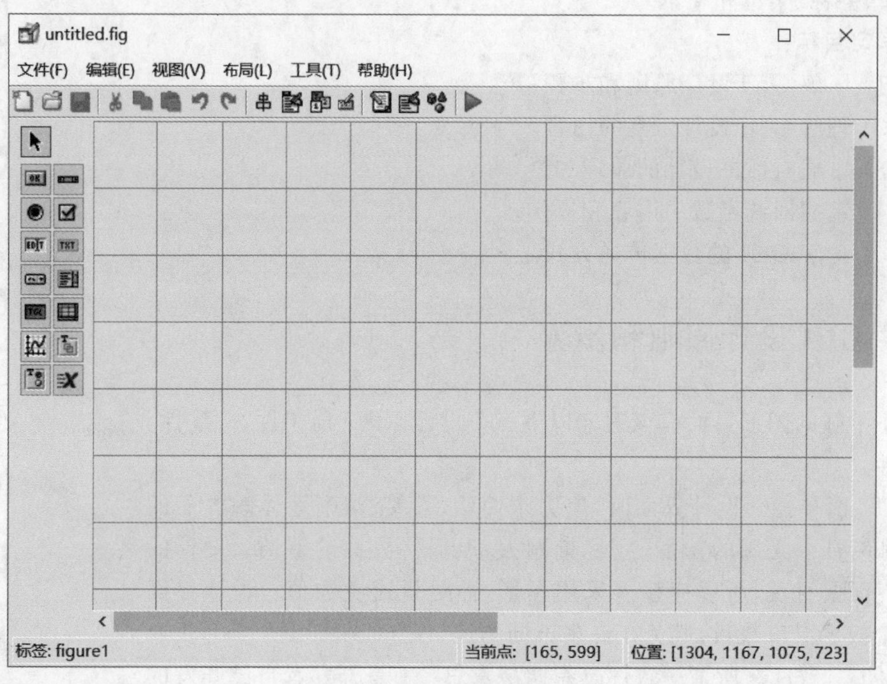

图 8-1 GUI 设计模板界面

MATLAB 提供了一套可视化的创建图形窗口的工具,使用图形用户界面开发环境可方便地创建 GUI 应用程序,它可以根据用户设计的 GUI 布局,自动生成 M 文件的框架,用户可以使用这一框架编制自己的应用程序。表 8-1 为用户界面设计工具。

表 8-1 用户界面设计工具

工具名称	用途
布局编辑器	在图形窗口中创建及布置图形对象
对齐对象工具	调整各对象相互之间的几何关系和位置
属性查看器	查询并设置属性值

续表

工具名称	用途
对象浏览器	用于获得当前MATLAB图形用户界面程序中的全部对象信息及对象的类型,同时显示控制框的名称和标识,在控制框上双击鼠标可以打开该控制框的属性编辑器
菜单编辑器	创建、设计、修改下拉式菜单和快捷菜单
Tab 顺序编辑器	用于设置当用户按下键盘上的 Tab 键时,对象被选中的先后顺序
M 文件编辑器	通过该工具对 M 文件进行编写

8.2.1 布局编辑器

在图形窗口中加入对象或者安排对象。布局编辑器是可以启动用户界面的控制面板,用 guide 命令可以启动,或在启动平台窗口中选择 GUIDE 来启动布局编辑器。使用布局编辑器的基本步骤如下:

(1) 将控制框对象放置到布局区:用鼠标选择并放置控制框到布局区内,移动控制框到适当的位置,改变控制框的大小。

(2) 激活图形窗口:如所建立的布局还没有进行存储,可用"文件"菜单下的"另存为"菜单项(或工具栏中的对应项),按照输入的文件的名字,在激活图形窗口的同时将存储一对同名的 M 文件和带有.fig 扩展名的 FIG 文件。

(3) 运行 GUI 程序:打开该 GUI 的 M 文件,在命令行窗口直接输入文件名或在程序中直接单击"运行图形"键,运行 GUI 程序。

(4) 布局编辑器的弹出菜单:通过该菜单可以完成布局编辑器的大部分操作。

8.2.2 对象浏览器

对象浏览器用于查看当前设计阶段的各个句柄图形对象。可以在对象浏览器中选中一个或多个控制框来打开该控制框的属性编辑器,如图 8-2 所示。

图 8-2 对象浏览器

对象浏览器的打开方式有以下几种：

(1) 从 GUI 设计窗口的工具栏上选择“对象浏览器”命令按钮；

(2) 选择查看菜单下的“对象浏览器”子菜单；

(3) 在设计区域单击鼠标右键，选择弹出菜单的“对象浏览器”。

8.2.3 属性查看器

对象属性查看器，可以用于查看每个对象的属性值，也可以用于修改、设置对象的属性值，如图 8-3 所示。

对象属性查看器的打开方式有四种：

(1) 工具栏上直接选择“属性检查器”命令按钮；

(2) 选择查看菜单下的“属性检查器”菜单项；

(3) 在命令行窗口中输入 inspect；

(4) 在控制框对象上单击鼠标右键，选择弹出菜单的“属性检查器”菜单项。

使用属性查看器，用户可以进行布置控制框、定义文本框的属性、定义坐标轴的属性、定义按钮的属性、定义复选框等操作。

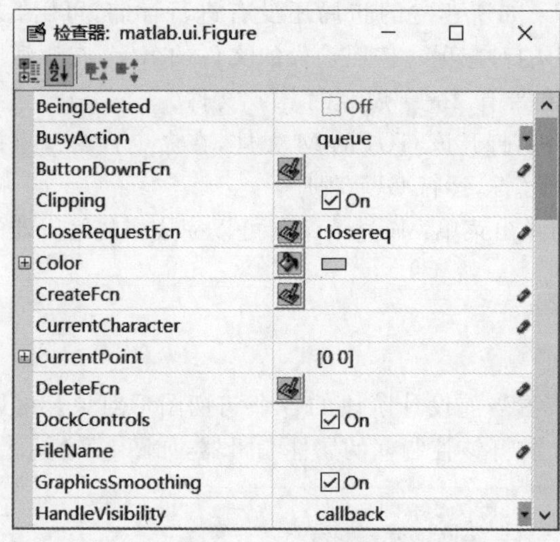

图 8-3 属性查看器

8.2.4 对齐对象

利用位置调整工具，如图 8-4 所示，可以对 GUI 对象设计区内的多个对象的位置进行调整，有两种位置调整工具的打开方式：

(1) 从 GUI 设计窗口的工具栏上选择“对齐对象”命令按钮；

(2) 选择工具菜单下的“对齐对象”菜单项，就可以打开对象位置调整器。

在对齐对象中，第一栏是垂直方向的位置调整，第二栏是水平方向的位置调整。当选中多个对象时，可以通过对象位置调整器调整对象间的对齐方式和分布。

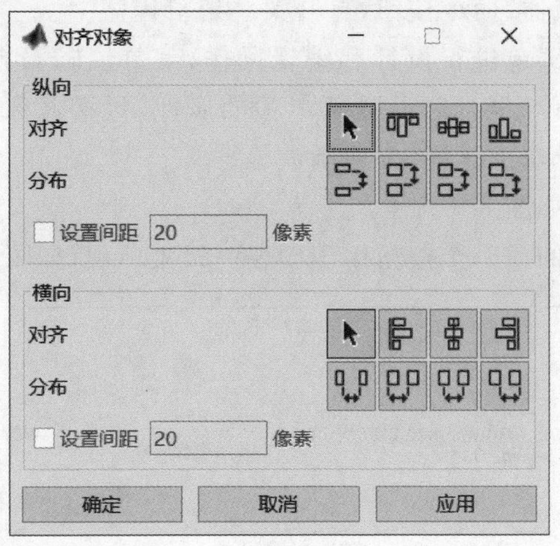

图 8-4　对齐对象

8.2.5　Tab 顺序编辑器

Tab 顺序编辑器用于设置当用户按下键盘上的 Tab 键时，对象被选中的先后顺序，如图 8-5 所示。Tab 顺序编辑器的打开方式为

(1) 选择工具菜单下的“Tab 顺序编辑器”菜单项；

(2) 从 GUI 设计窗口的工具栏上选择“Tab 顺序编辑器”命令按钮。

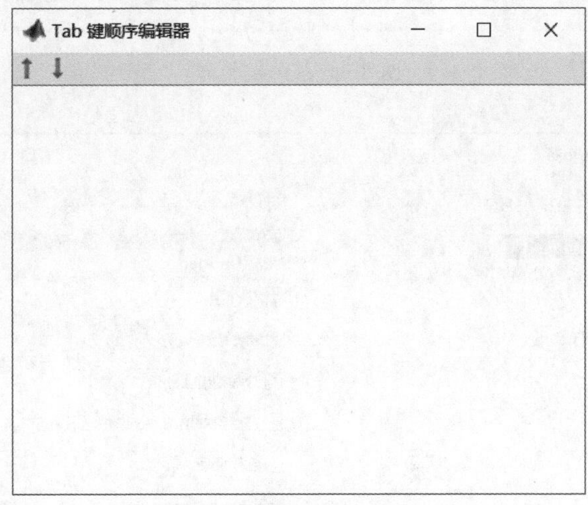

图 8-5　Tab 顺序编辑器

8.2.6　菜单编辑器

菜单编辑器，可以用于创建、设置、修改下拉式菜单和快捷菜单。选择工具菜单下的“菜单编辑器”，即可打开菜单编辑器。也可以通过编程实现，方法为从 GUI 设计窗口的

工具栏上选择“菜单编辑器”命令按钮，打开菜单编辑程序。

菜单编辑器可以对菜单进行设计和编辑操作，菜单编辑器有八个快捷键，可以利用它们任意添加或删除菜单，也可以设置菜单项的属性，包括名称、标识、选择是否显示分隔线、是否在菜单前加上选中标记、调回函数等。

打开的菜单编辑器如图 8-6 所示。

菜单编辑器左上角的第一个按钮用于创建一级菜单项，如图 8-7 所示。

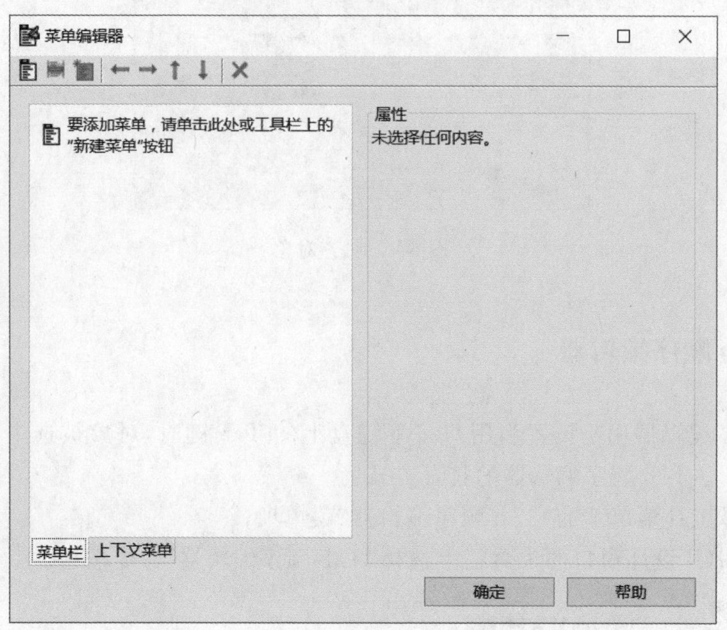

图 8-6　菜单编辑器

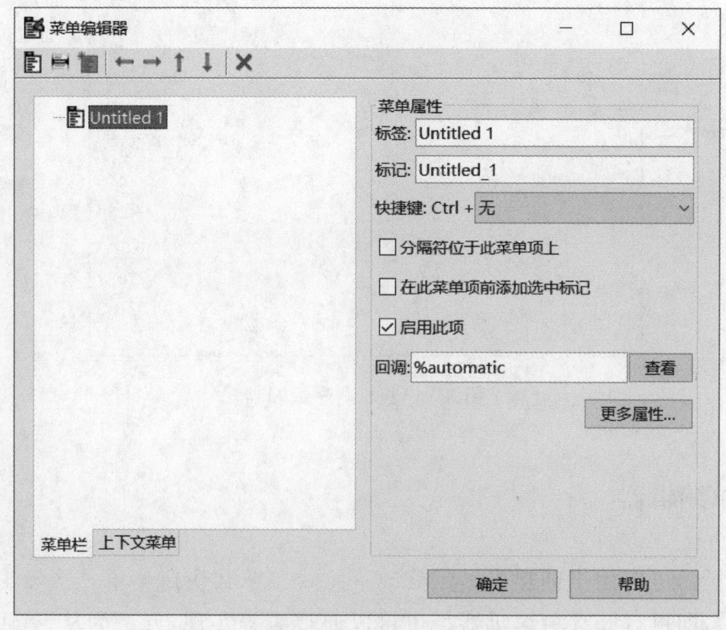

图 8-7　创建一级菜单

第二个按钮用于创建一级菜单的子菜单，如图 8-8 所示。

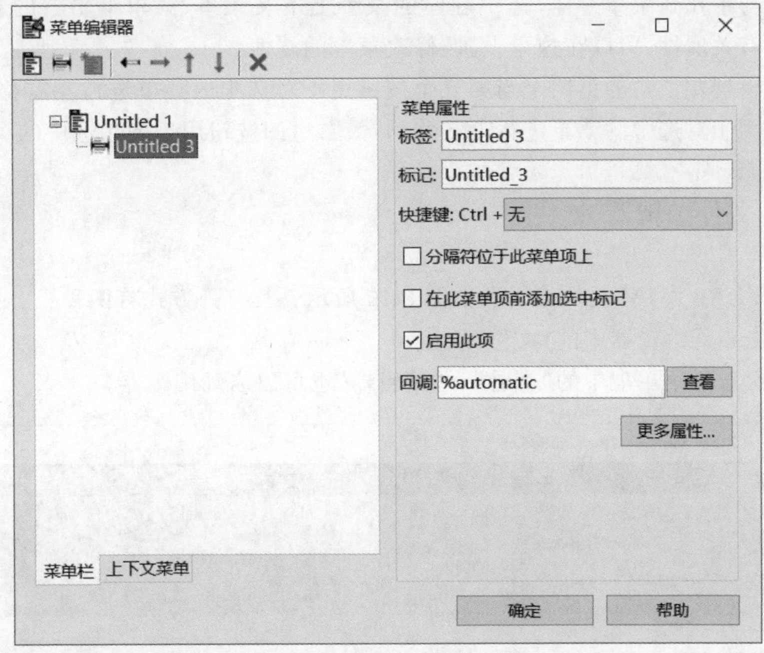

图 8-8　创建一级子菜单

菜单编辑器的左下角有两个按钮，第一个按钮用于创建菜单栏；第二个按钮用于创建上下文菜单。选中第二个按钮后，菜单编辑器左上角的第三个按钮就会变成可用，单击它就可以创建上下文主菜单，如图 8-9 所示。

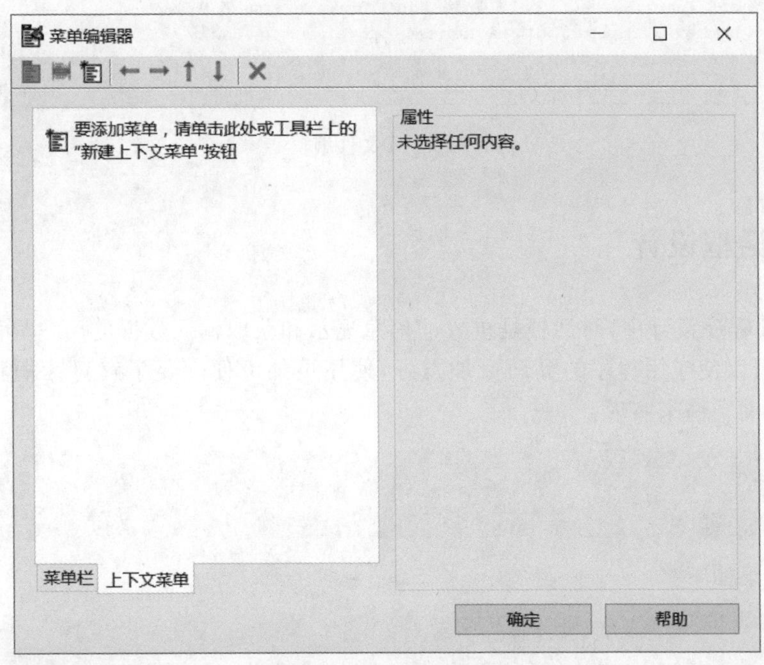

图 8-9　上下文菜单

在选中已经创建的上下文主菜单后，可以单击第二个按钮创建选中的上下文主菜单的子菜单。与下拉式菜单一样，选中创建的某个上下文菜单，菜单编辑器的右边就会显示该菜单的有关属性，可以在这里设置、修改菜单的属性。

菜单编辑器左上角的第四个与第五个按钮用于对选中的菜单进行左右移动，第六与第七个按钮用于对选中的菜单进行上下移动，最右边的按钮用于删除选中的菜单。

8.2.7 M文件编辑器

在MATLAB中，M文件编辑器如图8-10所示。其打开方式有两种：

(1) 单击布局编辑器中的“文件”按钮；

(2) 依次选择菜单项中的“查看”→“编辑器”也可以启动编辑器。

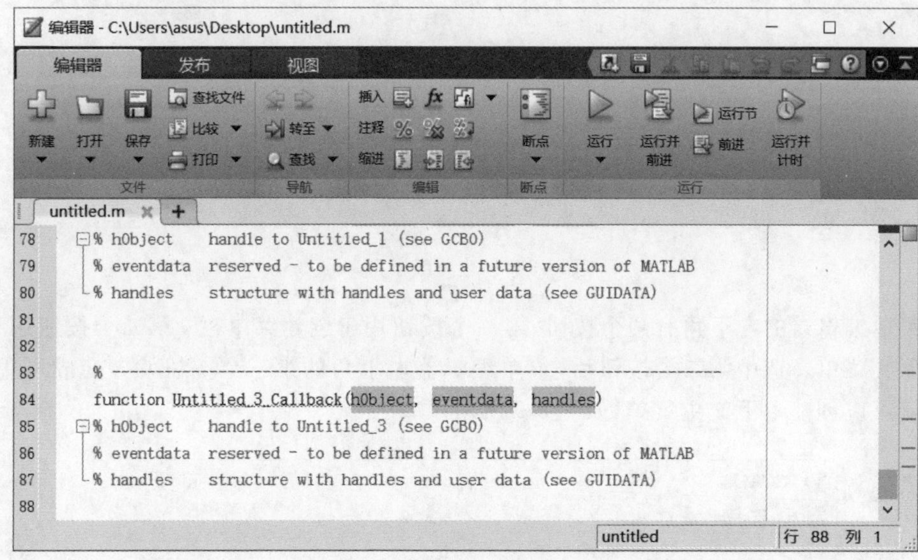

图8-10 M文件编辑器

8.3 对话框设计

在GUI程序设计中，对话框是重要的信息显示和获取输入数据的用户界面对象。使用对话框，可以使应用程序的界面更加友好，使用更加方便。要了解对话框相关的信息可以通过帮助文件来实现：

```
help dialog;
dialog
```

运行结果如下：

```
dialog Create dialog figure.
    H = dialog(...) returns a handle to a dialog box and is
```

```
    basically a wrapper function for the FIGURE command.  In addition,
    it sets the figure properties that are recommended for dialog boxes.
    These properties and their corresponding values are:

    'BackingStore'         - 'off'
    'ButtonDownFcn'        - 'if isempty(allchild(gcbf)), close(gcbf), end'
    'Colormap'             - []
    'Color'                - DefaultUicontrolBackgroundColor
    'DockControls'         - 'off'
    'HandleVisibility'     - 'callback'
    'IntegerHandle'        - 'off'
    'InvertHardcopy'       - 'off'
    'MenuBar'              - 'none'
    'NumberTitle'          - 'off'
    'PaperPositionMode'    - 'auto'
    'Resize'               - 'off'
    'Visible'              - 'on'
    'WindowStyle'          - 'modal'

    Any parameter from the figure command is valid for this command.
    Example:
        out = dialog;
        out = dialog('WindowStyle', 'normal', 'Name', 'My Dialog');
ans =
   0.0178
```

运行结果如图 8-11 所示。

图 8-11 对话框

MATLAB 提供了两类对话框：一类为 Windows 的公共对话框；另一类为 MATLAB 风格的专用对话框。

8.3.1 Windows 公共对话框

公共对话框是利用 Windows 资源的对话框，包括文件打开与保存、颜色与字体设置、打印设置等。

1. 文件打开与保存

在 MATALB 中，uigetfile 函数用于打开文件，uiputfile 函数用于保存文件。这些函数的调用格式为

uigetfile：表示弹出文件打开对话框，列出当前目录下的所有 MATLAB 文件；

uigetfile('FilterSpec')：表示弹出文件打开对话框，列出当前目录下的所有由'FilterSpec'指定类型的文件；

uigetfile('FilterSpec','DialogTitle')：表示同时设置文件打开对话框的标题为'DialogTitle'；

uigetfile('FilterSpec','DialogTitle',x,y)：x、y 参数用于确定文件打开对话框的位置；

[fname,pname]=uigetfile(…)：表示返回打开文件的文件名和路径；

uiputfile：弹出文件保存对话框，列出当前目录下的所有 MATLAB 文件；

uiputfile('InitFile')：弹出文件保存对话框，列出当前目录下的所有由'InitFile'指定类型的文件；

uiputfile('InitFile','DialogTitle')：…同时设置文件保存对话框的标题为'DialogTitle'；

uiputfile('InitFile','DialogTitle',x,y)：…x、y 参数用于确定文件保存对话框的位置；

[fname,pname]=uiputfile(…)：返回保存文件的文件名和路径。

例如，建立一个打开文件的对话框：

```
[f,p] = uigetfile('*.m;*.txt','请选择一个文件')
```

如图 8-12 所示。

若选择 trdec.m，则运行结果如下：

```
f =
trdec.m
p =
D:\Program Files\MATLAB\R2013a\bin\
```

2. 颜色与字体的设置

在 MATALB 中，uisetcolor 函数用于图形对象颜色的交互式设置，uisetfont 函数用于字体属性的交互式设置。这些函数的调用格式为

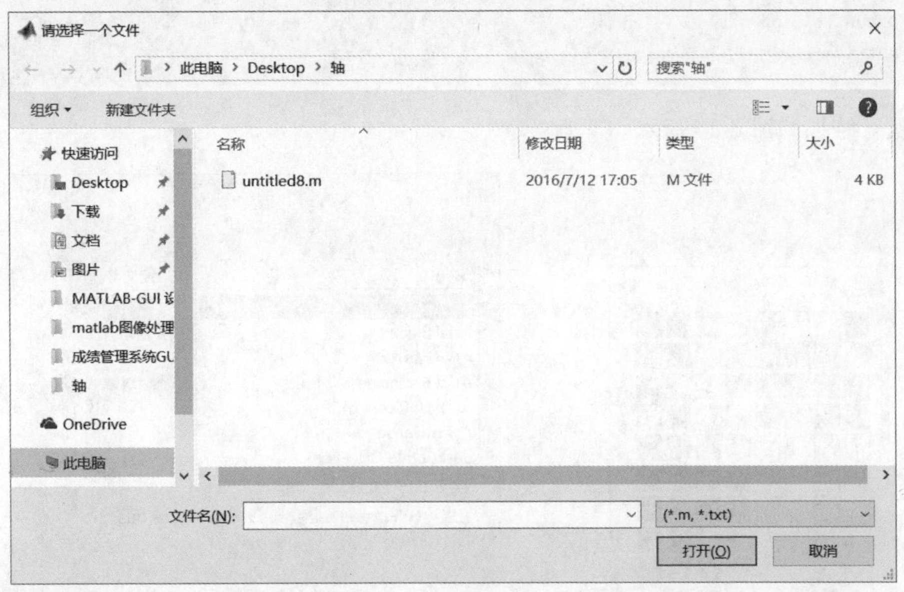

图 8-12　打开文件的窗口

c=uisetcolor('h_or_c','DialogTitle')：输入参数'h_or_c'可以是一个图形对象的句柄，也可以是一个三色 RGB 矢量，'DialogTitle'为颜色设置对话框的标题。

uisetfont：表示打开字体设置对话框，返回所选择字体的属性；

uisetfont(h)：h 为图形对象句柄，使用字体设置对话框重新设置该对象的字体属性；

uisetfont(S)：S 为字体属性结构变量，S 中包含的属性有 FontName、FontUnits、FontSize、FontWeight、FontAngle，返回重新设置的属性值；

uisetfont(h,'DialogTitle')：h 为图形对象句柄，使用字体设置对话框重新设置该对象的字体属性，'DialogTitle'设置对话框的标题；

uisetfont(S,'DialogTitle')：S 为字体属性结构变量，S 中包含的属性有 FontName、FontUnits、FontSize、FontWeight、FontAngle，返回重新设置的属性值，'DialogTitle'设置对话框的标题；

S=uisetfont(…)：返回字体属性值，保存在结构变量 S 中。

例如，在命令行窗口直接输入：

```
c = uisetcolor;
```

运行结果如图 8-13 所示。

例如，设计一个字体设置对话框：

```
s = uisetfont
s =
FontName: 'Arial'
FontWeight: 'normal'
FontAngle: 'normal'
```

```
FontUnits: 'points'
FontSize: 10
```

运行结果如图 8-14 所示。

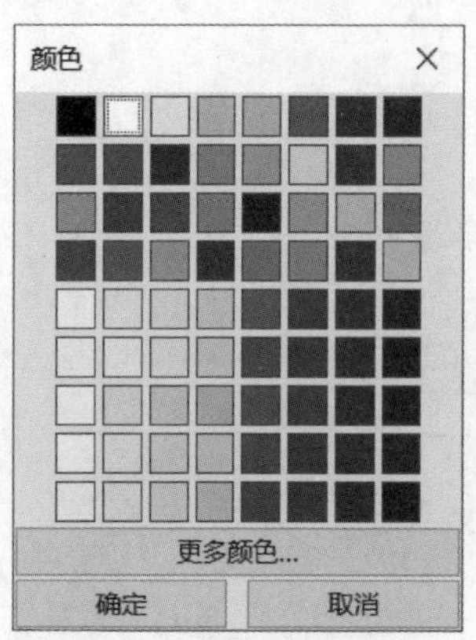

图 8-13　颜色设置窗口

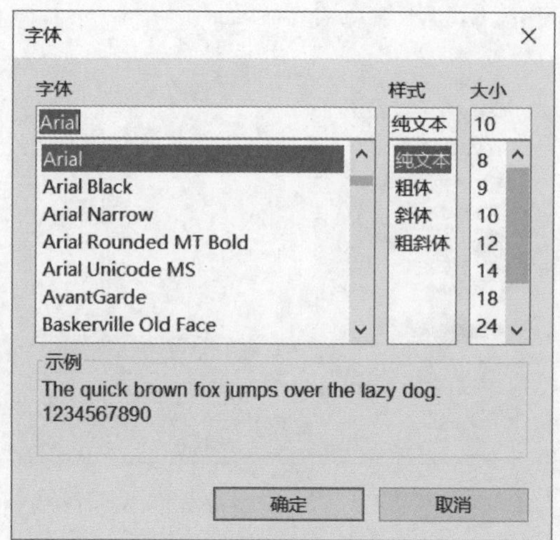

图 8-14　字体设置对话框

3. 打印设置

在 MATALB 中，函数 pagesetupdlg 和 printpreview 用于对打印页面进行预览，printdlg 函数为打开 Windows 的标准对话框。这些函数的调用格式为

dlg=pagesetupdlg(fig)：fig 为图形窗口的句柄，省略时为当前图形窗口；

printpreview：对当前图形窗口进行打印预览；

printpreview(f)：对以 f 为句柄的图形窗口进行打印预览；

printdlg：对当前图形窗口打开 Windows 打印对话框；

printdlg(fig)：对以 fig 为句柄的图形窗口打开 Windows 打印对话框；

printdlg('－crossplatform',fig)：打开 crossplatform 模式的 MATLAB 打印对话框；

printdlg(－'setup',fig)：在打印设置模式下，强制打开打印对话框。

【例 8-1】 printdlg 函数示例。

程序命令如下：

```
x = 0:pi/100:2 * pi;
y = sin(x);
plot(x,y)
printdlg
```

运行结果如图 8-15 所示。

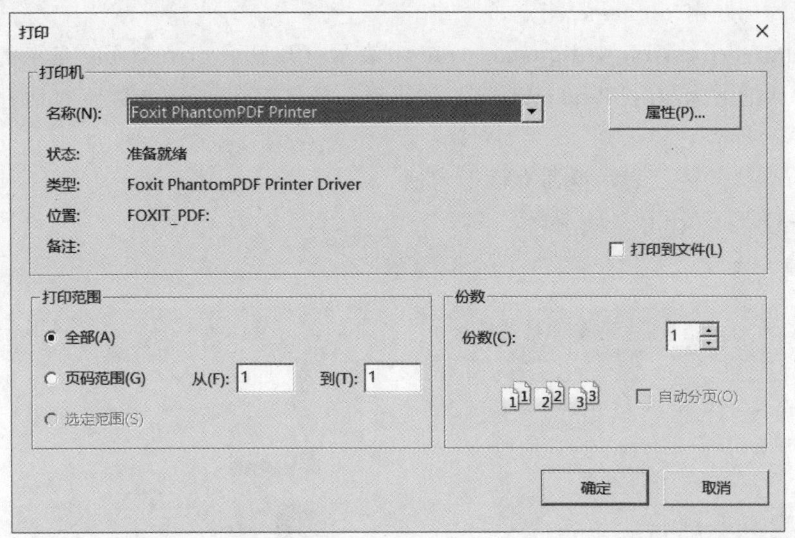

图 8-15　printdlg 函数示例

8.3.2　MATLAB 专用对话框

MATLAB 除了使用公共对话框外，还提供了一些专用对话框，下面将分别进行介绍。

1. 帮助提示信息对话框

在 MATALB 中，helpdlg 函数用于帮助提示信息，该函数的调用格式为

helpdlg：打开默认的帮助对话框；

helpdlg('helpstring')：打开显示'helpstring'信息的帮助对话框；

helpdlg('helpstring','dlgname')：打开显示'helpstring'信息的帮助对话框，对话框的标题由'dlgname'指定；

h＝helpdlg(…)：返回对话框句柄。

【例 8-2】　helpdlg 函数示例。

程序命令如下：

```
helpdlg('矩阵尺寸必须相同','帮助在线')
```

运行结果如图 8-16 所示。

2. 错误信息对话框

在 MATALB 中，errordlg 函数用于提示错误信息，该函数的调用格式为

errordlg：表示打开默认的错误信息对话框；

errordlg('errorstring')：表示打开显示'errorstring'信息的错误信息对话框；

errordlg('errorstring','dlgname')：表示打开显示'errorstring'信息的错误信息对话

框，对话框的标题由'dlgname'指定；

errordlg('errorstring','dlgname','on')：表示打开显示'errorstring'信息的错误信息对话框，对话框的标题由'dlgname'指定，如果对话框已存在，'on'参数将对话框显示在最前端；

h=errordlg(…)：表示返回对话框句柄。

【例 8-3】 errordlg 函数示例。

程序命令如下：

```
errordlg('输入错误,请重试','错误信息')
```

运行结果如图 8-17 所示。

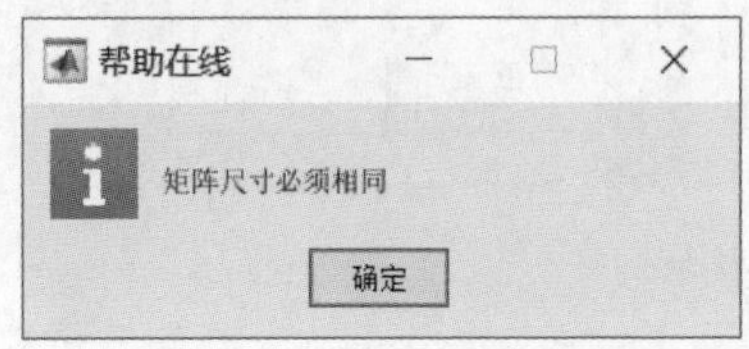

图 8-16 帮助信息对话框

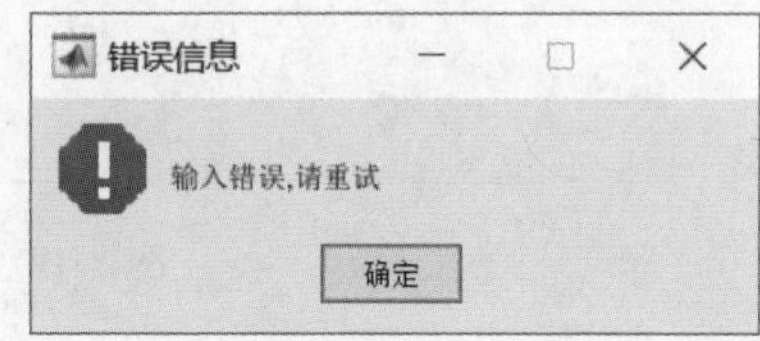

图 8-17 错误信息对话框

3. 列表选择对话框

在 MATALB 中，listdlg 函数用于在多个选项中选择需要的值，该函数的调用格式为

[selection,ok]=listdlg('Liststring',S,...)：输出参数 selection 为一个矢量，存储所选择的列表项的索引号，输入参数为可选项'Liststring'(字符单元数组)、'SelectionMode'('single'或'multiple'(默认值))、'ListSize'([wight,height])、'Name'(对话框标题)等。

【例 8-4】 创建一个列表选择对话框。

程序命令如下：

```
clear all;
e = dir;
str = {e.name};
[s,v] = listdlg('PromptString','选择文件:',...
                'SelectionMode','single',...
                'ListString',str)
```

运行结果如图 8-18 所示。

4. 进程条

在 MATALB 中，waitbar 函数用于以图形方式显示运算或处理的进程，其调用格式为

h=waitbar(x,'title')：显示以'title'为标题的进程条，x 为进程条的比例长度，其值必须在 0 到 1 之间，h 为返回的进程条对象的句柄；

waitbar(x,'title','creatcancelbtn','button_callback')：在进程条上使用'creatcancelbtn'参数创建一个撤销按钮，在进程中按下撤销按钮将调用 button_callback

函数；

waitbar(…,property_name,property_value,…)：选择其他由 property_name 定义的参数，参数值由 property_value 指定。

【例 8-5】 创建并使用进程条。

程序命令如下：

```
h = waitbar(0,'请稍后...');
for i = 1:10000
    waitbar(i/10000,h)
end
    close(h)
```

运行结果如图 8-19 所示。

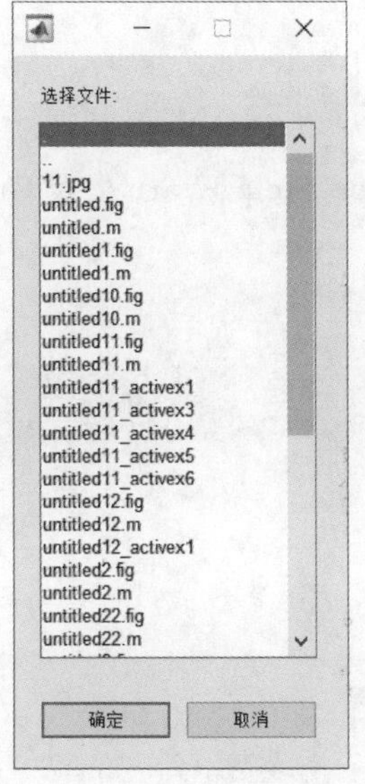

图 8-18 列表选择对话框

图 8-19 进程条

5. 输入信息对话框

在 MATALB 中，inputdlg 函数用于输入信息，其调用格式为

answer＝inputdlg(prompt)：打开输入对话框，prompt 为单元数组，用于定义输入数据窗口的个数和显示提示信息，answer 为用于存储输入数据的单元数组；

answer＝inputdlg(prompt,title)：与上者相同，title 确定对话框的标题；

answer＝inputdlg(prompt,title,lineNo)：参数 lineNo 可以是标量、列矢量或 $m\times 2$ 阶矩阵，若为标量，表示每个输入窗口的行数均为 lineNo；若为列矢量，则每个输入窗口的行数由列矢量 lineNo 的每个元素确定；若为矩阵，每个元素对应一个输入窗口，每行的第一列为输入窗口的行数，第二列为输入窗口的宽度；

answer＝inputdlg(prompt,title,lineNo,defAns)：参数 defAns 为一个单元数组，存储每个输入数据的默认值，元素个数必须与 prompt 所定义的输入窗口数相同，所有元素必须是字符串；

answer＝inputdlg(prompt,title,lineNo,defAns,Resize)：参数 Resize 决定输入对话框的大小能否被调整，可选值为 on 或 off。

【例 8-6】 创建两个输入窗口的输入对话框。

程序命令如下：

```
prompt = {'Please Input Name','Please Input Age'};
title = 'Input Name and Age';
lines = [2 1]';
def = {'小明','15'};
answer = inputdlg(prompt,title,lines,def);
```

运行结果图 8-20 所示。

6. 通用信息对话框

msgbox 函数用于创建通用信息对话框，其调用格式为

msgbox('显示信息','标题','图标')：图标包括：Error、Help、Warn 以及 Custom，如果默认则为 None。

例如，在命令行窗口输入：

```
msgbox('这是一个关于图像处理的示例!','custom ico','custom')
```

运行结果如图 8-21 所示。

图 8-20 两个输入窗口对话框

图 8-21 通用信息对话框

7. 问题提示对话框

在 MATALB 中，questdlg 函数用于回答问题的多种选择，该函数的调用格式为

button＝questdlg('qstring')：打开问题提示对话框，有三个按钮，分别为：Yes、No 和 Cancel，questdlg 确定提示信息；

button＝questdlg('qstring','title')：… 'title'确定对话框标题；

button＝questdlg('qstring''title','default')：当按回车键时，返回'default'的值，'default'必须是 Yes、No 或 Cancel 之一；

button＝questdlg('qstring','title','str1','str2','default')：打开问题提示对话框，有两个按钮，分别由'str1'和'str2'确定，questdlg 确定提示信息，'title'确定对话框标题，

'default'必须是'str1'或'str2'之一；

button＝questdlg('qstring', 'title','str1','str2','str3','default')：打开问题提示对话框，有三个按钮，分别由'str1''str2'和'str3'确定，questdlg 确定提示信息，'title'确定对话框标题，'default'必须是'str1'、'str2'或'str3'之一。

【例 8-7】 创建一个问题提示对话框。

程序命令如下：

```
questdlg('今天你学习了吗?','问题提示','Yes','No','Yes');
```

运行结果如图 8-22 所示。

8. 信息提示对话框

在 MATALB 中，msgbox 函数用于显示提示信息，其调用格式为

msgbox(message)：打开信息提示对话框，显示 message 信息；

msgbox(message,title)：…title 确定对话框标题；

msgbox(message,title,'icon')：…'icon'用于显示图标，可选图标包括：none(无图标，默认值)、error、help、warn 或 custom(用户定义)；

msgbox(message,title,'custom',icondata,iconcmap)：当使用用户定义图标时，icondata 为定义图标的图像数据，iconcmap 为图像的色彩图；

msgbox(…,'creatmode')：选择模式'creatmode'，选项为 modal、non-modal 和 replace；

h＝msgbox(…)：返回对话框句柄。

【例 8-8】 创建一个信息提示对话框。

程序命令如下：

```
>> clear all;
>> msgbox('有错误请检查','信息提示对话框', 'warn')
```

运行结果如图 8-23 所示。

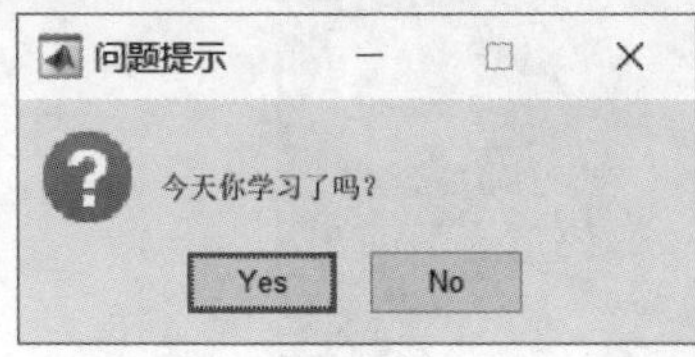

图 8-22 问题提示对话框

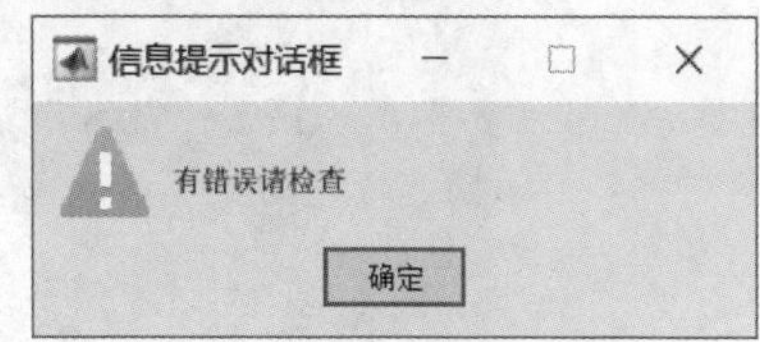

图 8-23 信息提示对话框

9. 警告信息对话框

在 MATALB 中，warndlg 函数用于提示警告信息，其调用格式为

h＝warndlg('warningstring','dlgname')：打开警告信息对话框，显示'warningstring'信息，'dlgname'确定对话框标题，h 为返回的对话框句柄。

例如：h＝warndlg({'错误：','代号 1111.'},'Warning')。

运行结果如图 8-24 所示。

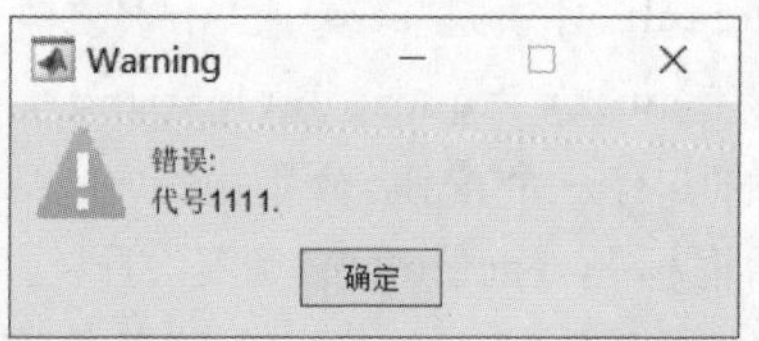

图 8-24　警告信息对话框

【例 8-9】 对话框设计在 GUI 界面设计中的应用示例。本例子用于讲解 MATLAB 对话框的用法，用到的对话框有文件打开对话框、文件保存对话框、输入对话框、问题提示对话框及信息提示对话框。

程序命令如下：

```
function picprocess()
% 创建隐藏的窗口,并移到屏幕中间
hFigure = figure('Visible', 'off', 'Position', [0 0 600 500], 'Resize', 'off',...
    'DockControls', 'off', 'Menubar', 'none', 'Name', '对话框示例', ...
    'NumberTitle', 'off', 'WindowButtonDownFcn', @btnDown, 'WindowButtonMotionFcn',...
    @btnMotion, 'WindowButtonUpFcn', @btnUp, 'CloseRequestFcn', @closeQuest);
movegui(hFigure, 'center');
%创建隐藏的坐标轴,用于显示图片和绘制曲线
hAxes = axes('Visible', 'off', 'Position', [0.01 0.2 0.98 0.79], 'Drawmode', 'fast');
imshow coins.png; %加载默认图片
%创建 uicontrol 对象
set(0, 'DefaultUicontrolFontSize', 10); %设置 uicontrol 控件的默认字体大小
uicontrol('String', '选择图片', 'Position', [50 20 70 30], 'Callback', @openPic);
uicontrol('String', '选择画笔', 'Position', [150 20 70 30], 'Callback', @penStyle);
uicontrol('String', '保存图片', 'Position', [250 20 70 30], 'Callback', {@savePic, hAxes});
uicontrol('String', '退 出', 'Position', [350 20 70 30], 'Callback', 'close(gcbf)')
% 显示窗口
set(hFigure, 'Visible', 'on');
end
```

初始界面效果如图 8-25 所示。

图 8-25　初始界面效果

```
function openPic(~, ~)
% "选择图片"按钮的回调函数,弹出文件打开对话框,选择要显示的背景图片
% ~表示该参数不被使用
% hAxes 为坐标轴对象的句柄
%% 采用文件打开对话框,选择要打开的图片
[fName, pName, index] = uigetfile({'*.jpg'; '*.bmp'}, '选择要打开的图片文件');
if index % 如果选择了图片
    str = [pName fName];        % 获取图片的完整路径和文件名
    cla; % 清空坐标轴内的背景图片和用户绘制的曲线
    imshow(str);                % 在当前坐标轴内显示选中的图片
    %% 存储坐标范围,用于判断鼠标是否在图片上
    setappdata(gcf, 'xLim', get(gca, 'xLim')); % 存储坐标轴的 x 轴范围为窗口对象的应用数据
    setappdata(gcf, 'yLim', get(gca, 'yLim')); % 存储坐标轴的 y 轴范围为窗口对象的应用数据
end
end
```

"选择图片"按钮的回调函数运行效果如图 8-26 所示。

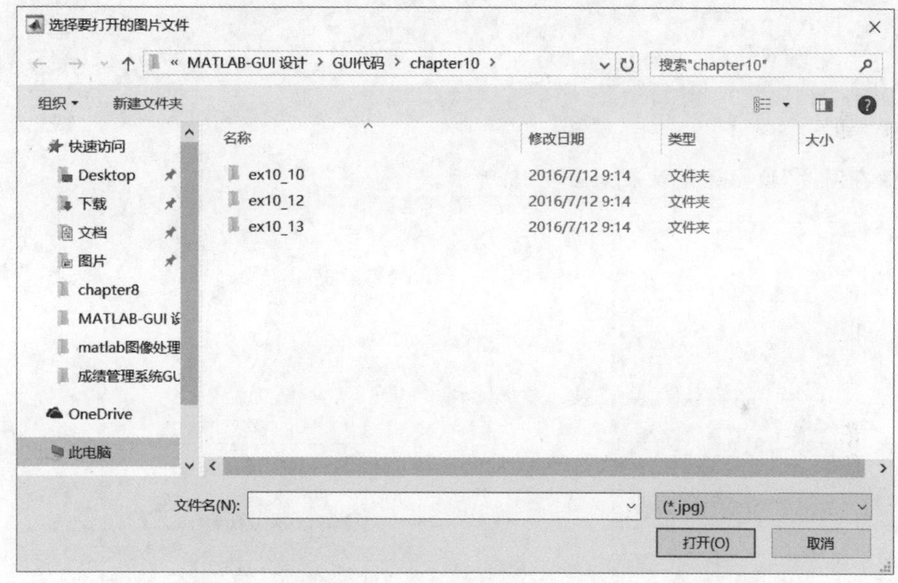

图 8-26 "选择图片"按钮的回调函数

```
function penStyle(~, ~)
% "选择画笔"按钮的回调函数
% 采用输入对话框,设置画笔宽度和类型
answer = inputdlg({'画笔宽度: ', sprintf('画笔类型: \n(1 -- 实线,2 -- 点线')},...
    '画笔设置', 4, {'3', '1'});
end
```

"选择画笔"按钮运行效果如图 8-27 所示。

```
function savePic(~, ~, hAxes)
```

```
%"保存图片"按钮的回调函数
%采用文件保存对话框,获取保存的图片路径和文件名
[fName, pName, index] = uiputfile({'*.jpg'; '*.bmp'}, '图片另存为');
if index == 1 || index == 2          %若保存文件类型为 JPG 或 BMP
    %% 创建一个隐藏的窗口,将坐标轴复制进去,并保存为图片
    hFig = figure('Visible', 'off');%创建一个隐藏窗口
    copyobj(hAxes, hFig);            %将坐标轴及其子对象复制到新窗口内
    str = [pName fName];             %获取要保存的图片路径和文件名
    if index == 1
        print(hFig, '-djpeg', str);%保存为 JPG 图片
    else
        print(hFig, '-dbmp', str); %保存为 BMP 图片
    end
    delete(hFig);                    %删除创建的隐藏窗口
    %% 创建一个信息对话框,提示文件保存成功
    hMsg = msgbox(['图片' fName '保存成功!'], '提示');
    %% 1 秒后如果信息对话框没有关闭,自动关闭
    pause(1);
    if ishandle(hMsg)                %信息对话框没有手动关闭
        delete(hmsg);                %自动关闭信息对话框
    end
end
end
```

"保存图片"按钮运行效果如图 8-28 所示。

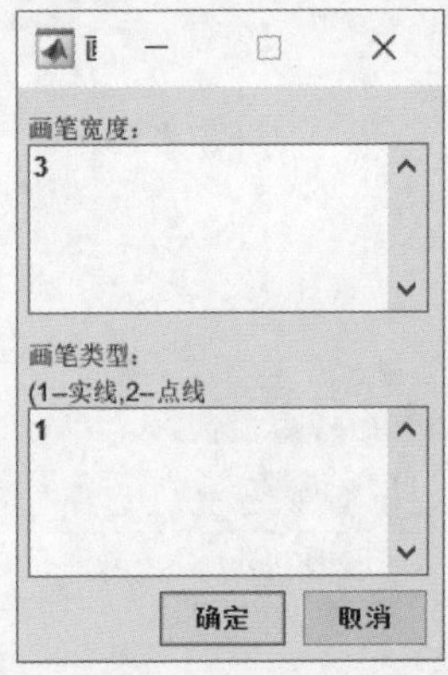

图 8-27 "选择画笔"对话框

图 8-28 "保存图片"按钮运行效果

```
function closeQuest(hObject, ~)
%% 创建一个提问对话框,进一步确认是否要关闭窗口
sel = questdlg('是否关闭当前窗口?', '关闭确认', '是', '否', '否');
switch sel
    case '是' %用户点击了【是】按钮
        delete(hObject);
    case '否' %用户点击了【否】按钮
        return;
end
end
```

创建一个提问对话框，进一步确认是否要关闭窗口的效果如图 8-29 所示。

图 8-29　是否要关闭窗口

最终的运行效果如图 8-30 所示。

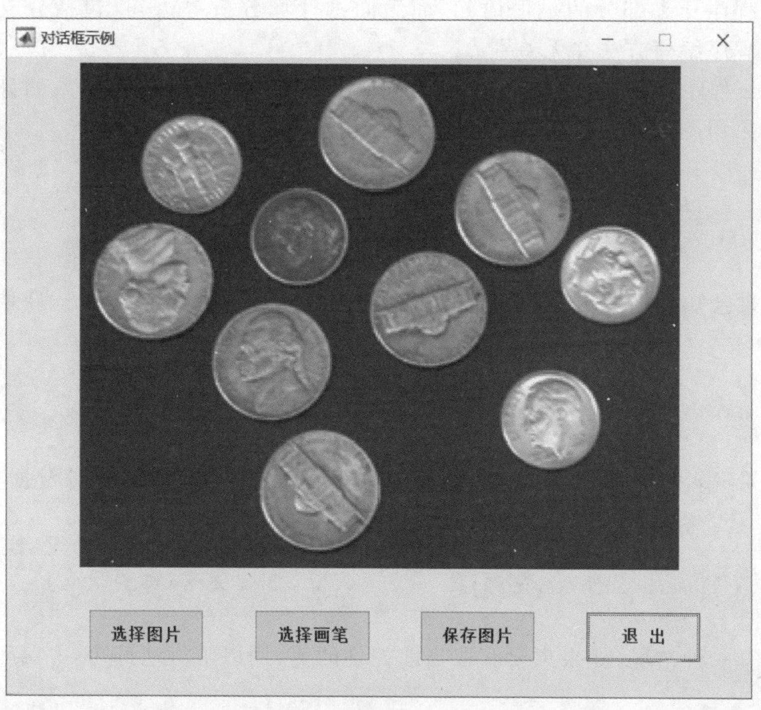

图 8-30　最终效果窗口

8.4 回调函数

用户对控件进行操作(如鼠标单击、双击或移动,键盘输入等)的时候,控件对该操作进行响应,所指定执行的函数,就是该控件的回调函数,也称 Callback 函数。该函数不会主动执行,只在用户对控件执行特定操作时执行。

采用函数编写的 GUI 中,控件回调属性的值一般为字符串单元数组,每个单元均为一条 MATLAB 语句(指令),语句按单元顺序排列,每条 MATLAB 语句用单引号引起来,语句本身含有的单引号改为两个单引号;采用 GUIDE 创建的 GUI 中,控件回调函数指令可直接放在该对应控件的函数中,指令写法与命令行一致。

若要在 M 文件编辑器里编写 Callback 程序,那么属性检查器里的 Callback 则不能作任何修改,默认为 automatic,也就是当用户将 GUI 存储并打开 M 文件编辑器后,这个 Callback 就会自动指向 M 文件编辑器里的 Callback 函数。例如,"按钮"的 Callback 函数中包含了四行指令,单击(激励)该按钮,则会立即执行该四行命令,绘出图形。

```
function pushbutton1_Callback(hObject, eventdata, handles)
figure
t = 0:0.1:2 * pi;
plot(t,sin(t),'-- ',t,cos(t))
legend('正弦','余弦','Location','Best')
```

一般情况下,该函数包含一组命令,即一段程序。而在该程序中,通常首先要获取界面上的各控件的值,例如,编辑框中输入的内容或单选框是选择哪个选项等,相当于一般计算机语言程序开头部分的赋值语句,而后面的计算分析等语句(包括分支、循环等控制),同一般程序编写方法并无差别。

Callback 程序首先要在图形界面上获得各控件的值,然后进行一系列计算过程,最后将计算结果用图形或字符串的方式显示在图形界面上。

(1) 通过以下方式得到按钮 pushbutton1 的句柄:

```
h1 = handles.pushbutton1 或 h1 = findobj('tag','pushbutton1')
```

(2) 如果已知某一编辑框的句柄为 hh(得到方法同上),从该编辑框获取输入内容,用以下语句:

```
str = get(hh,'String');
```

(3) 如果编辑框输入的是数值,要参与后面的程序计算,则需要对数据类型进行转换,即:

```
instr = str2num(get(hh,'String'));
```

(4) 还有一种情况,如果想要获取当前控件的值,用以下方法即可:

```
instr = str2double(get(hObject,'String'));   %从编辑框获取输入值
```

(5) 或不用事先得到控件的句柄,直接通过结构数组获得编辑框控件 edit1 的值:

```
instr = str2double(get(handles.edit1,'String'));   %从编辑框获取输入值
```

(6) 将计算结果显示在编辑框 edit2 中,用以下方法:

```
set(handles.edit2,'String',str));   %其中 str 是字符串变量
```

(7) 如果计算结果是数值型,则要进行转换:

```
str = num2str(n);        %n 为数值型变量
```

(8) 如果要将计算结果绘出图形,并绘制在界面上预先定义的坐标轴 axes1 中,则在绘图命令前加上以下语句,使 axes1 成为当前坐标轴:

```
axes(handles.axes1)        % handles.axes1 即为坐标轴 axes1 的句柄
```

8.5 GUI 界面设计实例

8.5.1 GUI 界面程序设计实例

1. 控件的绘制

在 MATLAB 的命令窗口(Command Window)中运行 guide 命令,来打开 GUIDE 界面,选择空模板,单击“确定”,即可打开 GUIDE 的设计界面。

在用户界面编辑窗口添加三个按钮,再添加一个静态文本框、一个弹出式菜单和一个坐标系,如图 8-31 所示。

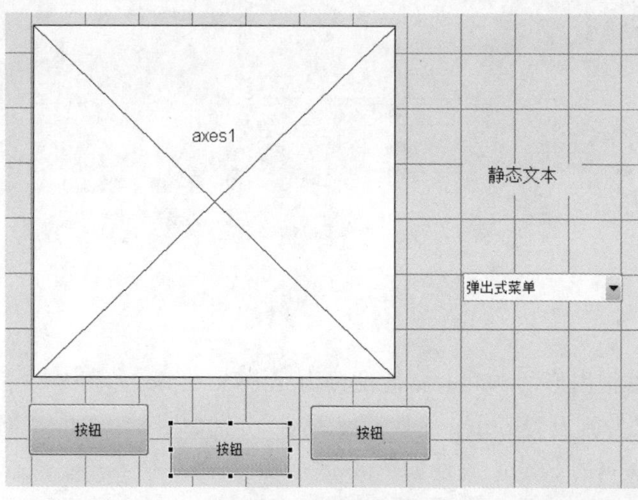

图 8-31 控件的绘制

2. 控件位置的调整

利用对齐对象就可以调整对象的位置,在GUI设计窗口的工具栏上选择“对齐对象”就可以打开对齐对象工具,如图8-32所示。

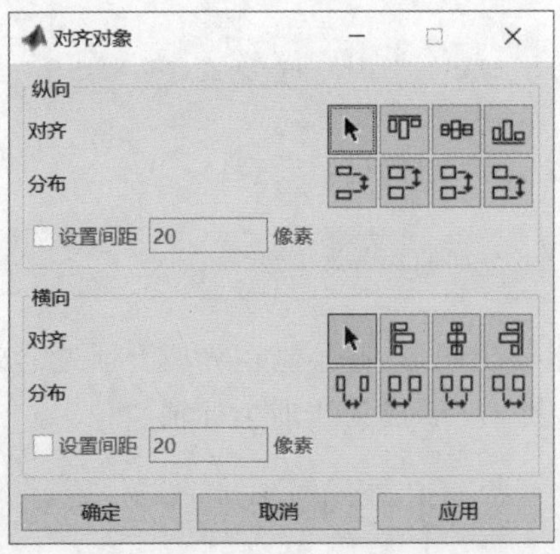

图8-32　对齐对象

在对齐对象中,第一栏是垂直方向的位置调整,第二栏是水平方向的位置调整。当选中多个对象时,可以通过对象位置调整器调整对象间的对齐方式和分布,如图8-33所示。

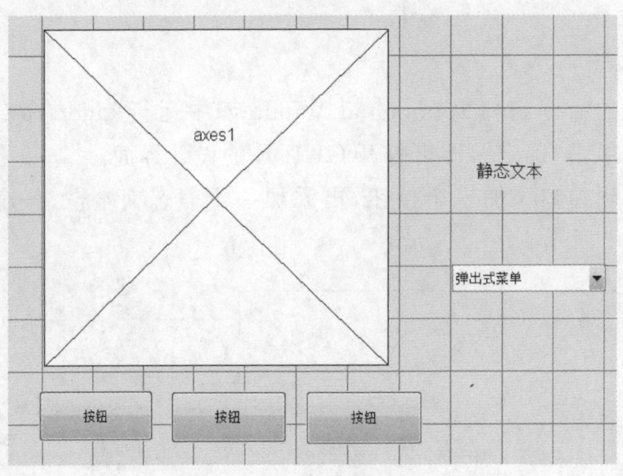

图8-33　调整控件

3. 属性的设置

用属性查看器把图形的Name属性设置为gui_example,如图8-34所示。

三个按钮需要分别设置String属性、Tag属性,分别如图8-35、图8-36和图8-37所示。

再设置静态文本的String属性如图8-38所示。

最后分别设置弹出式菜单的String属性、Tag属性,如图8-39和图8-40所示。

这样最终的界面效果如图8-41所示。

检查器: matlab.ui.Figure
KeyReleaseFcn
MenuBar none
Name gui_example
NextPlot add
Number
NumberTitle Off
PaperOrientation portrait
PaperPosition [0.25 2.5 8 6]
PaperPositionMode manual
PaperSize [21 29.7]
PaperType A4
PaperUnits centimeters
Pointer arrow
PointerShapeCData [16x16 double array]

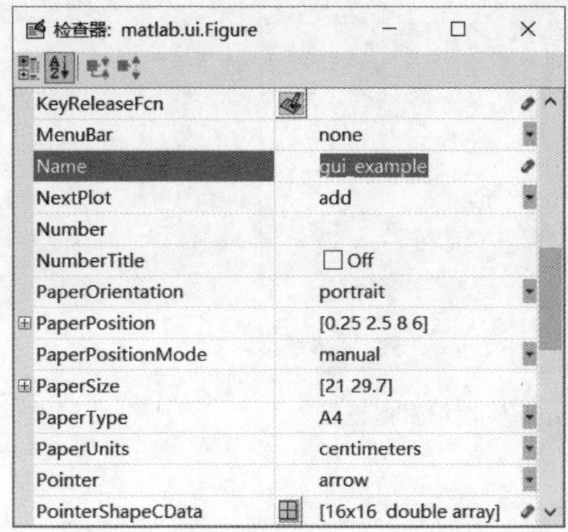

图 8-34　GUI Name 属性的设置

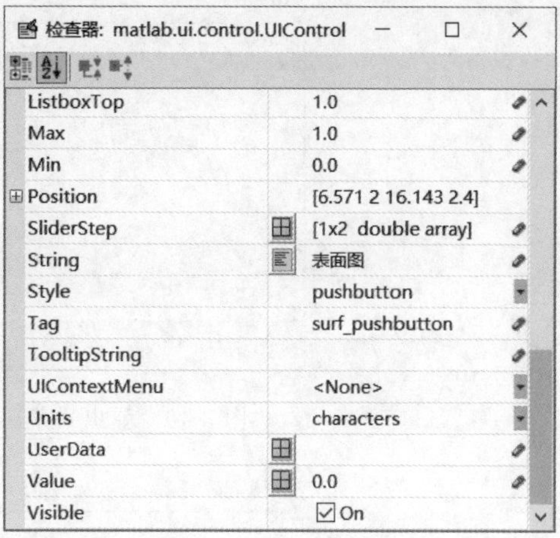

检查器: matlab.ui.control.UIControl
ListboxTop 1.0
Max 1.0
Min 0.0
Position [6.571 2 16.143 2.4]
SliderStep [1x2 double array]
String 表面图
Style pushbutton
Tag surf_pushbutton
TooltipString
UIContextMenu <None>
Units characters
UserData
Value 0.0
Visible On

图 8-35　按钮一属性设置

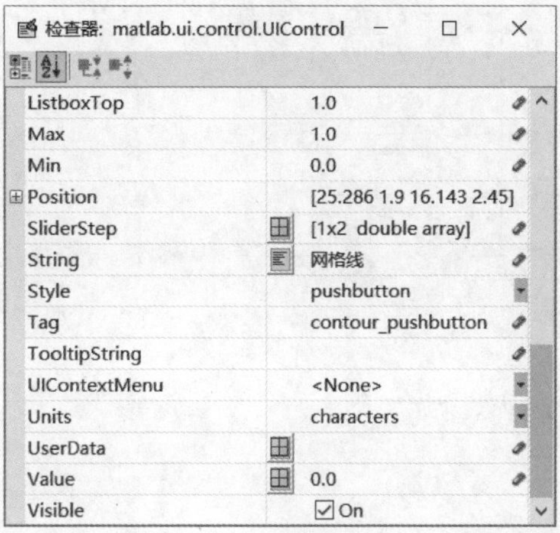

检查器: matlab.ui.control.UIControl
ListboxTop 1.0
Max 1.0
Min 0.0
Position [25.286 1.9 16.143 2.45]
SliderStep [1x2 double array]
String 网格线
Style pushbutton
Tag contour_pushbutton
TooltipString
UIContextMenu <None>
Units characters
UserData
Value 0.0
Visible On

图 8-36　按钮二属性设置

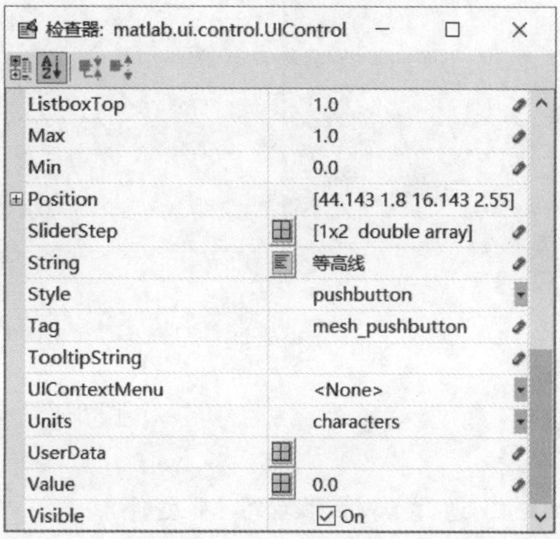

检查器: matlab.ui.control.UIControl
ListboxTop 1.0
Max 1.0
Min 0.0
Position [44.143 1.8 16.143 2.55]
SliderStep [1x2 double array]
String 等高线
Style pushbutton
Tag mesh_pushbutton
TooltipString
UIContextMenu <None>
Units characters
UserData
Value 0.0
Visible On

图 8-37　按钮三属性设置

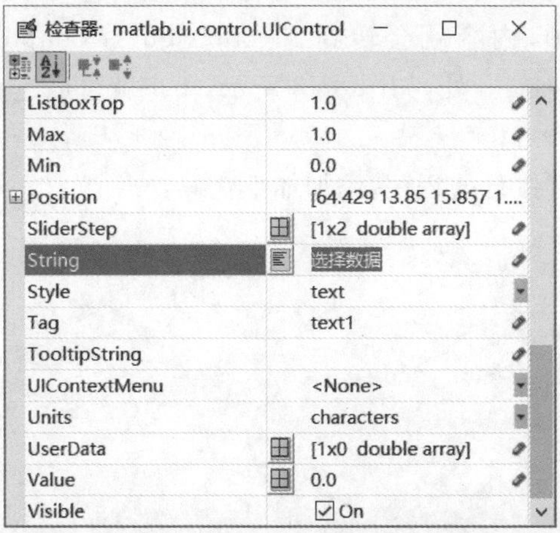

检查器: matlab.ui.control.UIControl
ListboxTop 1.0
Max 1.0
Min 0.0
Position [64.429 13.85 15.857 1....
SliderStep [1x2 double array]
String 选择数据
Style text
Tag text1
TooltipString
UIContextMenu <None>
Units characters
UserData [1x0 double array]
Value 0.0
Visible On

图 8-38　静态文本属性设置

检查器: matlab.ui.control.UIControl
ListboxTop 1.0
Max 1.0
Min 0.0
Position [64.429 8.75 21.429 1.6]
SliderStep [1x2 double array]
String peaks
Style popupmenu
Tag popup
TooltipString
UIContextMenu <None>
Units characters
UserData [1x0 double array]
Value 1.0
Visible On

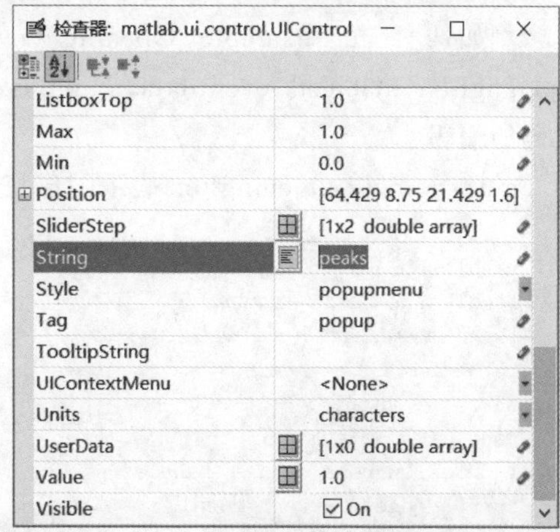

图 8-39　弹出式菜单的属性设置

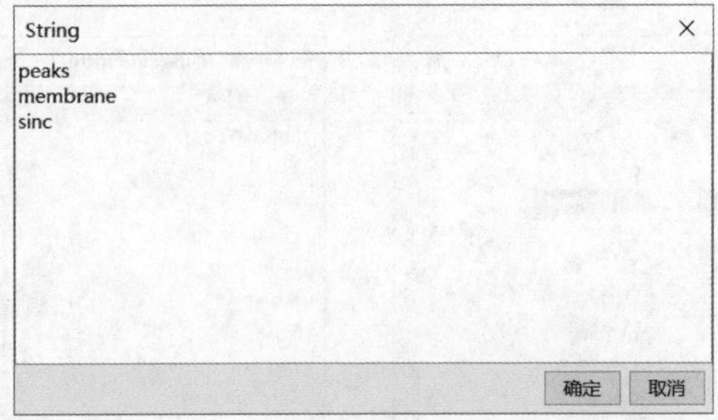

图 8-40　弹出式菜单的 String 属性编辑框设置

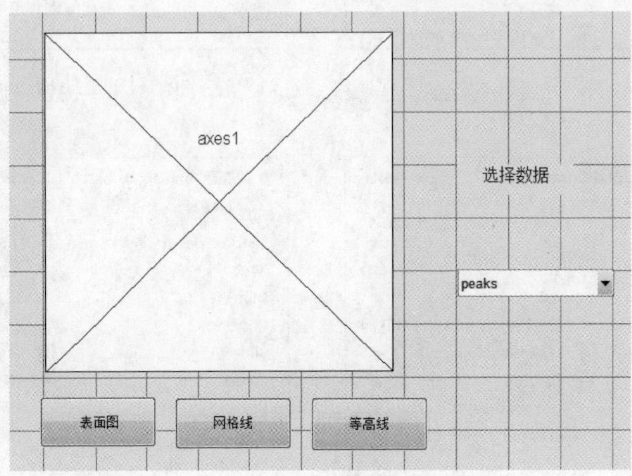

图 8-41　最终的界面效果

4. 通过编辑器编写 M 文件

打开编辑器 图标,可以看到各个对象的回调函数、某些对象的创建函数和打开函数等。如图 8-42 所示,通过选择相应选项就可以对相应函数进行程序编辑。

例如选择 gui_example_OpeningFcn 选项,内容就会转到 function gui_example_OpeningFcn(hObject, eventdata, handles, varargin 处,如图 8-43 所示,用户就可以进行代码的编辑。

gui_example_OpeningFcn 表示图形打开时执行的程序,添加如下代码:

```
handles.peaks = peaks(40);
handles.membrane = membrane;
[x,y] = meshgrid( - 10:.5:10);
r = sqrt(x.^2 + y.^2);
sinc = sin(r)./r;
handles.sinc = sinc;
handles.current_data = handles.peaks;
surf(handles.current_data);
handles.output = hObject;
guidata(hObject, handles);
```

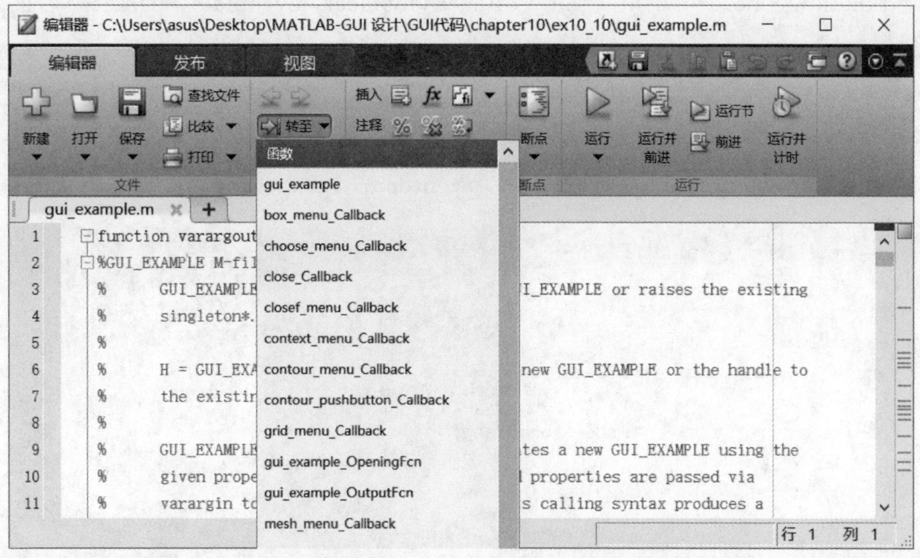

图 8-42　通过编辑器编写 M 文件

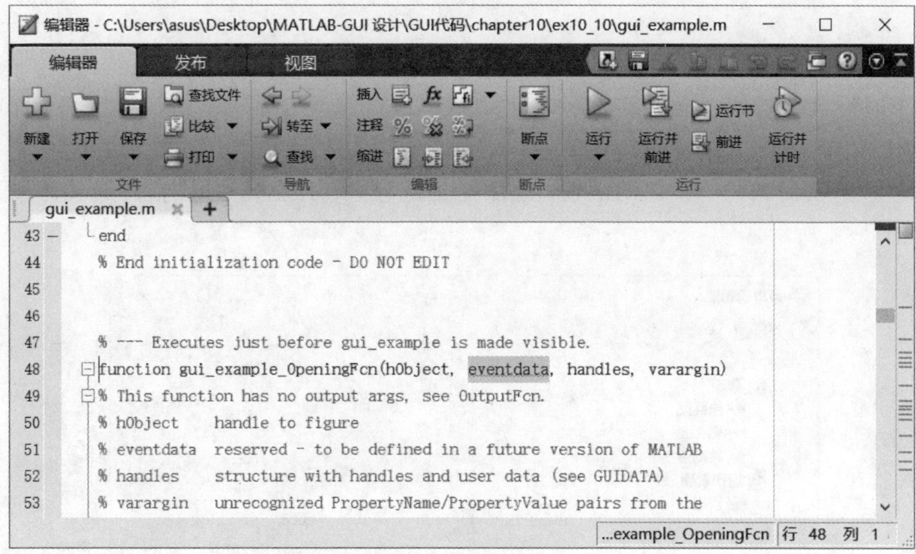

图 8-43　代码的编辑

在 function surf_pushbutton_Callback(hObject，eventdata，handles)后面添加如下代码：

```
surf(handles.current_data);
```

在 function mesh_pushbutton_Callback(hObject，eventdata，handles)后面添加如下代码：

```
mesh(handles.current_data);
```

在 function contour_pushbutton_Callback(hObject，eventdata，handles)后面添加如下代码：

```
contour(handles.current_data);
```

在 function popup_Callback(hObject，eventdata，handles)后面添加如下代码：

```
val = get(hObject,'Value');
str = get(hObject, 'String');
switch str{val};
case 'peaks'
  handles.current_data = handles.peaks;
case 'membrane'
  handles.current_data = handles.membrane;
case 'sinc'
  handles.current_data = handles.sinc;
end
guidata(hObject,handles)
```

最后保存 M 文件。

5. 菜单的创建

1）通过菜单栏创建菜单

选择菜单栏按钮，添加选项菜单，其子菜单为表面图、网格图、等高线，并设置它们的相应属性，依次回调三个按钮的函数；添加退出选项，其子菜单为退出，回调关闭图形函数，如图 8-44 所示。

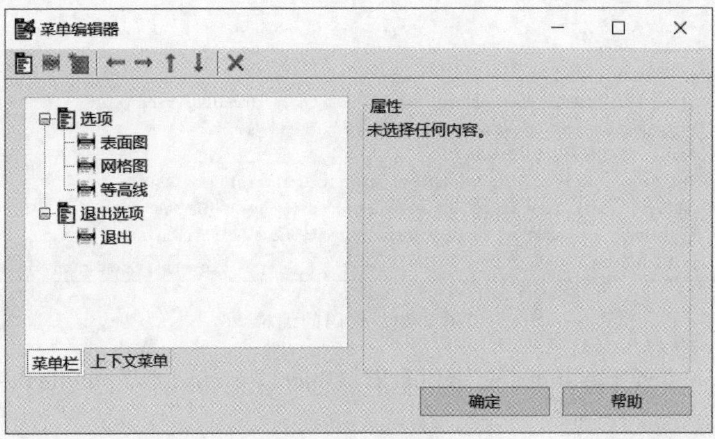

图 8-44 菜单编辑

具体代码如下：

```
function surf_menu_Callback(hObject, eventdata, handles)
surf(handles.current_data);
function mesh_menu_Callback(hObject, eventdata, handles)
```

```
mesh_pushbutton_Callback(hObject, eventdata, handles);
function contour_menu_Callback(hObject, eventdata, handles)
contour(handles.current_data);
function closef_menu_Callback(hObject, eventdata, handles)
close(gcf);
```

2）通过上下文菜单来创建菜单

在布局编辑窗口中，打开属性查看器，更改 UIContextMenu 属性如图 8-45 所示。设置 context_menu 项的标记属性为 context_menu，如图 8-46 所示。

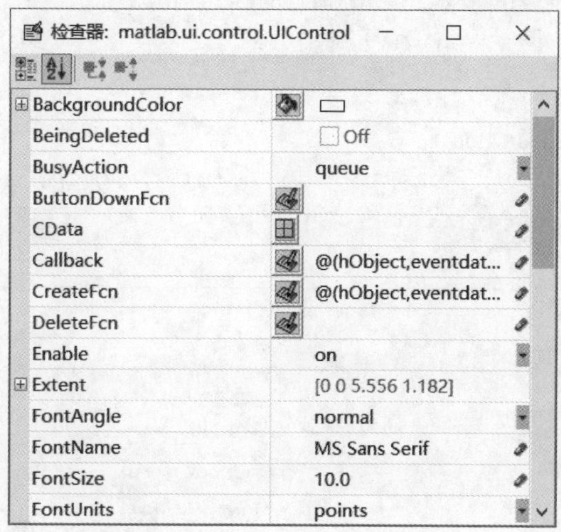

图 8-45　UIContextMenu 属性设置

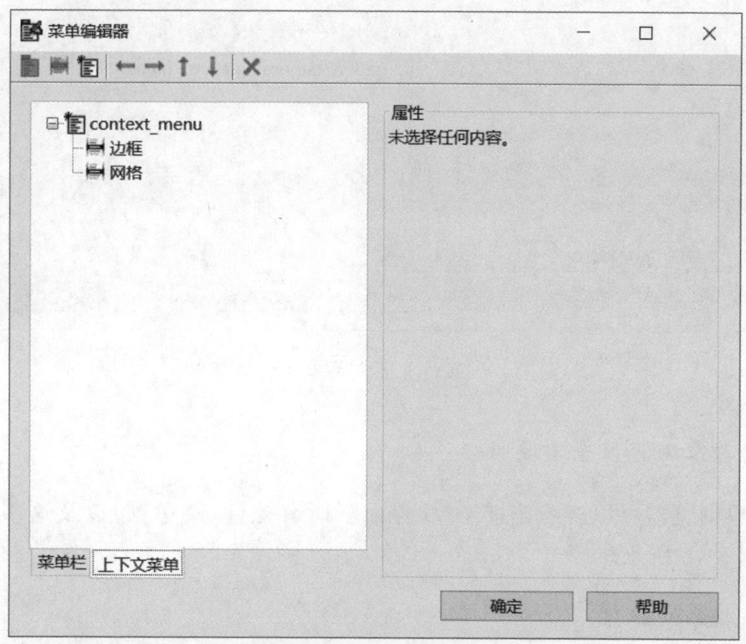

图 8-46　context_menu 属性设置

添加如图 8-47 所示的上下文菜单，选中"选中此项"设置标签和标记属性，添加回调函数代码如下：

```
function box_menu_Callback(hObject, eventdata, handles)
if strcmp(get(gcbo, 'Checked'),'on')
    set(gcbo, 'Checked', 'off');
else
    set(gcbo, 'Checked', 'on');
end
box;
function grid_menu_Callback(hObject, eventdata, handles)
if strcmp(get(gcbo, 'Checked'),'on')
    set(gcbo, 'Checked', 'off');
else
    set(gcbo, 'Checked', 'on');
end
grid;
```

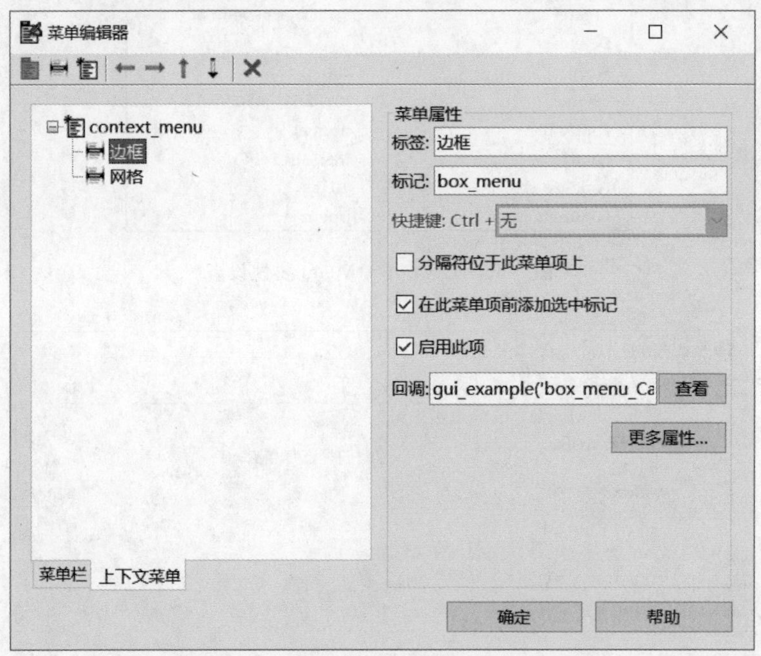

图 8-47　通过上下文菜单来创建菜单

6. 使用对象浏览器查看属性

通过对象浏览器可以查看当前 GUI 界面下所有控件、菜单项，以及这些对象的组织关系等，如图 8-48 所示。

7. Tab 顺序编辑器

在 GUI 设计窗口中创建了四个 Tag 属性的对象，通过 ↑ ↓ 按钮可以改变它们相应的 Tab 顺序,如图 8-49 所示。

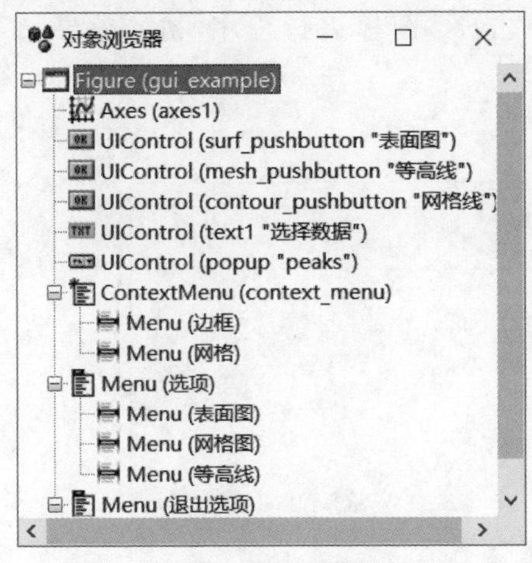

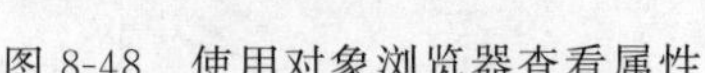

图 8-48　使用对象浏览器查看属性

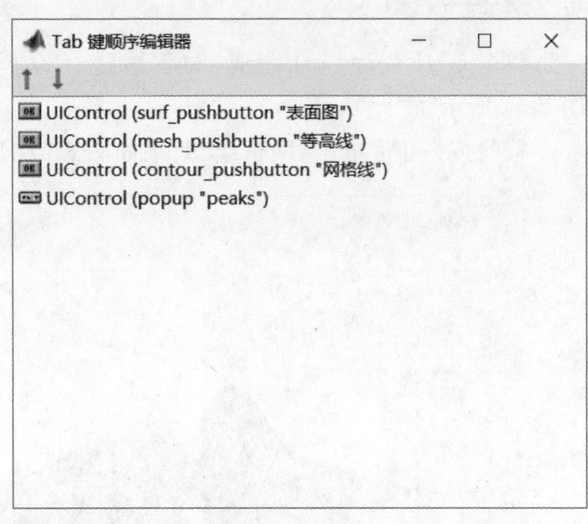

图 8-49　Tab 顺序编辑器

8. 存储 GUI 程序

GUIDE 把 GUI 设计的内容保存在两个文件中,它们在第一次保存或运行时生成。一个是 FIG 文件,扩展名为.fig,它包含对 GUI 和 GUI 组件的完整描述;另外一个是 M 文件,扩展名为.m,它包含控制 GUI 的代码和组件的回调事件代码。

这两个文件与 GUI 显示和编程任务相对应。在版面设计中创建 GUI 时,内容保存在 FIG 文件中;对 GUI 编程时,内容保存在 M 文件中,如图 8-50 所示。

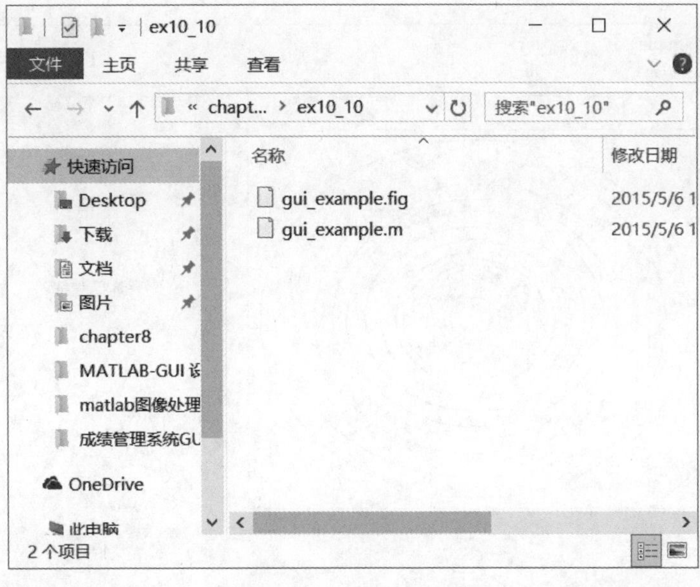

图 8-50　存储 GUI 程序

9. 运行程序

整个 GUI 程序设计完成,对程序进行检验,单击 ▶ 图标运行程序,初始效果如图 8-51 所示。

检验按钮键:单击“网格线”效果如图 8-52 所示。

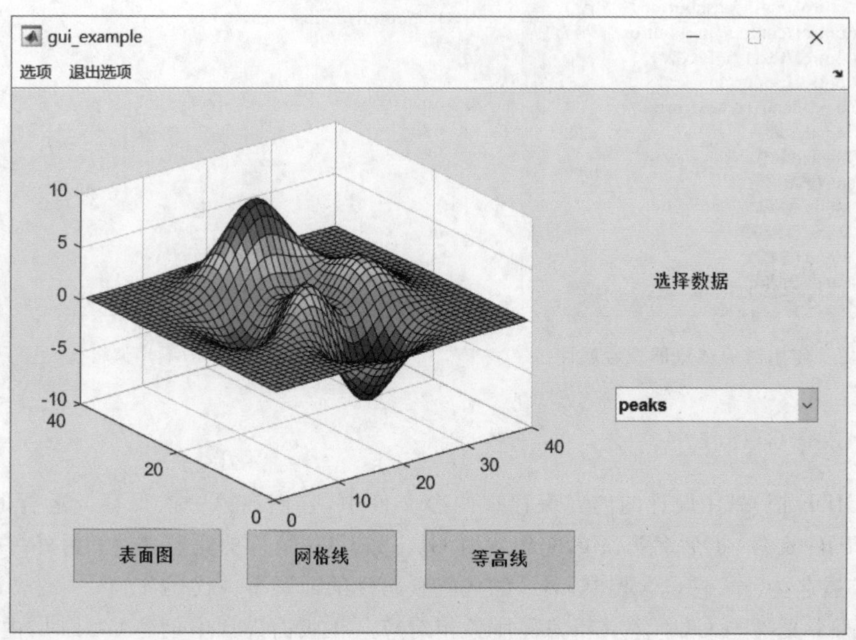

图 8-51　初始效果图

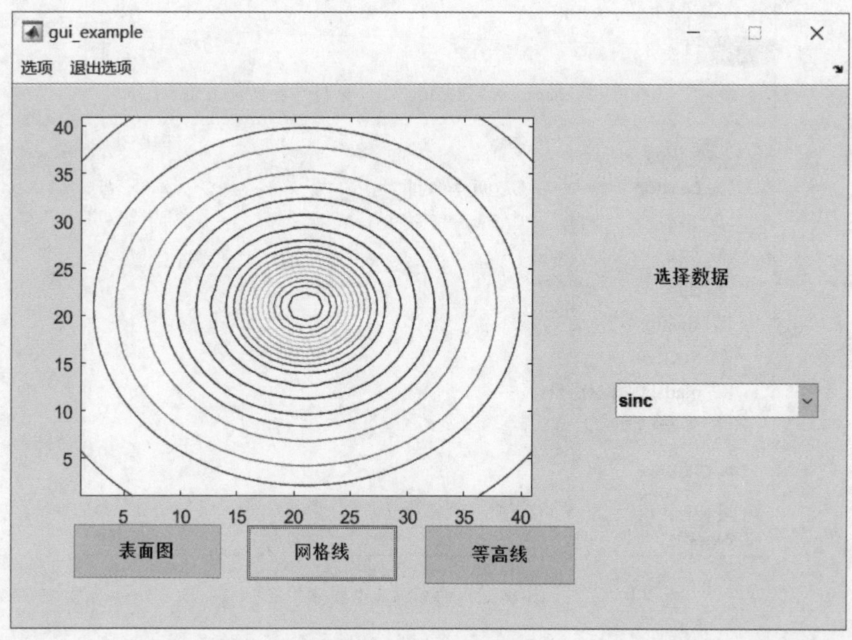

图 8-52　单击网格线效果

检验弹出式菜单和选择菜单效果：选中弹出式菜单中的 Sinc 项，然后打开选项菜单的子菜单“等高线”，运行效果如图 8-53 所示。

检验上下文菜单效果：在空白处单击鼠标右键弹出上下文菜单，选择“边框”和“网格项”，可以改变坐标轴的属性，如图 8-54 所示。

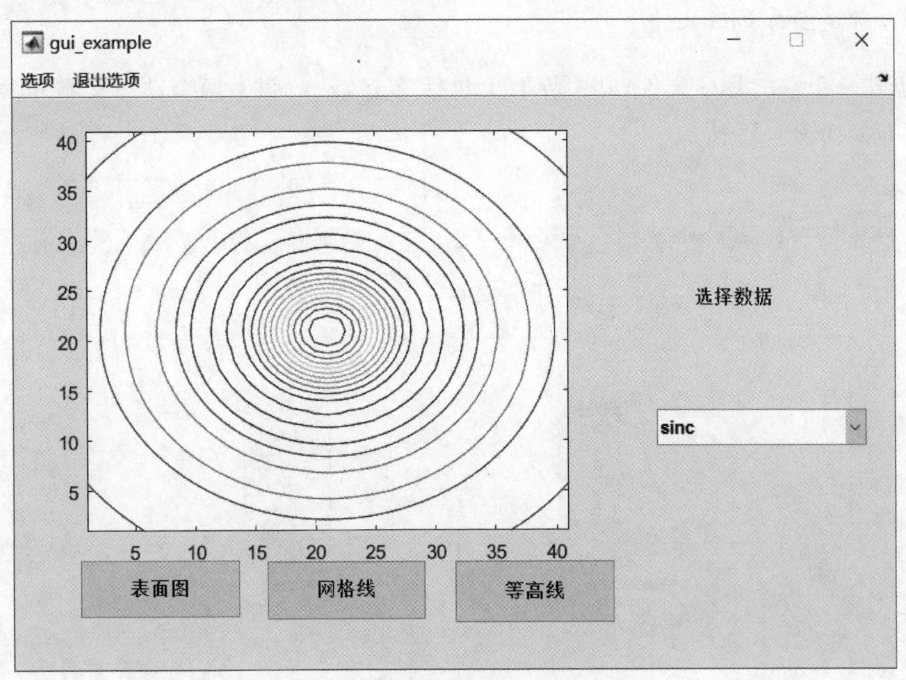

图 8-53　检验弹出式菜单和选择菜单效果

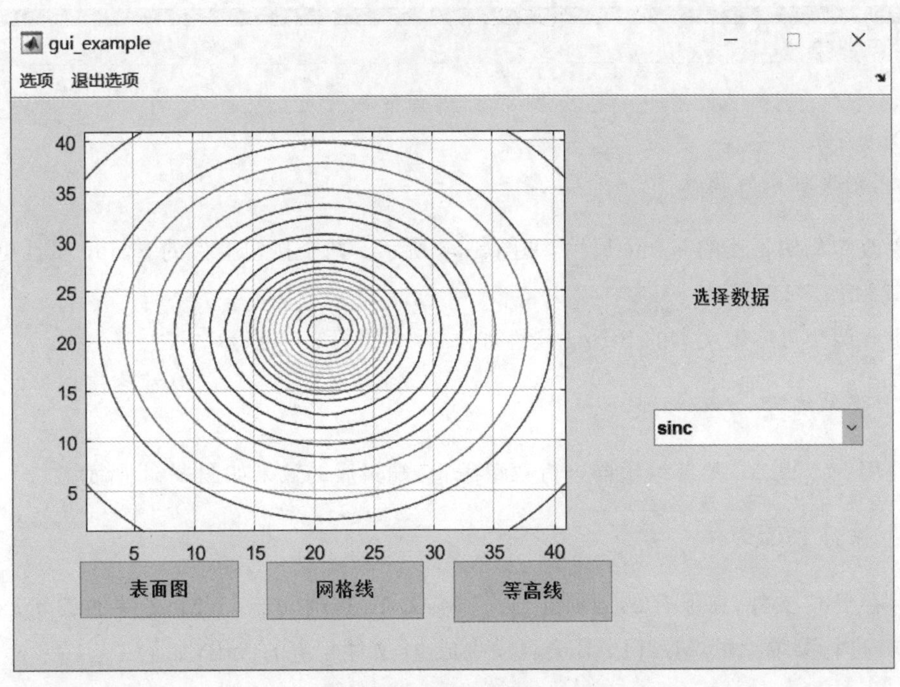

图 8-54　检验上下文菜单效果

最后可以通过“退出”选项的子菜单退出来关闭图形。

8.5.2 GUI实现图像处理实例

1. 新建空白FIG文件

新建一个空白FIG文件，其中界面上包括三个axes面板、两个动态文本和两个按钮，其布局如图8-55所示。

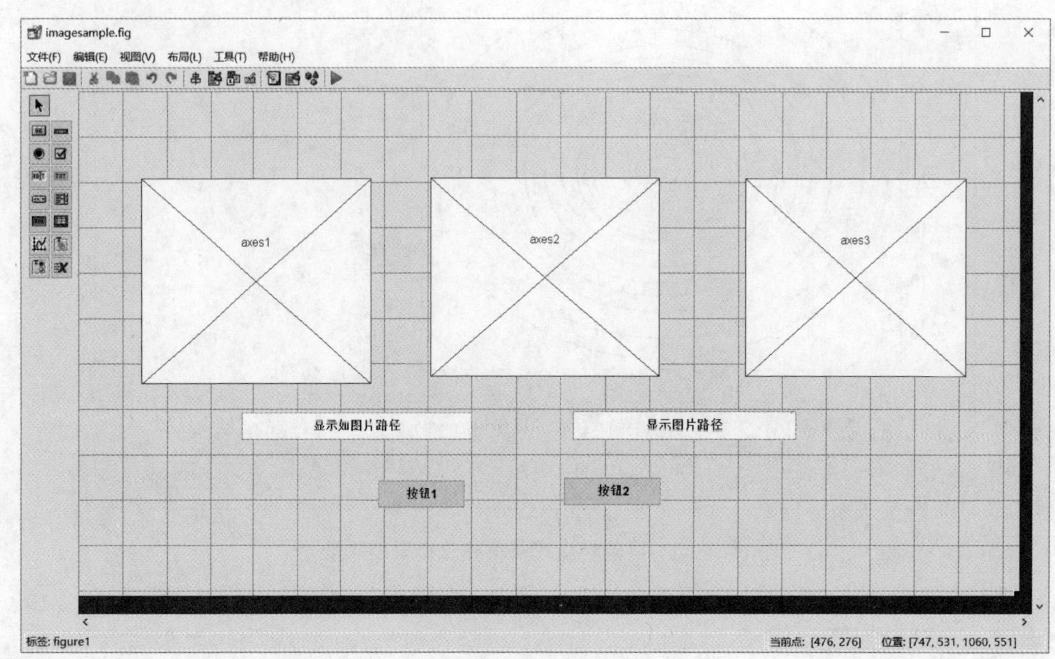

图8-55 界面布局

2. 更改对象的属性

更改布局编辑器的Name属性，如图8-56所示。两个按钮控件的String属性更改如图8-57和图8-58所示。

更改两个可编辑文本的String属性如图8-59和图8-60所示。

3. 菜单编辑

使用MATLAB菜单编辑器进行菜单编辑，编辑后的效果如图8-61所示。

4. 保存FIG文件

保存FIG文件，在保存的同时生成了M文件，这时可进行M文件的编辑。使用GUIDE进行菜单编辑，MATLAB会自动生成M文件相应的代码，如下：

图 8-56　更改布局编辑器的 Name 属性

图 8-57　按钮 1 的 String 属性

图 8-58　按钮 2 的 String 属性

图 8-59　可编辑文本 1 的 String 属性

图 8-60　可编辑文本 2 的 String 属性

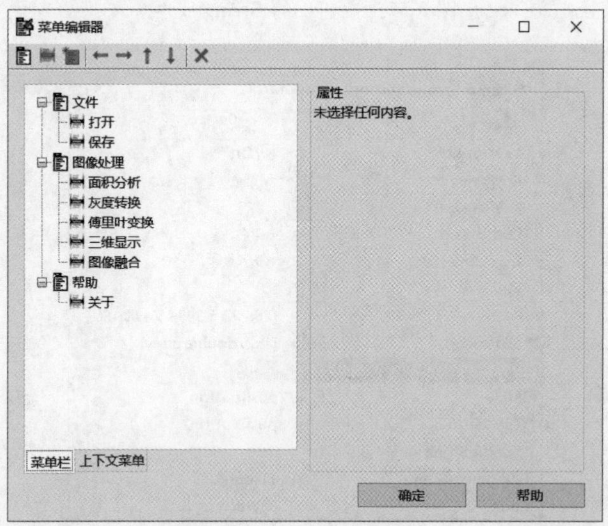

图 8-61　菜单编辑器

```
function varargout = imagesample(varargin)
gui_Singleton = 1;
gui_State = struct('gui_Name', mfilename, ...
                   'gui_Singleton', gui_Singleton, ...
                   'gui_OpeningFcn', @imagesample_OpeningFcn, ...
                   'gui_OutputFcn', @imagesample_OutputFcn, ...
                   'gui_LayoutFcn', [] , ...
                   'gui_Callback', []);
if nargin && ischar(varargin{1})
    gui_State.gui_Callback = str2func(varargin{1});
end

if nargout
    [varargout{1:nargout}] = gui_mainfcn(gui_State, varargin{:});
else
    gui_mainfcn(gui_State, varargin{:});
end
function imagesample_OpeningFcn(hObject, eventdata, handles, varargin)
handles.output = hObject;

guidata(hObject, handles);

function varargout = imagesample_OutputFcn(hObject, eventdata, handles)
varargout{1} = handles.output;

function edit1_Callback(hObject, eventdata, handles)
function edit1_CreateFcn(hObject, eventdata, handles)
if ispc && isequal(get(hObject,'BackgroundColor'),... get(0,'defaultUicontrolBackgroundColor'))
    set(hObject,'BackgroundColor','white');
end

function edit2_Callback(hObject, eventdata, handles)
function edit2_CreateFcn(hObject, eventdata, handles)
if ispc && isequal(get(hObject,'BackgroundColor'),... get(0,'defaultUicontrolBackgroundColor'))
    set(hObject,'BackgroundColor','white');
end

function file_Callback(hObject, eventdata, handles)

% --------------------------------------------------------------------
function open_Callback(hObject, eventdata, handles)
% --------------------------------------------------------------------
function edit_Callback(hObject, eventdata, handles)
% --------------------------------------------------------------------
function grains_Callback(hObject, eventdata, handles)
% --------------------------------------------------------------------
function Untitled_1_Callback(hObject, eventdata, handles)
% --------------------------------------------------------------------
function about_Callback(hObject, eventdata, handles)
```

```
% ------------------------------------------------------------------------
function gray_Callback(hObject, eventdata, handles)
% ------------------------------------------------------------------------
function save_Callback(hObject, eventdata, handles)
% ------------------------------------------------------------------------
function fft_Callback(hObject, eventdata, handles)
% ------------------------------------------------------------------------
function surface_Callback(hObject, eventdata, handles)
function pushbutton1_Callback(hObject, eventdata, handles)
function pushbutton2_Callback(hObject, eventdata, handles)
% ------------------------------------------------------------------------
function fuse_Callback(hObject, eventdata, handles)
```

5. 在文件中添加用户自定义的回调函数

生成M文件后可以在文件中添加用户自定义的回调函数,添加打开图像文件的回调函数。

在函数function open_Callback(hObject, eventdata, handles)的后面添加如下代码:

```
[filename,pathname] = uigetfile('.jpg')
set(handles.edit1,'string',[pathname,filename])     %设置edit1的字符内容
file = get(handles.edit1,'string');
A1 = imread(file);
axes(handles.axes1);                                % 将打开的图像文件显示在轴1
imagesc(A1);                                        %对图像进行缩放显示
```

在M文件中单击运行按钮,打开图像文件。选择"文件"菜单下的"打开"选项,即可出现图形界面,如图8-62和图8-63所示,可以选择打开图像文件的路径和文件名称。

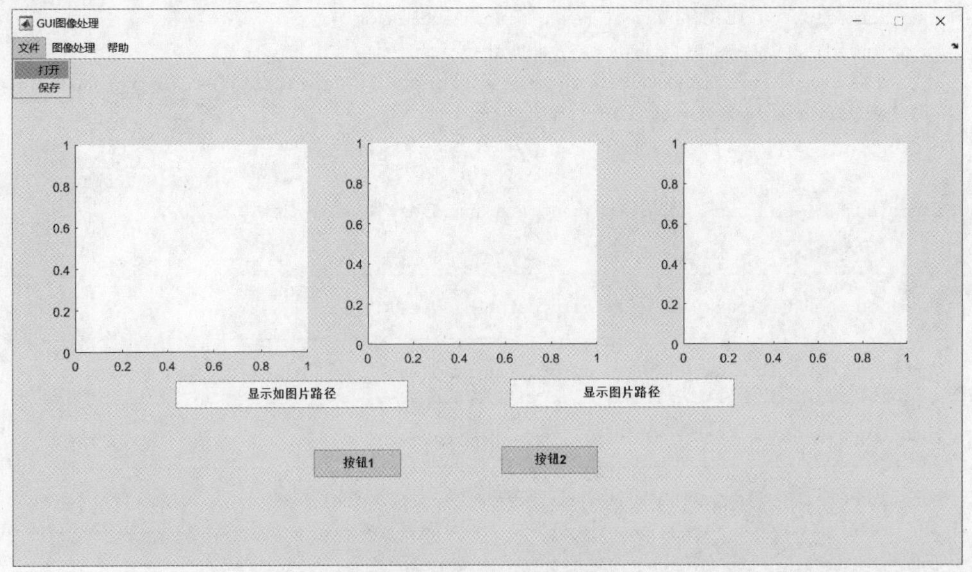

图 8-62 "打开"选项

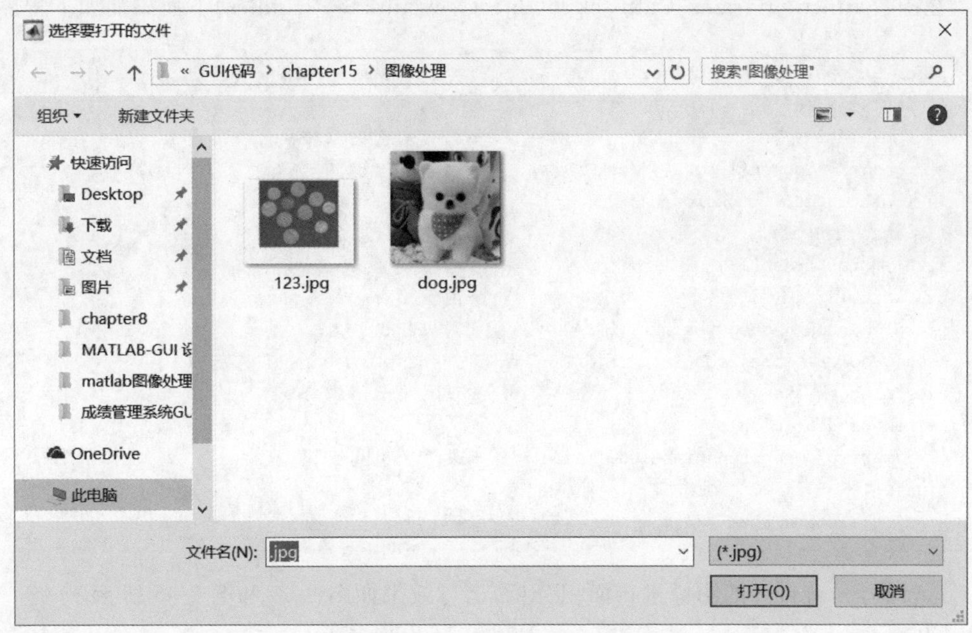

图 8-63　选择打开图像文件的路径和文件名称

打开图像文件后，左面第一个轴将显示所选择的图片，同时左下角显示图相应的路径。效果如图 8-64 所示。

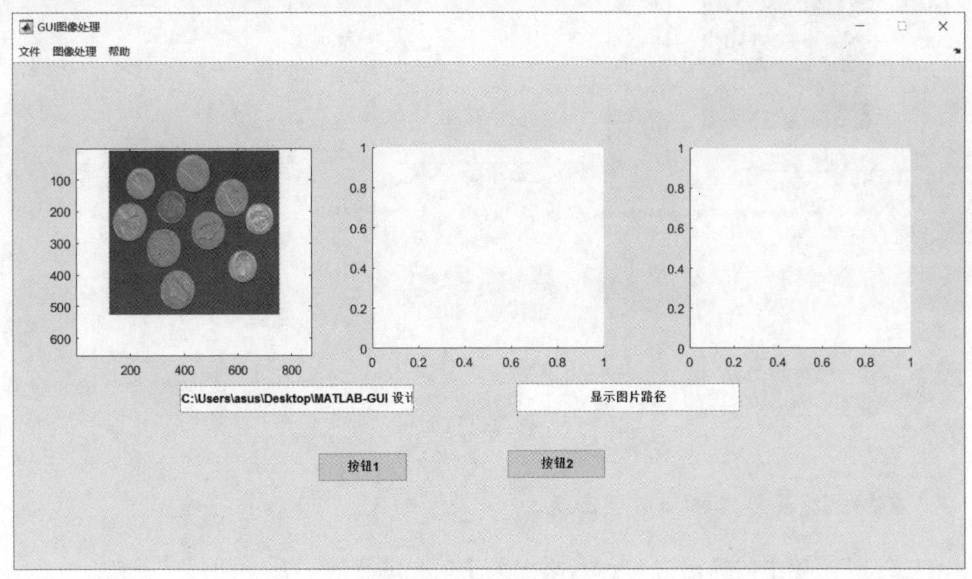

图 8-64　打开图像文件

6. 在"面积分析"菜单中添加回调函数

在"面积分析"菜单中的标记为 grains，添加对图像进行面积分析的程序：

在函数 function grains_Callback(hObject, eventdata, handles)下面添加如下程序:

```
file = get(handles.edit1,'string');             % 得到图像的文件名和路径
A = imread(file);
I = rgb2gray(A);                                % 将真彩色图像转换为灰度图像
background = imopen(I,strel('disk',15));        % 图像开启运算
I2 = imsubtract(I,background);                  % 图像减法运算
I3 = imadjust(I2);                              % 图像增强
level = graythresh(I3);                         % 阈值设置
bw = im2bw(I3,level);                           % 图像黑白转换
[labeled,numObjects] = bwlabel(bw,4);           % 图像标识
pseudo_color = label2rgb(labeled,@spring,'c','shuffle'); % 伪彩色标识
axes(handles.axes1);                            % 设置显示图像的轴
imshow(pseudo_color);
graindata = regionprops(labeled,'basic');       % 设置区域属性
figure;
hist([graindata.Area],20);                      % 颗粒面积直方图
```

运行程序,对打开的图像进行面积分析,运行效果如图 8-65 和图 8-66 所示。

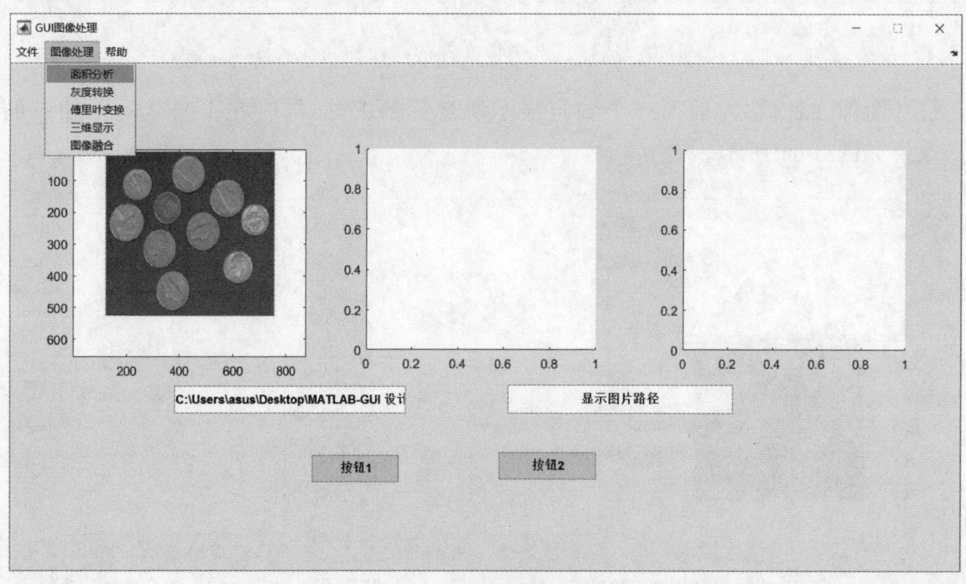

图 8-65 图像进行面积分析

7. 在“关于”菜单中添加回调函数

在“关于”菜单中的标记为 about,添加关于信息的程序。

在函数 function about_Callback(hObject, eventdata, handles)下面添加如下代码:

```
H = ['GUI 实现图像处理']          % 设置文本内容
helpdlg(H,'帮助对话框');          % 帮助对话框
```

程序运行后选择“关于”选项后结果如图 8-67 和图 8-68 所示。

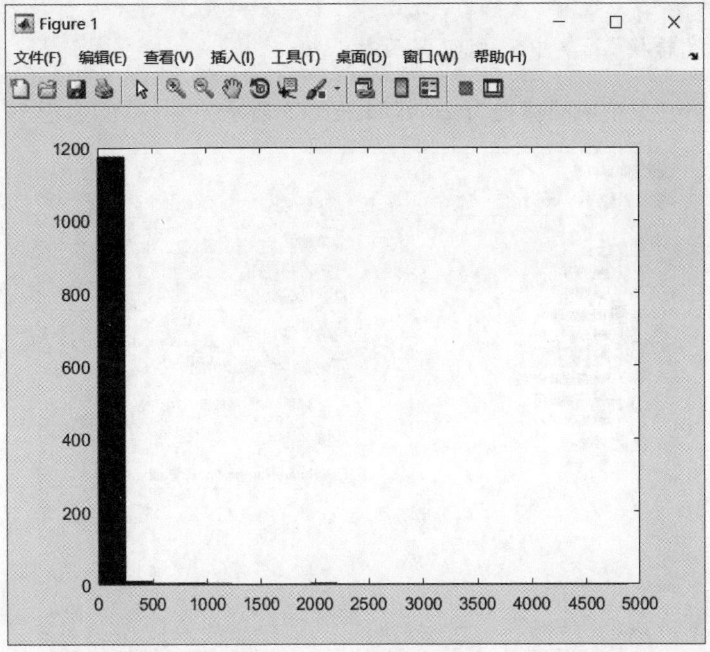

图 8-66 面积直方图

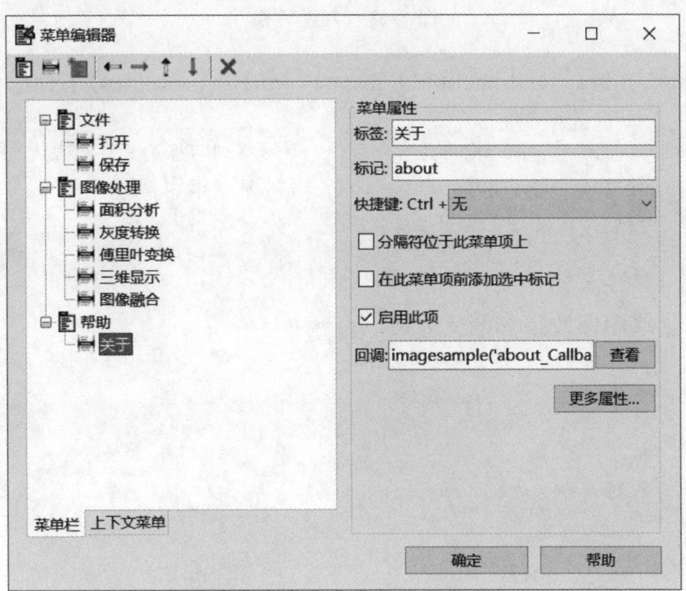

图 8-67 “关于”选项

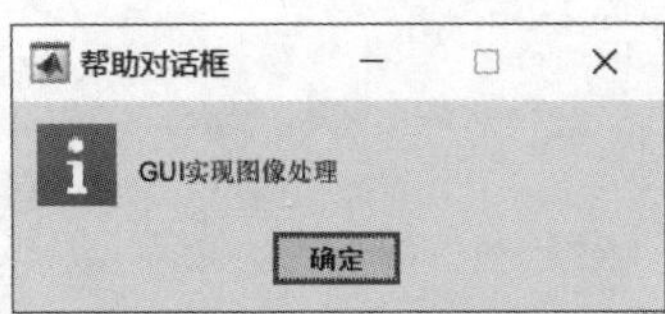

图 8-68 帮助对话框

8. 在“灰度转换”菜单中添加回调函数

在“灰度转换”菜单中的标记为 gray,如图 8-69 所示。

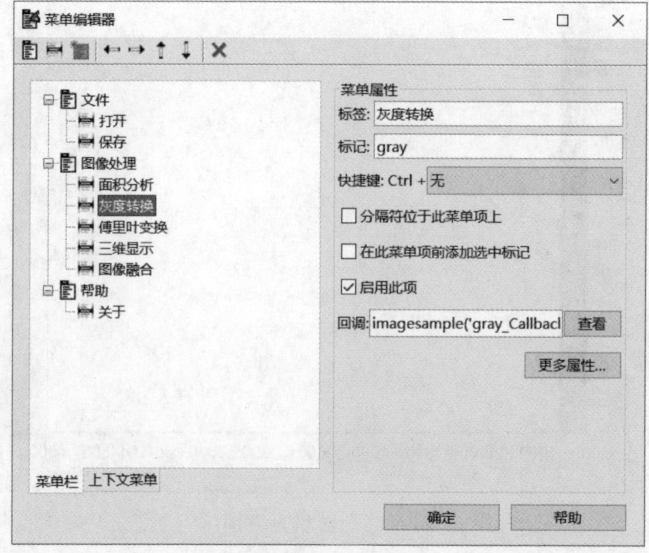

图 8-69 灰度转换

在函数 function gray_Callback(hObject, eventdata, handles)下面添加如下代码:

```
file = get(handles.edit1,'string');                %得到图像的文件名及路径
rgb = imread(file);                                %灰度图像转换
A = rgb2gray(rgb);                                 %显示图像
colormap(gray);                                    %设置色彩索引图
```

运行程序,读取图像效果如图 8-70 所示。

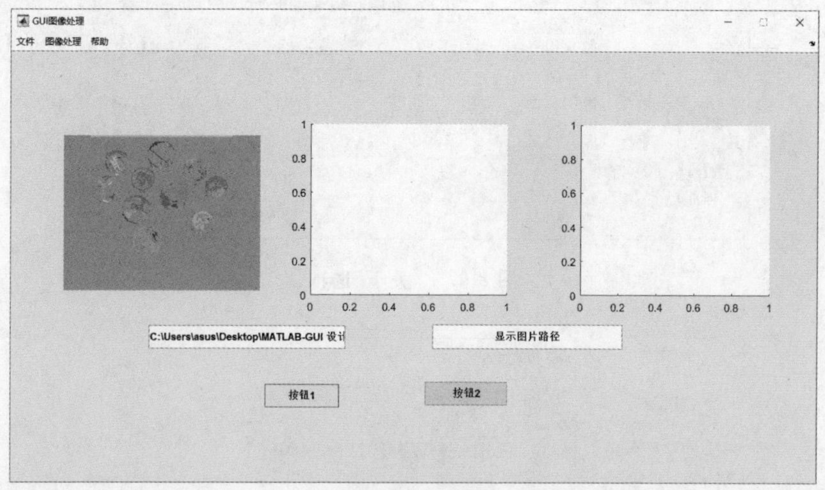

图 8-70 “灰度转换”菜单运行效果图

9. 在程序中添加"保存"菜单的回调函数

在函数 function save_Callback(hObject, eventdata, handles)下面添加如下代码:

```
[filename,pathname] = uiputfile('*.jpg');              %得到保存图像的文件名和路径
set(handles.edit1,'string',[pathname,filename]);       %显示保存图像的文件名和路径
A = getimage(handles.axes1);
imwrite(A,filename,'jpg');                             %将图像写入文件
```

保存图像窗口,如图 8-71 所示。

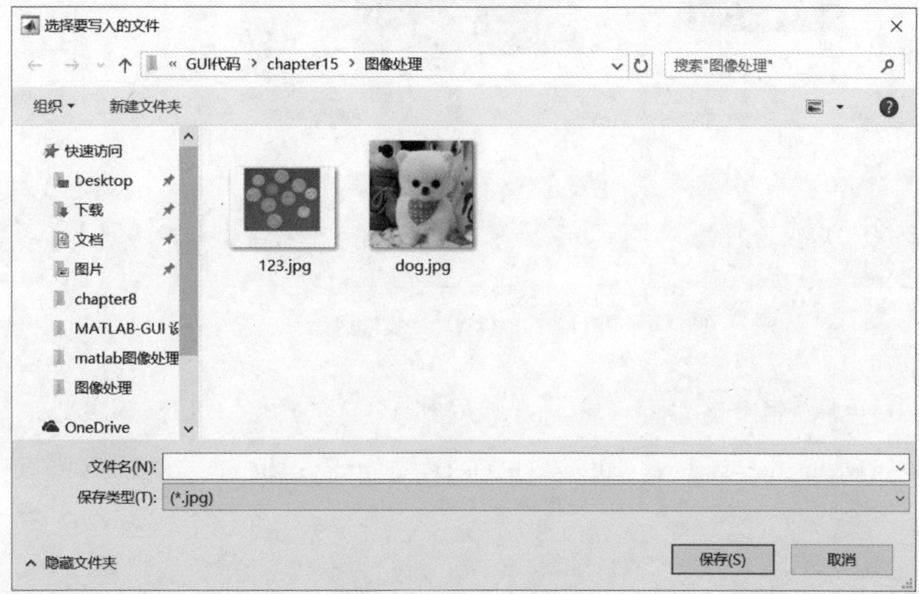

图 8-71 "保存"菜单

10. 在程序中添加"傅里叶变换"菜单的回调函数

在函数 function fft_Callback(hObject, eventdata, handles)下面添加如下代码:

```
file = get(handles.edit1,'string');                    %得到图像的文件名和路径
X = imread(file);
I = rgb2gray(X);                                       %灰度变换
ffti = fft2(I);                                        %傅里叶变换
sffti = fftshift(ffti);                                %平移
RR = real(sffti);                                      %实部
II = imag(sffti);                                      %虚部
A = sqrt(RR.^2 + II.^2);                               %距离
A = (A - min(min(A)))/(max(max(A)) - min(min(A))) * 255;
axes(handles.axes2);                                   %设置图像显示轴
imshow(A);
colormap(hot);                                         %设置色彩索引图像
```

运行程序，选择“图像处理”菜单中的“傅里叶变换”选项，对图像进行傅里叶变换，效果如图 8-72 所示。

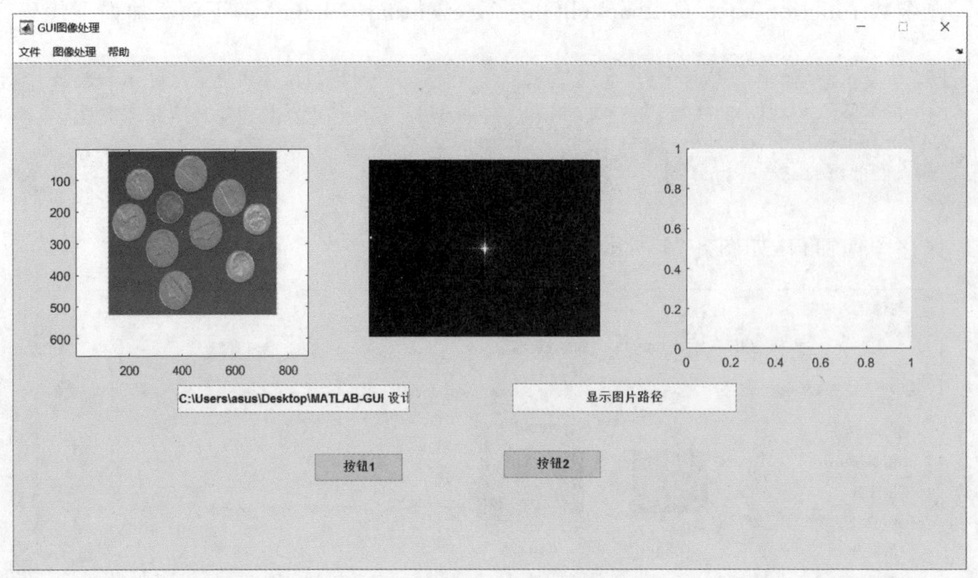

图 8-72 “傅里叶变换”选项

11. 在程序中添加“三维显示”菜单的回调函数

在函数 function surface_Callback(hObject, eventdata, handles)中添加如下代码：

```
file = get(handles.edit1,'string');      % 得到图像的文件名和路径
X = imread(file);
I = rgb2gray(X);                         % 灰度变换
P = double(I);                           % 数据类型转换
axes(handles.axes1);                     % 设置图像显示轴
surf(P);                                 % 三维显示
colormap(hot);
shading('interp');                       % 插值平滑
view(45,80);                             % 设置视角
axes(handles.axes2);                     % 设置图像显示轴
imagesc(X);                              % 显示原始图像
```

运行程序，选择“图像处理”菜单中的“三维显示”选项，对二维图像进行三维显示，效果如图 8-73 所示。

12. 图像融合

首先在“按钮 1”和“按钮 2”中添加实现输入图像的回调函数。

在函数 function pushbutton1_Callback(hObject, eventdata, handles)添加如下代码：

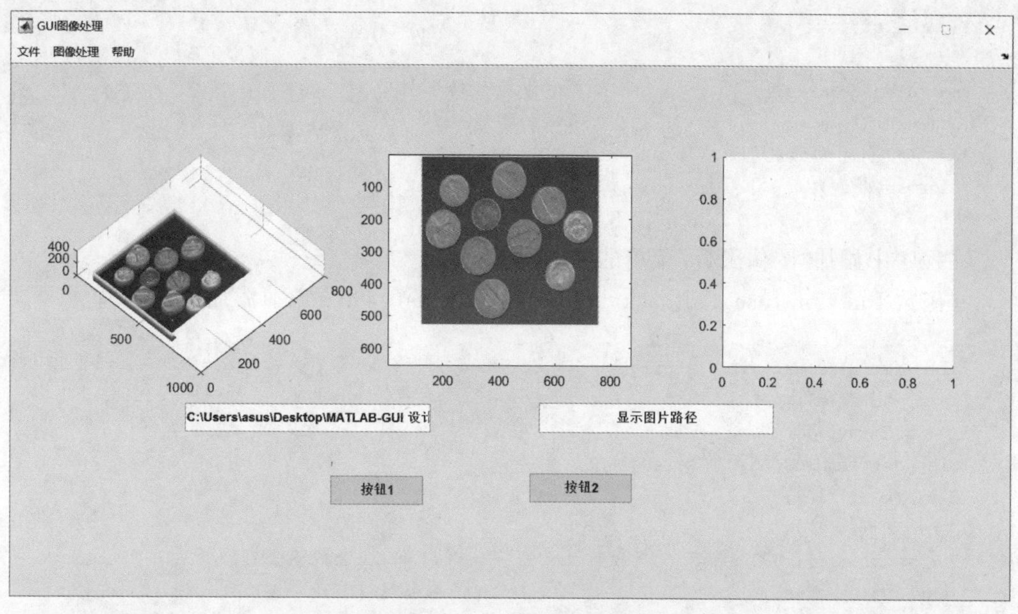

图 8-73 “三维显示”菜单

```
[filename,pathname] = uigetfile('*.jpg');
%在图形界面打开图像文件
set(handles.edit1,'string',[filename,pathname]);
%可编辑框1中的字符设置为路径和文件名
file = get(handles.edit1,'string');
%得到可编辑框1中的字符串
I = imread(file);
%读入图像
I1 = rgb2gray(I);
%灰度转化
axes(handles.axes2);                %设置图像显示轴2中
imagesc(I1);                        %显示原始图像
%色彩索引图像为灰色
colormap(gray)
```

在函数 function pushbutton2_Callback(hObject，eventdata，handles)添加如下代码：

```
[filename,pathname] = uigetfile('*.jpg');
%在图形界面打开图像文件
set(handles.edit2,'string',[pathname,filename]);
%可编辑框1中的字符设置为路径和文件名
file = get(handles.edit2,'string');
%得到可编辑框1中的字符串
I2 = imread(file);
%读入图像
```

```
I3 = rgb2gray(I2);
%灰度转化
axes(handles.axes3);                %设置图像显示轴 3 中
imagesc(I3);                        %显示原始图像
%色彩索引图像为灰色
colormap(gray);
```

在程序中添加“图像融合”菜单的回调函数。

在函数 function fuse_Callback(hObject, eventdata, handles)添加如下代码:

```
file = get(handles.edit1,'string');            %得到图像的文件名和路径
I = imread(file);
I1 = rgb2gray(I);
file = get(handles.edit2,'string');
I2 = imread(file);
I3 = rgb2gray(I2);
XFUS = wfusimg(I1,I3,'sym4',5,'max','max');    %对 I1 和 I3 进行图像融合
axes(handles.axes1);                           %将融合图像显示在轴 1 中
imagesc(XFUS);
colormap(gray);                                %色彩索引图为灰色
```

运行程序,将两张图片分别导入坐标轴 2 和坐标轴 3 中,然后选择“图像处理”菜单中的“图像融合”选项,就可以对图像进行融合,在坐标轴 1 中显示融合效果如图 8-74 所示。

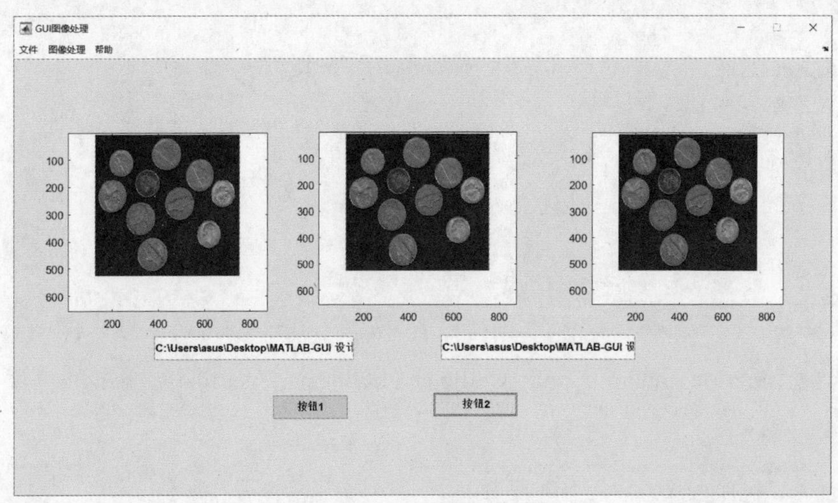

图 8-74　图像融合

8.6　GUI 的数据传递方式

在使用 GUIDE 编程中,主要工作是对 Callback 函数的程序编写与调试。程序编写过程中,数据调用与传递是比较重要的,也是必须掌握的;Callback 函数的调试主要在 M

文件中进行。

8.6.1 全局变量

运用 global 定义全局变量传递参数，适用于 GUI 内控件间以及不同 GUI 间。

【例 8-10】 建一个 GUI，包含两个按钮和一个坐标系，一个按钮用来画 $y=\sin(x)$，另一个用来画 $y=\cos(x)$。

在 GUI 的 OpeningFcn 函数中添加如下代码：

```
global x y1 y2
x = 0:.1:2 * pi;y1 = sin(x);y2 = cos(x);
```

在 pushbutton1_Callback 函数中添加如下代码：

```
Global x y1
Plot(x,y1)
```

在 pushbutton1_Callback 函数中添加如下代码：

```
Global x y2
Plot(x,y2)
```

8.6.2 运用 GUI 本身的 varargin{}和 varargout{}传递参数

这种方式仅适用于 GUI 间传递数据，且只适合于主子结构，即从主 GUI 调用子 GUI，然后关掉子 GUI，而不适合递进结构，即一步一步实现的方式。

1. 输入参数传递（主要在子 GUI 中设置）

例如子 GUI 的名称为 subGUI，设想的参数输入输出为

```
[out1, out2] = subGUI(in1, in2)
```

(1) 在 subGUI 的 M 文件中（由 GUIDE 自动产生）第一行的形式为

```
function varargout = subGUI(varargin)
```

该行不用做任何修改，varargin 和 varargout 分别是一个可变长度的 cell 型数组。输入参数 in1 和 in2 保存在 varargin 中，输出参数 out1 和 out2 包含在 varargout 中。

(2) 在 subGUI 的 OpeningFcn 中，读入参数，并用 guidata 保存，即

```
handles.in1 = varargin{1};
handles.in2 = varargin{2};
guidata(hObject, handles);
```

2. 返回参数的设置

(1) 在主 GUI 的 OpeningFcn 函数中加上如下代码：

```
[out1, out2] = subGUI(in1, in2)
```

用于调用子 GUI,并在结尾加上如下代码：

```
uiwait(handles.figure1);
```

figure1 是 subGUI 的 Tag,主要是等待调用子 GUI 的过程,从而获得子 GUI 的输出参数 out1 和 out2。

(2) subGUI 中控制程序结束(如"OK"和"Cancel"按钮)的 Callback 末尾添加如下代码：

```
uiresume(handles.figure1)
```

注意是主 GUI 的窗口 handles.figure1,不要将 delete 命令放在这些 Callback 中。

(3) 在子 GUI 的 OutputFcn 中设置要传递出去的参数,例如：

```
varargout{1} = handles.out1;
varargout{2} = handles.out2;
```

末尾添加如下代码：

```
delete(handles.figure1);
```

结束程序。

在 GUI 的 OpenFcn 中,如果不加 uiwait,程序会直接运行到下面,执行 OutputFcn。加上 uiwait 后,只有执行了 uiresume 后,才会继续执行到 OutputFcn,在此之前用户有充足的时间设置返回值。

通过以上设置以后,就可以通过

```
[out1, out2] = subGUI(in1, in2)
```

的形式调用该子程序。

在一个 GUI 中调用另一个 GUI 时,主 GUI 不需要特别的设置,同调用普通的函数一样。在打开子 GUI 界面的同时,主程序还可以响应其他的控件。

8.6.3 UserData 数据与 handles 数据

直接通过对象的 UserData 属性进行各个 Callback 之间的数据存取操作,主要适用于 GUI 内。首先必须将数据存储到一个特定的对象中,假设对象的句柄值为 ui_handle,

需要存储的值为 value，则输入以下程序即可：

```
set('ui_handle','UserData',Value);
```

此时，value 数据就存在句柄值为 ui_handle 的对象内，在执行的过程中若要取回变量可以通过以下方式在任意 Callback 中获取该数据值：

```
value = get(''ui_handle,'UserData');
```

虽然使用这种方法简单，但是每个对象仅能存取一个变量值，因此当同一对象存储两次变量时，先前的变量值就会被覆盖，因此都用 UserData 存储简单单一的数据。例如下面有两个 GUI 函数，myloadfcn 加载 mydata.mat 文件，该文件内存储 XYdata 变量，其值为 $m*2$ 的绘图矩阵，加载后将该变量值存储到当前的窗口的 UserData 属性中。另一个 myplotfcn 函数则是用以获取该 UserData 属性中存储的绘图数据，然后绘图。代码如下：

```
function myloadfcn
load mydata;
set(gcbf,'UserData',XYdata)

function myplotfcn
XYdata = get(gcbf,'UserData');
x = XYData(:,1);
y = XYData(:,2);
plot(x,y);
```

UserData 的缺点就是一个句柄只能放一个 UserData。

结合 handles 和 guidata 函数，适用于 GUI 内，如果你在 pushbutton1 中得到一个变量 X，想要传出去，那么在 pushbutton1 的 Callback 中，在得到 X 后添加如下代码：

```
handles.X = X;
guidata(hObject,handles)
```

在 pushbutton2 中要用到 X 时，在其 Callback 先添加　X=handles.X；即可得到 X 的值。

(1) guidata(object_handle,data)；

如果 object_handle 不是 figure 型句柄，那么会将 data 保存在 object_handle 的父 figure 对象中。这样不必担心在一个 pushbutton 的 Callback 中存储的变量在其他对象中无法提取。

(2) data = guidata(object_handle)；

获取当前 object_handle 的 handles 数据，最后一次 guidata(object_handle,data)保存的数据。

【例 8-11】 建一个 GUI，包含两个按钮和一个坐标系，一个按钮用来画 $y=\sin(x)$，另一个用来画 $y=\cos(x)$。

在 GUI 的 OpeningFcn 函数中写入如下代码：

```
x = 0:.1:2 * pi;
y1 = sin(x);
y2 = cos(x);
handles.x = x;
handles.y1 = y1;
handles.y2 = y2;
guidata(hObject, handles); % 在 OpeningFcn 函数中这句是本身存在的,若在其他函数中,需添加
                            % 此语句
```

在 pushbutton1_Callback 函数中写入如下代码：

```
x = handles.x;
y1 = handles.y1;
plot(x,y1)
```

在 pushbutton2_Callback 函数中写如下代码：

```
x = handles.x;
y2 = handles.y2;
plot(x,y2)
```

8.6.4 Application 数据

应用 setappdata\getappdata 与 rmappdata 函数,其适用于 GUI 间和 GUI 内。使用上面三个函数能弹性处理数据的传送问题,与 UserData 的方式相类似,但是克服了 UserData 的缺点,使一个对象能存储多个变量值。这三个函数的调用方法如下：

```
value = getappdata(h,name)
setappdata(h,name,value)
rmappdata(h,name)
```

首先在 MATLAB 命令窗口输入 magic(3)数据,因此当前的工作空间就存储了 magic(3)这组数据了,然后建立一个按钮来获取并显示 magic(3)数据,其代码如下：

```
A = magic(3);
setappdata(gcf,'A',A); % save
uicontrol('String','显示矩阵
A','callback','A = getappdata(gcf,''A'')');
A =
     8     1     6
     3     5     7
     4     9     2
```

当在主、子 GUI 内调用时,可以如下设置：fig1 调用 fig2 时,使用 fig2 指令来打开 fig2,在 fig2 的 M 文件中,在回调函数中用 setappdata(fig1,'A',A);实现返回 fig1,并将参数 A 传递给 fig1,然后在 fig1 的使用 A 的地方添加 A=getappdata(fig1,'A')。

但这种方式存在的一个问题就是每调用一次,fig1 的数据就需初始化一次,这是因为 setappdata(fig1,'A',A)中出现了 fig1,调用一次 setappdata 就需运行一次 fig1 的缘

故，解决方案就是把 setappdata(fig1,'A',A)改为 setappdata(0,'A',A)，这样把 A 读入 matlab workspace，相当于一个全局变量。

【例 8-12】 同上述例题。

在 GUI 的 OpeningFcn 函数中写入如下代码：

```
x = 0:.1:2 * pi;
y1 = sin(x);
y2 = cos(x);
setappdata(handles.figure1,'x',x) % 在 figure1 下创建'x',包含数据 x,也可以放在其他句柄
                                  % 下,如 setappdata(handles. pushbutton1,'x',x),
setappdata(handles.figure1,'y1',y1)
setappdata(handles.figure1,'y2',y2)
```

在 pushbutton1_Callback 函数中写入如下代码：

```
x = getappdata(handles.figure1,'x'); % 提取,当然用 get 了……
y1 = getappdata(handles.figure1,'y1');
plot(x,y1)
```

在 pushbutton1_Callback 函数中写入如下代码：

```
x = getappdata(handles.figure1,'x');
y2 = getappdata(handles.figure1,'y2');
plot(x,y2)
```

8.6.5 跨空间计算 evalin 和赋值 assignin

跨空间计算 evalin 和赋值 assignin 适用于 GUI 间和 GUI 内。

assignin 函数基本语法如下：

```
assignin(ws, 'var', val)
```

assignin 函数将值 val 指定给工作空间 ws 中的变量 var，若变量 var 不存在，则创建一个变量 var。

从一个函数 function 向 MATLAB 工作空间中输入数据，在一个函数 function 内部，需要改变一个在 caller function 函数工作空间中定义的变量，例如函数形参列表中的变量。

例如，向基本工作空间中传输数据变量：

```
Function assignin_test1
prompt  =  {'Enter image name:','Enter colormap name:'};
lines  =  1;
def  =  {'my_image','hsv'};
answer  =  inputdlg(prompt,title,lines,def);
assignin('base','imfile',answer{1});
assignin('base','cmap',answer{2});
```

evalin 函数基本语法如下：

```
evalin(ws, expression)
[a1, a2, a3, ...] = evalin(ws, expression)
```

在特定的工作空间执行 MATLAB 语句，expression 的形式如下：

```
expression = [string1, int2str(var), string2,...]
[a1, a2, a3, ...] = evalin(ws, expression),将返回值赋予变量 a1,a2,a3,... evalin(ws,'[a1,
a2, a3, ...] = function(var)')
```

8.6.6 将数据保存到文件，需要时读取

运用 save 和 load(importdata)传递参数，适用于 GUI 间和 GUI 内。将某变量 x 的值先存到磁盘，调用格式如下：

```
save('*.mat','x');
```

用时可用 load('*.mat')，但这样只是把 x 读到了 matlab workspace，不会显示，还需再去查看这个变量名，然后才能用，建议使用 p=importdata('*.mat')，p 是一个结构体。

【例 8-13】 不同 GUI 之间的数据传递。设计两个初始界面：程序一和程序二。程序一的功能是显示程序二和程序二的数据；程序二的功能是显示图片和转换数据。设计 GUIDE 界面如图 8-75 和图 8-76 所示。

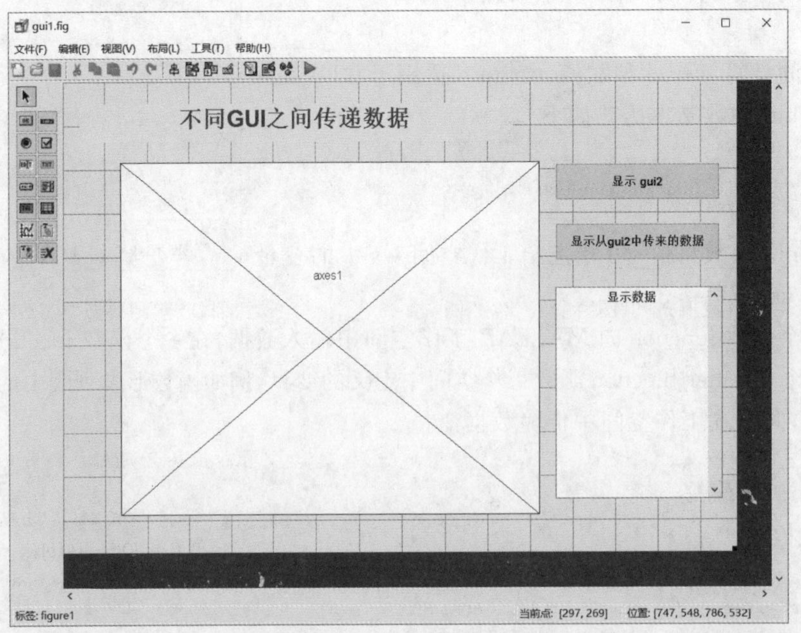

图 8-75　程序一的 GUIDE 界面

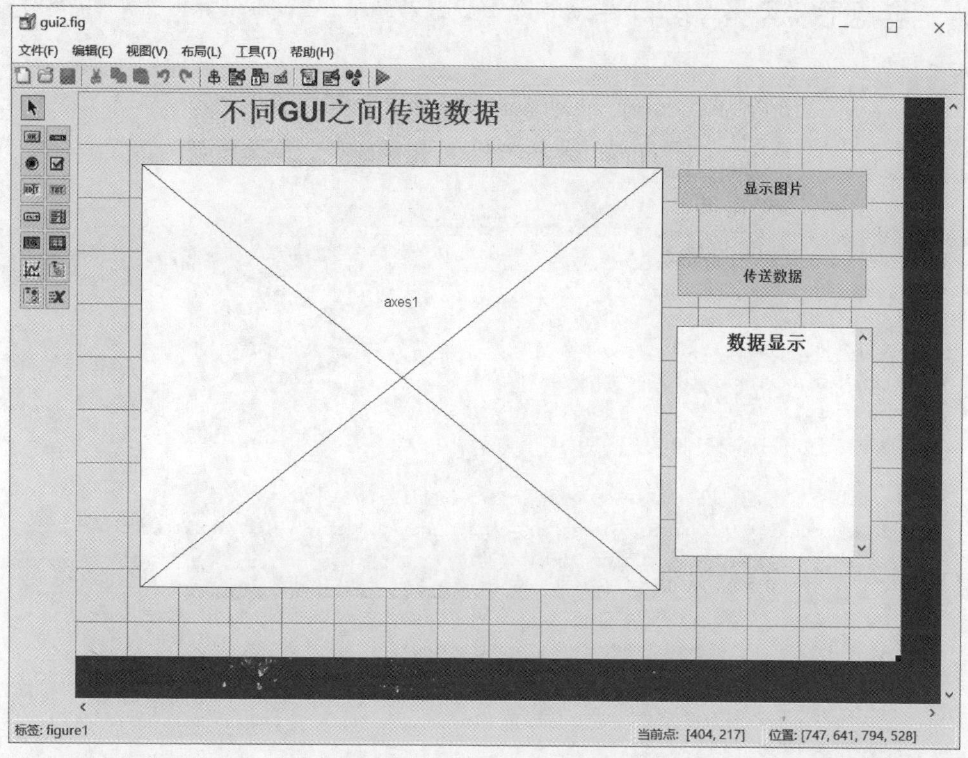

图 8-76　程序二的 GUIDE 界面

程序一的 M 文件主要代码如下：

```
function varargout = gui1(varargin)
gui_Singleton = 1;
gui_State = struct('gui_Name', mfilename, ...
                   'gui_Singleton', gui_Singleton, ...
                   'gui_OpeningFcn', @gui1_OpeningFcn, ...
                   'gui_OutputFcn', @gui1_OutputFcn, ...
                   'gui_LayoutFcn', [] , ...
                   'gui_Callback', []);
if nargin && ischar(varargin{1})
    gui_State.gui_Callback = str2func(varargin{1});
end

if nargout
    [varargout{1:nargout}] = gui_mainfcn(gui_State, varargin{:});
else
    gui_mainfcn(gui_State, varargin{:});
end

function gui1_OpeningFcn(hObject, eventdata, handles, varargin)
movegui(handles.figure1,'center');
handles.output = hObject;
guidata(hObject, handles);
function varargout = gui1_OutputFcn(hObject, eventdata, handles)
```

```
varargout{1} = handles.output;

function pushbutton1_Callback(hObject, eventdata, handles)
hfigure2 = gui2();
handles.hfigure2 = hfigure2;
guidata(hObject,handles);

function pushbutton2_Callback(hObject, eventdata, handles)
hfigure2 = handles.hfigure2;
gui2handles = guidata(hfigure2);
imdata = gui2handles.imdata;
editdata = gui2handles.editdata;
axes(handles.axes1);
imshow(imdata);
set(handles.edit1,'string',editdata);

function edit1_CreateFcn(hObject, eventdata, handles)
if ispc && isequal(get(hObject,'BackgroundColor'), get(0,'defaultUicontrolBackgroundColor'))
    set(hObject,'BackgroundColor','white');
end

function edit2_CreateFcn(hObject, eventdata, handles)
if ispc && isequal(get(hObject,'BackgroundColor'), get(0,'defaultUicontrolBackgroundColor'))
    set(hObject,'BackgroundColor','white');
end
```

程序二的 M 文件的主要代码如下：

```
function varargout = gui2(varargin)
gui_Singleton = 1;
gui_State = struct('gui_Name', mfilename, ...
                   'gui_Singleton', gui_Singleton, ...
                   'gui_OpeningFcn', @gui2_OpeningFcn, ...
                   'gui_OutputFcn', @gui2_OutputFcn, ...
                   'gui_LayoutFcn', [] , ...
                   'gui_Callback', []);
if nargin && ischar(varargin{1})
    gui_State.gui_Callback = str2func(varargin{1});
end

if nargout
    [varargout{1:nargout}] = gui_mainfcn(gui_State, varargin{:});
else
    gui_mainfcn(gui_State, varargin{:});
end

function gui2_OpeningFcn(hObject, eventdata, handles, varargin)
handles.output = hObject;
ata(hObject, handles);
```

```
function varargout = gui2_OutputFcn(hObject, eventdata, handles)
varargout{1} = handles.output;

function pushbutton1_Callback(hObject, eventdata, handles)
[filename,pathname,filter] = uigetfile({'*.bmp;*.jpg;*.gif','(*.bmp;*.jpg;*.gif)';
'*.bmp','(*.bmp)';'*.jpg','(*.jpg)';'*.gif','(*.gif)';},'打开图片');
if filter == 0
    return
end
imdata = imread(fullfile(pathname,filename));
axes(handles.axes1);
imshow(imdata);
handles.imdata = imdata;
guidata(hObject,handles);

str = num2str([1 2 3;4 5 6;7 8 9]);
set(handles.edit1,'string',str);

function pushbutton2_Callback(hObject, eventdata, handles)
handles.editdata = get(handles.edit1,'string');
guidata(hObject,handles);

function edit1_CreateFcn(hObject, eventdata, handles)
if ispc && isequal(get(hObject,'BackgroundColor'), get(0,'defaultUicontrolBackgroundColor'))
    set(hObject,'BackgroundColor','white');
end
```

运行程序一和程序二,初始界面分别如图8-77和图8-78所示。

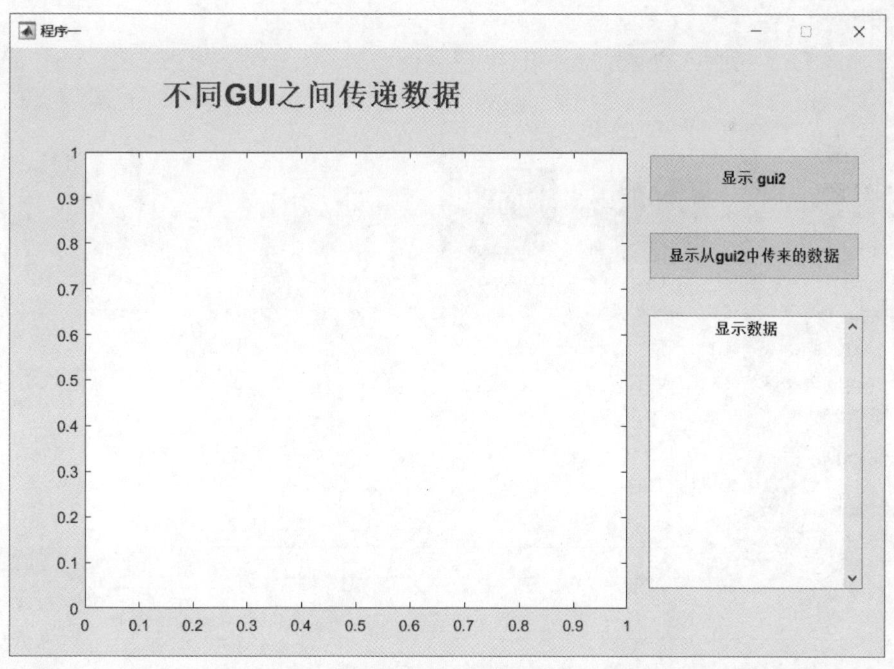

图8-77 程序一初始界面

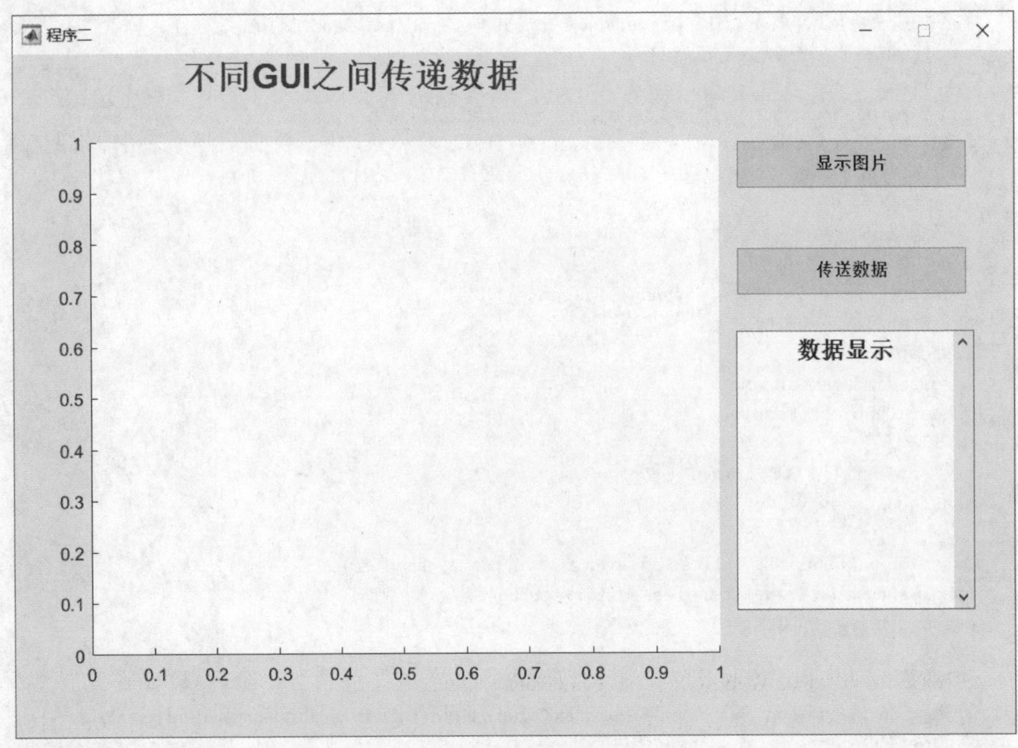

图 8-78　程序二初始界面

首先在程序二中单击“显示图片”按钮，导入图片“3.jpg”，如图 8-79 和图 8-80 所示。

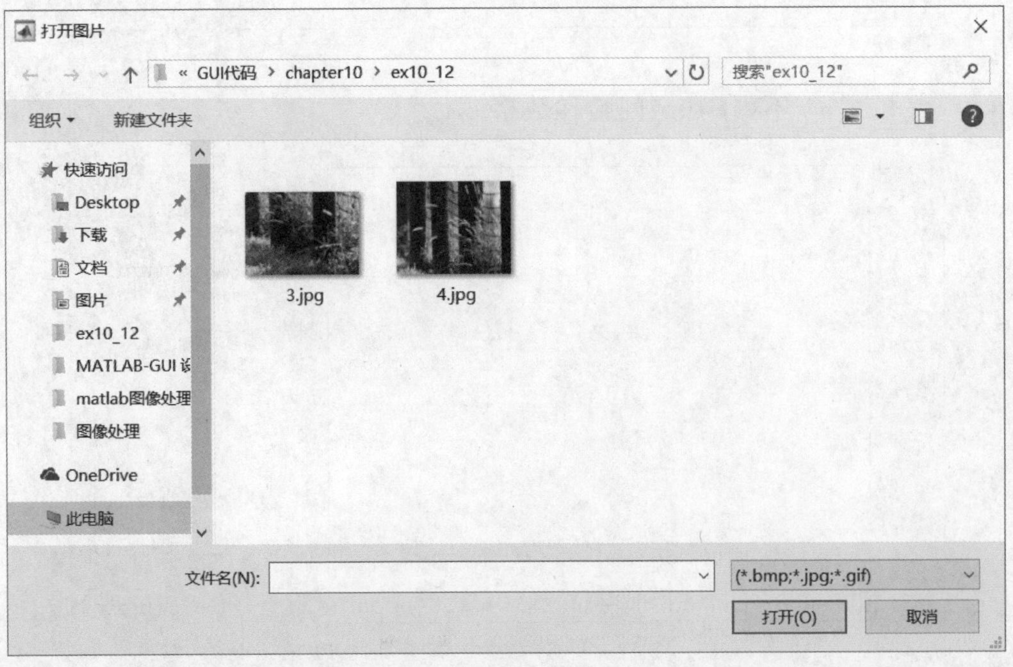

图 8-79　选择图片“3.jpg”

图 8-80　程序二显示图片

然后在程序二中单击“传送数据”按钮，显示效果如图 8-81 所示。

图 8-81　程序二准备导入的数据

在程序一中单击“显示 gui2”，当前界面会显示程序二的界面，如图 8-82 所示。

图 8-82　显示 gui2 效果

单击“显示从 gui2 传来的数据”，程序二的数据将会导入程序一中，如图 8-83 所示。

图 8-83　程序一导入程序二的数据

本章小结

本章主要介绍了GUI的基础设计，主要包括GUI设计原则和步骤、GUI的设计工具、对话框设计、回调函数、GUI界面程序设计实例、GUI的数据传递方式。GUI可以允许用户定制其与MATLAB的交互方式，从而命令行窗口不再是唯一与MATLAB的交互方式。用户可以通过鼠标或键盘选择、激活这些图形对象，使计算机产生某种动作或变化。

第三部分 高级GUI设计技术及应用

第 9 章　MATLAB 与 Excel 文件的数据交换

第 10 章　基于 GUI 的离散控制系统设计

第 11 章　GUI 实现滤波器设计

第 12 章　智能算法的 GUI 设计

第 13 章　GUI 设计在图像处理方面的应用

第9章 MATLAB与Excel文件的数据交换

Excel是一款非常优秀的通用表格软件，在学习、工作与科研中大量的数据可能都是以Excel表格的方式存储的。利用MATLAB强大的数值计算功能处理Excel中的数据，首要解决的问题就是如何将Excel中的数据导入到MATLAB中或将MATLAB数值计算的结果转存入Excel中。

学习目标：

(1) 理解将数据导入Excel文件的基本函数；

(2) 学会将数据导入Excel文件。

9.1 Excel文件数据导入MATLAB工作空间

可以利用数据导入向导把Excel文件中的数据导入MATLAB工作空间。

【例9-1】 把Excel文件中的数据导入到MATLAB工作空间。Excel文件中包含了某班的某门课的考试成绩，有序号、班级名称、学号、姓名、平时成绩、期末成绩、总成绩和备注等数据，如图9-1所示。

A	B	C	D	E	F	G	H
序号	班名	学号	姓名	平时成绩	期末成绩	总成绩	备注
1	2021	202101	王亮	0	63	63	
2	2021	202102	赵旭	0	54	54	
3	2021	202103	李广	0	43	43	缺考
4	2021	202104	林飞	0	78	78	
5	2021	202105	宋佳	0	98	98	
6	2021	202106	王彬	0	78	78	
7	2021	202107	杨勇	0	87	87	
8	2021	202108	杨云	0	54	54	
9	2021	202109	李子傲	0	86	86	
10	2021	202110	李建国	0	67	67	
11	2021	202111	王强	0	78	78	
12	2021	202112	李晓峰	0	89	89	
13	2021	202113	任刚	0	97	97	
14	2021	202114	苏博	0	97	97	
15	2021	202115	刘涛分	0	75	75	
16	2021	202116	张庆民	0	86	86	
17	2021	202117	吴爱民	0	82	82	
18	2021	202118	苏星	0	81	81	

图9-1 Excel文件的数据

程序命令如下：

```
test    %查看导入的变量
```

运行结果如下：

```
[ 1]    [2021]    [202101]    '王亮'    [0]    [63]    [63]    ''
[ 2]    [2021]    [202102]    '赵旭'    [0]    [54]    [54]    ''
[ 3]    [2021]    [202103]    '李广'    [0]    [43]    [43]    '缺考'
[ 4]    [2021]    [202104]    '林飞'    [0]    [78]    [78]    ''
[ 5]    [2021]    [202105]    '宋佳'    [0]    [98]    [98]    ''
[ 6]    [2021]    [202106]    '王彬'    [0]    [78]    [78]    ''
[ 7]    [2021]    [202107]    '杨勇'    [0]    [87]    [87]    ''
[ 8]    [2021]    [202108]    '杨云'    [0]    [54]    [54]    ''
[ 9]    [2021]    [202109]    '李子傲'  [0]    [86]    [86]    ''
[10]    [2021]    [202110]    '李建国'  [0]    [67]    [67]    ''
[11]    [2021]    [202111]    '王强'    [0]    [78]    [78]    ''
[12]    [2021]    [202112]    '李晓峰'  [0]    [89]    [89]    ''
[13]    [2021]    [202113]    '任刚'    [0]    [97]    [97]    ''
[14]    [2021]    [202114]    '苏博'    [0]    [97]    [97]    ''
[15]    [2021]    [202115]    '刘涛分'  [0]    [75]    [75]    ''
[16]    [2021]    [202116]    '张庆民'  [0]    [86]    [86]    ''
[17]    [2021]    [202117]    '吴爱民'  [0]    [82]    [82]    ''
[18]    [2021]    [202118]    '苏星'    [0]    [81]    [81]    ''
```

9.2 调用 xlsfinfo 函数获取文件信息

在读取 Excel 目标数据文件前，可以通过 xlsfinfo 函数获取该文件的相关信息，为后续操作获得有效信息（例如文件类型、文件内部结构、相关的软件版本等）。

xlsfinfo 函数的调用格式如下：

```
[typ, desc, fmt] = xlsfinfo(filename)
```

其中，输入参数 filename 为字符串变量，用来指定目标文件的文件名和文件路径。若目标文件在 MATLAB 搜索路径下，filename 为文件名字符串即可，例如'abc.xls'；若目标文件不在 MATLAB 搜索路径下，filename 中还应包含文件的完整路径。

输出参数的含义如下：

typ：目标文件类型；

desc：目标文件内部表名称(sheetname)；

fmt：支持目标文件的软件版本。

【例 9-2】 调用 xlsfinfo 函数读取 Excel 文件。

程序命令如下：

```
[typ, desc, fmt] = xlsfinfo('test')
typ =
Microsoft Excel Spreadsheet
```

```
desc =
    'Sheet1'  'Sheet2'  'Sheet3'
fmt =
xlOpenXMLWorkbook
```

9.3 调用 xlsread 函数读取数据

数据导入向导在导入 Excel 文件时调用了 xlsread 函数，xlsread 函数用来读取 Excel 工作表中的数据。当用户系统安装有 Excel 时，MATLAB 创建 Excel 服务器，通过服务器接口读取数据；当用户系统没有安装 Excel 或 MATLAB 不能访问 COM 服务器时，MATLAB 利用基本模式（basic mode）读取数据，即把 Excel 文件作为二进制映像文件读取进来，然后读取其中的数据。xlsread 函数的调用格式如下：

(1) num = xlsread(filename)

读取由 filename 指定的 Excel 文件中第 1 个工作表中的数据，返回一个双精度矩阵 num。输入参数 filename 是由单引号括起来的字符串，用来指定目标文件的文件名和文件路径。

如果 Excel 工作表的顶部或底部有一个或多个非数字行，左边或右边有一个或多个非数字列，甚至对于内部的行或列，即使它有部分非数字单元格，甚至全部都是非数字单元格，xlsread 也不会忽略这样的行或列。在读取的矩阵 num 中，非数字单元格位置用 NaN 代替。

(2) num = xlsread(filename, −1)

在 Excel 界面中打开数据文件，允许用户交互式选取要读取的工作表以及工作表中需要导入的数据区域。这种调用会弹出一个提示界面，提示用户选择 Excel 工作表中的数据区域。在某个工作表上单击并拖动鼠标即可选择数据区域，然后单击提示界面上的“确定”按钮即可导入所选区域的数据。

(3) num = xlsread(filename, sheet)

用参数 sheet 指定读取的工作表。sheet 可以是单引号括起来的字符串，也可以是正整数。当是字符串时，用来指定工作表的名字；当是正整数时，用来指定工作表的序号。

(4) num = xlsread(filename, range)

用参数 range 指定读取的单元格区域。range 是字符串，为了区分 sheet 和 range 参数，range 参数必须是包含冒号，形如'C1:C2'的表示区域的字符串。若 range 参数中没有冒号，xlsread 就会把它作为工作表的名字或序号，这就可能导致错误。

(5) num = xlsread(filename, sheet, range)

同时指定工作表和工作表区域。

【例 9-3】 调用 xlsread 函数读取文件 test 第 1 个工作表中区域 A2:H4 的数据。

程序命令如下：

```
num = xlsread('test','A2:H4')
```

运行结果如下：

```
num =

           1        2021      202101        NaN          0          63          63
           2        2021      202102        NaN          0          54          54
           3        2021      202103        NaN          0          43          43
```

(6) num = xlsread(filename, sheet, range, 'basic')

用基本模式(basic mode)读取数据。当用户系统没有安装 Excel 时,用这种模式导入数据,此时导入功能受限,range 参数的值会被忽略,可以设定 range 参数的值为空字符串(''),而 sheet 参数必须是字符串,此时读取的是整个工作表中的数据。

(7) num = xlsread(filename, …, functionhandle)

在读取电子表格里的数据之前,先调用由函数句柄 functionhandle 指定的函数。它允许用户在读取数据之前对数据进行一些操作,例如在读取之前变换数据类型。用户可以编写自己的函数,把函数句柄传递给 xlsread 函数。当调用 xlsread 函数时,它从电子表格读取数据,把用户函数作用在这些数据上,然后返回最终结果。xlsread 函数在调用用户函数时,它通过 Excel 服务器 Range 对象的接口访问电子表格的数据,所以用户函数必须包括作为输入输出的接口。

9.4 调用 xlswrite 函数把数据写入 Excel 文件

xlswrite 函数用来将数据矩阵 ***M*** 写入 Excel 文件,其主要调用方式如下：

```
xlswrite(filename, M)
xlswrite(filename, M, sheet)
xlswrite(filename, M, range)
xlswrite(filename, M, sheet, range)
status = xlswrite(filename, …)
[status, message] = xlswrite(filename, …)
```

其中输入参数 filename 为字符串变量,用来指定文件名和文件路径。若 filename 指定的文件不存在,则创建一个新文件,文件的扩展名决定了 Excel 文件的格式。若扩展名为“.xls”,则创建一个 Excel 2003 下的文件；若扩展名为“.xlsx”“.xlsb”或“.xlsm”,则创建一个 Excel 2007 格式的文件。***M*** 可以是一个 $m \times n$ 的数值型矩阵或字符型矩阵,也可以是一个 $m \times n$ 的元胞数组,此时每一个元胞只包含一个元素。由于不同版本的 Excel 所能支持的最大行数和列数是不一样的,所以能写入的最大矩阵的大小取决于 Excel 的版本。

sheet 用来指定工作表,可以是代表工作表序号的正整数,也可以是代表工作表名称的字符串。需要注意的是,sheet 参数中不能有冒号。若由 sheet 指定名称的工作表不存在,则在所有工作表的后面插入一个新的工作表。若 sheet 为正整数,并且大于工作表的总数,则追加多个空的工作表直到工作表的总数等于 sheet。这两种情况都会产生一个警告信息,表明增加了新的工作表。

range 用来指定单元格区域。对于 xlswrite 函数的第 3 种调用,range 参数必须是包含冒号,形如'C1:C2'的表示单元格区域的字符串。当同时指定 sheet 和 range 参数时(如第 4 种调用),range 可以是形如'A2'的形式。xlswrite 函数不能识别已命名区域的名称。range 指定的单元格区域的大小应与 ***M*** 的大小相匹配,若单元格区域超过了 ***M*** 的大小,则多余的单元格用#N/A 填充,若单元格区域比 ***M*** 的大小还要小,则只写入与单元格区域相匹配的部分数据。

输出 status 反映了写操作完成的情况,若成功完成,则 status 等于 1(真),否则,status 等于 0(假)。只有在指定输出参数的情况下,xlswrite 函数才返回 status 的值。

输出 message 中包含了写操作过程中的警告和错误信息,它是一个结构体变量,有两个字段:message 和 identifier. 其中 message 是包含警告和错误信息的字符串,identifier 也是字符串,包含了警告和错误信息的标识符。

【例 9-4】 通过 GUI 设计将数据导入到 Excel 表格中。

在 GUIDE 界面进行布局如图 9-2 所示。

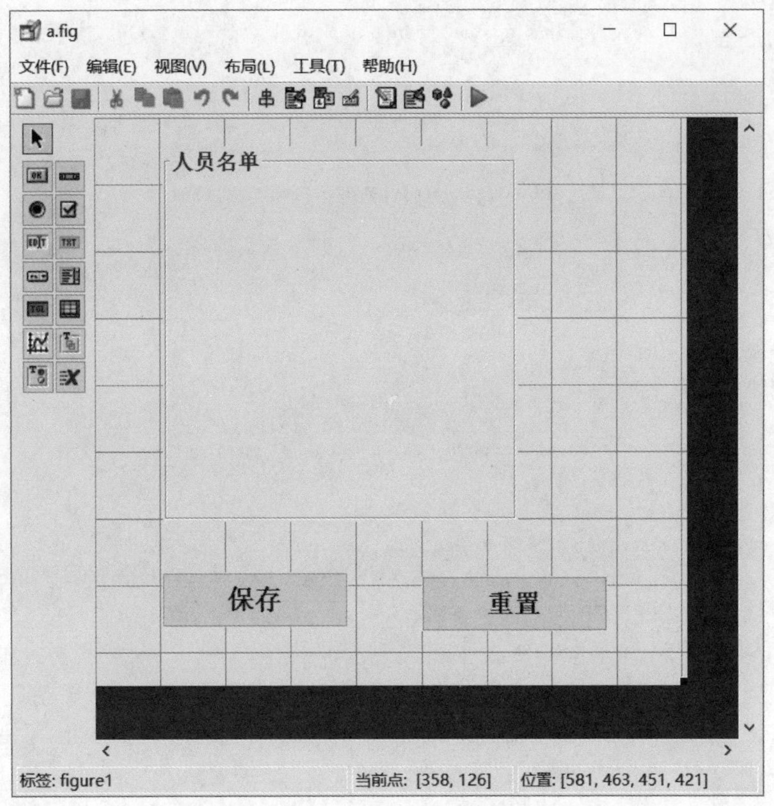

图 9-2 GUIDE 界面布局

设置各个控件的属性:

第一个按钮控件的标识属性为 pushbutton1,用于将数据导入到 Excel 中;

第二个按钮控件的标识属性为 pushbutton2,用于重置数据;

第一个可编辑控制框的标识属性为 number,用于输入人员序号;

第二个可编辑控制框的标识属性为 name,用于输入人员姓名;

第三个可编辑控制框的标识属性为 sex,用于输入人员性别;

第四个可编辑控制框的标识属性为 age,用于输入人员年龄。

保存 GUIDE 界面后,系统自动生成相应的 M 文件,对其进行程序的编辑如下:

```
function varargout = a(varargin)
gui_Singleton = 1;
gui_State = struct('gui_Name', mfilename, ...
                   'gui_Singleton', gui_Singleton, ...
                   'gui_OpeningFcn', @a_OpeningFcn, ...
                   'gui_OutputFcn', @a_OutputFcn, ...
                   'gui_LayoutFcn', [] , ...
                   'gui_Callback', []);
if nargin && ischar(varargin{1})
    gui_State.gui_Callback = str2func(varargin{1});
end

if nargout
    [varargout{1:nargout}] = gui_mainfcn(gui_State, varargin{:});
else
    gui_mainfcn(gui_State, varargin{:});
end

function a_OpeningFcn(hObject, eventdata, handles, varargin)
global number
number = 1;
set(handles.number,'string',number);

handles.output = hObject;
guidata(hObject, handles);

function varargout = a_OutputFcn(hObject, eventdata, handles)
varargout{1} = handles.output;

function name_CreateFcn(hObject, eventdata, handles)
if ispc && isequal(get(hObject,'BackgroundColor'), ...get(0,'defaultUicontrolBackgroundColor'))
    set(hObject,'BackgroundColor','white');
end

function sex_CreateFcn(hObject, eventdata, handles)
if ispc && isequal(get(hObject,'BackgroundColor'), ...get(0,'defaultUicontrolBackgroundColor'))
    set(hObject,'BackgroundColor','white');
end

function age_CreateFcn(hObject, eventdata, handles)
if ispc && isequal(get(hObject,'BackgroundColor'), ...get(0,'defaultUicontrolBackgroundColor'))
    set(hObject,'BackgroundColor','white');
end

function pushbutton1_Callback(hObject, eventdata, handles)
```

```
global number name sex age
number = str2num(get(handles.number,'string'));
name = get(handles.name,'string');
sex = get(handles.sex,'string');
age = get(handles.age,'string');
data = {name,sex,age};
str = sprintf('A%d:C%d',number,number);
xlswrite('data.xls',data,str)

data1 = get(handles.uitable1,'data');
handles.data1 = data1;
guidata(hObject,handles);

data2 = {number,name,sex,age};
data1 = [data1;data2];
set(handles.uitable1,'data',data1);
number = number + 1;
set(handles.number,'string',num2str(number));
set(handles.name,'string','');
set(handles.sex,'string','');
set(handles.age,'string','');

function pushbutton2_Callback(hObject, eventdata, handles)
global number
number = number - 1;
set(handles.number,'string',number);
set(handles.name,'string','');
set(handles.sex,'string','');
set(handles.age,'string','');

data = handles.data1;
set(handles.uitable1,'data',data);

data2 = {[],[],[]};
str = sprintf('A%d:C%d',number,number);
xlswrite('data.xls',data2,str)

function number_CreateFcn(hObject, eventdata, handles)
if ispc && isequal(get(hObject,'BackgroundColor'), ...get(0,'defaultUicontrolBackgroundColor'))
    set(hObject,'BackgroundColor','white');
end

function uitable1_CreateFcn(hObject, eventdata, handles)
data = {'number','name','sex','age'};
set(hObject,'data',data);
```

单击运行后，输入相应的人员信息，打开 Excel 表格就可以看到从 GUI 中导入的数据，如图 9-3 和图 9-4 所示。

图 9-3　运行效果

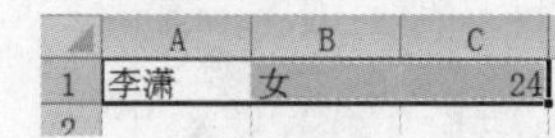

	A	B	C
1	李潇	女	24
2			

图 9-4　导入 Excel 表格中的数据

9.5　基于 GUI 的学生成绩管理系统设计

本系统采用 MATLAB 编程语言,其具有强大的数据处理能力,并通过 MATLAB 和 Excel 表格的数据联接处理功能,使系统界面友好、直观,又具有较好的实用性、可靠性、普适性等优点,可以轻松地完成对学生成绩的分析。

学生成绩管理分析系统主要实现以下功能:

(1) 成绩录入功能:能够完成对于学生相关信息和考试成绩的录入;

(2) 分析信息功能:对录入学生成绩信息的基本情况分析(求其成绩平均值);

(3) 绘图功能:分析学生考试情况并绘制该课程成绩曲线图。

9.5.1　系统的设计与完成

在 MATLAB 环境下完成学生成绩系统的设计,首先要在 MATLAB 环境下编写学生的成绩分析界面程序,完成分析界面的设计;然后录入成绩,建立分析对象;最后对成绩进行统计。

成绩分析系统界面的设计制作,主要包括在 MATLAB 中编写程序语言、设计成绩收录和学生信息收录等操作。

在 MATLAB 中编程结束后运行程序,显示学生成绩分析系统主界面,如图 9-5 所示。

9.5.2　导入成绩

运用 Excel 和 MATLAB 的数据联接,通过 MATLAB 编程语言将 Excel 表格中的数据导入 MATLAB 中,进一步调试后完成对数据的解读和分析。导入成绩的程序如下:

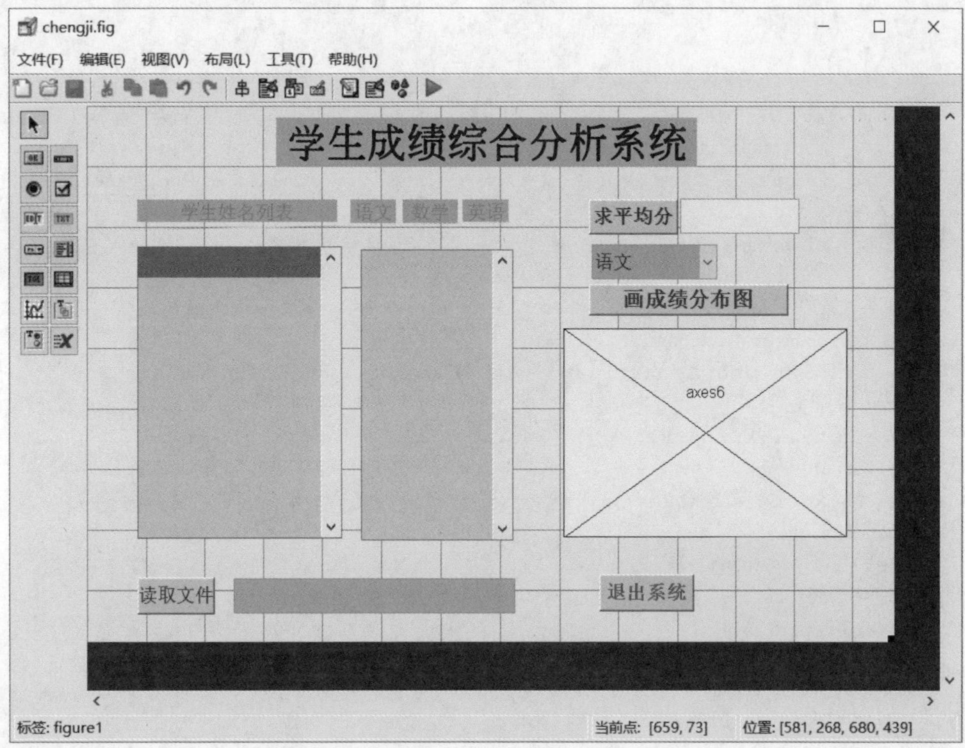

图 9-5　学生成绩分析系统主界面

```
function pushbutton1_Callback(hObject, eventdata, handles)
[FileName PathName] = uigetfile({'*.xls','Excel Files(*.xls)';'*.txt','Text Files(*.
txt)';'*.*','All...Files(*.*)'},'Choose a file'); %uigetfile 用来选择读入的文件
L = length(FileName);
if(L<5)
    errordlg('请选择正确文件','File Open Error'); %建立一个默认参数的错误对话框
    return;
end
test = FileName(1,end - 3:end);                  %定义一个变量 test 用于文件类型的确定
str = [PathName FileName];
set(handles.edit2,'string',str);                 %使打开的文件路径和文件名显示在 edit2
global len;global ave1;global ave2;global ave3;
global d1;global d2;global d3;
switch test
    case '.txt'                                  %当文件为记事本时
    fin = fopen('chengji.txt','r');
    str = fgetl(fin);                            %按行从文件中读取数据,但不读取换行符
    [str1 str2 str3 str4] = strread(str,'%s %s %s %s','delimiter','');
                                       %delimiter 用于指定分隔符; %s: 输出字符串
    xingming(1) = str1;                          %就是单词 name
    counter = 2;
    h = waitbar(0,'please wait a moment,reading the file now ...');
    for i = 1:100,
```

```
        waitbar(i/100,'h',[num2str(i),'%'])    %显示百分比
        pause(.1)
    end
    while feof(fin) == 0                          %feof 判断是否为文件结尾
        str = fgetl(fin);
        [name chinese math english] = strread(str,'%s %d %d %d','delimiter',' ');
                                                                      % %d用于输出十进制数
        xingming(counter) = name;                 %读取学生姓名
        chengji(counter - 1,:) = [chinese math english];
                                                            %定义一个成绩的矩阵用于存储成绩
        counter = counter + 1;
        waitbar(counter/(counter + 1),h,'On working...');
    end
    waitbar(1,h,'Finished');
    delete(h);                                    %读取数据完成后释放 h 对象
    set(handles.listbox1,'string',xingming);
    handles.chengji = chengji;
    len = length(chengji);                        %求矩阵的长度
    d1 = chengji(1:len,1);
    ave1 = sum(d1);                               %求语文的总分
    d2 = chengji(1:len,2);
    ave2 = sum(d2);                               %求数学的总分
    d3 = chengji(1:len,3);
    ave3 = sum(d3);                               %求英语的总分
    fclose(fin);
    %当文件格式为表格时
    case '.xls'                                   %当文件为表格时
    h = waitbar(0,'please wait a moment');        %创建一个进度条
    for i = 1:100,
        waitbar(i/100,h,[num2str(i),'%'])      %显示百分比
        pause(.1)
    end
    waitbar(1,h,'Finished');
    delete(h);
    [chengji xingming] = xlsread(str);
    set(handles.listbox1,'string',xingming(:,1));
    handles.chengji = chengji;
    len = length(chengji);                        %求矩阵的长度
    d1 = chengji(1:len,1);
    ave1 = sum(d1);                               %求语文的总分
    d2 = chengji(1:len,2);
    ave2 = sum(d2);                               %求数学的总分
    d3 = chengji(1:len,3);
    ave3 = sum(d3);                               %求英语的总分
    otherwise
        errordlg('Wrong File','File Open Error');
        return
end
  guidata(hObject,handles);
```

9.5.3 统计数据

通过 GUI 统计数据平均分，计算全体学生的各科成绩的平均分的程序如下：

```
function popupmenu1_Callback(hObject, eventdata, handles)
val = get(hObject,'Value');
str = get(hObject,'String');
global len;
global d1;global d2;global d3;
global d;
global ave1;global ave2;global ave3;
global ave;
switch str{val}
    case 'chinese'
        d = d1;
        ave = ave1/len;          % 求语文的平均分
    case 'math'
       d = d2;
       ave = ave2/len;           % 求数学的平均分
    case 'english'
       d = d3;
       ave = ave3/len;           % 求英语的平均分
end
guidata(hObject,handles);

function pushbutton3_Callback(hObject, eventdata, handles)
global ave;
set(handles.edit3,'string',ave)

guidata(hObject,handles);
```

9.5.4 绘制该课程成绩曲线图

绘制该课程成绩曲线图来对全体学生的单科成绩进行分析，相应的程序如下：

```
function pushbutton4_Callback(hObject, eventdata, handles)
global hline;
global len;
global d;
t = 1:1:len;
hline = plot(t,d,'linewidth',2);
```

9.5.5 系统应用演示

下面对系统功能进行测试，将成绩制成 Excel 电子表格，通过 MATLAB 导入。导入的全体学生成绩的内容如图 9-6 所示。

导入成绩可以通过单击 File 菜单中的 Open 选项，也可以通过单击“读取文件”按钮来实现，如图 9-7 所示。

name	chinese	math	english
number1	73	80	56
number2	74	81	57
number3	75	82	58
number4	76	83	59
number5	77	84	60
number6	78	85	61
number7	79	86	78
number8	80	87	79
number9	81	88	80
number10	78	89	81
number11	79	90	45
number12	80	91	46
number13	81	95	47
number14	82	96	48
number15	83	97	67
number16	84	78	76
number17	85	83	80

图 9-6　导入的 Excel 电子表格

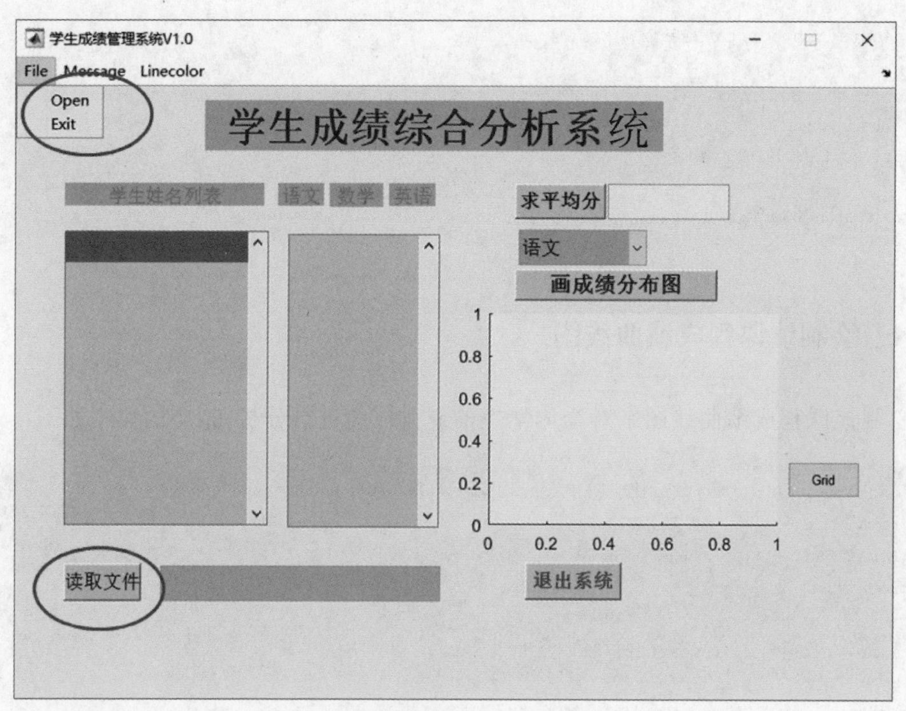

图 9-7　菜单和按钮导入成绩

单击后会弹出选择导入文件对话框如图 9-8 所示。

选择“chengji”文件，单击“打开”会弹出一个显示导入进度的对话框如图 9-9 所示。

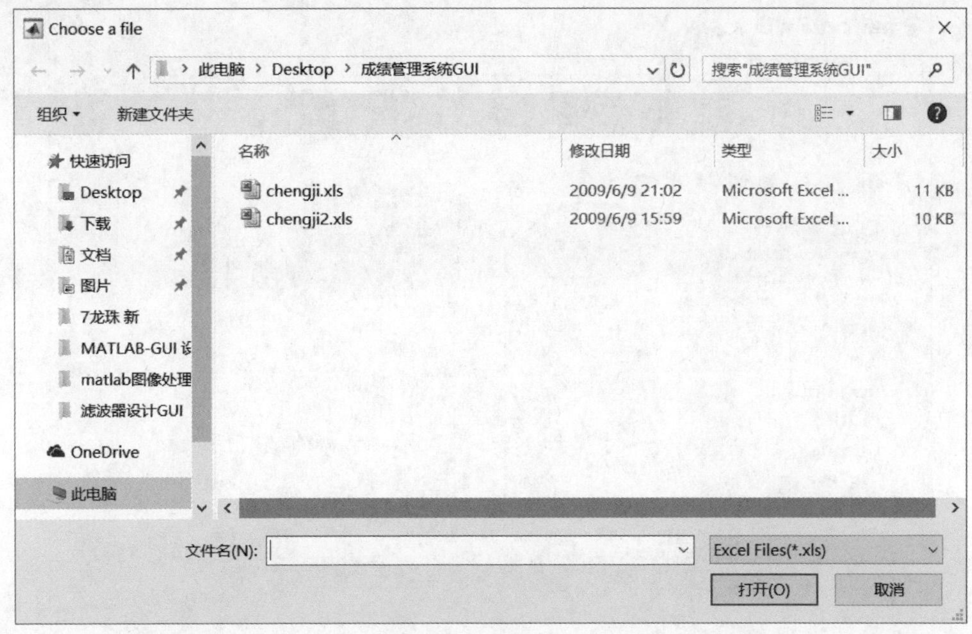

图 9-8　选择导入文件

导入完成后"学生姓名列表"下面会列出每个学生的姓名，单击一个学生姓名会在学科列表下显示该学生的语文、数学、英语 3 科的成绩，如图 9-10 所示。

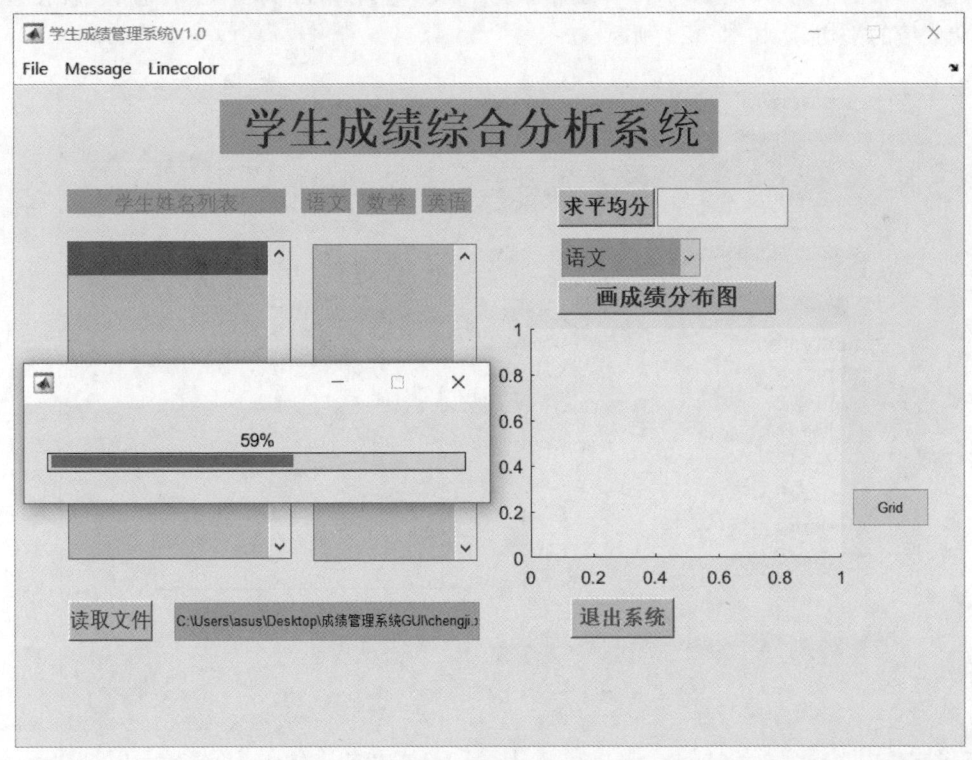

图 9-9　进度对话框

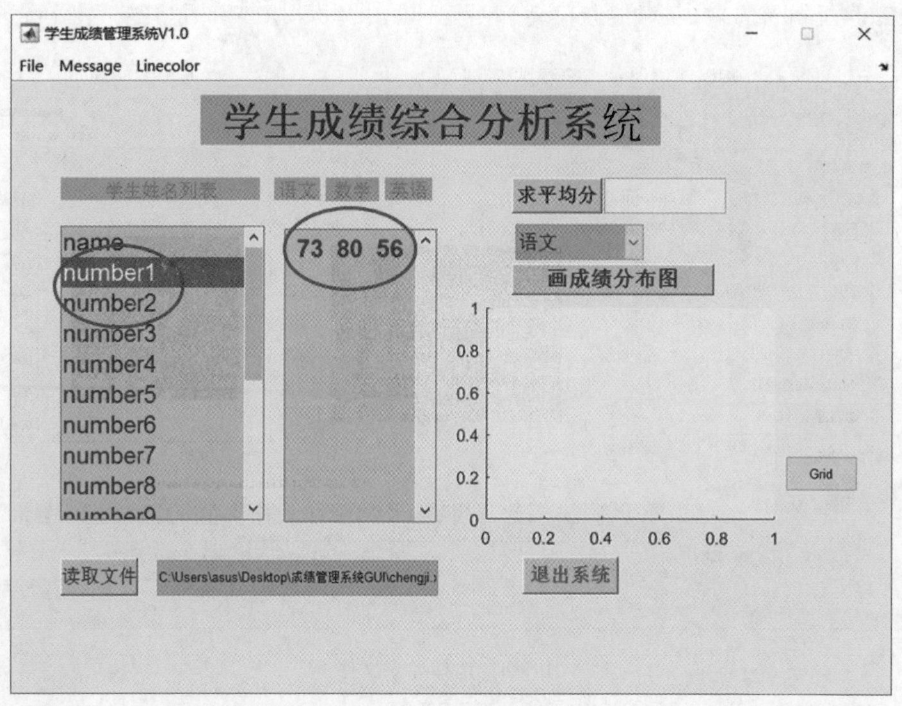

图 9-10 学生成绩显示

求每科的平均分：选择学科下拉菜单中“语文”，然后单击“求平均分”按钮，就会显示语文成绩的平均分，如图 9-11 所示。

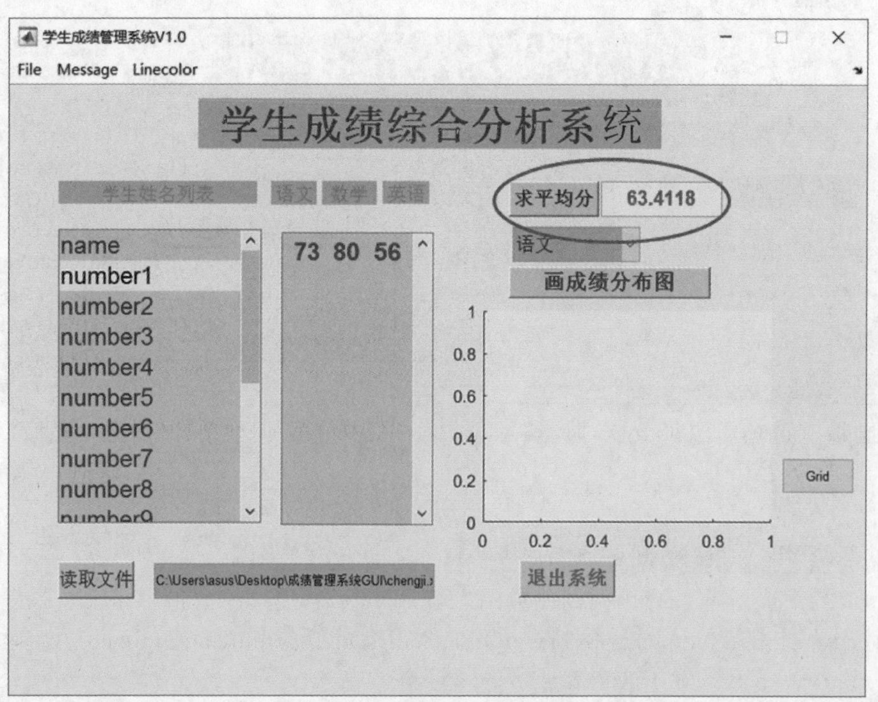

图 9-11 语文成绩的平均分

在控件“axes6”上绘制该课程成绩曲线图：单击“画成绩分布图”按钮，将在轴“axes6”上显示该课程成绩曲线图，最终的效果图如图 9-12 所示。

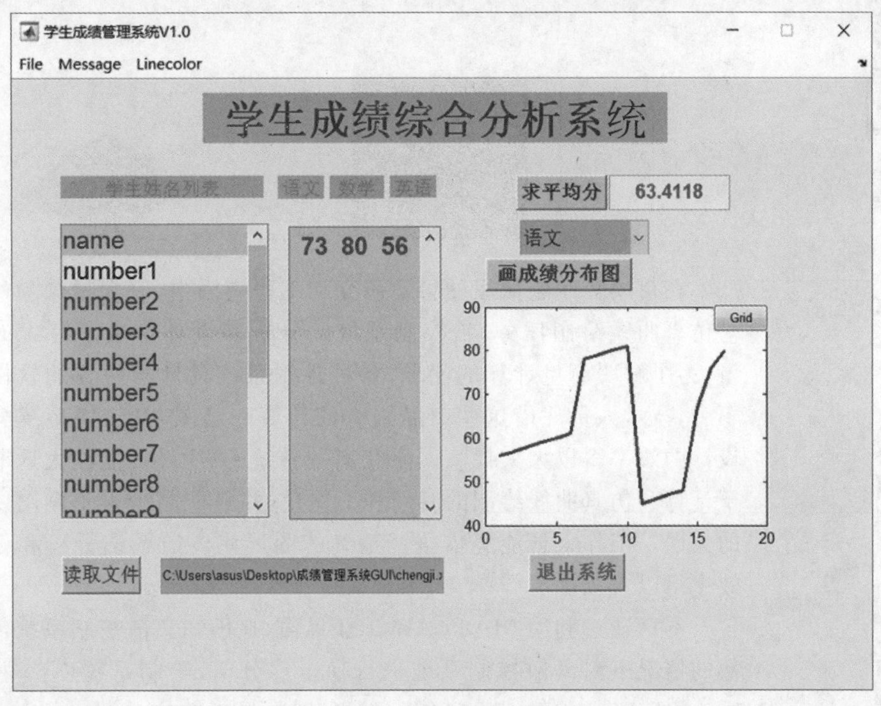

图 9-12　成绩曲线图

本章小结

本章主要介绍了 MATLAB 与 Excel 文件的数据交换，包括 MATLAB 数据导入 Excel 文件、调用 xlsfinfo 函数获取文件信息、调用 xlsread 函数读取数据、调用 xlswrite 函数把数据写入 Excel 文件。希望读者通过本章的学习能够掌握 MATLAB 与 Excel 文件的数据交换的基本操作。然后介绍了基于 GUI 设计的学生成绩管理系统，包括系统的设计与完成和系统应用演示，希望读者在学习时将 GUI 的应用与 GUI 的理论研究紧密地结合在一起。

第10章 基于GUI的离散控制系统设计

在自动控制领域里的科学研究和工程应用中，有大量烦琐的计算与仿真曲线绘制任务，给控制系统的分析和设计带来了巨大的工作量，为了解决海量计算的问题，各种控制系统设计与仿真的软件层出不穷，技术人员凭借这些产品强大的计算和绘图功能，使系统分析和设计的效率得以大大提高。研究离散系统GUI设计能极大地节省用于计算和仿真曲线绘制的时间和工作量，并且能减少人工画图中存在的失误。工作人员能凭借这些精确的图形使离散系统分析和设计的效率得以大大提高。

本章通过利用MATLAB GUI界面，在已知离散控制系统传递函数的情况下对离散控制系统进行稳定性分析，绘制系统Nyquist图、Bode图、Nichols图、根轨迹图、阶跃响应、脉冲响应。

学习目标：

(1) 了解控制系统工具箱的主要函数；

(2) 掌握离散控制系统的设计。

10.1 控制系统工具箱介绍

面向控制工程应用一直是MATLAB的主要功能之一，早期的版本就提供了控制系统设计工具箱。20世纪90年代初的3.5版推出Robust ToolBox，4.0版推出基于模块图的控制系统仿真软件Simulink。到目前为止，MATLAB中包含的控制工程类工具箱已超过十个。

MATLAB所具备的强有力的计算功能和图形表现，以及各种工具箱提供的丰富的专用函数，令设计研究人员避免了重复烦琐的计算和编程，为更快、更好、更准确地进行控制系统分析和设计提供了极大的帮助。

控制系统工具箱主要函数如下：

(1) 线性定常系统(LTI)数学模型生成函数：tf()函数用于创建传递函数模型；ss()函数用于创建状态方程模型；zpk()函数用于创建零极点模型；dss()函数用于创建离散状态方程模型；get()函数用

于获取模型参数信息；set()函数用于设置模型参数。

(2) 数学模型转换函数：c2d()函数用于连续系统转换成离散系统；d2c()函数用于离散系统转换成连续系统；d2d()函数用于离散系统重新采样。

(3) 时间响应函数：impulse()函数用于计算并绘制冲激响应；step()函数用于计算并绘制阶跃响应。

(4) 频率响应函数：bode()函数用于计算并绘制波特响应；nichols()函数用于计算奈克尔斯图；nyquist()函数用于计算奈奎斯特图；pzmap()函数用于绘制零极点图。

(5) 控制系统分析与设计图形用户接口：ltiview 函数用于打开定常线性系统(LTI)响应分析窗口；sisotool 函数用于打开单输入单输出系统(SISO)设计图形用户接口。

(6) 模型转换函数：tf2zp()函数用于传递函数模型转换为零极点模型；tf2ss()函数用于传递函数模型转换为状态方程模型；ss2tf()函数用于状态方程模型转换为传递函数模型；ss2zp()函数用于状态方程模型转换为零极点模型。

(7) 其他函数：str2num()函数用于将输入字符串转换为数值；get(handles.edit,'string')用于读取 MATLAB GUI 控件参数。

10.2 控制系统理论基础

自动控制技术的基础理论主要分“古典控制理论”和“现代控制理论”两大部分。古典控制理论以传递函数为基础,研究单输入单输出一类定常控制系统的分析与设计问题；现代控制理论是 20 世纪 60 年代在古典控制理论基础上,随着科学技术发展和工程实践需要而迅速发展起来的,它以状态空间法为基础,研究多输入、多输出、时变、非线性、高精度、高效能等控制系统的分析与设计问题。

1. 离散系统理论

当系统各个物理量随时间变化的规律不能用连续函数描述时,而只在离散的瞬间给出数值,这种系统称为离散系统。

离散系统是全部或一些组成部分的变量具有离散信号形式的系统。在时间的离散时刻上取值的变量称为离散信号,通常是时间间隔相等的脉冲序列或数字序列,例如按一定的采样时刻进入计算机的信号。除含有采样数据信号的离散系统外,在现实世界中还有天然的离散系统,例如在人口系统中人口的增长和迁徙过程只能用离散数字加以描述。在现代工业控制系统中广泛采用数字化技术,或在设计中通过数学处理把连续系统化为离散系统,其目的是为了获得良好的控制性能或简化设计过程。

离散控制系统根据控制信号类型(采样脉冲序列或数字序列)的不同可分为采样控制系统和数字控制系统。离散系统的运动需用差分方程描述。对于参数不随时间变化的离散系统可利用 Z 变换分析。当系统中同时也存在连续信号时(例如采样系统),也可将离散信号看成脉冲函数序列,从而能采用连续系统分析中的拉普拉斯变换对系统进行统一处理。

20 世纪 40～50 年代在导弹上应用了采样控制系统,与它相对应的是在 20 世纪 40 年代末产生的离散系统理论。20 世纪 60 年代以来在飞行器控制中计算机控制系统的应用日益普遍，计算机控制（数字控制）也是离散控制的一种，离散系统理论在现代飞行器控制中得到了广泛的应用，20 世纪 60 年代“阿波罗”号飞船的登月舱就采用了数字式自动驾驶仪。

2. 控制系统的古典理论与现代理论

20 世纪 50 年代，经典控制理论形成体系。经典控制理论的数学基础是拉普拉斯变换，系统的基本数学模型是传递函数，主要的分析和综合方法有 Bode 图法、根轨迹法、劳斯（Routh）判据、奈奎斯特（Nquist）稳定判据、PID 控制等。

经典控制系统理论虽然至今仍广泛应用在许多工程技术领域中，但也存在着明显的局限性，主要表现在：主要用于单输入单输出线性时不变系统而难以有效地处理多输入多输出系统；只采用外部描述方法讨论控制系统的输入输出关系，而难以揭示系统内部的特性；控制系统设计方法基本上是一种试凑法而不能提供最优控制的方法和手段等等。

在 20 世纪 50 年代核反应堆控制研究，尤其是航天控制研究的推动下，控制理论在 1960 年前后开始了从经典阶段到现代阶段的过渡，其中的重要标志是卡尔曼（R. E. Kalman）系统地把状态空间法引入到系统与控制理论中。现代控制理论以状态空间模型为基础，研究系统内部的结构，提出可控性、可观测性概念及分析方法，也提出了一系列设计方法，如 LQR（Linear Quadratic Regulator）和 LQG（Linear Quadratic Gaussian）最优控制方法、Kalman 滤波器方法、极点配置方法、基于状态观测器的反馈控制方法等。

现代控制理论克服了经典控制的许多局限性，它能够解决某些非线性和时变系统的控制问题，适用于多输入多输出反馈控制系统，可以实现最优控制规律。此外，现代控制理论不仅能够研究确定性的系统，而且可以研究随机的过程，即包含了随机控制系统的分析和设计方法。

3. 离散控制系统理论的基本内容

离散控制系统分析与设计的基础知识包括离散控制系统的稳定性、稳态特性和动态特性，以及离散控制系统的校正与计算机辅助分析。主要内容：离散控制系统的数学模型、控制系统的时域分析、根轨迹分析、频域分析等。

10.3 离散控制系统设计与完成

离散控制系统的设计主要包括 Bode 图、绘制 Nyquist 曲线、绘制 Nichols 曲线、绘制根轨迹、离散系统稳定性判断、阶跃响应、脉冲响应等内容，下面分别进行介绍。

10.3.1 绘制 Bode 图界面

在研究控制系统的频率响应时，由于信号的频率范围很宽（从几赫到几百兆赫以上），放大电路的放大倍数也很大（可达百万倍），为压缩坐标和扩大视野，在画频率特性曲线时，频率坐标采用对数刻度，而幅值（以 dB 为单位）或相角采用线性刻度。在这种半对数坐标中画出的幅频特性和相频曲线称为对数频率特性或波特图。在 MATLAB 中用 bode( )函数来实现波特图绘制。

【例 10-1】 创建新的 GUI 界面，命名为 bode，在其中加入若干静态文本框、动态文本框、Push Button、坐标轴(属性为 log)，如图 10-1 所示。

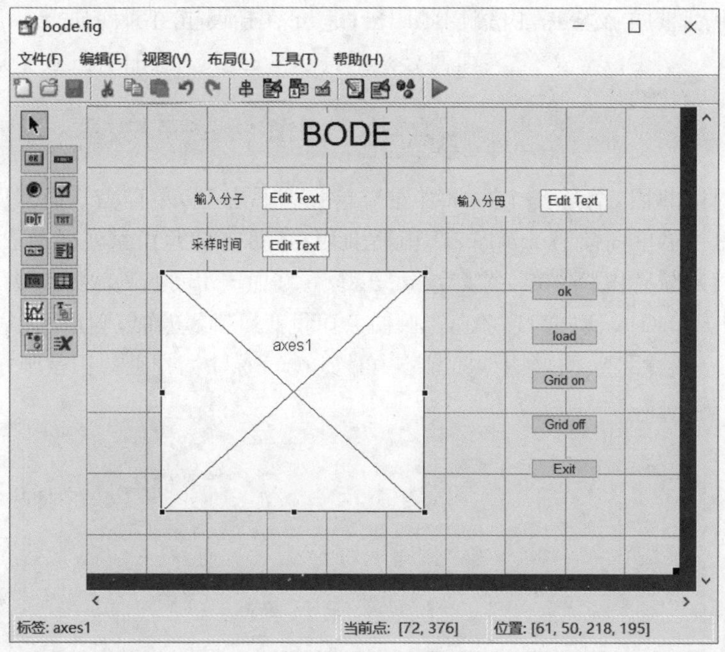

图 10-1 建立绘制 Bode 图界面

OK 按钮的作用是在输入分子分母及采样时间确认后开始仿真。在 OK 下编写程序如下：

```
a = str2num(get(findobj(gcbf,'Tag','edit1'),'string'));
b = str2num(get(findobj(gcbf,'Tag','edit2'),'string'));
c = str2num(get(findobj(gcbf,'Tag','edit4'),'string'));
dbode(a,b,c);
```

Load 按钮的作用是加载仿真程序实例，这样在仿真演示的时候会更加方便。在 Load 下编写程序如下：

```
a = 9;
b = [2,3,5];
dbode(a,b,0.1);
```

Grid on 按钮的作用是在坐标轴中加载网格。其程序如下：

```
grid on;
```

Grid off 按钮的作用是在坐标轴中取消网格。其程序如下：

```
grid off;
```

Exit 按钮的作用是退出仿真。其程序如下：

```
close(gcf);
```

打开软件，选择离散系统下绘制 Bode 图，进入界面，如图 10-2 所示。

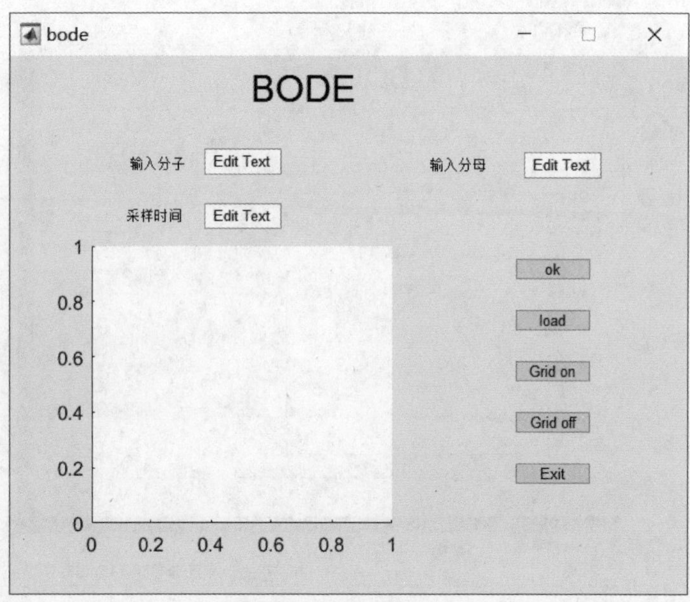

图 10-2　绘制 Bode 图界面

在可编辑文本框内输入分子、分母，单击 OK 按钮，可得 Bode 图，如图 10-3 所示。

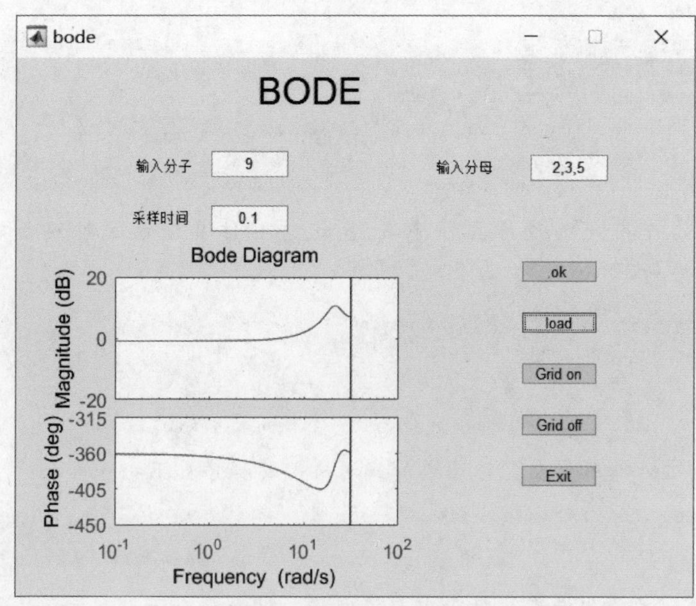

图 10-3　离散控制系统 Bode 图

10.3.2 绘制 Nyquist 曲线

奈奎斯特稳定判据的基本形式表明，如果系统开环传递函数 $G(s)$在 s 复数平面的虚轴上既无极点又无零点，那么闭环控制系统的特征方程在右半 s 平面上根的个数 $Z=P-2N$。所谓特征方程是传递函数分母多项式为零的代数方程，P 是开环传递函数在右半 s 平面上的极点数，N 是当角频率由 0 变化到∞时 $G(s)$的轨迹沿逆时针方向围绕实轴上点$(-1,\mathrm{j}0)$的次数。奈奎斯特稳定判据还指出：$Z=0$ 时，闭环控制系统稳定；$Z\neq 0$ 时，闭环控制系统不稳定。

奈奎斯特稳定判据推广形式：当开环传递函数 $G(s)$在 s 复数平面的虚轴上存在极点或零点时，必须采用判据的推广形式才能对闭环系统稳定性作出正确的判断。在推广形式判据中，开环频率响应 $G(s)$的奈奎斯特图不是按连续地由 0 变到∞来得到的，称为推广的奈奎斯特路径。在这个路径中，当遇到位于虚轴上 $G(s)$的极点（图中用×表示）时，要用半径很小的半圆从右侧绕过。只要按这条路径来作出 $G(s)$从 0 变化到∞时的奈奎斯特图，则 $Z=P-2N$ 和关于稳定性的结论仍然成立。MATLAB 中用 nyquist( )绘制系统 Nyquist 图。

【例 10-2】 创建新的 GUI 界面，命名为 Nyquist，在其中加入若干静态文本框、动态文本框、Push Button、坐标轴（属性为 linear），如图 10-4 所示。

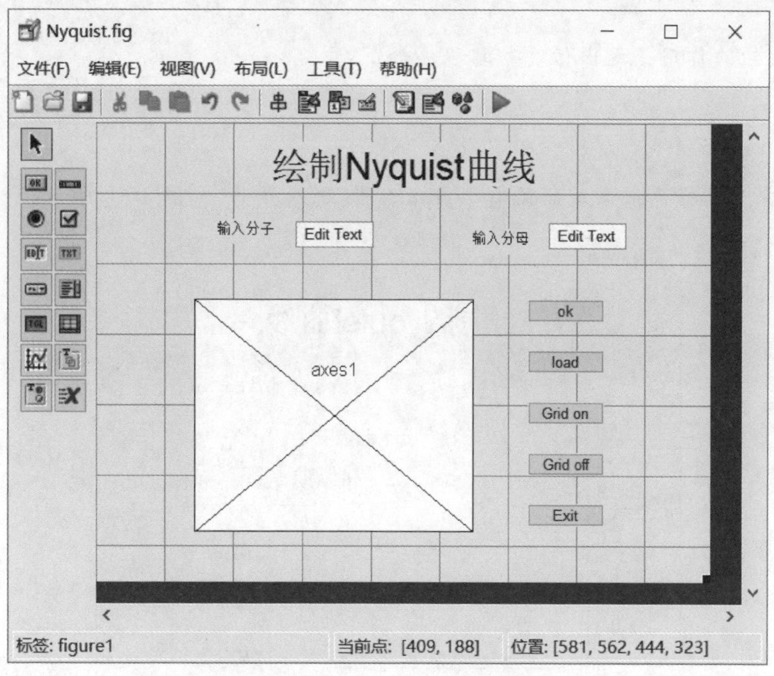

图 10-4 建立绘制 Nyquist 曲线

OK 按钮的作用是在输入分子分母及采样时间确认后开始仿真。在 OK 下编写程序如下：

```
a = str2num(get(findobj(gcbf,'Tag','edit1'),'string'));
b = str2num(get(findobj(gcbf,'Tag','edit2'),'string'));
T = 1;
[c,d] = c2dm(a,b,T,'Zoh');
nyquist(c,d);
```

Load 按钮的作用是加载仿真程序实例，这样在仿真演示的时候会更加方便。在 Load 下编写程序如下：

```
a = 9;
b = [2,3,5];
T = 1;
[c,d] = c2dm(a,b,T,'Zoh');
nyquist(c,d);
```

Grid on 按钮的作用是在坐标轴中加载网格。其程序如下：

```
grid on;
```

Grid off 按钮的作用是在坐标轴中取消网格。其程序如下：

```
grid off;
```

Exit 按钮的作用是退出仿真。其程序如下：

```
close(gcf);
```

打开软件，选择离散系统下绘制 Nyquist 图，进入界面，如图 10-5 所示。

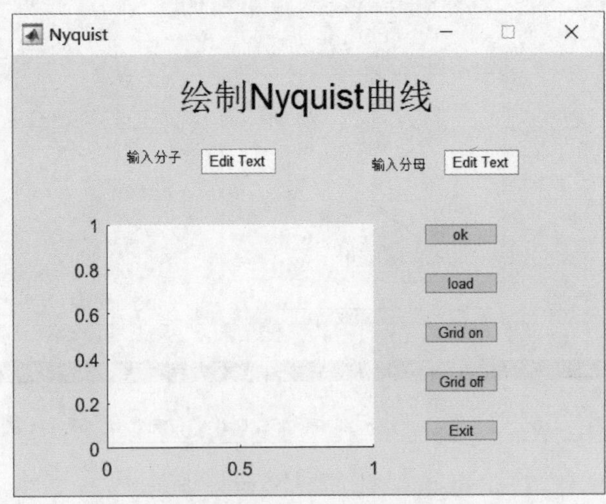

图 10-5　绘制 Nyquist 曲线界面

在可编辑文本框内输入分子、分母，单击 OK 按钮，可得 Nyquist 图，如图 10-6 所示。

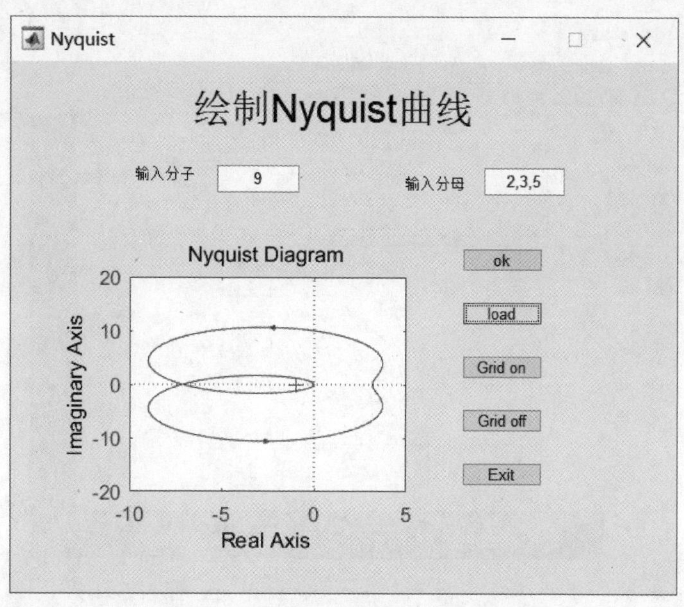

图 10-6　离散控制系统 Nyquist 曲线

10.3.3　绘制 Nichols 曲线

Nichols（对数幅相图）是描述系统频率特性的一种图示方法。该图纵坐标表示频率特性的对数幅值，以分贝为单位；横坐标表示频率特性的相位角。对数幅相特性图以频率 ω 作为参变量，用一条曲线完整地表示了系统的频率特性。Nichols 图的幅值和相角组成直角坐标。Nichols 图多用于控制系统的校正。

Nichols 图很容易由 Bode 图上的幅频曲线和相频曲线合成而得到。对数幅相特性图有以下特点：

(1) 由于系统增益的改变不影响相频特性，故系统增益改变时，对数幅相特性图只是简单地向上平移（增益增大）或向下平移（增益减小），而曲线形状保持不变；

(2) $G(\omega)$ 和 $1/G(\mathrm{j}\omega)$ 的对数幅相特性图关于原点中心对称，即幅值和相位均相差一个符号；

(3) 利用对数幅相特性图，很容易由开环频率特性求闭环频率特性，可方便地用于确定闭环系统的稳定性及解决系统的综合校正问题。

【例 10-3】　创建新的 GUI 界面，命名为 Nichols，在其中加入若干静态文本框、动态文本框、Push Button、坐标轴（属性为 linear），如图 10-7 所示。

OK 按钮的作用是在输入分子分母及采样时间确认后开始仿真。在 OK 下编写程序如下：

```
a = str2num(get(findobj(gcbf,'Tag','edit1'),'string'));
b = str2num(get(findobj(gcbf,'Tag','edit2'),'string'));
T = 1;
```

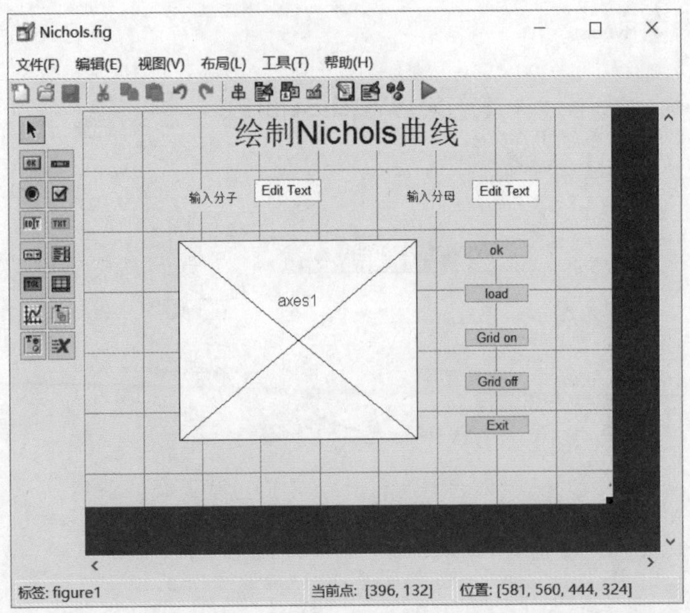

图 10-7 建立绘制 Nichols 曲线

```
[c,d] = c2dm(a,b,T,'Zoh');
nichols(c,d);
```

Load 按钮的作用是加载仿真程序实例，这样在仿真演示的时候会更加方便。在 Load 下编写程序如下：

```
a = 9;
b = [2,3,5];
T = 1;
[c,d] = c2dm(a,b,T,'Zoh');
nichols(c,d);
```

Grid on 按钮的作用是在坐标轴中加载网格。其程序如下：

```
grid on;
```

Grid off 按钮的作用是在坐标轴中取消网格。其程序如下：

```
grid off;
```

Exit 按钮的作用是退出仿真。其程序如下：

```
close(gcf);
```

打开软件，选择离散系统下绘制 Nichols 图，进入界面，如图 10-8 所示。

在可编辑文本框内输入分子、分母，单击 OK 按钮，可得 Nichols 图，如图 10-9 所示。

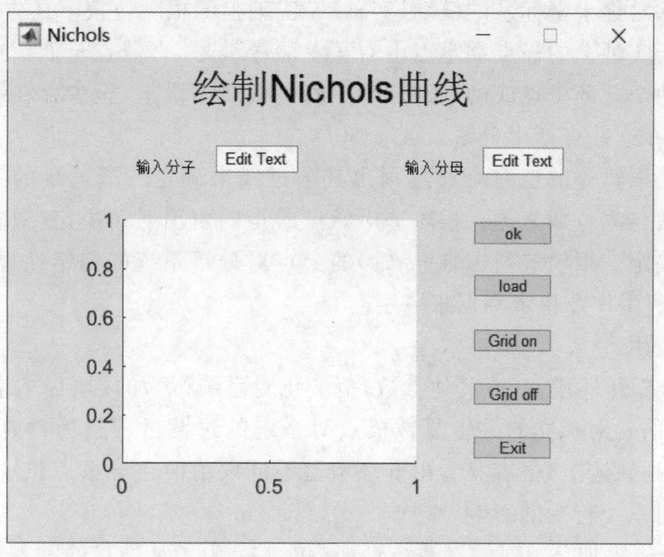

图 10-8 绘制 Nichols 图界面

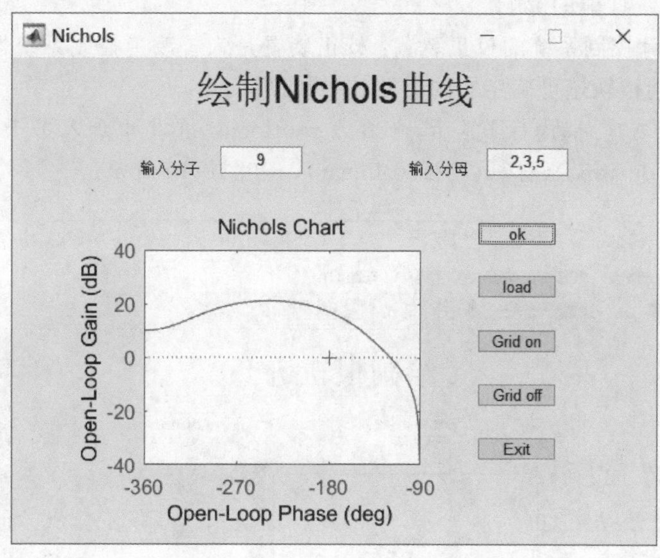

图 10-9 离散控制系统 Nichols 图

10.3.4 绘制根轨迹

在控制系统的综合分析中，往往只需要知道根轨迹的粗略形状。由相角条件和幅值条件所导出的 8 条规则，为粗略地绘制出根轨迹图提供方便的途径。

根轨迹的分支数等于开环传递函数极点的个数。根轨迹的始点(相应于 $K=0$)为开环传递函数的极点，根轨迹的终点(相应于 $K=\infty$)为开环传递函数的有穷零点或无穷零点。

根轨迹形状对称于坐标系的横轴(实轴)。实轴上的根轨迹按下述方法确定:将开环传递函数的位于实轴上的极点和零点由右至左顺序编号,奇数点至偶数点间的线段为根轨迹。实轴上两个开环极点或两个开环零点间的根轨迹段上,至少存在一个分离点或会合点,根轨迹将在这些点产生分岔。

在无穷远处根轨迹的走向可通过画出其渐近线来确定。渐近线的条数等于开环传递函数的极点数与零点数之差。根轨迹沿始点的走向由出射角决定,根轨迹到达终点的走向由入射角决定。根轨迹与虚轴(纵轴)的交点对分析系统的稳定性很重要,其位置和相应的 K 值可利用代数稳定判据来决定。

根轨迹的应用:

(1) 用于分析开环增益(或其他参数)值变化对系统行为的影响:在控制系统的极点中,离虚轴最近的一对孤立的共轭复数极点对系统的过渡过程行为具有主要影响,称为主导极点对,在根轨迹上,很容易看出开环增益不同取值时主导极点位置的变化情况,由此可估计出其对系统行为的影响。

(2) 用于分析附加环节对控制系统性能的影响:为了某种目的常需要在控制系统中引入附加环节,这就相当于引入新的开环极点和开环零点,通过根轨迹便可估计出引入的附加环节对系统性能的影响。

(3) 用于设计控制系统的校正装置:校正装置是为了改善控制系统性能而引入系统的附加环节,利用根轨迹可确定它的类型和参数设计。

【例 10-4】 创建新的GUI界面,命名为rootlocus,在其中加入若干静态文本框、动态文本框、Push Button、坐标轴(属性为linear),如图10-10所示。

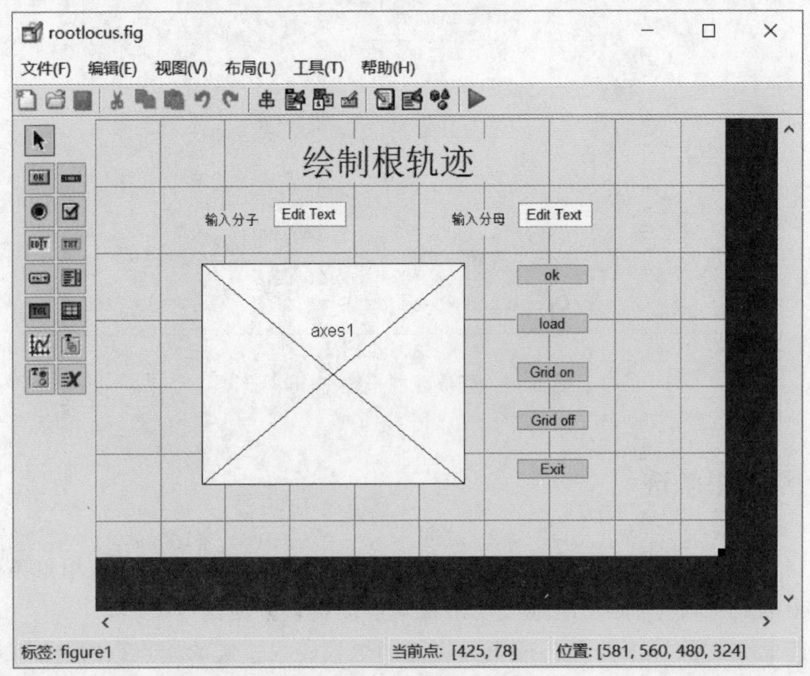

图 10-10 绘制根轨迹

OK 按钮的作用是在输入分子分母及采样时间确认后开始仿真。在 OK 下编写程序如下：

```
a = str2num(get(findobj(gcbf,'Tag','edit1'),'string'));
b = str2num(get(findobj(gcbf,'Tag','edit2'),'string'));
T = 1;
[c,d] = c2dm(a,b,T,'Zoh');
rootlocus(c,d);
```

Load 按钮的作用是加载仿真程序实例，这样在仿真演示的时候会更加方便。在 Load 下编写程序如下：

```
a = 9;
b = [2,3,5];
T = 1;
[c,d] = c2dm(a,b,T,'Zoh');
rootlocus (c,d);
```

Grid on 按钮的作用是在坐标轴中加载网格。其程序如下：

```
grid on;
```

Grid off 按钮的作用是在坐标轴中取消网格。其程序如下：

```
grid off;
```

Exit 按钮的作用是退出仿真。其程序如下：

```
close(gcf);
```

打开软件，选择离散系统下绘制根轨迹，进入界面，如图 10-11 所示。

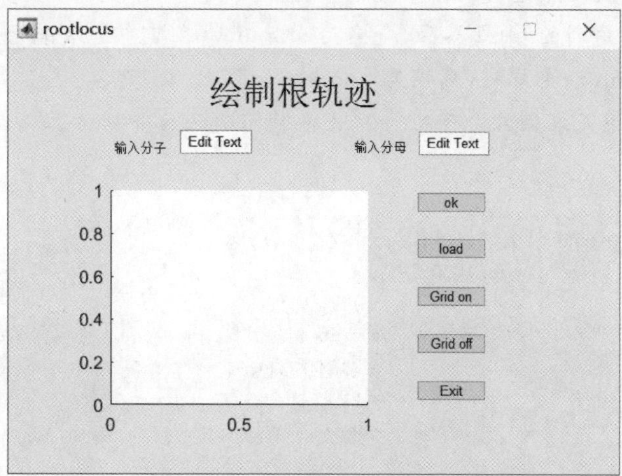

图 10-11　绘制根轨迹界面

在可编辑文本框内输入分子、分母，单击 OK 按钮，可得根轨迹，如图 10-12 所示。

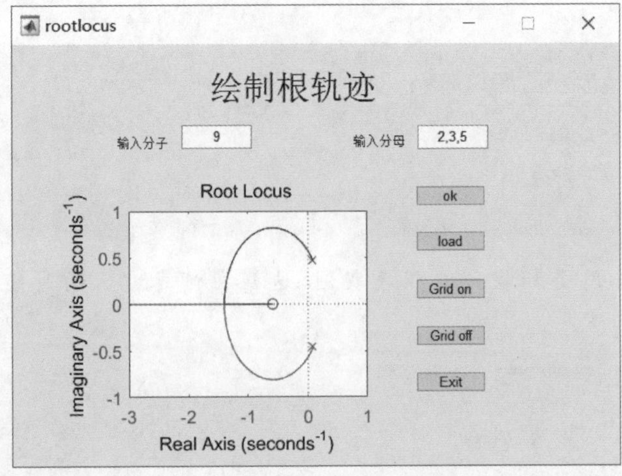

图 10-12　离散控制系统根轨迹

10.3.5　离散系统稳定性判断

在系统特性研究中，系统的稳定性是最重要指标，如果系统稳定，则可以进一步分析系统的其他性能；如果系统不稳定，系统则不能直接应用。由控制理论可知，以状态方程模型表示的系统，它的状态矩阵 **A** 的特征根和以传递函数模型表示的系统的极点是相对应的，只有它们的值都为负数时系统才会稳定。因此，直接而简便的方法就是求出系统的极点，则系统的稳定性就可以立即得到。

在 MATLAB 控制系统工具箱中，eig(G)函数可以求取一个连续线性定常系统极点，其中系统模型 G 可以用传递函数、状态方程或零极点模型表示。另外，用图形的方式绘制出系统所有特征根或极点在 s 复平面上的位置，所以判定连续系统是否稳定只需看一下系统所有特征根或极点是否均位于虚轴左侧即可。

【例 10-5】　创建新的 GUI 界面，命名为 stability，在其中加入若干静态文本框、动态文本框、Push Button 和坐标轴(属性为 linear)，如图 10-13 所示。

OK 按钮的作用是在输入分子分母及采样时间确认后开始仿真。在 OK 下编写程序如下：

```
a = str2num(get(findobj(gcbf,'Tag','edit1'),'string'));
b = str2num(get(findobj(gcbf,'Tag','edit2'),'string'));
p = roots(b);                        % 求系统极点
q = roots(a);                        % 求系统零点
p = p';                              % 将极点列向量转置为行向量
q = q';                              % 将零点列向量转置为行向量
x = max(abs([p q 1]));               % 确定纵坐标范围
x = x + 0.1;
y = x;                               % 确定横坐标范围
```

```
%clf;
hold on;
axis([-x x -y y]);                                       %确定坐标轴显示范围
w=0:pi/300:2*pi;
t=exp(i*w);
plot(t);                                                 %画单位圆
axis('square');
plot([-x x],[0 0]);                                      %画横坐标轴
plot([0 0],[-y y]);                                      %画纵坐标轴
%text(0.1,x,'jIm[z]');
%text(y,1/10,'Re[z]');
plot(real(p),imag(p),'x');                               %画极点
plot(real(q),imag(q),'o');                               %画零点
%title('pole-zero diagram for discrete system');         %标注标题
hold off;
```

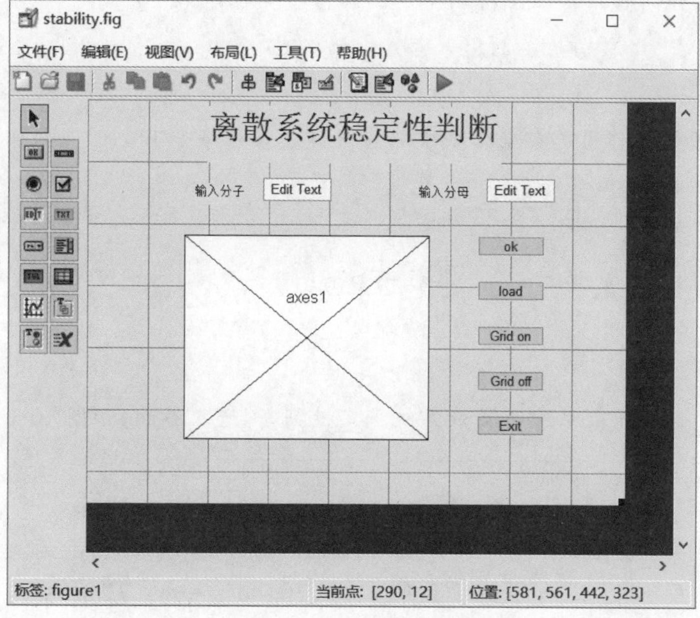

图 10-13 离散系统稳定性判断

Load按钮的作用是加载仿真程序实例，这样在仿真演示的时候会更加方便。在Load下编写程序如下：

```
a=9;
b=[2,3,5];
p=roots(b);                          %求系统极点
q=roots(a);                          %求系统零点
p=p';                                %将极点列向量转置为行向量
q=q';                                %将零点列向量转置为行向量
x=max(abs([p q 1]));                 %确定纵坐标范围
x=x+0.1;
```

```
y = x;                                          % 确定横坐标范围
 % clf;
hold on;
axis([ - x x  - y y]);                          % 确定坐标轴显示范围
w = 0:pi/300:2 * pi;
t = exp(i * w);
plot(t);                                        % 画单位圆
axis('square');
plot([ - x x],[0 0]);                           % 画横坐标轴
plot([0 0],[ - y y]);                           % 画纵坐标轴
 % text(0.1,x,'jIm[z]');
 % text(y,1/10,'Re[z]');
plot(real(p),imag(p),'x');                      % 画极点
plot(real(q),imag(q),'o');                      % 画零点
 % title('pole - zero diagram for discrete system'); % 标注标题
hold off;
```

Grid on 按钮的作用是在坐标轴中加载网格。其程序如下：

```
grid on;
```

Grid off 按钮的作用是在坐标轴中取消网格。其程序如下：

```
grid off;
```

Exit 按钮的作用是退出仿真。其程序如下：

```
close(gcf);
```

打开软件，选择离散系统下离散系统稳定性判断，进入界面，如图 10-14 所示。

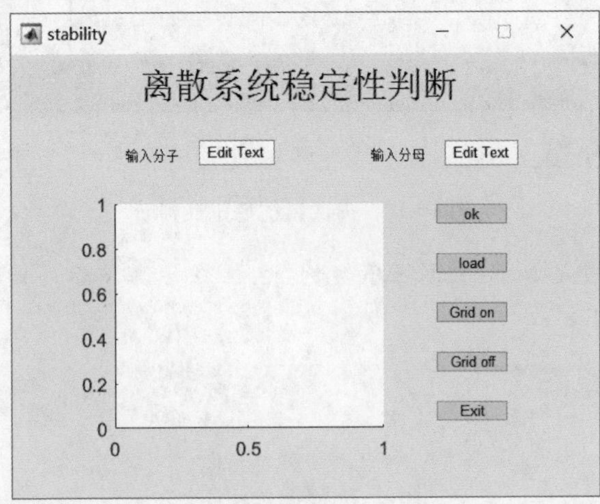

图 10-14　离散系统稳定性判断界面

在可编辑文本框内输入分子、分母，单击 OK 按钮，可得零极点分布图，如图 10-15 所示。根据零极点分布，从而判断离散系统是否稳定。

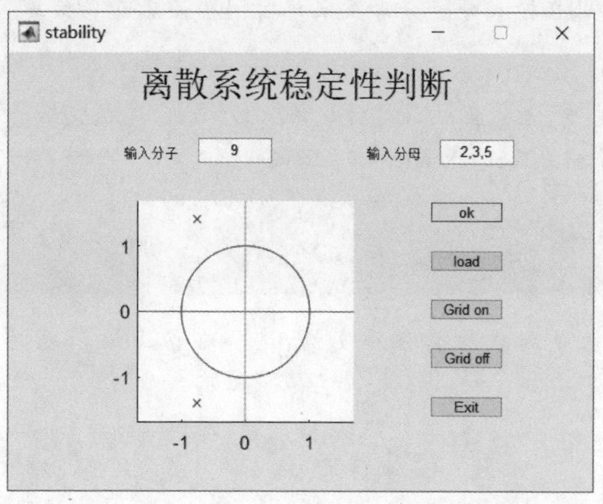

图 10-15 零极点分布图

10.3.6 阶跃响应

当激励为单位阶跃函数时，电路的零状态响应称为单位阶跃响应，简称阶跃响应。阶跃响应 $g(t)$定义为系统在单位阶跃信号 $u(t)$的激励下产生的零状态响应。基本定义为单位阶跃函数输入的零状态响应。当 $x<0$ 时，$y=0$；当 $x>0$ 时，$y=1$。用 E 表示(希腊字母 Epsilon，大写 E，小写 ε)，其相应的拉普拉斯变换为 $1/s$。阶跃函数可以作为开关的数学模型。

【例 10-6】 创建新的 GUI 界面，命名为 step，在其中加入若干静态文本框、动态文本框、Push Button 和坐标轴(属性为 linear)，如图 10-16 所示。

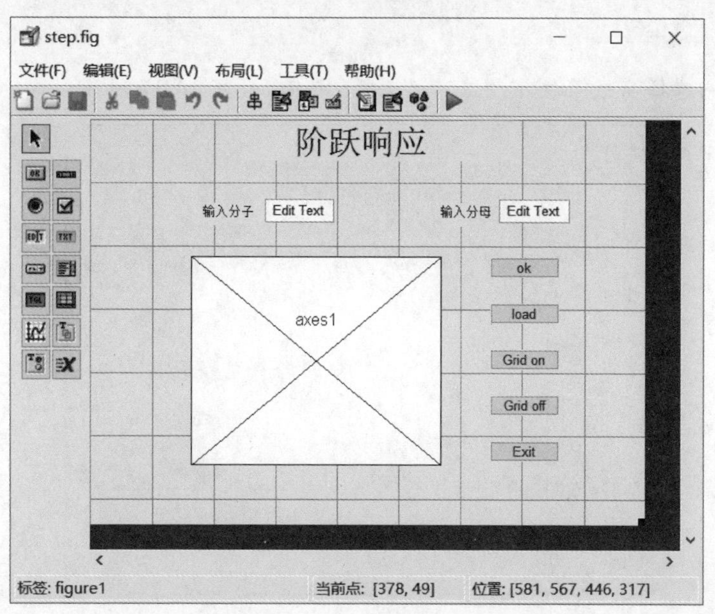

图 10-16 建立阶跃响应

OK 按钮的作用是在输入分子分母及采样时间确认后开始仿真。在 OK 下编写程序如下：

```
a = str2num(get(findobj(gcbf,'Tag','edit1'),'string'));
b = str2num(get(findobj(gcbf,'Tag','edit2'),'string'));
T = 1;
[c,d] = c2dm(a,b,T,'Zoh');
dstep(c,d);
```

Load 按钮的作用是加载仿真程序实例，这样在仿真演示的时候会更加方便。在 Load 下编写程序如下：

```
a = 9;
b = [2,3,5];
T = 1;
[c,d] = c2dm(a,b,T,'Zoh');
dstep(c,d);
```

Grid on 按钮的作用是在坐标轴中加载网格。其程序如下：

```
grid on;
```

Grid off 按钮的作用是在坐标轴中取消网格。其程序如下：

```
grid off;
```

Exit 按钮的作用是退出仿真。其程序如下：

```
close(gcf);
```

打开软件，选择离散系统下阶跃响应，进入界面，如图 10-17 所示。

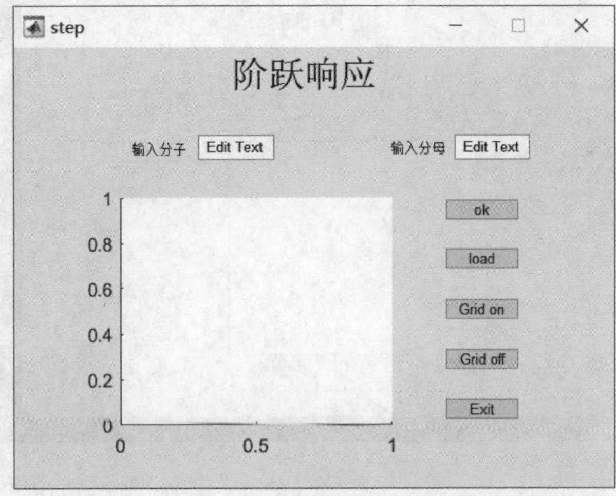

图 10-17　阶跃响应界面

在可编辑文本框内输入分子、分母，单击“OK”按钮，可得阶跃响应，如图10-18所示。

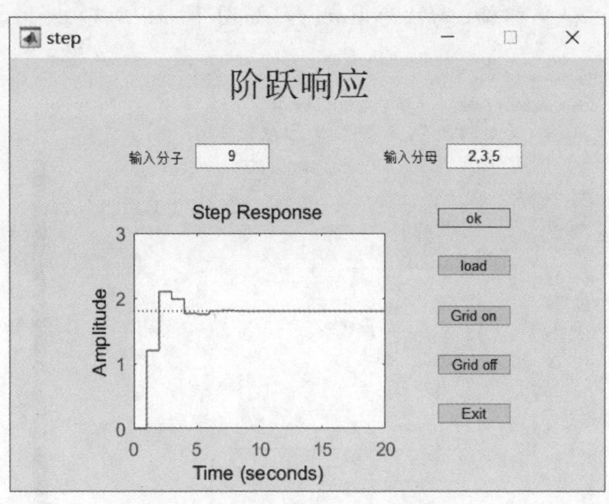

图10-18 离散控制系统阶跃响应

10.3.7 脉冲响应

脉冲响应一般是指系统在输入为单位冲激函数时的输出响应。对于连续时间系统来说，冲激响应一般用函数 $h(t)$ 来表示。当输入信号为一脉冲函数 $\delta(t)$ 时，系统的输出响应 $h(t)$ 称为脉冲响应函数。

脉冲响应函数可作为系统特性的时域描述。至此，系统特性在时域可以用 $h(t)$ 来描述，在频域可以用 $H(\omega)$ 来描述，在复数域可以用 $H(s)$ 来描述，三者的关系也是一一对应的。

对于任意的输入 $u(t)$，线性系统的输出 $y(t)$ 表示为脉冲响应函数与输入的卷积，即如果系统是物理可实现的，那么输入开始之前，输出为0，即当 $\tau<0$ 时 $h(\tau)=0$，这里 τ 是积分变量。

对于离散系统，脉冲响应函数是一个无穷权序列，系统的输出是输入序列 $u(t)$ 与权序列 $h(t)$ 的卷积和。系统的脉冲响应函数是一类非常重要的非参数模型。

辨识脉冲响应函数的方法分为直接法、相关法和间接法。

(1) 直接法：将波形较理想的脉冲信号输入系统，按时域的响应方式记录下系统的输出响应，可以是响应曲线或离散值。

(2) 相关法：由著名的维纳－霍夫方程得知，如果输入信号 $u(t)$ 的自相关函数 $R(t)$ 是一个脉冲函数 $k\delta(t)$，则脉冲响应函数在忽略一个常数因子意义下等于输入输出的互相关函数，即 $h(t)=(1/k)\text{Ruy}(t)$。实际使用相关法辨识系统的脉冲响应时，常用伪随机信号作为输入信号，由相关仪或数字计算机可获得输入输出的互相关函数 $\text{Ruy}(t)$，因为伪随机信号的自相关函数 $R(t)$ 近似为一个脉冲函数，于是 $h(t)=(1/k)\text{Ruy}(t)$，这是比较通用的方法，也可以输入一个带宽足够宽的近似白噪声信号，得到 $h(t)$ 的近似表示。

(3) 间接法：可以利用功率谱分析方法，先估计出频率响应函数 $H(\omega)$，然后利用傅里叶逆变换将它变换到时域上，于是便得到脉冲响应 $h(t)$。

【例 10-7】 创建新的 GUI 界面，命名为 impulse，在其中加入若干静态文本框、动态文本框、Push Button 和坐标轴（属性为 linear），如图 10-19 所示。

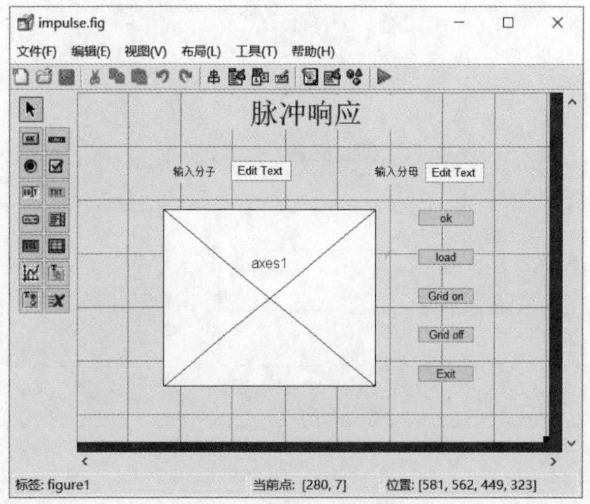

图 10-19 建立脉冲响应

OK 按钮的作用是在输入分子分母及采样时间确认后开始仿真。在 OK 下编写程序如下：

```
a = str2num(get(findobj(gcbf,'Tag','edit1'),'string'));
b = str2num(get(findobj(gcbf,'Tag','edit2'),'string'));
T = 1;
[c,d] = c2dm(a,b,T,'Zoh');
dimpulse(c,d);
```

Load 按钮的作用是加载仿真程序实例，这样在仿真演示的时候会更加方便。在 Load 下编写程序如下：

```
a = 9;
b = [2,3,5];
T = 1;
[c,d] = c2dm(a,b,T,'Zoh');
dimpulse(c,d);
```

Grid on 按钮的作用是在坐标轴中加载网格。其程序如下：

```
grid on;
```

Grid off 按钮的作用是在坐标轴中取消网格。其程序如下：

```
grid off;
```

Exit 按钮的作用是退出仿真。其程序如下：

```
close(gcf);
```

打开软件，选择离散系统下脉冲响应，进入界面，如图 10-20 所示。

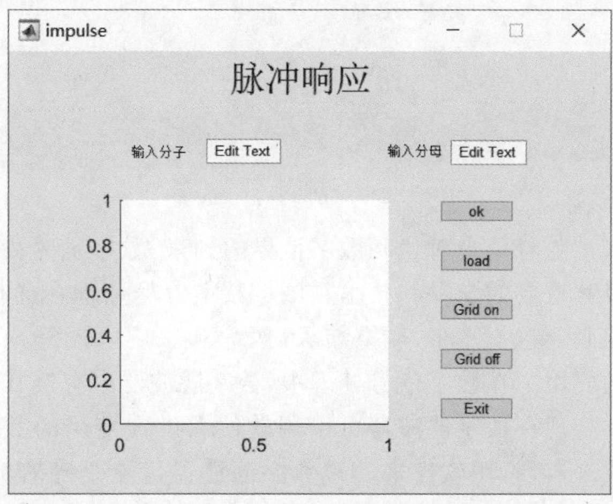

图 10-20　脉冲响应界面

在可编辑文本框内输入分子、分母，单击 OK 按钮，可得脉冲响应，如图 10-21 所示。

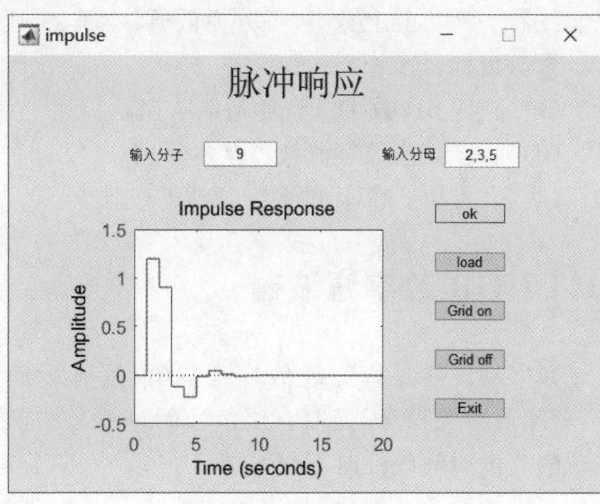

图 10-21　离散控制系统脉冲响应

本章小结

本章是基于 GUI 平台，结合离散控制系统基础理论和 MATLAB 控制系统工具箱，完成了离散控制系统计算机辅助分析与设计。本章具体地给出了此次设计的步骤和仿真过程。此次设计的离散控制系统仿真软件能基本实现所要求的功能：输入离散控制系统传递函数后，能对离散控制系统稳定性分析，绘制系统 Nyquist 图、Bode 图、Nichols 图、根轨迹图、阶跃响应、脉冲响应。

第11章 GUI实现滤波器设计

随着信息时代和数字世界的到来，数字信号处理已成为当今一门极其重要的学科和技术领域。数字信号处理在通信、语音、图像、自动控制、雷达、军事、航空航天、医疗和家用电器等众多领域得到了广泛的应用。在数字信号处理中，数字滤波器占有极其重要的地位。

现在数字滤波器可以用软件和设计专用的数字处理硬件两种方式来实现，用软件来实现数字滤波器优点是随着滤波器参数的改变，很容易改变滤波器的性能。根据数字滤波器单脉冲响应的时域特性可将数字滤波器分为两种，即IIR(infinite impulse response)无限长脉冲响应数字滤波器和FIR(finite impulse response)有限长脉冲响应数字滤波器。从功能上分类，可分为低通、高通、带通、带阻滤波器。

学习目标：

(1) 了解IIR数字滤波器基本原理；

(2) 了解FIR数字滤波器基本原理；

(3) 学会基于GUI的数字滤波器设计。

11.1 IIR数字滤波器

数字滤波器是指完成信号滤波(根据有用信号和噪声的不同特性，消除或减弱噪声，提取有用信号的过程)功能的，用有限精度算法实现的离散时间线性时不变系统。

与模拟滤波器类似，数字滤波器也是一种选频器件，它对有用信号的频率分量的衰减很小，使之比较顺利地通过，而对噪声等干扰信号的频率分量给予较大幅度衰减，尽可能阻止它们通过。相比于模拟滤波器，数字滤波器稳定性高、精度高、灵活性强。一个数字滤波器可以用系统函数表示为

$$H(z)=\frac{\sum_{k=0}^{M}b_kz^{-k}}{1-\sum_{k=1}^{N}a_kz^{-k}}=\frac{Y(z)}{X(z)}$$

由这样的系统函数可以得到表示系统输入与输出关系的常系数线性差分方程为

$$y(n) = \sum_{k=0}^{N} b_k y(n-m) + \sum_{k=0}^{M} a_k x(n-m)$$

可见数字滤波器的功能就是把输入序列 $x(n)$ 通过一定的运算变换成输出序列 $y(n)$。不同的运算处理方法决定了滤波器实现结构的不同。

无限脉冲响应滤波器的单位抽样响应 $h(n)$ 是无限长的，对于一个给定的线性时不变系统的系统函数，有着各种不同的等效差分方程或网络结构。由于乘法是一种耗时运算，而每个延迟单元都要有一个存储寄存器，因此采用最少常熟乘法器和最少延迟支路的网络结构是通常的选择，以便提高运算速度和减少存储器。然而，当需要考虑有限寄存器长度的影响时，往往也采用并非最少乘法器和延迟单元的结构。

11.1.1 IIR 滤波器设计思想

IIR 滤波器设计思想是：利用已有的模拟滤波器设计理论，首先根据设计指标设计一个合适的模拟滤波器，然后再通过脉冲响应不变法或双线性变换法，完成从模拟到数字的变换。常用的模拟滤波器有巴特沃斯(Butterworth)滤波器、切比雪夫(Chebyshev)滤波器、椭圆(Ellipse)滤波器、贝塞尔(Bessel)滤波器等，这些滤波器各有特点，供不同设计要求选用。滤波器的模拟数字变换，通常是复变函数的映射变换，也必须满足一定的要求。

由于数字滤波器传输函数只与频域的相对值有关，故在设计时可先将滤波器设计指标进行归一化处理，设采样频率为 Fs，归一化频率的计算公式是

$$\text{归一化频率} = \frac{\text{实际模拟角频率}}{\pi \cdot \text{Fs}} = \frac{\text{实际数字频率}}{\pi} = \frac{\text{实际模拟频率}}{\text{Fs}/2}$$

利用完全设计法设计 IIR 数字滤波器的步骤如下：

(1) 将设计指标归一化处理。

(2) 根据归一化频率，确定最小阶数 N 和频率参数 Wn。可供选用的阶数选择函数有 buttord、cheblord、cheb2ord、ellipord 等。

(3) 运用最小阶数 N 设计模拟低通滤波器原型。用到的函数有 butter、chebyl、cheby2、ellip 和 bessel。如[B, A] = butter(N, Wn, 'type')设计'type'型巴特沃斯(Butterworth)滤波器 filter。N 为滤波器阶数，Wc 为截止频率，type 决定滤波器类型：type= high，设计高通 IIR 滤波器；type= stop，设计带阻 IIR 滤波器。

(4) 用 freqz 函数验证设计结果。

11.1.2 IIR 滤波器设计编程实现

【例 11-1】 设计 IIR 的 Butterworth 低通滤波器，其 Fs=22050Hz，$Fp1$=3400Hz。程序如下：

```
Fs1 = 5000Hz, Rp = 2dB, Rs = 20dB
Fs = 22050; Fp1 = 3400; Fs1 = 5000; Rp = 3; Rs = 20;          % 设计指标
wp1 = 2 * Fp1 /Fs; ws1 = 2 * Fs1 /Fs;                         % 求归一化频率
% 确定 butterworth 的最小阶数 N 和频率参数 Wn
```

```
[n,Wn] = buttord(wp1,ws1,Rp,Rs);
[B,A] = butter(N,Wn);                 %确定传递函数的分子、分母系数
[h,f] = freqz(b,a,Nn,Fs_value);       %生成频率响应参数
plot(f,20 * log(abs(h)))              %画幅频响应图
plot(f,angle(h));                     %画相频响应图

%[N, Wn] = buttord(Wp, Ws, Rp, Rs) 确定 butterworth 的 N 和 Wn
%[N, Wn] = cheblord ( (Wp, Ws, Rp, Rs) 确定 Chebyshev 滤波器的 N 和 Wn
%[N, Wn] = cheb2ord (Wp, Ws, Rp, Rs) 确定 Chebyshev2 滤波器的 N 和 Wn
%[N, Wn] = ellipord (Wp, Ws, Rp, Rs) 确定椭圆(Ellipse) 滤波器 的 N 和 Wn
%[B,A] = butter(N,Wn,'type') 设计'type'型巴特沃斯(Butterworth)滤波器 filter.
%[B,A] = cheby1 (N,R,Wn, 'type') 设计'type'型切比雪夫Ⅰ滤波器 filter.
%[B,A] = cheby2(N,R,Wn, 'type') 设计'type'型切比雪夫Ⅱ滤波器 filter.
%[B,A] = ellip(N,Rp,Rs,Wn, 'type') 设计'type'型椭圆 filter.
```

程序效果图如图 11-1 所示。

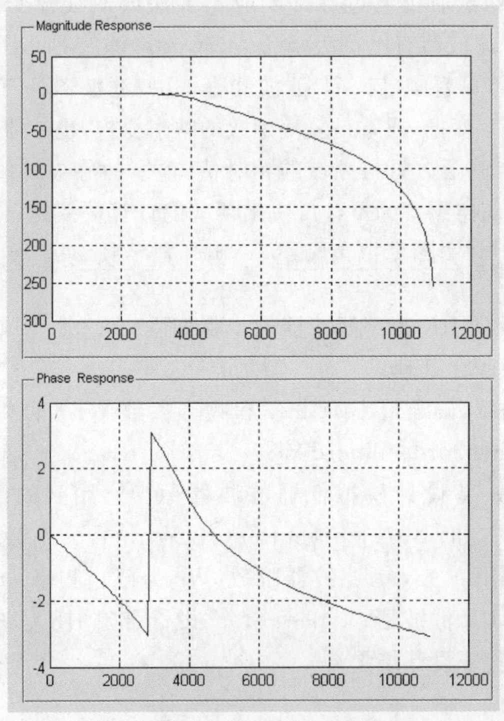

图 11-1　Butterworth 低通滤波器

11.2　FIR 数字滤波器

根据数字滤波器冲激响应的时域特征，可将数字滤波器分为两种，即无限长冲激响应滤波器(IIR DF)和有限长冲激响应滤波器(FIR DF)。FIR DF 具有突出的优点：系统总是稳定的、易于实现线性相位、允许设计多通带(或多阻带)滤波器。因此 FIR DF 在数字信号处理中得到广泛的应用。但与 IIR DF 相比，在满足同样的阻带衰减的情况下

需要较高的阶数。

滤波器阶数越高将占用更多的 DSP 运算时间。因此，对 FIR DF 的设计目标是在满足指标要求的情况下尽量减少滤波器的阶数。数字滤波器可以理解为一个计算程序或算法，将代表输入信号的数字时间序列转化为代表输出信号的数字时间序列，并在转化过程中，使信号按预定的形式变化。FIR DF 的冲激响应 $h(k)$是有限长的，M 阶 FIR DF 系统函数可表示为

$$H(z) = \sum_{k=0}^{M} h(k) z^{-k}$$

滤波器的输出为

$$y(k) = \sum_{m=0}^{M} h(i) x(k-i)$$

它的设计问题实质上是确定能满足所要求的转移序列或脉冲响应的常数问题，设计方法主要有窗函数法、频率采样法和等波纹最佳逼近法等。若要逼近的理想滤波器的频率响应常用的有巴特沃思滤波器、切比雪夫型滤波器、椭圆滤波器和巴塞尔滤波器。

11.2.1 FIR 滤波器设计思想

利用窗函数法设计 FIR 滤波器。窗函数法的基本想法是选取某一种合适的理想频率选择性滤波器(这种滤波器总是有一个非因果、无限长的脉冲响应)，然后将它的脉冲响应截断(或加窗)以得到一个线形相位和因果的 FIR 滤波器。因此，这种方法的重点在于选择某种恰当的窗函数和一种合适的理想滤波器。

窗函数法又称傅立叶级数法，一般是先给定所要求的滤波器的频率响应 $Hd(e^{j\omega})$，要求设计一个 FIR 滤波器的频率响应 $H(e^{j\omega})$来逼近 $Hd(e^{j\omega})$。设计是在时域进行的，首先由傅立叶变换导出 $hd(n)$ ，因此 $hd(n)$一定是无限长的序列，而 $h(n)$是有限长的，即要用有限长的 $h(n)$来逼近无限长的 $hd(n)$ ，最有效的方法是截断 $hd(n)$，或者说用一个有限长的窗口函数 $w(n)$来截取 $hd(n)$，即

$$h(n) = hd(n) * w(n)$$

因而窗函数的形状及长度的选择就很关键了。

在 MATLAB 中常用的窗函数有矩形窗、Hanning 窗、Hamming 窗、Blackman 窗、Kaiser 窗等，这些窗函数各有其优缺点，默认采用 Hamming 窗。

利用完全设计法设计 FIR 数字滤波器的步骤如下：

(1) 将设计指标归一化处理。

(2) 根据归一化频率，选择函数 buttord 确定最小阶数 N 和频率参数 Wn。

(3) 确定窗口值。Windows 指定窗函数类型，默认为 Hamming 窗，可选 Hanning、Hamming、Blackman、triangle、bartlett 等窗，每种窗都可以由 MATLAB 的相应函数生成。

(4) 确定传递函数的分母系数。函数 fir1 的调用格式为 B= fir1(n, Wn, 'ftype', Windows)，同时选择在此函数中要设计的滤波器的类型。其中，n 为滤波器阶数，Wc 为截止频率 ftype 决定滤波器类型：ftype= high，设计高通 FIR 滤波器；ftype= stop，设计带阻 FIR 滤波器。

（5）用 freqz 函数验证设计结果。

11.2.2 FIR 滤波器设计编程实现

【例 11-2】 设计 FIR 的 Blackman 窗的低通滤波器，其中 Fs＝22050Hz，Fp1＝3400Hz，Fs1＝5000Hz，Rp＝2dB，Rs＝20dB。

程序命令如下：

```
Fs = 22050; Fp1 = 3400; Fs1 = 5000; Rp = 3; Rs = 20; n = 75;   % 设计指标
wp1 = 2 * Fp1 /Fs; ws1 = 2 * Fs1 /Fs;                          % 求归一化频率
% 确定的最小阶数 N 和频率参数 Wn
[n,Wn] = buttord(wp1,ws1,Rp,Rs);
[b,a] = butter(N,Wn);                                          % 确定传递函数的分子、分母系数
w = blackman(n + 1);                                           % 确定窗口值
% w = boxcar(n + 1);
% w = bartlett(n + 1);
% w = triang(n + 1);
% w = hanning(n + 1);
% w = hamming(n + 1);
b = fir1(n,wn,w);                                              % 确定传递函数的分母系数
[h,f] = freqz(b,1);                                            % 生成频率响应参数
plot(f,20 * log(abs(h)))                                       % 画幅频响应图
plot(f,angle(h));                                              % 画相频响应图
```

运行程序效果图如图 11-2 所示。

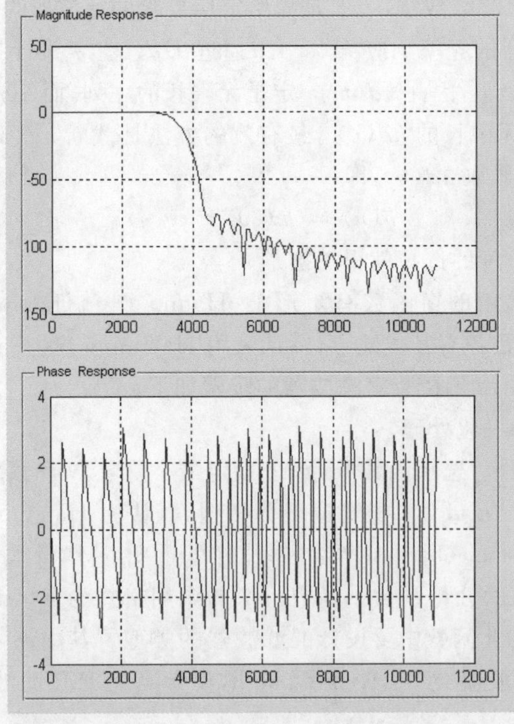

图 11-2 Blackman 窗低通滤波器

11.3 基于GUI的数字滤波器设计与实现

"滤波器设计"可以实现如下功能：

(1) 能够实现人机交互；

(2) 在下拉 Digital Filter 菜单里可以选择 IIR 或 FIR 滤波器设计；

(3) 当选择 IIR 滤波器时，能够选择巴特沃斯(Butterworth)、切比雪夫Ⅰ(ChebyshevⅠ)滤波器、切比雪夫Ⅱ(ChebyshevⅡ)滤波器、椭圆(Ellipse)滤波器；

(4) 当选择 FIR 滤波器时，能够选择 Boxar、Bartlett、Blackman、Hanning、Hamming、Kaiser 窗口设计滤波器；

(5) 在下拉菜单 Filter Type 中选择滤波器类型，能够选择 Lowpass、Highpass、Bandpass、Bandstop 四种类型；

(6) 在下拉菜单 Display Type 中选择图形显示类型，能够选择 Linear、Logarithmic 两种类型；

(7) 在设计滤波器阶数时，可选择自定义阶数和利用最小阶数设计滤波器，并显示最小阶数；

(8) 在参数输入中，可输入抽样频率 Fs、滤波器通带临界频率(Fp1、Fp2)、滤波器阻带临界频率(Fst1、Fst2)、通带内的最大衰减 Rp、通带内的最小衰减 Rs；

(9) 设计的滤波器的相频响应和幅频响应显示在界面中。

MATLAB 中的属性控制非常多，要设置哪些对象的属性，哪些对象属性可以不设置，都需具体问题具体分析。接下来再通过控件布置编辑器来设置控件的对齐方式及分布等，以完善界面功能。按要求设计好的"滤波器设计"主面板共包括 4 个区域：

(1) 图形区：用于显示各模块的仿真曲线；

(2) 参数设区：由一个静态文本框和一个编辑框以及类型选择按钮组成，实时地进行系统参数的设定和滤波器原型的选定；

(3) 对象模型区：由下拉菜单选定数字滤波器类型，当用户的输入参数发生变化时，可通过单击响应的 Run 按钮，实现设计结果的实时刷新与显示；

(4) 数据显示区：对应于图形显示结果，实时显示滤波器阶次和分子分母多项式系数。

11.3.1 "滤波器设计"界面设计

在 MATLAB 命令行窗口中输入 guide，打开 GUIDE 界面，然后拖入所要的图形控件，按需要修改外观和空间属性，直至满足要求，如图 11-3 所示。单击 GUIDE 界面上方的 Run 按钮，会生成一个 FIG 文件，一个 M 文件，其中 FIG 文件就是界面的图形，M 文件是界面的回调函数，在 M 文件里每个控件的回调函数都已经自动生成，控件要做的工作就是在文件框架下定义某些特殊要求的状态并补充完整回调函数，单击控件时激活回调程序完成一定的功能。

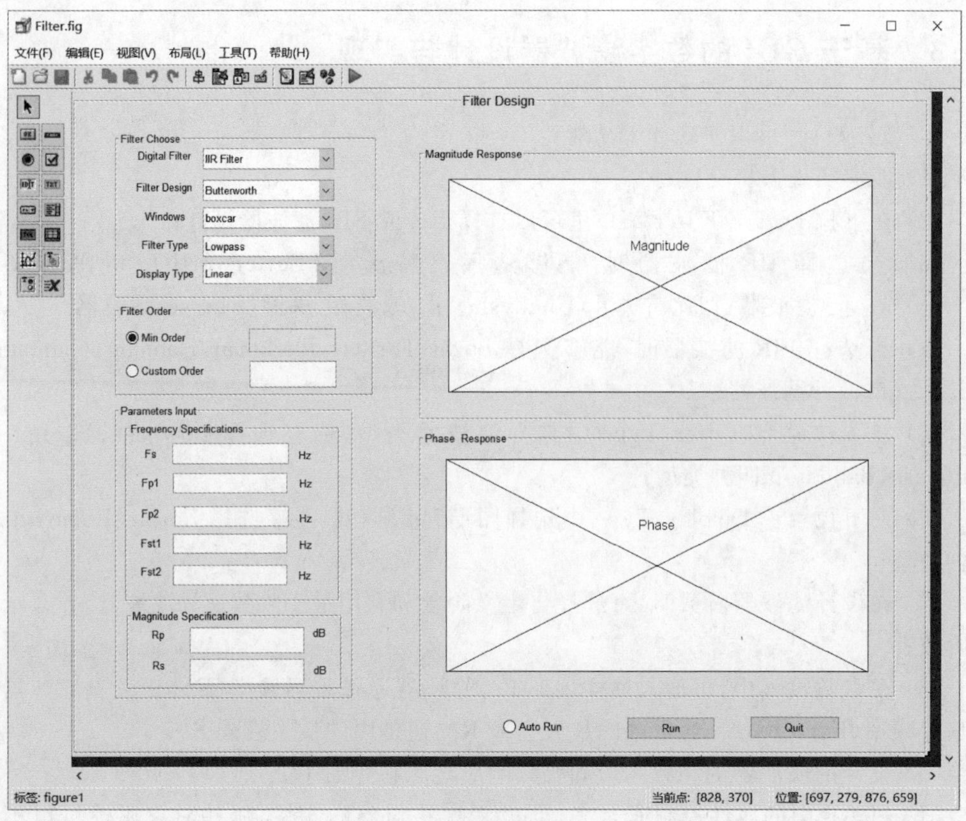

图 11-3　GUI 界面设计

11.3.2 “滤波器设计”回调函数

1. Digital Filter 下拉菜单

在下拉 Digital Filter 菜单里可以选择 IIR 或 FIR 滤波器设计。选择 IIR 或者 FIR 屏蔽相应的选项，若选择 IIR 选项时，则 FIR 的 Windows 的选择窗口不能使用，程序指令如下：

```
    function DigitalFilter_Callback(hObject, eventdata, handles)
% 读取此时选择的滤波器选择,"IIR、FIR"
    DigitalFilter_value = get(handles.DigitalFilter,'Value');
          % 当选择了 IIR 时,使窗口选项屏蔽
                if(DigitalFilter_value == 1)
                    set(handles.FilterDesign,'enable','on');
                    set(handles.Windows,'enable','off')
% 当选择了 FIR 时,使 IIR 的滤波器(Butterworth、Chebyshev Ⅰ 等)选项屏蔽
                else
                     set(handles.FilterDesign,'enable','off');
                    set(handles.Windows,'enable','on')
                end
```

相应的程序效果图如图 11-4 和图 11-5 所示。

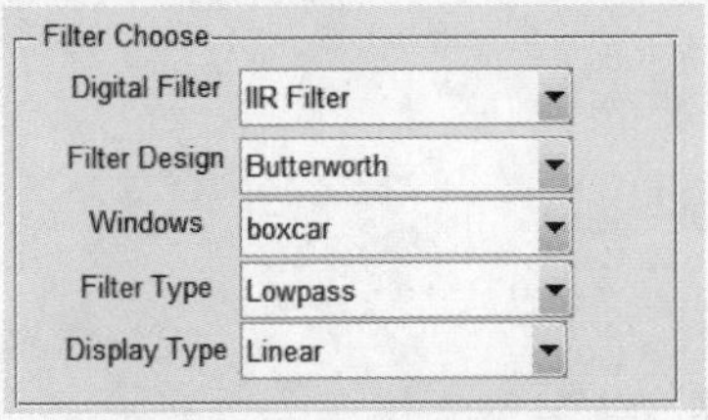

图 11-4 IIR 滤波器选择

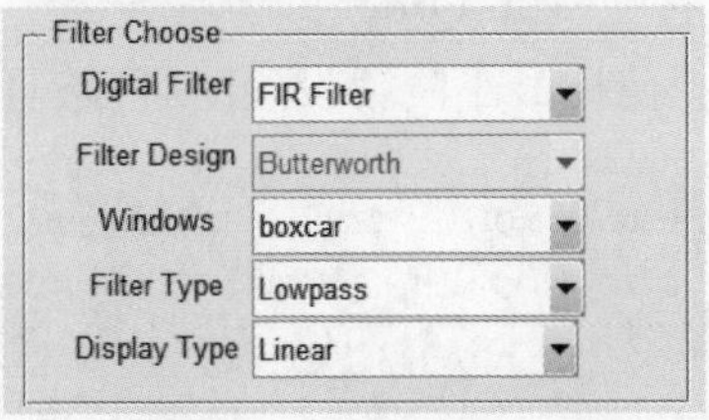

图 11-5 FIR 滤波器选择

2. Filter Type 下拉菜单

在下拉菜单 Filter Type 中选择滤波器类型。选择低通或者高通滤波器时，隐藏相应的带通和带阻的第二个临界频率，使其频率参数不能输入，程序指令如下：

```
function FilterType_Callback(hObject, eventdata, handles)
%读取此时设计的滤波器的类型,"Lowpass、Highpass、Bandpass、Bandstop"
FilterType_value = get(handles.FilterType,'Value');
%当选择 Lowpass 或者 Highpass,屏蔽相应的临界频率的显示
        if((FilterType_value == 1)||(FilterType_value == 2))
         set(handles.Fp2,'visible','off');set(handles.Fs2,'visible','off');
         set(handles.text17,'visible','off');set(handles.text19,'visible','off');
         set(handles.text6,'visible','off');set(handles.text10,'visible','off');
      else
%当选择 Bandpass 或者 Bandstop,使相应的临界频率的显示,使参数能够输入
   if((FilterType_value == 3)||(FilterType_value == 4))
set(handles.Fp2,'visible','on');set(handles.Fs2,'visible','on');
         set(handles.text17,'visible','on');set(handles.text19,'visible','on');
set(handles.text6,'visible','on');set(handles.text10,'visible','on');
         end
      end
```

相应的程序效果图如图 11-6 和图 11-7 所示。

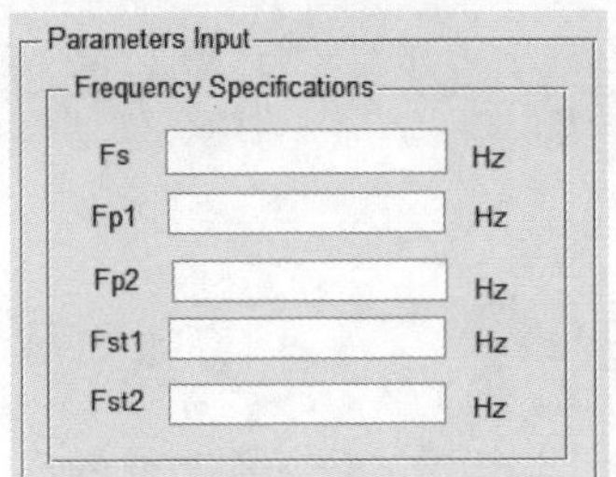

图 11-6 带通和带阻滤波器频率参数输入

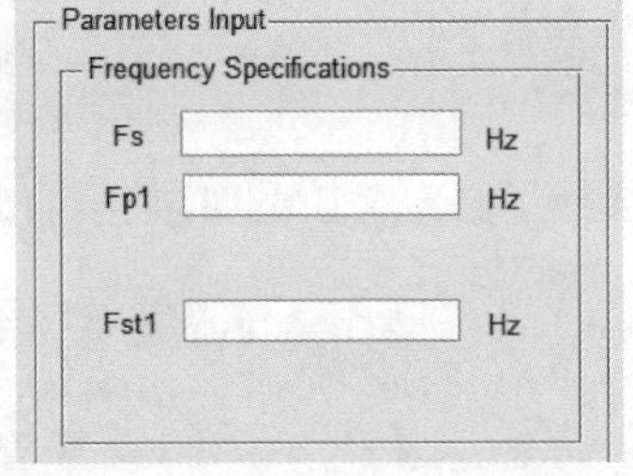

图 11-7 低通和高通滤波器频率参数输入

3. Min Order 和 Custom Order 按钮

在设计滤波器阶数时，可选择自定义阶数和利用最小阶数设计滤波器，并显示最小

阶数,这里涉及的控件有 Min Order 和 Custom Order,其回调函数如下:

1) 按钮 Min Order

选择使用最小阶数设置时,屏蔽自定义阶数的输入。

```
function MinOrder_Callback(hObject, eventdata, handles)
MinOrder_value = get(handles.MinOrder,'Value');
            if(MinOrder_value == 1)
                set(handles.Order,'visible','off');
            else
                 set(handles.Order,'visible','on');
            end
```

相应的程序效果图如图 11-8 所示。

2) 按钮 Custom Order

选择自定义阶数时,显示阶数输入框。

```
function CustomOrderButton_Callback(hObject, eventdata, handles)
  CustomOrderButton_value = get(handles.CustomOrderButton,'Value');
            if(CustomOrderButton_value == 0)
                set(handles.Order,'visible','off');
            else
                 set(handles.Order,'visible','on');
            end
```

相应的程序效果图如图 11-9 所示。

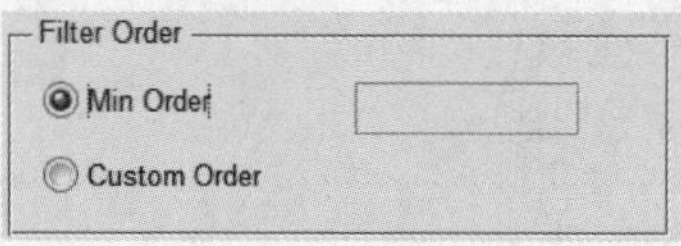

图 11-8　使用最小阶数设计 Filter

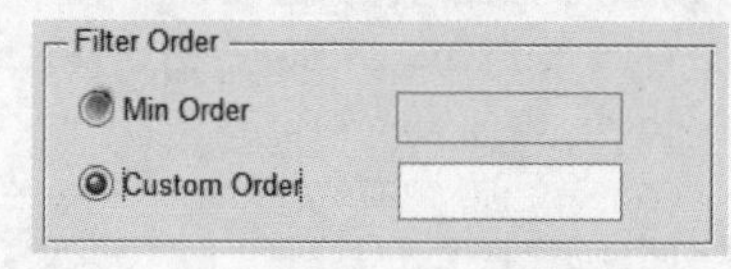

图 11-9　使用自定义阶数设计 Filter

3) 其中涉及 Run 控件中的程序如下:

显示最小阶数:

```
set(handles.MinOrderDisplay,'string',num2str(n))
```

当选择了自定义阶数时,读取自定义阶数:

```
if(MinOrder_value = = 0)
    n = str2double(get(handles.Order,'String'))
end
```

4. Fp1、Fp2、Fst1、Fst2 文本编辑框

参数输入时,在输入抽样频率 Fs 的前提下,判断滤波器通带临界频率(Fp1、Fp2)、滤波器阻带临界频率(Fst1、Fst2)的归一化频率 wp1、wp2、ws1、ws2 是否在[0,1],如不正

确则显示错误对话框。Fp2、Fst1、Fst2 的回调函数同理，程序如下：

```
function Fp1_Callback(hObject, eventdata, handles)
%检查输入的通带临界频率 Fp1 的归一化频率是否在[0,1]之间
Fs_value = str2double(get(handles.Fs,'String'));
Fp1_value = str2double(get(handles.Fp1,'String'));
wp1 = 2 * Fp1_value/Fs_value;
%如果不在[0,1]之间,显示输入错误对话框
if(wp1 >= 1)
    errordlg('wp1 = 2 * Fp1/Fs,归一化频率不在【0,1】之间,请输入正确的参数','错误信息')
end
```

相应的程序效果图如图 11-10 所示。

图 11-10　输入参数错误信息框显示

5. Run 按钮

根据输入的参数显示设计的滤波器的幅频特性和相频特性图，其程序如下：

```
function Run_Callback(hObject, eventdata, handles)
%点击 Run 立即运行 AutoChoose,m 文件,实现滤波器设计程序
AutoChoose(handles)
```

6. Auto Run 按钮

当选择了 Auto Run 按钮时，能够根据所选的 IIR 的滤波器(Butterworth、Chebyshev Ⅰ等)、FIR 的窗口选项、图形显示类型(Linear、Logarithmic)立即显示滤波器的幅频特性和相频特性图，其中 IIR 的滤波器(Butterworth、Chebyshev Ⅰ等)的回调函数程序如下：

```
function FilterDesign_Callback(hObject, eventdata, handles)
AutoRun_value = get(handles.AutoRun,'Value');
%当选择了 Filter(Butterworth、Chebyshev Ⅰ等)中一种 Filter 运行 AutoChoose,m 文件
  if(AutoRun_value == 1)
      AutoChoose(handles)
  end
```

7. Quit 按钮

退出滤波器设计窗口，其程序如下：

```
function Quit_Callback(hObject, eventdata, handles)
%单击 Quti 按钮退出
Close
```

11.3.3 AutoChoose.m 程序的编写

AutoChoose.m 程序的编写如下：

```
function AutoChoose(handles)
Nn = 128;
DigitalFilter_value = get(handles.DigitalFilter,'Value');
FilterDesign_value = get(handles.FilterDesign,'Value');
Windows_value = get(handles.Windows,'Value');
FilterType_value = get(handles.FilterType,'Value');
DisplayType_value = get(handles.DisplayType,'Value');
Order_value = get(handles.Order,'Value');
Rp_value = str2double(get(handles.Rp,'String'));
Rs_value = str2double(get(handles.Rs,'String'));
Fs_value = str2double(get(handles.Fs,'String'));
Fp1_value = str2double(get(handles.Fp1,'String'));
Fp2_value = str2double(get(handles.Fp2,'String'));
Fs1_value = str2double(get(handles.Fs1,'String'));
Fs2_value = str2double(get(handles.Fs2,'String'));
wp1 = 2 * Fp1_value/Fs_value;wp2 = 2 * Fp2_value/Fs_value;
ws1 = 2 * Fs1_value/Fs_value;ws2 = 2 * Fs2_value/Fs_value;
wp = [wp1,wp2];ws = [ws1,ws2];
if(DigitalFilter_value == 1)
    if(FilterDesign_value == 1)
        if((FilterType_value == 1)||(FilterType_value == 2))
            [n,Wn] = buttord(wp1,ws1,Rp_value,Rs_value);
          set(handles.MinOrderDisplay,'string',num2str(n))
        else
            if((FilterType_value == 3)||(FilterType_value == 4))
                [n,Wn] = buttord(wp,ws,Rp_value,Rs_value);
                set(handles.MinOrderDisplay,'string',num2str(n))
            end
        end
    else
        if(FilterDesign_value == 2)
            if((FilterType_value == 1)||(FilterType_value == 2))
                [n,Wn] = cheb1ord(wp1,ws1,Rp_value,Rs_value);
                set(handles.MinOrderDisplay,'string',num2str(n))
            else
                if((FilterType_value == 3)||(FilterType_value == 4))
                    [n,Wn] = cheb1ord(wp,ws,Rp_value,Rs_value);
                    set(handles.MinOrderDisplay,'string',num2str(n))
                end
            end
        else
            if(FilterDesign_value == 3)
                if((FilterType_value == 1)||(FilterType_value == 2))
                    [n,Wn] = cheb2ord(wp1,ws1,Rp_value,Rs_value);
```

```
                set(handles.MinOrderDisplay,'string',num2str(n))
            else
                if((FilterType_value == 3)||(FilterType_value == 4))
                    [n,Wn] = cheb2ord(wp,ws,Rp_value,Rs_value);
                    set(handles.MinOrderDisplay,'string',num2str(n))
                end
            end
    else
        if(FilterDesign_value == 4)
            if((FilterType_value == 1)||(FilterType_value == 2))
                [n,Wn] = ellipord(wp1,ws1,Rp_value,Rs_value);
                set(handles.MinOrderDisplay,'string',num2str(n))
            else
                if((FilterType_value == 3)||(FilterType_value == 4))
                    [n,Wn] = ellipord(wp,ws,Rp_value,Rs_value);
                    set(handles.MinOrderDisplay,'string',num2str(n))
                end
            end
            end
        end
        end
    end
else
    if(DigitalFilter_value == 2)
        if((FilterType_value == 1)||(FilterType_value == 2))
            [n,Wn] = buttord(wp1,ws1,Rp_value,Rs_value);
            set(handles.MinOrderDisplay,'string',num2str(n))
        else
            if((FilterType_value == 3)||(FilterType_value == 4))
                [n,Wn] = buttord(wp,ws,Rp_value,Rs_value);
                set(handles.MinOrderDisplay,'string',num2str(n))
            end
        end
    end
end

MinOrder_value = get(handles.MinOrder,'Value');
if(MinOrder_value == 0)
    n = str2double(get(handles.Order,'String'))
end

switch DigitalFilter_value                  %数字滤波器IIR或者FIR选择
case 1                                      %选择IIR滤波器
switch FilterDesign_value %IIR中Butterworth、Chebyshev1、Chebyshev2、Ellipise滤波器
        case 1                              %选择Butterworth滤波器
            switch FilterType_value         %选择滤波器类型
                case 1                      %低通滤波器
[b,a] = butter(n,Wn);
[h,f] = freqz(b,a,Nn,Fs_value);
```

```
axes(handles.Magnitude);                         %把下面程序得到的图画在 Magazine
if(DisplayType_value == 1)                       %选择 Linear 画幅频图
plot(f,abs(h))                                   %画幅频图
                  else plot(f,20 * log10(abs(h))) %选择 Logarithmic 画幅频图
                  end
                  grid on;
                  axes(handles.Phase);           %把下面程序得到的图画在 Phase
plot(f,angle(h));                                %画相频图
grid on;
             case 2                              %高通滤波器
                  [b,a] = butter(n,Wn,'high');
[h,f] = freqz(b,a,Nn,Fs_value);
axes(handles.Magnitude);
                  if(DisplayType_value == 1) plot(f,abs(h))
                  else plot(f,20 * log10(abs(h)))
                  end
                  grid on;
                  axes(handles.Phase);plot(f,angle(h));grid on;
             case 3                              %带通滤波器
[b,a] = butter(n,Wn);
[h,f] = freqz(b,a,Nn,Fs_value);
axes(handles.Magnitude);
                  if(DisplayType_value == 1) plot(f,abs(h))
                  else plot(f,20 * log10(abs(h)))
                  end
                  grid on;
                  axes(handles.Phase);plot(f,angle(h));grid on;
             case 4                              %带阻滤波器
[b,a] = butter(n,Wn,'stop');
[h,f] = freqz(b,a,Nn,Fs_value);
axes(handles.Magnitude);
                  if(DisplayType_value == 1) plot(f,abs(h))
                  else plot(f,20 * log10(abs(h)))
                  end
                  grid on;
                  axes(handles.Phase);plot(f,angle(h));grid on;
         end
case 2                                           %选择设计 Chebyshev1 滤波器
…
case 3                                           %选择设计 Chebyshev2 滤波器
…
case 4                                           %选择设计 Ellipse 滤波器
…
end
case 2                                           %选择 FIR 滤波器
switch Windows_value                             %FIR 中的 Windows 选择
case 1                                           %选择设计 boxar 滤波器
…
case 2                                           %选择设计 Bartlett 滤波器
…
```

```
case 3                          % 选择设计 Blackman 滤波器
…
case 4                          % 选择设计 hanning 滤波器
…
case 5                          % 选择设计 hamming 滤波器
…
case 6                          % 选择设计 kaiser 滤波器
…
end
end
```

11.3.4 运行和结果显示

在图形界面下，按"运行"按钮进入界面后，选择要设计的滤波器选项，编辑框中输入要求设计的数字滤波器的性能指标，选择 Run 命令按钮，出现模拟低通原型滤波器幅频响应和相频响应曲线最小阶次。当选择了 Auto Run 按钮，在"滤波器类型选择"旁的下拉菜单框中选择其他类型的滤波器会立刻出现此类型的滤波器的图形。

【例 11-3】 IIR 的 Butterworth 低通滤波器，其中 Fs＝1000Hz，Fp1＝100Hz，Fs1＝300Hz，Rp＝3dB，Rs＝20dB，n＝4，运行结果如图 11-11 和图 11-12 所示。

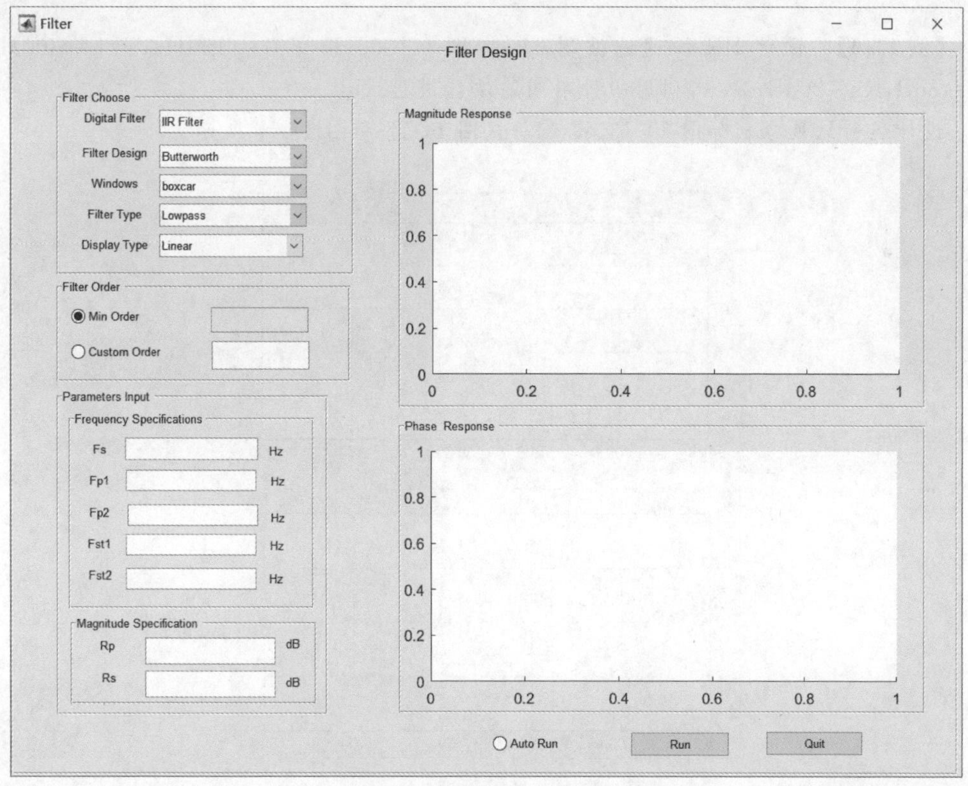

图 11-11　运行显示界面

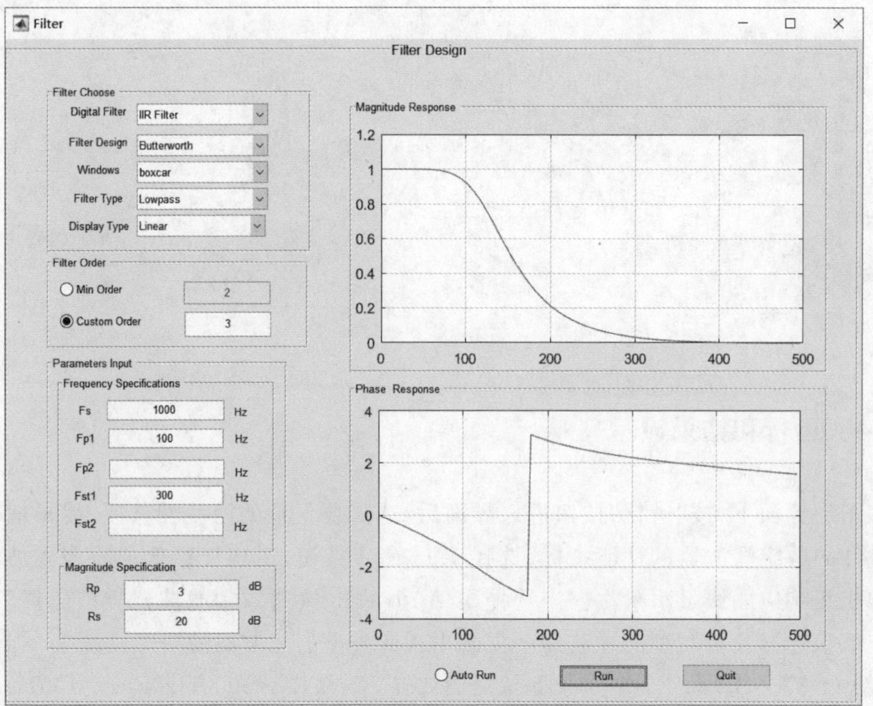

图 11-12 Butterworth 低通滤波器

【例 11-4】 设计 IIR 低通滤波器，其中 Fs=1000Hz，Fp1=100Hz，Fs1=300Hz，Rp=3dB，Rs=20dB，$n=4$，利用四种不同滤波器进行设计。

设计运行结果分别如图 11-13、图 11-14、图 11-15 和图 11-16 所示。

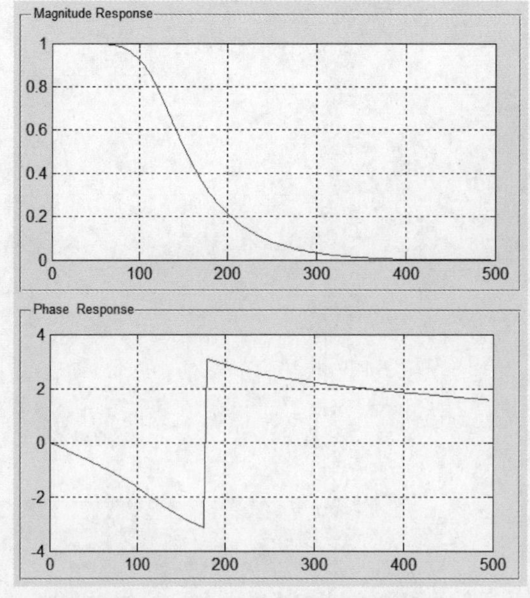

图 11-13 Butterworth 低通滤波器

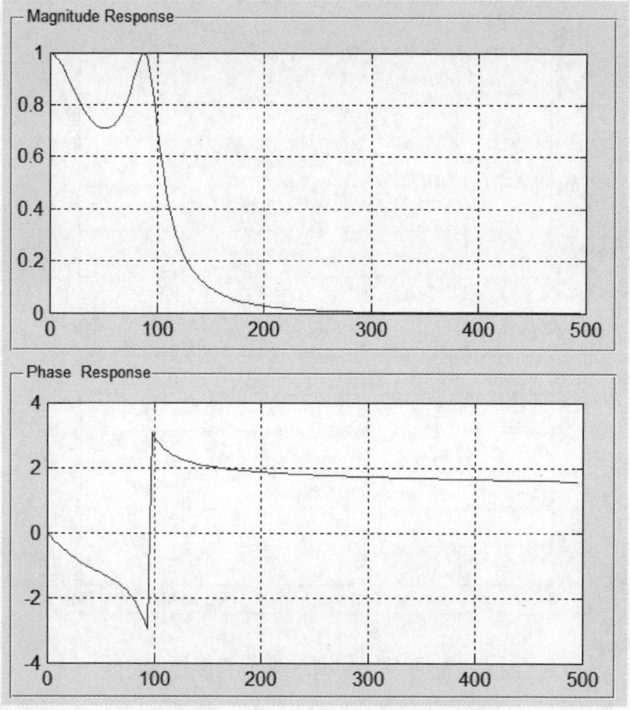

图 11-14 Chebyshev Ⅰ 低通滤波器

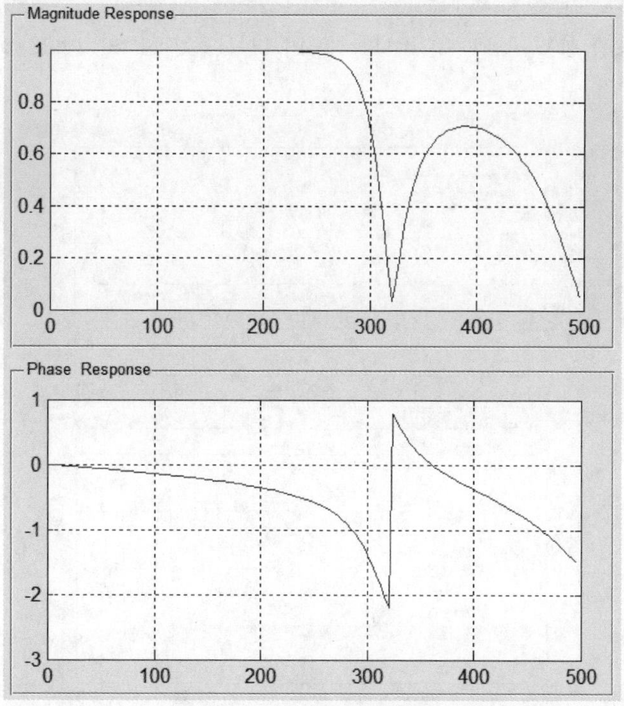

图 11-15 Chebyshev Ⅱ 低通滤波器

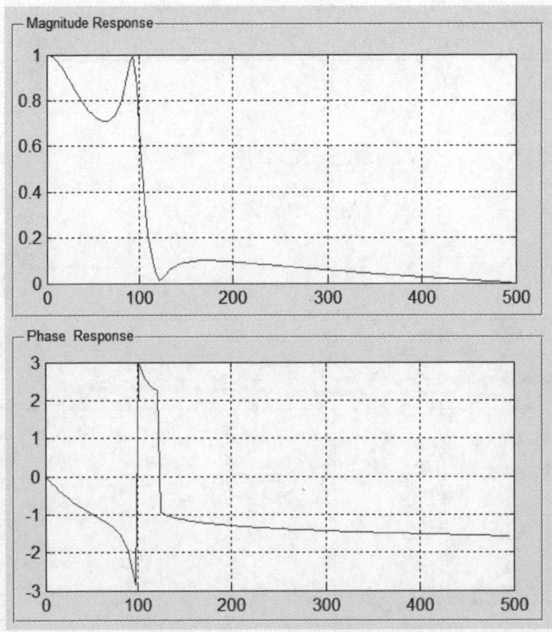

图 11-16　Ellipse 低通滤波器

【例 11-5】　设计 FIR 带通滤波器，其 Fs＝4000Hz，Fp1＝900Hz，Fp2＝1300Hz，Fs1＝600Hz，Fs2＝1500Hz，Rp＝1dB，Rs＝40dB，n＝20，Rp＝3dB，Rs＝20dB，n＝4，利用四种不同滤波器进行设计。

设计运行结果分别如图 11-17、图 11-18、图 11-19、图 11-20、图 11-21、图 11-22 所示。

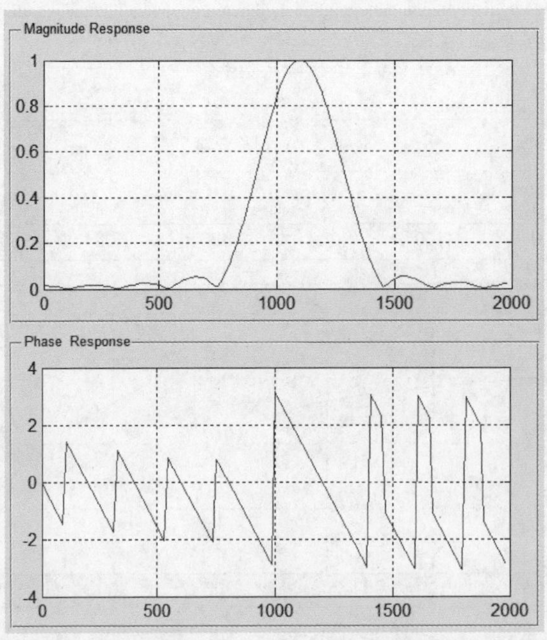

图 11-17　Boxar 窗带通滤波器

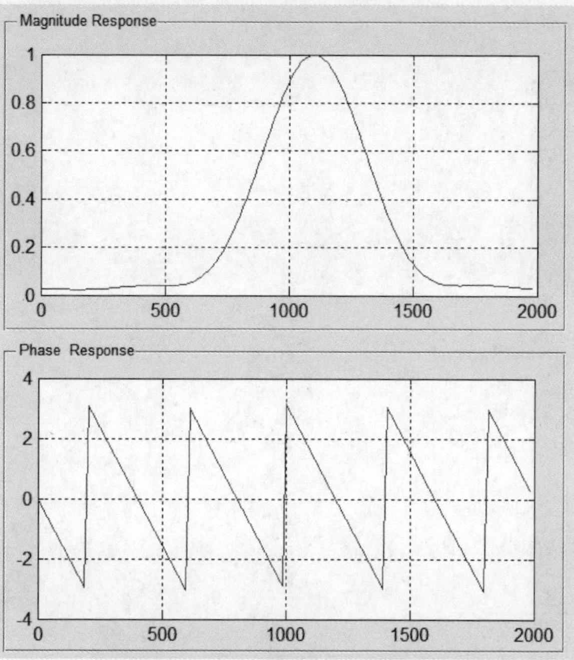

图 11-18　Bartlett 窗带通滤波器

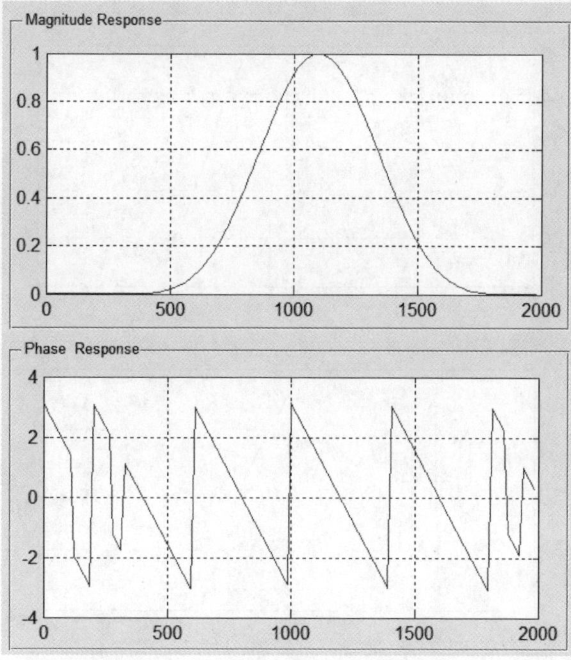

图 11-19　Blackman 窗带通滤波器

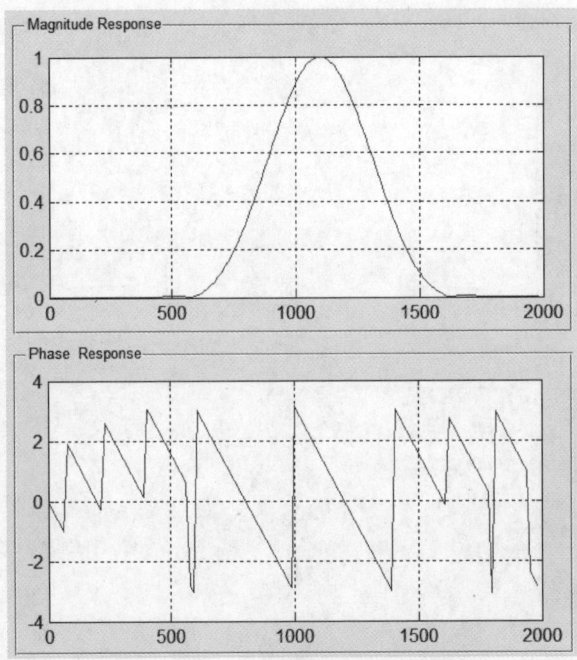

图 11-20　Hanning 窗带通滤波器

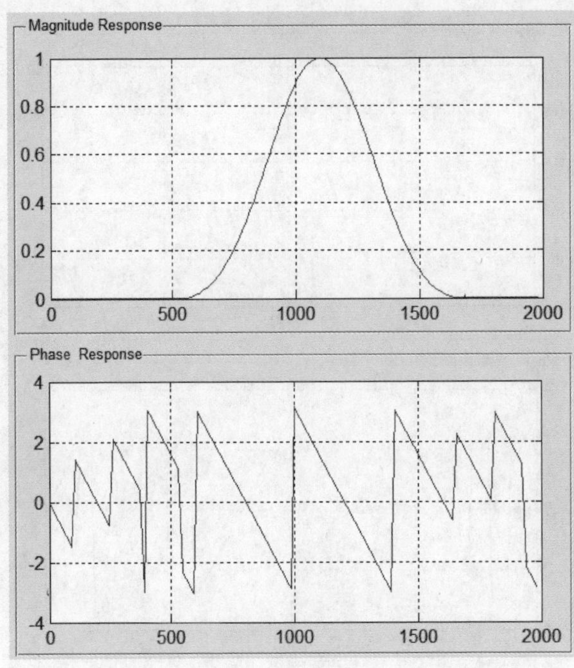

图 11-21　Hamming 窗带通滤波器

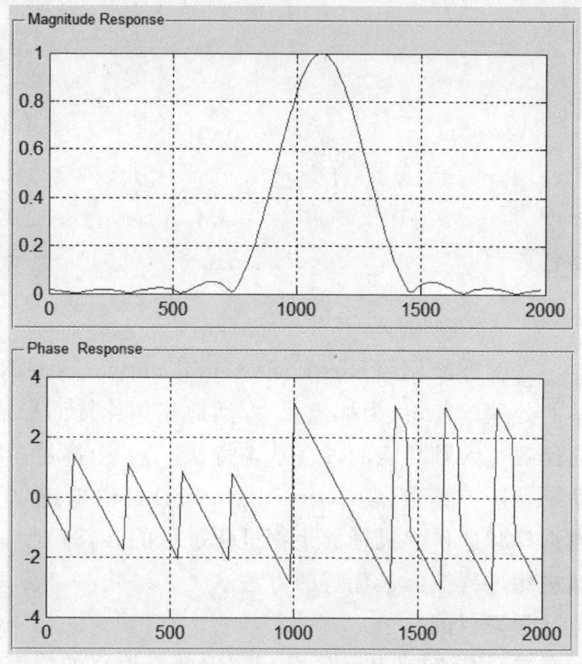

图 11-22 Kaiser 窗带通滤波器

本章小结

GUI 是实现人机交互的中介，具有强大的功能，可以完成许多复杂的程序模块。使用它需要具有一定的知识储备和必要的经验技巧。需要了解函数句柄等必要基础知识，熟悉各控件对象的基本属性和方法操作，知晓不同控件的合适使用条件及其特有的功能，并会采用不同的使用手段来实现相同功能的设计。同时还需要详细掌握菜单和控件。菜单很简单，就是弄清楚菜单之间的关系和如何调用就可以。控件的使用主要是用好 CreateFcn 和 Callback 属性。CreateFcn 中的语句就是在程序运行时，就立即执行脚本。如果希望界面可控，那么最好用 Callback 属性。在相应控件下，添加相应的脚本就可以实现比较复杂计算绘图等功能。

在设计 GUI 的时候，要注意一定的原则和步骤，分析界面所要求实现的主要功能，明确设计任务，构思草图，设计界面和属性，编写对象的相应代码，实现控件的交互调用。

对于 GUI 在数字信号处理中的应用中，数字信号处理这门学科的知识是基础，要掌握数字信号处理的相关知识的原理后，并用代码来实现，才能很好地结合 MATLAB 进行 GUI 编程。

第12章 智能算法的GUI设计

人工神经网络(artificial neural networks,ANN)是由大量的、简单的处理单元(称为神经元)广泛地互相连接而形成的复杂网络系统，它反映了人脑功能的许多基本特征，是一个高度复杂的非线性动力学系统。遗传算法(Genetic Algorithm)是模拟达尔文生物进化论的自然选择和遗传学机理的生物进化过程的计算模型，是一种通过模拟自然进化过程搜索最优解的方法。

学习目的：

(1) 了解神经网络结构及BP神经网络的内容；

(2) 理解通过GUI实现BP神经网络的设计；

(3) 掌握遗传算法的GUI设计。

12.1 神经网络结构及BP神经网络

人工神经网络(artificial neural network,ANN)是模仿生物神经网络功能的一种经验模型。生物神经元受到传入的刺激，其反应又从输出端传到相连的其他神经元，输入和输出之间的变换关系一般是非线性的。神经网络是由若干简单(通常是自适应的)元件及其层次组织，以大规模并行连接方式构造而成的网络，按照生物神经网络类似的方式处理输入的信息。模仿生物神经网络而建立的人工神经网络，对输入信号有功能强大的反应和处理能力。

12.1.1 神经元与网络结构

神经网络是由大量的处理单元(神经元)互相连接而成的网络。为了模拟大脑的基本特性，在神经科学研究的基础上，提出了神经网络的模型。但是，实际上神经网络并没有完全反映大脑的功能，只是对生物神经网络进行了某种抽象、简化和模拟。神经网络的信息处理通过神经元的互相作用来实现，知识与信息的存储表现为网络元件互相分布式的物理联系。神经网络的学习和识别取决于各种神经元连接权系数的动态演化过程。

若干神经元连接成网络，其中的一个神经元可以接受多个输入信号，按照一定的规则转换为输出信号。由于神经网络中神经元间复杂的连接关系和各神经元传递信号的非线性方式，输入和输出信号间可以构建出各种各样的关系，因此可以用来作为黑箱模型，表达那些用机理模型无法精确描述，但输入和输出之间确实存在的客观的、确定性的或模糊性的规律。因此，人工神经网络作为经验模型的一种，在化工生产、研究和开发中得到了越来越多的应用。

12.1.2 生物神经元

人脑大约由 1012 个神经元组成，神经元互相连接形成神经网络。神经元是大脑处理信息的基本单元，以细胞体为主体，由许多向周围延伸的不规则树枝状纤维构成的神经细胞，其形状很像一棵枯树的枝干。它主要由细胞体、树突、轴突和突触组成，如图 12-1 所示。

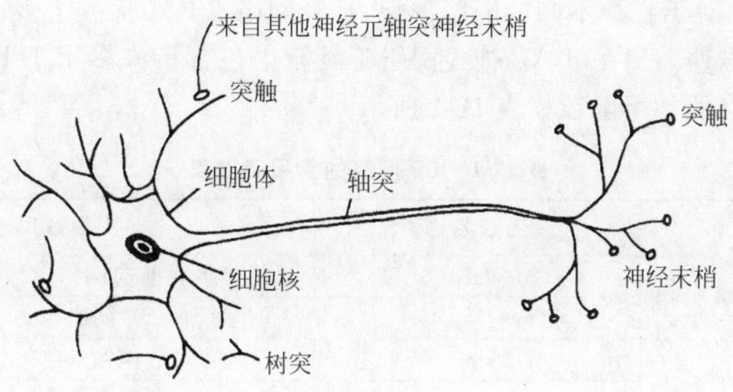

图 12-1 生物神经元

从神经元各组成部分的功能来看，信息的处理与传递主要发生在突触附近。当神经元细胞体通过轴突传到突触前膜的脉冲幅度达到一定强度，即超过其阈值电位后，突触前膜将向突触间隙释放神经传递的化学物质。

12.1.3 人工神经元

生物神经元是一个多输入、单输出单元。常用的人工神经元模型可用图 12-2 所示模型模拟。

当神经元 j 有多个输入 $x_i(i=1,2,\cdots,m)$ 和单个输出 y_j 时，输入和输出的关系可表示为

$$\begin{cases} s_j = \sum_{i=1}^{m} w_{ij} x_i - \theta_j \\ y_j = f(s_j) \end{cases}$$

其中 j 为阈值，w_{ij} 为从神经元 i 到神经元 j 的连接权重因子，$f()$ 为传递函数，或称激励函数。

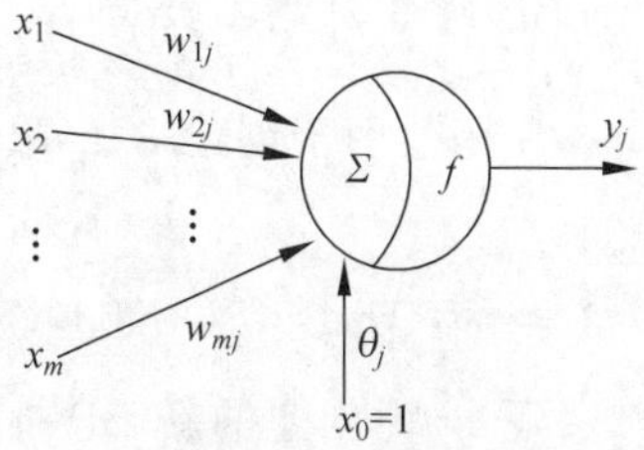

图 12-2 人工神经元(感知器)示意图

12.1.4 BP神经网络及其原理

BP(back propagation)神经网络是一种神经网络学习算法。它是由输入层、中间层、输出层组成的阶层型神经网络,中间层可扩展为多层。相邻层之间各神经元进行全连接,而每层各神经元之间无连接。当一对学习模式提供给网络后,各神经元获得网络的输入响应产生连接权值(Weight),然后按减小希望输出与实际输出误差的方向,从输出层经各中间层逐层修正各连接权,回到输入层。此过程反复交替进行,直至网络的全局误差趋向给定的极小值,即完成学习的过程。

12.1.5 基于MATLAB的BP神经网络工具箱函数

最新版本的神经网络工具箱几乎涵盖了所有的神经网络的基本常用模型,例如感知器和BP网络等。对于各种不同的网络模型,神经网络工具箱集成了多种学习算法,为用户提供了极大的方便。MATLAB神经网络工具箱中包含了许多用于BP网络分析与设计的函数,BP网络的常用函数如表12-1所示。

表12-1 BP网络的常用函数表

函数类型	函数名称	函数用途
前向网络创建函数	newcf	创建级联前向网络
	newff	创建前向BP网络
传递函数	logsig	S型的对数函数
	tansig	S型的正切函数
	purelin	纯线性函数
学习函数	learngd	基于梯度下降法的学习函数
	learngdm	梯度下降动量学习函数
性能函数	mse	均方误差函数
	msereg	均方误差规范化函数
显示函数	plotperf	绘制网络的性能
	plotes	绘制一个单独神经元的误差曲面
	plotep	绘制权值和阈值在误差曲面上的位置
	errsurf	计算单个神经元的误差曲面

1. BP网络创建函数

newff函数用于创建一个BP网络。其调用格式为

```
net = newff
net = newff(PR,[S1 S2..SN1],{TF1 TF2..TFN1},BTF,BLF,PF)
```

其中,net为创建的新BP神经网络,***PR***为网络输入向量取值范围的矩阵,[S1 S2…SN1]表示网络隐含层和输出层神经元的个数,{TF1 TF2…TFN1}表示网络隐含层和输出层的传输函数,默认为tansig,BTF表示网络的训练函数,默认为trainlm,BLF表示网

络的权值学习函数，默认为 learngdm，PF 表示性能数，默认为 mse。

newcf 函数用于创建级联前向 BP 网络，newfftd 函数用于创建一个存在输入延迟的前向网络。

2. 神经元上的传递函数

传递函数是 BP 网络的重要组成部分。传递函数又称为激活函数，必须是连续可微的。BP 网络经常采用 S 型的对数、正切函数或线性函数。

logsig 传递函数为 S 型的对数函数，调用格式为

```
A = logsig(N)
info = logsig(code)
```

其中，N 是 Q 个 S 维的输入列向量，A 为函数返回值，位于区间(0,1)。

tansig 函数为双曲正切 S 型传递函数，调用格式为

```
A = tansig(N)
info = tansig(code)
```

其中，N 表示 Q 个 S 维的输入列向量，A 为函数返回值，位于区间(−1,1)。

purelin 函数为线性传递函数，调用格式为

```
A = purelin(N)
info = purelin(code)
```

其中，N 表示 Q 个 S 维的输入列向量，A 为函数返回值，$A=N$。

3. BP 网络学习函数

learngd 函数为梯度下降权值/阈值学习函数，它通过神经元的输入和误差，以及权值和阈值的学习效率，来计算权值或阈值的变化率。调用格式为

```
[dW,ls] = learngd(W,P,Z,N,A,T,E,gW,gA,D,LP,LS)
[db,ls] = learngd(b,ones(1,Q),Z,N,A,T,E,gW,gA,D,LP,LS)
info = learngd(code)
```

learngdm 函数为梯度下降动量学习函数，它利用神经元的输入和误差、权值或阈值的学习速率和动量常数，来计算权值或阈值的变化率。

4. BP 网络训练函数

train 为神经网络训练函数，该函数用于调用其他训练函数，对网络进行训练。该函数的调用格式为

```
[net,tr,Y,E,Pf,Af] = train(NET,P,T,Pi,Ai)
[net,tr,Y,E,Pf,Af] = train(NET,P,T,Pi,Ai,VV,TV)
```

traingd 函数为梯度下降 BP 算法函数。traingdm 函数为梯度下降动量 BP 算法函数。

12.1.6 BP神经网络在函数逼近中的应用

BP网络有很强的映射能力，主要用于模式识别分类、函数逼近、函数压缩等。下面将通过实例来说明BP网络在函数逼近方面的应用。

要求设计一个BP网络，逼近以下函数：$g(x)=1+\sin(k\times \mathrm{pi}/4\times x)$，实现对该非线性函数的逼近。其中，分别令$k=1$、2、4进行仿真，通过调节参数(如隐藏层节点个数等)得出信号的频率与隐层节点之间及隐层节点与函数逼近能力之间的关系。

(1) 假设频率参数$k=1$，绘制要逼近的非线性函数的曲线。

程序命令如下：

```
k = 1;
p = [ - 1:.05:8];
t = 1 + sin(k * pi/4 * p);
plot(p,t,'-');
title('要逼近的非线性函数');
xlabel('时间');
ylabel('非线性函数');
```

函数的曲线如图12-3所示。

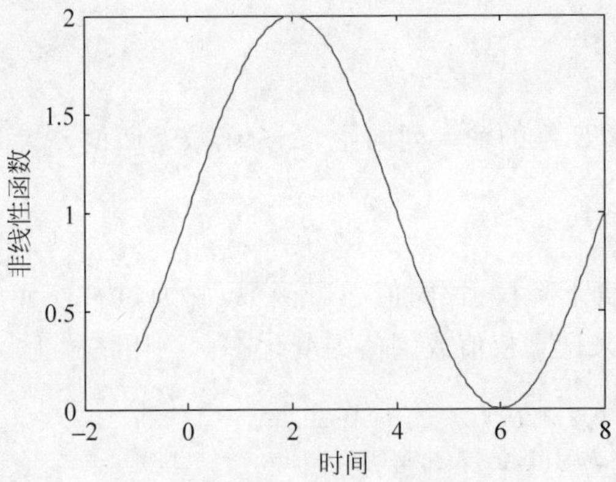

图12-3 逼近的非线性函数曲线

(2) 网络的建立，应用newff()函数建立BP网络结构。隐层神经元数目n可以改变，暂设为$n=3$，输出层有一个神经元。选择隐层和输出层神经元传递函数分别为tansig函数和purelin函数，网络训练的算法采用Levenberg-Marquardt算法trainlm。

程序命令如下：

```
n = 3;
net = newff(minmax(p),[n,1],{'tansig' 'purelin'},'trainlm');
% 对于初始网络，可以应用sim()函数观察网络输出
y1 = sim(net,p);
figure;
plot(p,t,'-',p,y1,':')
```

```
title('未训练网络的输出结果');
xlabel('时间');
ylabel('仿真输出原函数');
```

同时绘制网络输出曲线,并与原函数相比较,结果如图 12-4 所示。

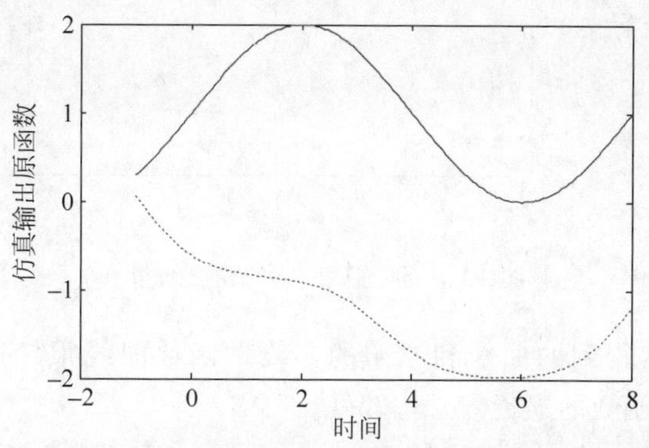

图 12-4　未训练网络的输出结果

因为使用 newff( )函数建立函数网络时,权值和阈值的初始化是随机的,所以网络输出结果很差,根本达不到函数逼近的目的,每次运行的结果也时有不同。

(3) 网络训练。应用 train()函数对网络进行训练之前,需要预先设置网络训练参数。将训练时间设置为 50,训练精度设置为 0.01,其余参数使用默认值。

程序命令如下:

```
net.trainParam.epochs = 50;          % 网络训练时间设置为 50
net.trainParam.goal = 0.01;          % 网络训练精度设置为 0.01
net = train(net,p,t);                % 开始训练网络
TRAINLM - calcjx, Epoch 0/50, MSE 9.27774/0.01, Gradient 13.3122/1e - 010
TRAINLM - calcjx, Epoch 3/50, MSE 0.00127047/0.01, Gradient 0.0337555/1e - 010
TRAINLM, Performance goal met.
```

从以上结果可以看出,网络训练速度很快,经过一次循环迭代过程就达到了要求的精度 0.01。

(4) 网络测试。

程序命令如下:

```
% 对于训练好的网络进行仿真:
y2 = sim(net,p);
figure;
plot(p,t,'-',p,y1,':',p,y2, '--')
title('训练后网络的输出结果');
xlabel('时间');
ylabel('仿真输出');
```

绘制网络输出曲线,并与原始非线性函数曲线以及未训练网络的输出结果曲线相比较,比较出来的结果如图 12-5 所示。

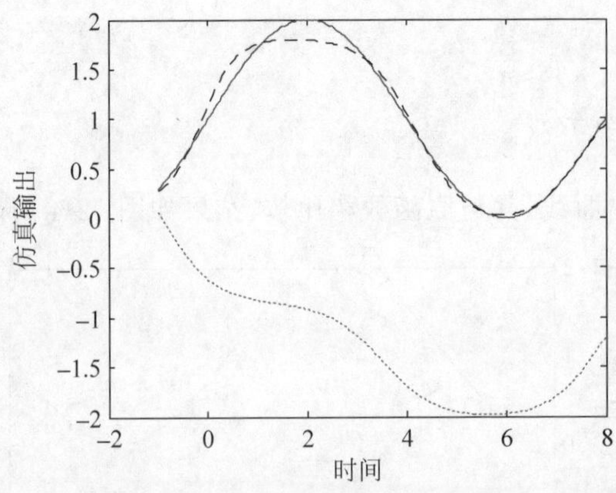

图 12-5　训练后网络的输出结果

从图中可以看出，得到的曲线和原始的非线性函数曲线很接近。这说明经过训练后，BP 网络对非线性函数的逼近效果比较好。

12.1.7　GUI 实现 BP 神经网络的设计

目前，在人工神经网络的实际应用中，绝大部分的神经网络模型都采用 BP 神经网络及其变化形式。它也是前向网络的核心部分，体现了人工神经网络的精华。BP 网络主要应用于以下方面：

(1) 函数逼近：用输入向量和相应的输出向量训练一个网络以逼近一个函数。

(2) 模式识别：用一个待定的输出向量将它与输入向量联系起来。

(3) 分类：把输入向量所定义的合适方式进行分类。

(4) 数据压缩：减少输出向量维数以便传输或存储。

【例 12-1】　通过 GUI 实现 BP 神经网络的设计，要求输入信号分别为随机噪声、正弦信号、方波信号，网络层数包含输入层、隐含层、输出层，训练方法有 BP 算法、带动量项的 BP 算法、Davidon 最小二乘法、阻尼最小二乘法，并需要显示输出曲线和误差曲线。GUI 界面设计如图 12-6 所示。

编写代码实现 BP 算法，打开 M 文件系统自动生成的 M 文件程序代码如下：

```
function varargout = network1(varargin)
gui_Singleton = 1;
gui_State = struct('gui_Name', mfilename, ...
                   'gui_Singleton', gui_Singleton, ...
                   'gui_OpeningFcn', @network1_OpeningFcn, ...
                   'gui_OutputFcn', @network1_OutputFcn, ...
                   'gui_LayoutFcn', [] , ...
                   'gui_Callback', []);
if nargin && ischar(varargin{1})
    gui_State.gui_Callback = str2func(varargin{1});
end

if nargout
```

```
    [varargout{1:nargout}] = gui_mainfcn(gui_State, varargin{:});
else
    gui_mainfcn(gui_State, varargin{:});
end
```

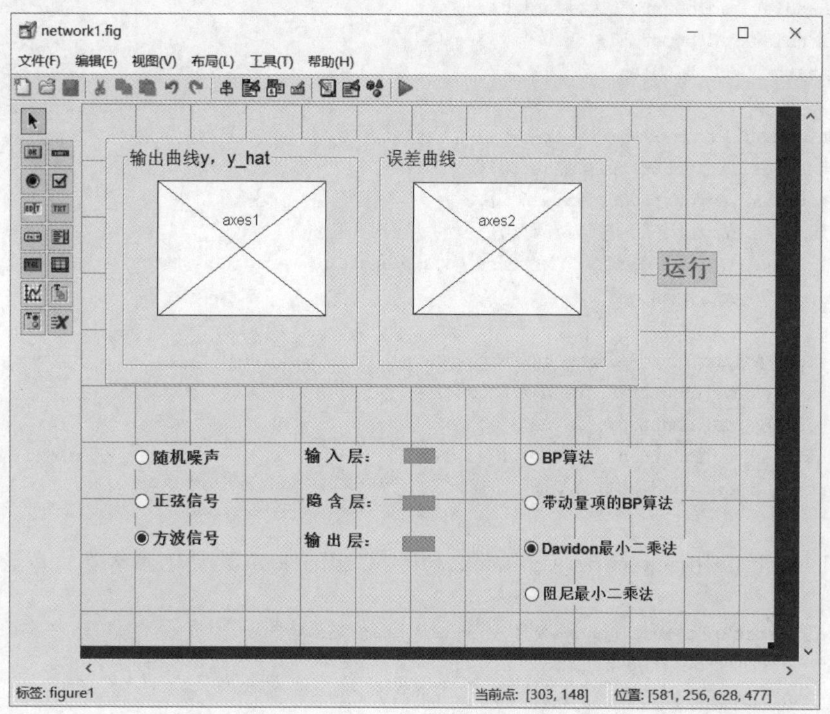

图 12-6　绘制的草图

初始化程序，设置各个参数的默认值，其代码如下：

```
function network1_OpeningFcn(hObject, eventdata, handles, varargin)
handles.output = hObject;

set(handles.radiobutton1,'value',1);
set(handles.radiobutton2,'value',0);
set(handles.radiobutton3,'value',0);
set(handles.radiobutton4,'value',0);
set(handles.radiobutton5,'value',1);
set(handles.radiobutton6,'value',0);
set(handles.radiobutton7,'value',0);

set(handles.edit1,'string','y(k) = (0.8 - 0.5 * exp( - y(k - 1)^2)) * y(k - 1) - (0.3 + 0.9 *
exp( - y(k - 1)^2)) * y(k - 2) + u(k - 1) + 0.2 * u(k - 2) + 0.1u(k - 1) * u(k - 2)');
set(handles.edit2,'string','4');
set(handles.edit3,'string','10');
set(handles.edit4,'string','1');
guidata(hObject, handles);
```

调用 radiobutton5_Callback、radiobutton6_Callback、radiobutton7_Callback 函数实现输入信号的设置。

```
function radiobutton5_Callback(hObject, eventdata, handles)
set(handles.radiobutton5,'value',1);
set(handles.radiobutton6,'value',0);
set(handles.radiobutton7,'value',0);
guidata(hObject,handles);

function radiobutton6_Callback(hObject, eventdata, handles)
set(handles.radiobutton5,'value',0);
set(handles.radiobutton6,'value',1);
set(handles.radiobutton7,'value',0);
% Hint: get(hObject,'Value') returns toggle state of radiobutton6
guidata(hObject,handles);

function radiobutton7_Callback(hObject, eventdata, handles)
set(handles.radiobutton5,'value',0);
set(handles.radiobutton6,'value',0);
set(handles.radiobutton7,'value',1);
guidata(hObject,handles);
```

调用 edit1_Callback、edit3_Callback、edit4_Callback 函数实现网络层的参数设置。

```
function edit2_Callback(hObject, eventdata, handles)
input = str2num(get(hObject,'String'));
if(isempty(input))
    set(hObject,'String','3');
end
guidata(hObject,handles);

function edit2_CreateFcn(hObject, eventdata, handles)
if ispc && isequal(get(hObject,'BackgroundColor'), get(0,'defaultUicontrolBackgroundColor'))
    set(hObject,'BackgroundColor','white');
end

function edit3_Callback(hObject, eventdata, handles)
input = str2num(get(hObject,'String'));
if(isempty(input))
    set(hObject,'String','10');
end
guidata(hObject,handles);

function edit4_Callback(hObject, eventdata, handles)
input = str2num(get(hObject,'String'));
if(isempty(input))
    set(hObject,'String','1');
end
guidata(hObject,handles);
```

调用 radiobutton1_Callback、radiobutton3_Callback、radiobutton4_Callback 函数，实现训练方法的设置。

```
function radiobutton1_Callback(hObject, eventdata, handles)
set(handles.radiobutton1,'value',1);
set(handles.radiobutton2,'value',0);
set(handles.radiobutton3,'value',0);
set(handles.radiobutton4,'value',0);
% Hint: get(hObject,'Value') returns toggle state of radiobutton1
guidata(hObject,handles);

function radiobutton2_Callback(hObject, eventdata, handles)
set(handles.radiobutton1,'value',0);
set(handles.radiobutton2,'value',1);
set(handles.radiobutton3,'value',0);
set(handles.radiobutton4,'value',0);
guidata(hObject,handles);

function radiobutton4_Callback(hObject, eventdata, handles)
set(handles.radiobutton1,'value',0);
set(handles.radiobutton2,'value',0);
set(handles.radiobutton3,'value',0);
set(handles.radiobutton4,'value',1);
guidata(hObject,handles);

function radiobutton3_Callback(hObject, eventdata, handles)
set(handles.radiobutton1,'value',0);
set(handles.radiobutton2,'value',0);
set(handles.radiobutton3,'value',1);
set(handles.radiobutton4,'value',0);
guidata(hObject,handles);
```

为“运行”按钮添加回调函数，代码如下：

```
function pushbutton1_Callback(hObject, eventdata, handles)
option = 0;                         % 训练方法
if get(handles.radiobutton1,'value')
    option = 1;
elseif get(handles.radiobutton2,'value')
    option = 2;
elseif get(handles.radiobutton3,'value')
    option = 3;
elseif get(handles.radiobutton4,'value')
    option = 4;
end
choice = 0;                         % 输入信号
if get(handles.radiobutton5,'value')
    choice = 1;
elseif get(handles.radiobutton6,'value')
```

```
    choice = 2;
elseif get(handles.radiobutton7,'value')
    choice = 3;
end
num = 100;
if(choice == 1)                         % 随机数
    u = rand(num,1);
elseif(choice == 2)
     k = 1:1:num;
     u(k) = 0.5 * cos(0.08 * k * pi) + 0.5;
elseif(choice == 3)
    for gg = 1:2:round(num/10 - 1)  % 方波信号
            for jj = 1:10
                qq = gg * 10 + jj;
                u(gg * 10 + jj) = 1;
            end
    end
end
in_put = str2num(get(handles.edit2,'String'));
hide_put = str2num(get(handles.edit3,'String'));
out_put = str2num(get(handles.edit4,'String'));
layer = [in_put;hide_put;out_put];
Utank = u;
Ytank = zeros(num,1);                   % % 仿真模型的输出存储单元,expect value
maxcount = num;
count = 1;

Ytank(1) = 1;
Ytank(2) = 0.5;

n = layer(1);                           % S 层(感知层)的个数
p = layer(2);                           % A 层(隐含层)的个数
q = layer(3);                           % R 层(相应层)的个数

anta = 0.8;                             % 学习因子
alpha = 0.2;                            % 动量项
lamta = 0.3;
miu = 0.4;
YY = rand(count + q,1); % simulink

 % 初始化全部权值和阈值
V = rand(n,p);                          % S 层和 A 层之间的链接权值
W = rand(p,q);                          % A 层和 R 层之间的链接权值
dV = zeros(n,p);
deltaV = zeros(n,p);
dW = zeros(p,q);
deltaW = zeros(p,q);

theta = 2 * rand(p,1) - 1;              % 隐含层之间各单元的阈值
r = 2 * rand(q) - 1;                    % 相应层之间各单元之间的阈值
NET = ones(p,1);

S = ones(n,1);                          % 初始化感知层的数值
```

```
A = ones(p,1);                          %根据感知层得到的隐含层的各单元的数据值
Y = ones(q,1);
y = ones(q,1);
ERROR = zeros(count,1);

EY = zeros(q,1);
EA = zeros(p,1);
    while (count <= maxcount)
        c = 1;

        while(c <= 1)
            for k = 3:num
                Ytank(k) = [0.8 - 0.5 * exp((-1) * Ytank(k-1)^2)] * Ytank(k-1) - [0.3 +
0.9 * exp(-Ytank(k-1)^2)] * Ytank(k-2)...
                    + Utank(k-1) + 0.2 * Utank(k-2) + 0.1 * Utank(k-1) * Utank(k-2);

                for i = 1:p
                    NET(i) = S(:,1)' * V(:,i) + theta(i);
                    A(i) = 1/(1 + exp((-1) * NET(i)));   %计算出隐含层的各单元的数值
                end

                for i = 1:q
                    Y(i) = A' * W(:,i) + r(i);           %计算出输出层的各单元的阈值
                    EY(i) = (Y(i) - Ytank(k));
%计算输出层的输出与实际输出之间的一般性误差 * Y(i) * (1 - Y(i))
                    ERROR(k) = EY(i);

                end
                YY(k,1) = Y;
                for i = 1:p
                    %for j = 1:q
                    SUM = W(i,:)' * EY(:,1);             %计算偏差和
                    %end
                    EA(i) = A(i) * (1 - A(i)) * SUM;     %隐含层的一般性误差
                end

                %各层的权值调节
                deltaW = W;
                for j = 1:q
                    r(j) = r(j) + anta * EY(j);
                    for i = 1:p
                        if(option == 1)
                            W(i,j) = W(i,j) - anta * A(i) * EY(j);
                        elseif(option == 2)
                            W(i,j) = W(i,j) - anta * A(i) * EY(j) + alpha * (W(i,j) - dW(i,j));
                        elseif(option == 3)
                            W(i,j) = W(i,j) - (A(i) * EY(j))/(lamta + A(i)^2);
                        else
                            W(i,j) = W(i,j) - (A(i) * EY(j))/(lamta + A(i)^2) - miu * anta
* A(i) * EY(j);
                        end
                    end
                end
```

```
                dW = W;

                deltaV = V;
                for i = 1:p
                    theta(i) = theta(i) - anta * EA(i);
                    for h = 1:n
                        if(option == 1)
                            V(h,i) = V(h,i) - anta * EA(i) * S(h);
                        elseif(option == 2)
                            V(h,i) = V(h,i) - anta * EA(i) * S(h) + alpha * (V(h,i) - dV(h,i));
                        elseif(option == 3)
                            V(h,i) = V(h,i) - (EA(i) * S(h))/(lamta + EA(i)^2);
                        else

                            V(h,i) = V(h,i) - (EA(i) * S(h))/(lamta + EA(i)^2) - miu *
anta * EA(i) * S(h);
                        end
                    end
                end
                dV = deltaV;
                c = c + 1;
                end
            end
            count = count + 1;
        end
y = Ytank;
y_hat = YY;
error = ERROR;
    axes(handles.axes1);
    cla;
    axis([0 100 -10 10]);
    hold on;
        plot(y,'r');
        plot(y_hat,'b');
        xlabel('time');
        ylabel('y/y_hat');
        legend('y','y_hat',1);

    axes(handles.axes2);
    cla;
    axis([0 100 -10 10]);
    hold on;

         plot(error,'r');
         xlabel('time');
         ylabel('error');
         legend('error',1);
guidata(hObject,handles);
```

单击“运行”按钮，效果如图 12-7 所示。

输入信号选择“随机信号”，输入层设为 4，隐含层数设为 10，输出层设为 1，得到四种训练方法的输出曲线和误差曲线如图 12-8 所示。

输入信号选择“正弦信号”，输入层设为 4，隐含层数设为 10，输出层设为 1，得到四种训练方法的输出曲线和误差曲线如图 12-9 所示。

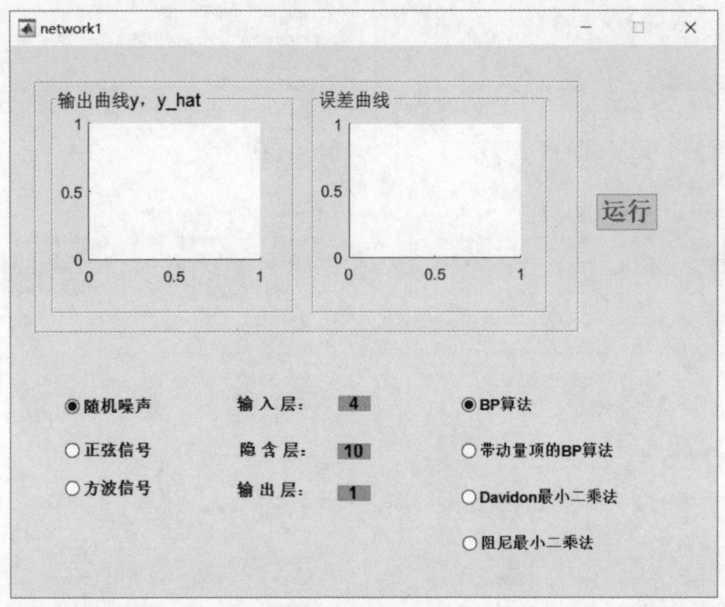

图 12-7　运行效果

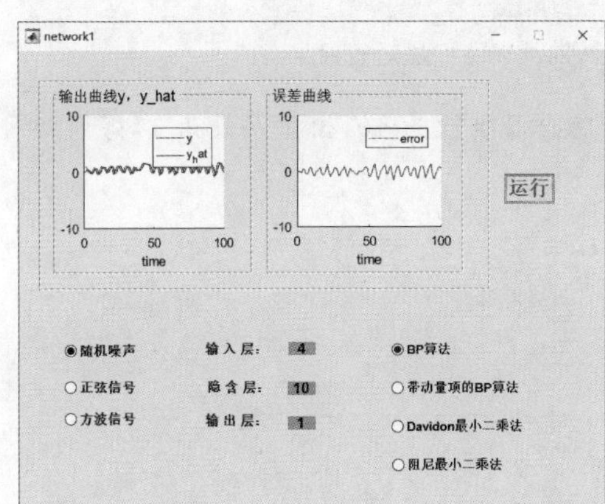

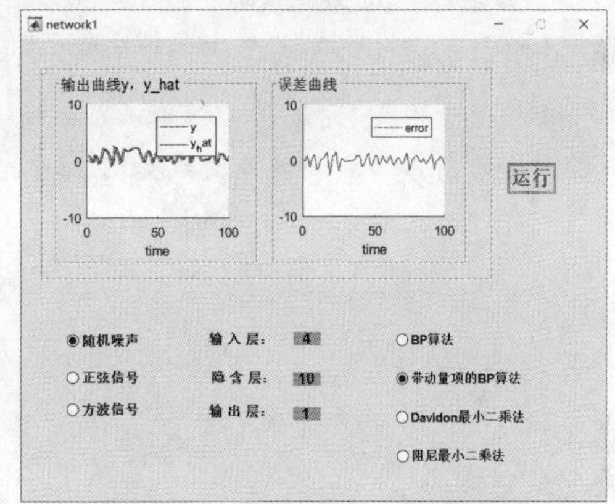

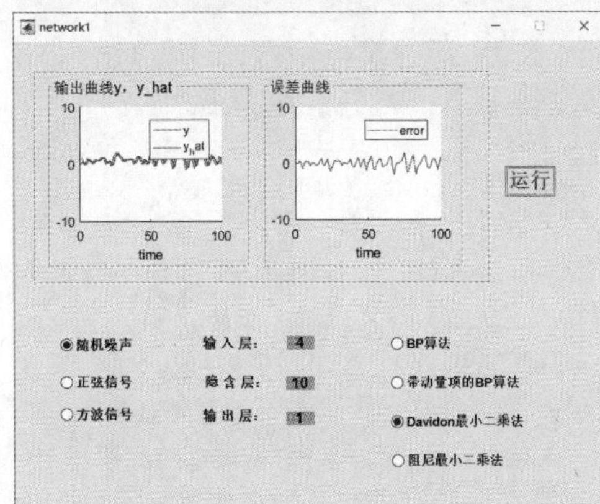

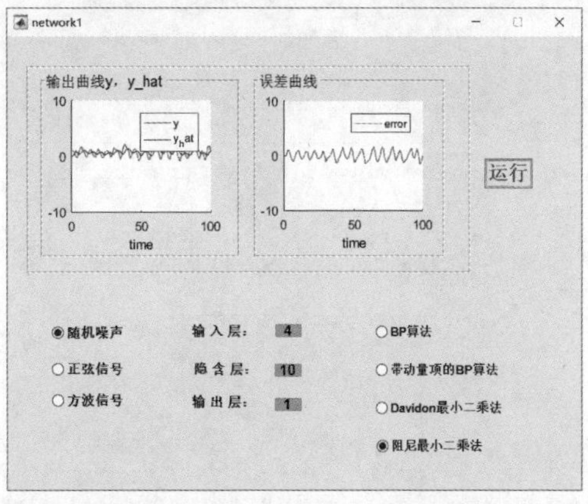

图 12-8　输入信号为随机噪声，四种训练方法运行效果

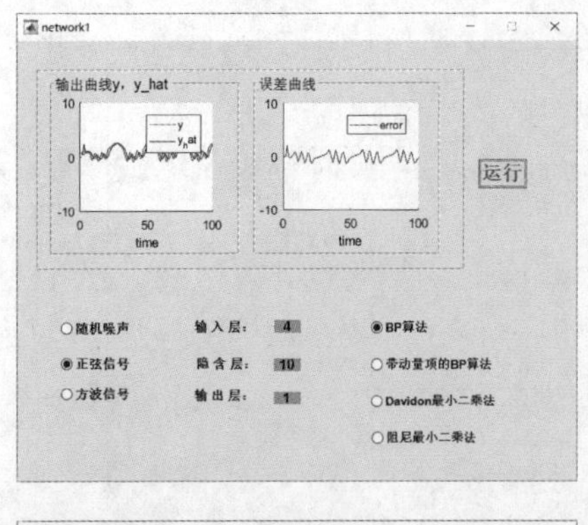

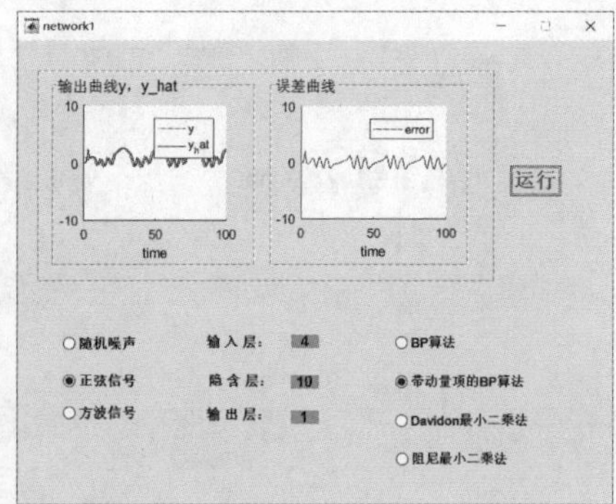

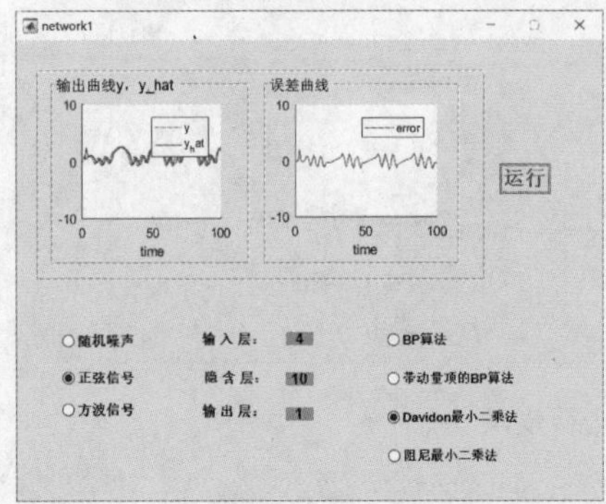

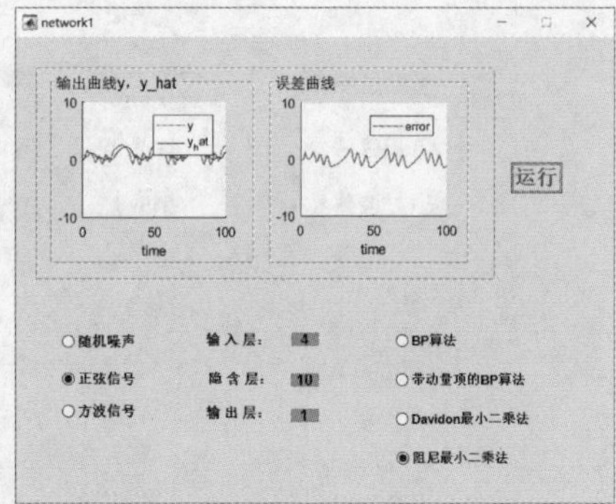

图 12-9　输入信号为正弦信号,四种训练方法运行效果

输入信号选择“方波信号”,输入层设为 4,隐含层数设为 10,输出层设为 1,得到四种训练方法的输出曲线和误差曲线如图 12-10 所示。

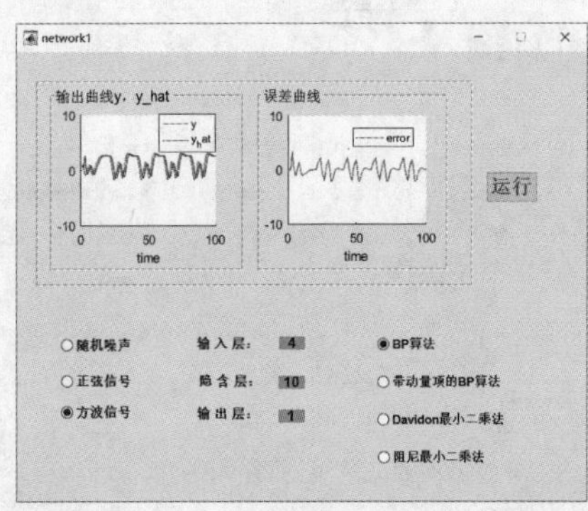

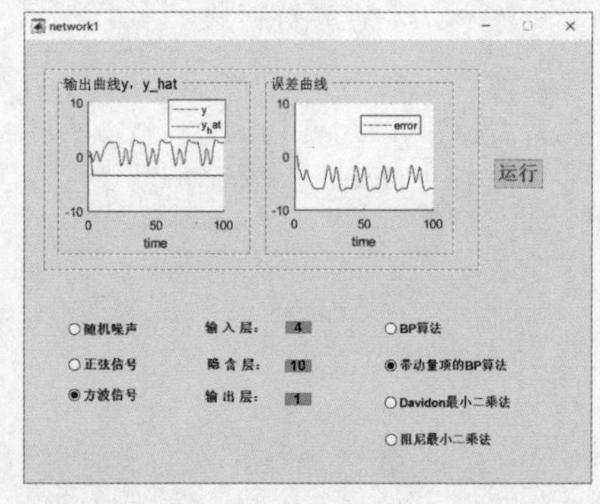

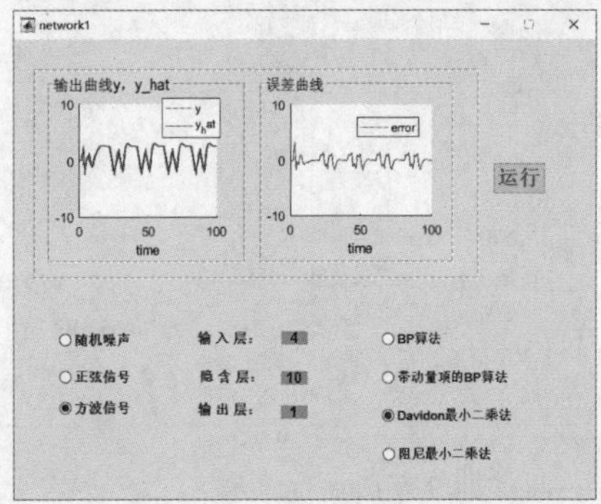

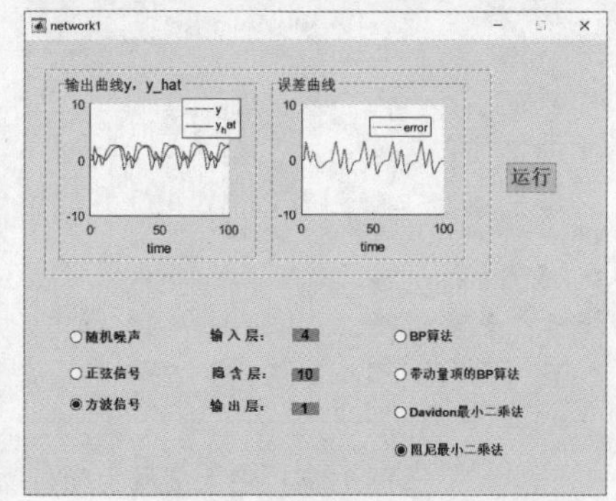

图 12-10　输入信号为方波信号,四种训练方法运行效果

12.2 遗传算法 GUI 设计

遗传算法(genetic algorithm)是一类借鉴生物界的进化规律(适者生存、优胜劣汰遗传机制)演化而来的随机化搜索方法。它是由美国的J. Holland教授1975年首先提出,其主要特点是直接对结构对象进行操作,不存在求导和函数连续性的限定;具有内在的隐并行性和更好的全局寻优能力;采用概率化的寻优方法,能自动获取和指导优化的搜索空间,自适应地调整搜索方向,不需要确定的规则。遗传算法的这些性质,已被人们广泛地应用于组合优化、机器学习、信号处理、自适应控制和人工生命等领域。它是现代有关智能计算中的关键技术。

【例 12-2】 遗传算法的GUI设计。求出函数 $f(x)=10+x\cos(5\text{pi}\times x)$,在$[-1,1]$的最大值点。

求取最大和平均适应度需要调用的子函数如下:

```
%计算适应度函数
[Fitvalue,cumsump] = fitnessfun(population);
global BitLength
global boundsbegin
global boundsend
popsize = size(population,1);                          %计算个体个数
for i = 1:popsize
    x = transform2to10(population(i,:));               %将二进制转换为十进制
    %转化为[-2,2]区间的实数
    xx = boundsbegin + x * (boundsend - boundsbegin)/(power(2,BitLength) - 1);
    Fitvalue(i) = targetfun(xx);                       %计算函数值,即适应度
end
%给适应度函数加上一个大小合理的数以便保证种群适应值为正数
%计算选择概率
fsum = sum(Fitvalue)
Pperpopulation = Fitvalue/fsum                         %适应度归一化及被复制的概率
%计算累积概率
cumsump(1) = Pperpopulation(1)
for i = 2:popsize
    cumsump(i) = cumsump(i - 1) + Pperpopulation(i)   %求累计概率
end
cumsump = cumsump'                                     %累计概率

%计算目标函数
function y = targetfun(x);                             %目标函数
y = x. * sin(10 * pi * x) + 2;

%新种群交叉操作
%输入 population 为种群,seln 为选择的两个个体,pc 为交配的概率
function scro = crossover(population,seln,pc);
    BitLength = size(population,2);                    %二进制数的个数
```

```
    pcc = IfCroIfMut(pc);                    %根据交叉概率决定是否进行交叉操作,1则是,0则否
                                             %进行交叉操作
    if pcc == 1                              %进行交叉操作
        chb = round(rand * (BitLength - 2)) + 1;
                                             %在[1,BitLength - 1]范围内随机产生一个交叉位
        scro(1,:) = [population(seln(1),1:chb) population(seln(2),chb + 1:BitLength)];
                scro(2,:) = [population(seln(2),1:chb) population(seln(1),chb + 1:
BitLength)];
          else
        %不进行交叉操作
        scro(1,:) = population(seln(1),:);
        scro(2,:) = population(seln(2),:);
    end
end

%判断遗传运算是否需要进行交叉或变异
%mutORcro为交叉、变异发生的概率
%根据mutORcro决定是否进行相应的操作,产生1的概率是mutORcro,产生0的概率为
%1 - mutORcro
function pcc = IfCroIfMut(mutORcro);
test(1:100) = 0;                             %1x100的行向量
l = round(100 * mutORcro);                   %产生一个数为100 * mutORcro,round为取靠近的整数
test(1:l) = 1;
n = round(rand * 99) + 1;
pcc = test(n);
end


%新种群变异操作
%snew为一个个体
function snnew = mutation(snew,pmutation);
    BitLength = size(snew,2);
    snnew = snew;
    pmm = IfCroIfMut(pmutation);             %根据变异概率决定是否进行变异操作,1则是,0则否
    if pmm == 1
        chb = round(rand * (BitLength - 1)) + 1;
                                                     %在[1,BitLength]范围内随机产生一个变异位
        snnew(chb) = abs(snew(chb) - 1);             %0变成1,1变成0
    end
end

%新种群选择操作%选择两个个体,返回个体的序号,有可能两个序号相同
function seln = selection(population,cumsump);                   %从种群中选择两个个体
    for i = 1:2
        r = rand;                            %产生一个随机数
        prand = cumsump - r;                 %求出cumsump中第一个比r大的元素
        j = 1;
```

```
        while prand(j)< 0
            j = j + 1;
        end
        seln(i) = j;                                          % 选中个体的序号
    end
end


% 将二进制数转换为十进制数
function x = transform2to10(Population);
    BitLength = size(Population,2);                           % Population 的列,即二进制的长度
    x = Population(BitLength);
    for i = 1:BitLength - 1
        x = x + Population(BitLength - i) * power(2,i);      % 从末位加到首位
    end
end
```

首先设计的界面如图 12-11 所示,分别有"函数曲线"、"适应度"、"退出"三个按钮,和两个坐标轴用于显示函数曲线和适应度的图形。

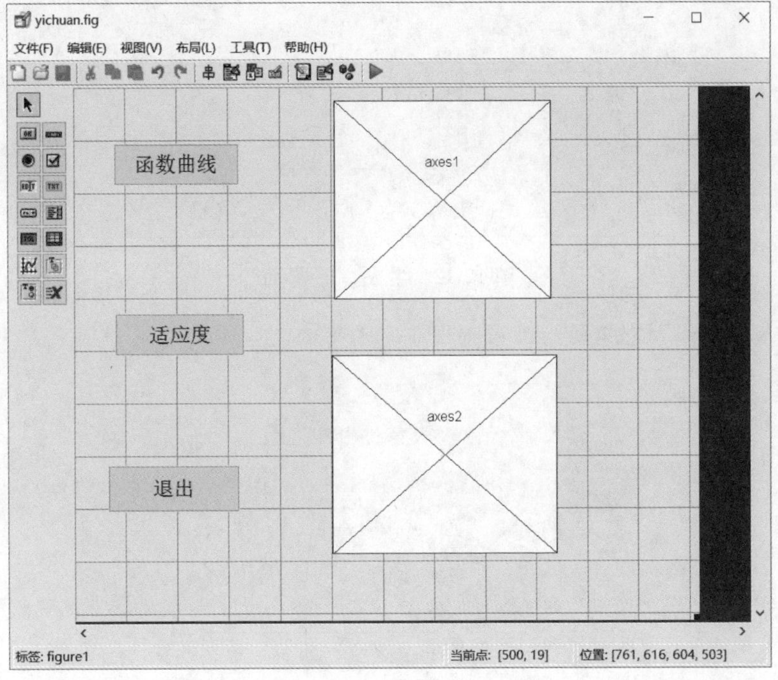

图 12-11　GUI 设计界面

单击运行,生成的 GUI 界面如图 12-12 所示:

在"函数曲线"按钮添加代码如下:

```
function pushbutton1_Callback(hObject, eventdata, handles)
global x
% 绘制题中函数图形
```

```
x = linspace( - 1,2);
y = 10 + x. * cos(5 * pi * x);

axes(handles.axes1)
plot(x,y,'r')
title('函数曲线图')
xlabel('x')
ylabel('y')
```

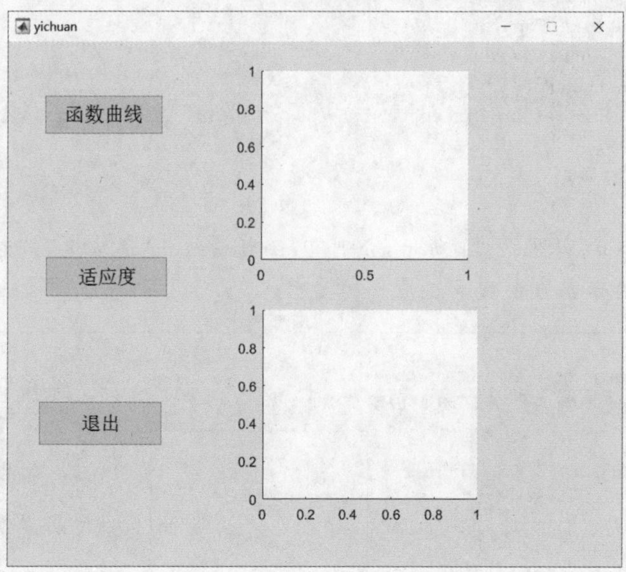

图 12-12　生成 GUI 界面

单击“函数曲线”按钮,运行结果如图 12-13 所示。

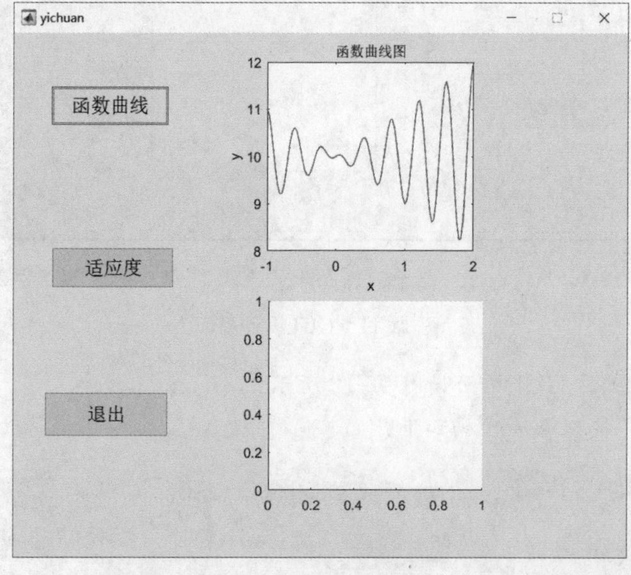

图 12-13　“曲线函数”按钮

“适应度”按钮用于求出最大适应度和平均适应度，在“适应度”按钮添加程序如下：

```
function pushbutton2_Callback(hObject, eventdata, handles)

global BitLength                    % 全局变量,计算如果满足求解精度至少需要编码的长度
global boundsbegin                  % 全局变量,自变量的起始点
global boundsend                    % 全局变量,自变量的终止点
bounds = [ - 1 2];                  % 一维自变量的取值范围
precision = 0.0001;                 % 运算精度
boundsbegin = bounds(:,1);
boundsend = bounds(:,2);            % 计算如果满足求解精度至少需要多长的染色体
BitLength = ceil(log2((boundsend - boundsbegin)' ./ precision));
popsize = 50;                       % 初始种群大小
Generationnmax = 20;                % 最大代数
pcrossover = 0.90;                  % 交配概率
pmutation = 0.09;                   % 变异概率
population = round(rand(popsize,BitLength)); % 初始种群,行代表一个个体,列代表不同个体
                                            % 计算适应度
[Fitvalue,cumsump] = fitnessfun(population);
                              % 输入群体 population,返回适应度 Fitvalue 和累积概率 cumsump
Generation = 1;
while Generation <(Generationnmax + 1)
    for j = 1:2:popsize             % 1 对 1 对的群体进行如下操作(交叉,变异)
        % 选择
        seln = selection(population,cumsump);
        % 交叉
        scro = crossover(population,seln,pcrossover);
        scnew(j,:) = scro(1,:);
        scnew(j + 1,:) = scro(2,:);
        % 变异
        smnew(j,:) = mutation(scnew(j,:),pmutation);
        smnew(j + 1,:) = mutation(scnew(j + 1,:),pmutation);
    end
    % 产生了新的种群
    population = smnew;

    % 计算新种群的适应度
    [Fitvalue,cumsump] = fitnessfun(population);  % 记录当前代最好的适应度和平均适应度
    [fmax,nmax] = max(Fitvalue); % 最好的适应度为 fmax(即函数值最大),其对应的个体为 nmax
    fmean = mean(Fitvalue);         % 平均适应度为 fmean
    ymax(Generation) = fmax;        % 每代中最好的适应度
    ymean(Generation) = fmean;      % 每代中的平均适应度
    % 记录当前代的最佳染色体个体
    x = transform2to10(population(nmax,:)); % population(nmax,:)为最佳染色体个体
    xx = boundsbegin + x * (boundsend - boundsbegin)/(power(2,BitLength) - 1);
    xmax(Generation) = xx;
    Generation = Generation + 1
end
```

```
Generation = Generation - 1; % Generation 加 1、减 1 的操作是为了能记录各代中的最佳函数值
                             % xmax(Generation)
targetfunvalue = targetfun(xmax)
[Besttargetfunvalue,nmax] = max(targetfunvalue)
Bestpopulation = xmax(nmax)
% 绘制经过遗传运算后的适应度曲线
axes(handles.axes2)
hand1 = plot(1:Generation,ymax);
set(hand1,'linestyle','-','linewidth',1,'marker','*','markersize',8)
hold on;

hand2 = plot(1:Generation,ymean);
set(hand2,'color','k','linestyle','-','linewidth',1, 'marker','h','markersize',8)
xlabel('进化代数');
ylabel('最大和平均适应度');
xlim([1 Generationnmax]);
legend('最大适应度','平均适应度');
box off;
hold off;
```

单击"适应度"按钮,运行的结果如图 12-14 所示。

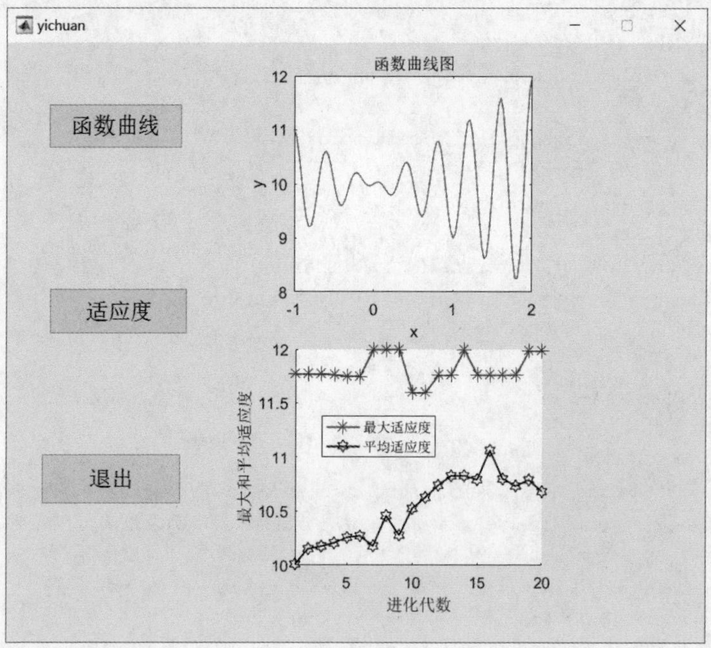

图 12-14　最大适应度和平均适应度

在"退出"按钮中添加如下程序,单击后退出 GUI。

```
function pushbutton3_Callback(hObject, eventdata, handles)
clear all;
close all;
```

12.3 蚁群算法 GUI 设计

蚁群算法(ant colony optimization, ACO),又称蚂蚁算法,是一种用来在图中寻找优化路径的概率型算法。它由 Marco Dorigo 于 1992 年在他的博士论文中提出,其灵感来源于蚂蚁在寻找食物过程中发现路径的行为。蚁群算法是一种模拟进化算法,初步的研究表明该算法具有许多优良的性质。

【例 12-3】 地势图如图 12-15 所示,并任意设置起点和终点位置,使用蚁群算法 GUI 设计求起始点和终点之间的最佳路径。

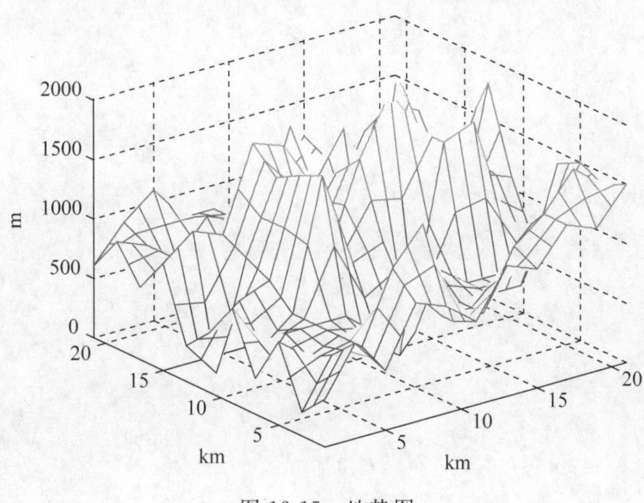

图 12-15 地势图

需要调用的子函数如下:

```
%计算个体适应度值
function fitness = CacuFit(path)
%path:路径
%fitness:路径适应度值
[n,m] = size(path);
for i = 1:n
    fitness(i) = 0;
    for j = 2:m/2
        fitness(i) = fitness(i) + sqrt(1 + (path(i,j * 2 - 1) - path(i,(j - 1) * 2 - 1))^2 +
(path(i,j * 2) - path(i,(j - 1) * 2))^2) + abs(path(i,j * 2));
    end
end

%计算每个点的启发值
function qfz = CacuQfz(nowy,nowh,oldy,oldh,endy,endh,k,z)
%nowy,nowh:现在点
%endy,endh:终点
%oldy,oldh:上个点
%k:当前层数
%z:地形高度图
```

```
if z(nowy,k)< nowh * 200
    S = 1;
else
    S = 0;
end

%D距离
D = 50/(sqrt(1 + (oldh * 0.2 - nowh * 0.2)^2 + (nowy - oldy)^2) + sqrt((21 - k)^2 + (endh * 0.2
- nowh * 0.2)…^2 + (nowy - oldy)^2));

%纵向改变
M = 30/(abs(nowh - oldh) + 1);
qfz = S * M * D;

%寻找路径
%n:路径条数 m分开平面数 information:信息素 z高度表
%starty starth 出发点
%endy endh 终点
%path 寻到路径

function [path,information] = searchpath(n,m,information,z,starty,starth,endy,endh)
ycMax = 2;                              %横向最大变动
hcMax = 2;                              %纵向最大变动
decr = 0.8;                             %衰减概率

for ii = 1:n
    path(ii,1:2) = [starty,starth];
    oldpoint = [starty,starth];  %当前坐标点
    %k:当前层数
    for k = 2:m - 1
        %计算所有数据点对应的适应度值
        kk = 1;
        for i = - ycMax:ycMax
            for j = - hcMax:hcMax
                point(kk,:) = [oldpoint(1) + i,oldpoint(2) + j];
                if (point(kk,1)< 20)&&(point(kk,1)> 0)&&(point(kk,2)< 17)&&(point(kk,2)> 0)
                    %计算启发值
                    qfz(kk) = CacuQfz(point(kk,1),point(kk,2),oldpoint(1),oldpoint(2),
endy,endh,k,z);
                    qz(kk) = qfz(kk) * information(k,point(kk,1),point(kk,2));
                    kk = kk + 1;
                else
                    qz(kk) = 0;
                    kk = kk + 1;
                end
            end
        end

        %选择下个点
        sumq = qz./sum(qz);

        pick = rand;
        while pick == 0
```

```
            pick = rand;
        end

        for i = 1:49
            pick = pick - sumq(i);
            if pick <= 0
                index = i;
                break;
            end
        end

        oldpoint = point(index, :);

        %更新信息素
        information(k + 1,oldpoint(1),oldpoint(2)) = 0.5 * information(k + 1,oldpoint(1),
oldpoint(2));

        %路径保存
        path(ii,k * 2 - 1:k * 2) = [oldpoint(1),oldpoint(2)];
    end
    path(ii,41:42) = [endy,endh];
end
```

首先设计的界面如图12-16所示,分别有“适应度”、“路线图”、“退出”三个按钮和两个轴用于显示适应度和路线图的图形。

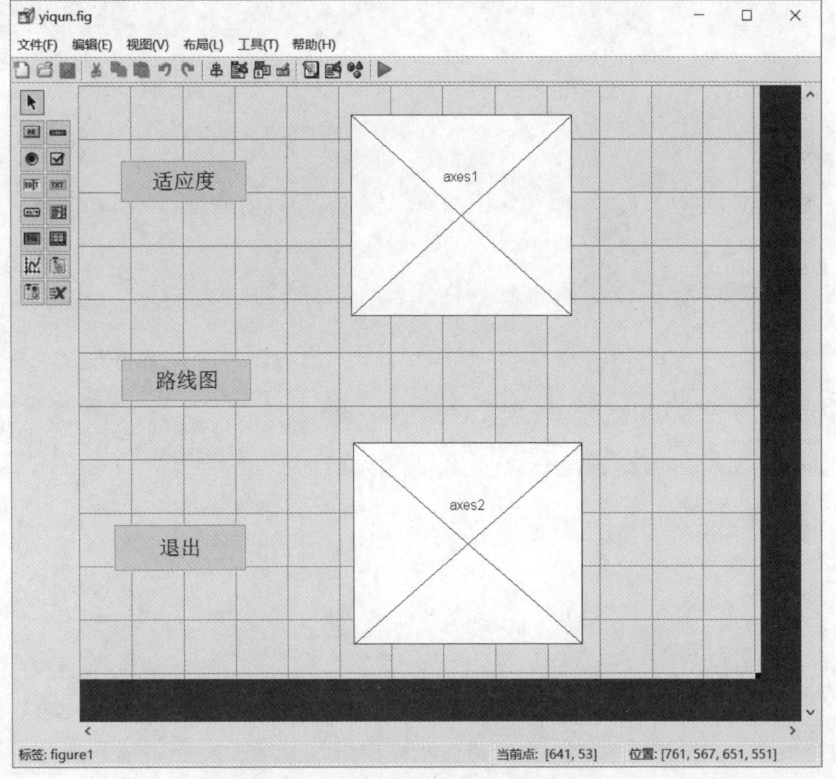

图12-16 蚁群算法的GUI设计界面

在“适应度”按钮中需要添加的程序如下：

```
function pushbutton1_Callback(hObject, eventdata, handles)
global z k a

h = [1801 2201 1901 2401 2301 2101 2501 2401 2701 2601 2901
    1601 2010 2010 2601 2901 2010 2010 2501 2701 3010 2801
    2101 1901 2010 1901 1701 2010 2010 2010 2010 2501 2901
    1701 2010 2010 2010 1801 2010 2201 2010 2010 2010 2801
    2201 1801 2010 3101 2301 2401 1801 3101 3201 2301 2010
    1901 2101 2201 3010 2301 3010 3501 3101 2301 2601 2501
    1701 1401 2301 2901 2401 2801 1801 3501 2601 2010 3201
    2301 2501 2401 3101 3010 2601 3010 2301 3010 2501 2701
    2010 2201 2101 2010 2201 3010 2301 2501 2401 2010 2301
    2301 2201 2010 2301 2201 2201 2201 2501 2010 2801 2701
    2010 2301 2501 2201 2201 2010 2301 2601 2010 2501 2010];
h = h - 1401;

for i = 1:11
    for j = 1:11
        h1(2 * i - 1, j) = h(i, j);
    end
end

for i = 1:10
    for j = 1:11
        h1(2 * i, j) = (h1(2 * i - 1, j) + h1(2 * i + 1, j))/2;
    end
end

for i = 1:21
    for j = 1:11
        h2(i, 2 * j - 1) = h1(i, j);
    end
end

for i = 1:21
    for j = 1:10
        h2(i, 2 * j) = (h2(i, 2 * j - 1) + h2(i, 2 * j + 1))/2;
    end
end

z = h2;                                     %初始地形
for i = 1:21
    information(i, :, :) = ones(21,21);     %初始信息素
end

%起点坐标
starty = 10;
starth = 3;

%终点坐标
endy = 8;
endh = 5;
```

```
%n=10;
n=1;
m=21;

Best=[];
[path,information]=searchpath(n,m,information,z,starty,starth,endy,endh); %路径寻找
fitness=CacuFit(path);                                                    %适应度计算
[bestfitness,bestindex]=min(fitness);                                     %最佳适应度
bestpath=path(bestindex,:);
Best=[Best;bestfitness];

%更新信息素
rou=0.5;
cfit=101/bestfitness;
k=2;
for i=2:m-1

    information(k,bestpath(i*2-1),bestpath(i*2))=(1-rou)*information(k,bestpath
(i*2-1),bestpath(i*2))+rou*cfit;
end


for kk=1:1:101
    kk
    [path,information]=searchpath(n,m,information,z,starty,starth,endy,endh); %路径寻找
    fitness=CacuFit(path);                                                    %适应度计算
    [newbestfitness,newbestindex]=min(fitness);                               %最佳适应度
    if newbestfitness<bestfitness
        bestfitness=newbestfitness;
        bestpath=path(newbestindex,:);
    end
    Best=[Best;bestfitness];

    %更新信息素
    rou=0.2;
    cfit=101/bestfitness;
    k=2;
    for i=2:m-1

        information(k,bestpath(i*2-1),bestpath(i*2))=(1-rou)*information(k,
bestpath(i*2-1),bestpath(i*2))+rou*cfit;
    end
end

for i=1:21
    a(i,1)=bestpath(i*2-1);
    a(i,2)=bestpath(i*2);
end

% 绘制结果图形
axes(handles.axes1)
plot(Best)
title('最佳个体适应度变化趋势')
xlabel('迭代次数')
ylabel('适应度值')
```

单击运行，生成的GUI界面如图12-17所示。

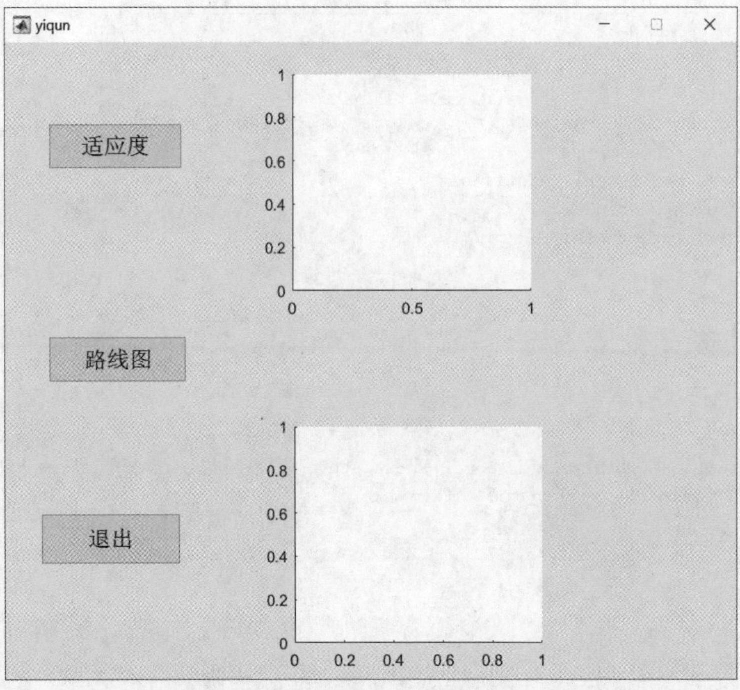

图12-17　生成GUI界面

单击"适应度"按钮，出现的效果如图12-18所示。

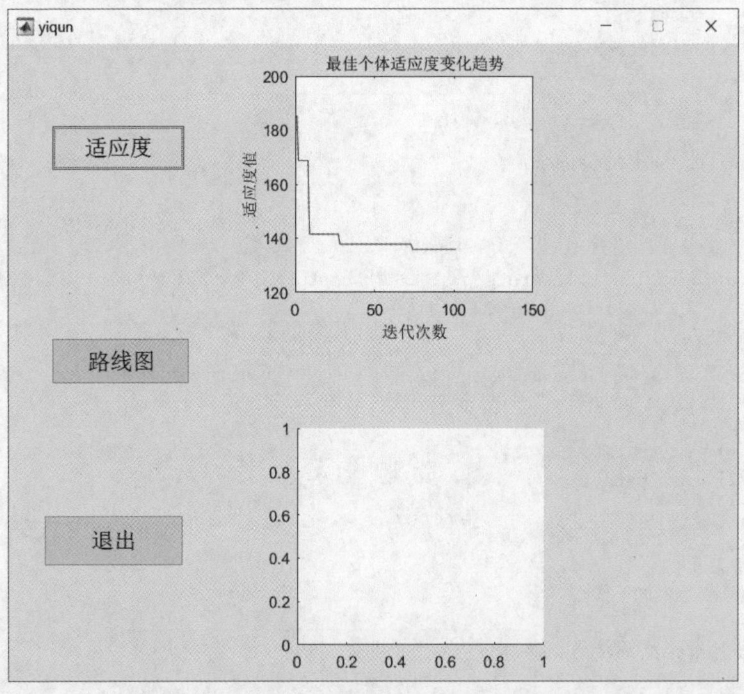

图12-18　"适应度"按钮效果图

在“路线图”按钮中需要添加的程序如下：

```
function pushbutton2_Callback(hObject, eventdata, handles)
global x y z k a
k = 1:21
x = 1:21;
y = 1:21;
axes(handles.axes2)
[x1,y1] = meshgrid(x,y);

mesh(x1,y1,z);
hold on
plot3(k',a(:,1)',a(:,2)' * 201,'p-- ')
axis([1,21,1,21,0,2010])
title('蚁群路线图')
```

单击“路线图”按钮，出现的效果如图 12-19 所示。

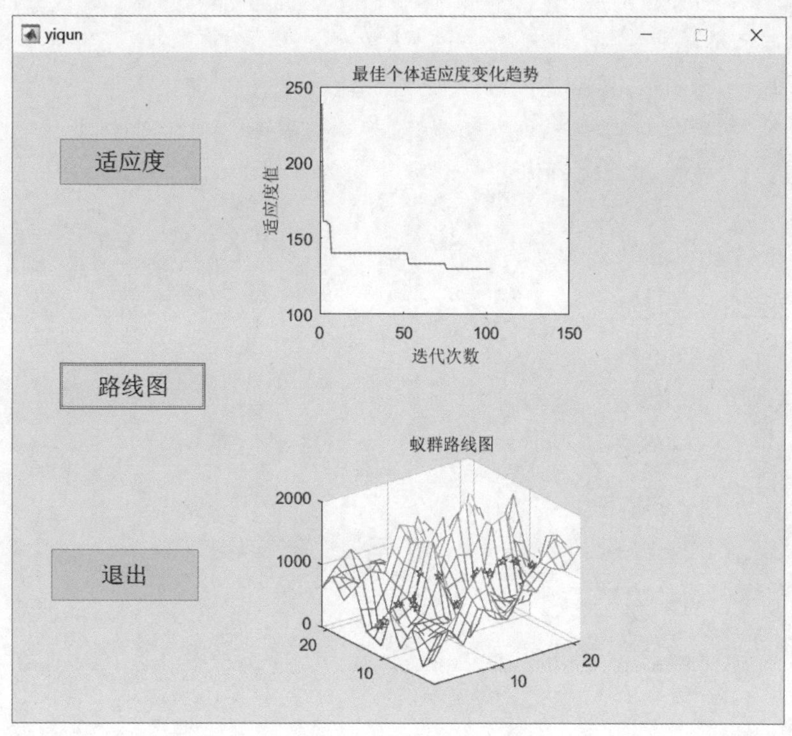

图 12-19　蚁群路线图

在“退出”按钮中添加如下程序，单击后退出 GUI。

```
function pushbutton3_Callback(hObject, eventdata, handles)
clear all;
close all;
```

本章小结

本章首先介绍了神经元与网络结构的基本知识，接着介绍了 BP 神经网络在实际中的应用，然后本章又介绍了遗传算法和蚁群算法 GUI 设计。通过本章的学习，读者应该熟悉 GUI 设计的智能算法常用方法，并掌握如何应用理论知识来解决实际问题。

第13章 GUI设计在图像处理方面的应用

GUI的广泛应用是当今计算机发展的重大成就之一，它极大地方便了非专业用户的使用。人们从此不再需要死记硬背大量的命令，取而代之的是可以通过窗口、菜单、按键等方式来方便地进行操作。本章通过两个实例详细地介绍 MATLAB 图像处理是如何用 GUI 实现的。

学习目的：

(1) 熟练掌握基于 GUI 的图像压缩处理技术的步骤和内容；

(2) 理解建立 GUI 在图像处理中应用的步骤和内容；

(3) 理解建立 GUI 菜单选项实现图像处理的步骤和内容。

13.1 基于 GUI 的图像压缩处理技术

图像的数字化表示使得图像信号可以高质量地传输，并便于图像的检索、分析、处理和存储。但是数字图像的表示需要大量的数据，必须进行数据的压缩。即使采用多种方法对数据进行了压缩，其数据量仍然巨大，对传输介质、传输方法和存储介质的要求也较高。因此图像压缩编码技术的研究显得特别有意义。

一个理想的图像压缩器应具备重构图像失真率低、压缩比高以及设计编码器和解码器的计算复杂度低等特点。但实际中这些要求是互相冲突的，一个好的编码器设计是在这些要求中求得一个折中的方法。对图像进行压缩编码，不可避免地要引入失真。在图像信号的最终用户觉察不出或能够忍受这些失真的前提下，进一步提高压缩比，以换取更高的编码效率，这就是我们要做的。

这就需要引入一些失真的测度来评估重建图像的质量。

1. 压缩率与冗余度

压缩率 Cr 指的是表示原始图像每像素的比特数同压缩后平均每像素的比特数的比值，也常用每像素比特值来表示压缩效果。压缩率定义为

$$\mathrm{Cr} = n1/n2$$

【例 13-1】 计算图像的压缩率。

程序代码如下：

```
f = imread('coins.png');
imwrite(f,'coins.png');
k = imfinfo('coins.png');
ib = k.Width * k.Height * k.BitDepth/8;
cb = k.FileSize;
cr = ib/cb
```

运行结果如下：

```
cr =
    4.0412
```

如果编码效率 $\eta \neq 100\%$，就说明还有冗余度，冗余度 r 定义为

$$r = 1 - \eta$$

r 越小，说明可压缩的余地越小。总之，一个编码系统要研究的问题是设法减小编码平均长度 R，使编码效率尽量趋于 1，而冗余度尽量趋于 0。

2. 离散余弦变换算法

离散余弦变换是基于 FFT 的快速算法，本设计主要采用一种新的变换方法——基于 DCT 变换矩阵算法。变换矩阵方法非常适合做 8×8 或 16×16 的图像块的 DCT 变换，主要利用 dctmtx 函数来计算变换矩阵。

设 $\boldsymbol{A}$ 是一个 $M \times N$ 大小的矩阵，则 $\boldsymbol{D} \times \boldsymbol{A}$ 表示 $\boldsymbol{A}$ 的列向量的一维离散余弦变换，而 $\boldsymbol{D}' \times \boldsymbol{A}$（$\boldsymbol{D}'$ 表示 $\boldsymbol{D}$ 的转置）表示 $\boldsymbol{A}$ 的列向量的一维逆离散余弦变换。要实现 $\boldsymbol{A}$ 的二维离散余弦变换，只需计算 $\boldsymbol{D} \times \boldsymbol{A} \times \boldsymbol{D}'$。这种计算有时会比利用函数 dct2 更快，特别是计算大量的相同尺寸 DCT 时，矩阵 $\boldsymbol{D}$ 只需计算一次，因而速度快。例如，在实现 JPEG 压缩时，要多次实现大小为 8×8 的图像块的 DCT，为了实现这种变换，首先采用函数 dctmtx 得到矩阵 $\boldsymbol{D}$，即利用语句 D=dctmtx(8)，然后，对每一个图像块执行运算 B=D * A * D'。由于变换矩阵 $\boldsymbol{D}$ 是实正交矩阵，因此二维逆离散余弦变换为 A=D' * B * D。这种实现方法比调用函数 dct2 要快很多。

3. 界面设计

利用 GUI 来设计程序运行的界面。整个系统由若干个运行界面和相应的 M 函数文件所组成，每一个运行界面对应的程序构成一个 M 文件。同一个 M 文件中又包含若干个 M 函数，界面中的每一个控件及菜单项对应的程序都放在相应的 M 函数内。各个功能对应的 M 函数文件，由一个主文件将它们联成一个整体，最终形成处理系统。

(1) 使用菜单项实现各功能窗口的转换，起导航作用。对菜单的编程主要是调用系统中的其他 M 函数文件。

(2) 打开文件操作可以调用的图像文件格式丰富，除了常用的 *.jpg、*.gif 外，还包括 *.bmp、*.cur、*.hdf、*.ico、*.pbm、*.pcx、*.pgm、*.png、*.pnm、*.ppm、

.ras、.tif、*.tiff、*.xwd。

(3) 文本框主要用于接收用户输入的数据，程序基本上是先从文本框中接收数据，然后对接收的数据进行处理。

(4) 命令按钮是执行运算操作的最主要控件，处理程序主要是放在其相应的 M 函数内部，实际上编写程序最主要是对命令按钮进行编程。

系统的各种处理功能的实现基本上是四个过程：打开原始图像；接收用户输入的参数；把接收的参数带入后台进行处理；将图像处理后的结果显示到界面上。

4. 界面设计具体实现

MATLAB 的图像处理工具箱提供了多个函数，用于实现图像的压缩界面操作，本次设计主要用到的函数如下：

(1) 函数名：imread

调用格式：imread('file',type)，该函数的功能是读取图像文件的数据并按照图像格式存储为相应的图像矩阵。

(2) 函数名：imshow

调用格式：imshow(I,[LOW HIGH])，其功能是显示灰度图像，并指定灰度级范围[LOW HIGH]，若不确定数据的范围[LOW HIGH]，可使用空矢量作为参数显示图像，即 imshow(I,[])。

(3) 函数名：dctmtx

调用格式：dctmtx(N)，其功能是计算离散余弦变换矩阵，返回一个 $\boldsymbol{N}\times\boldsymbol{N}$ 的 DCT 变换矩阵。

(4) 函数名：blkproc

调用格式：blkproc(A,[m,n],fun)，其功能是应用函数 fun 对图像 $\boldsymbol{A}$ 的每个不同 $m\times n$ 块进行处理，必要时对 $\boldsymbol{A}$ 的四周补 0。Fun 可以是一个内联函数、一个包含函数名的字符串或表达式串。Fun 对 $m\times n$ 块 $\boldsymbol{X}$ 进行处理，返回一个矩阵、向量或标量至 $\boldsymbol{Y}$。Y=fun(x)，blkproc 并不需要 $\boldsymbol{Y}$ 与 $\boldsymbol{X}$ 同大小，但仅当 $\boldsymbol{Y}$ 与 $\boldsymbol{X}$ 同大小时，$\boldsymbol{B}$ 与 $\boldsymbol{A}$ 同大小。

(5) 函数名：uicontrol

调用格式：uicontrol(parent)，其功能是生成用户界面控制图形对象。当被选中后，大多数 uicontrol 对象执行一个预先定义的动作。MATLAB 提供了各种类型的 uicontrol，每种都有一种不同的用途，如 Check boxes、Editable text、Frames、List boxes、Pop-up menus、Push buttons、Radio buttons、Sliders、Static text、Toggle buttons。本设计中主要使用 Push buttons，其在单击时产生一个动作，为了激活一个 Push button，可以在 Push button 上面单击鼠标。

运用以上函数，通过编写程序，可以实现整个界面的设计，然后通过 Callback 回调函数，调用 dctmtx 函数，将图像压缩控件要做的事情都写在图像压缩控件的 Callback 中，就可以实现离散余弦变换的图像压缩操作，从而实现了该算法的界面设计。

程序如下：

```
I = imread('cell.tif');
```

```
I = im2double(I);
T = dctmtx(8);
B = blkproc(I,[8 8],'P1 * x * P2',T,T');
mask = [1 1 1 1 0 0 0 0
1 1 1 0 0 0 0 0
1 1 0 0 0 0 0 0
1 0 0 0 0 0 0 0
0 0 0 0 0 0 0 0
0 0 0 0 0 0 0 0
0 0 0 0 0 0 0 0
0 0 0 0 0 0 0 0];
B2 = blkproc(B,[8 8],'P1. * x',mask);
I2 = blkproc(B2,[8 8],'P1 * x * P2',T',T);
imshow(I),figure,imshow(I2);

h0 = figure('toolbar','none',...
    'position',[198 56 350 468],...
    'name','函数变换');
h1 = axes('parent',h0,...
    'position',[0.25 0.45 0.5 0.5],...
    'visible','off');
I = imread('cell.tif');
imshow(I)
b1 = uicontrol('parent',h0,...
    'units','points',... 'tag','b1',...
    'backgroundcolor',[0.75 0.75 0.75],...
    'style','pushbutton',...
    'string','原始图像',...
    'position',[30 100 50 20],...
    'callback',[...
        'cla,',...
        'I = imread(''cell.tif'');,',...
        'I2 = im2double(I);,',...
        'imshow(I2)']);
b2 = uicontrol('parent',h0,...
    'units','points',... 'tag','b2',...
    'backgroundcolor',[0.75 0.75 0.75],...
    'style','pushbutton',...
    'string','图像压缩',...
    'position',[100 100 50 20],...
    'callback',[...
        'cla,',...
        'I = imread(''cell.tif'');,',...
        'I = im2double(I);,',...
        'T = dctmtx(8);,',...
        'B = blkproc(I,[8 8],''P1 * x * P2'',T,T'');,',...
        'mask = [1 1 1 1 0 0 0 0;,',...
               '1 1 1 0 0 0 0 0;,',...
               '1 1 0 0 0 0 0 0;,',...
```

```
                '1 0 0 0 0 0 0 0;,',...
                '0 0 0 0 0 0 0 0;,',...
                '0 0 0 0 0 0 0 0;,',...
                '0 0 0 0 0 0 0 0;,',...
                '0 0 0 0 0 0 0 0];,',...
            'B2 = blkproc(B,[8 8],''P1. * x'',mask);,',...
            'I2 = blkproc(B2,[8 8],''P1 * x * P2'',T'',T);,',...
            'imshow(I2)']);
b3 = uicontrol('parent',h0,...
    'units','points',... 'tag','b3',...
    'backgroundcolor',[0.75 0.75 0.75],...
    'style','pushbutton',...
    'string','线条解析',...
    'position',[170 100 50 20],...
    'callback',[...
        'cla,',...
        'I = imread(''cell.tif'');,',...
        'BW = edge(I);,',...
        'imshow(BW)']);
b4 = uicontrol('parent',h0,...
    'units','points',... 'tag','b4',...
    'backgroundcolor',[0.75 0.75 0.75],...
    'style','pushbutton',...
    'string','退出',...
    'fontsize',15,...
    'position',[80 50 80 30],...
'callback','close');
```

运行结果如下：

(1) 读取图像文件，然后利用 dctmtx 函数对图像进行离散余弦变换，采用函数 dctmtx 得到矩阵 ***T***，即利用语句 D=dctmtx(8)，然后，对每一个图像块执行运算矩阵 B=P1 * x * P2。最后在对图像进行逆离散余弦变换，显示图像压缩前后的对比，如图 13-1 所示。

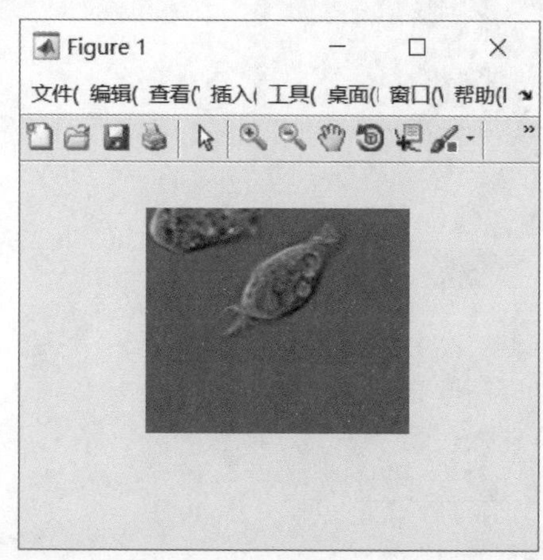

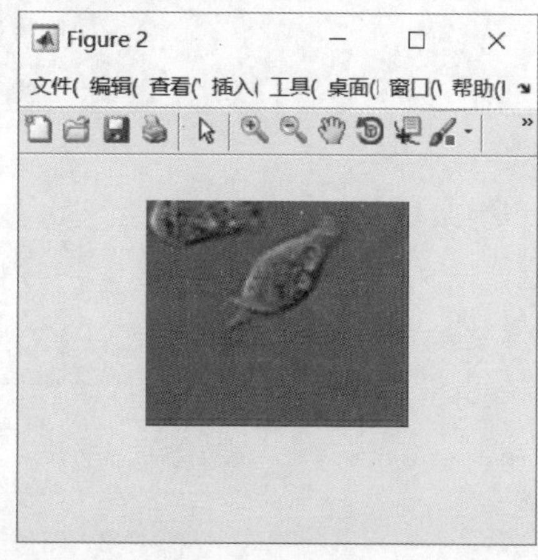

图 13-1　离散余弦变换的算法实现

(2) 用户首先调用原始图像,显示在界面的中间,如图 13-2 所示。单击“图像压缩”按钮,原始图像转换成压缩后的图像显示在界面中间如图 13-3 所示。

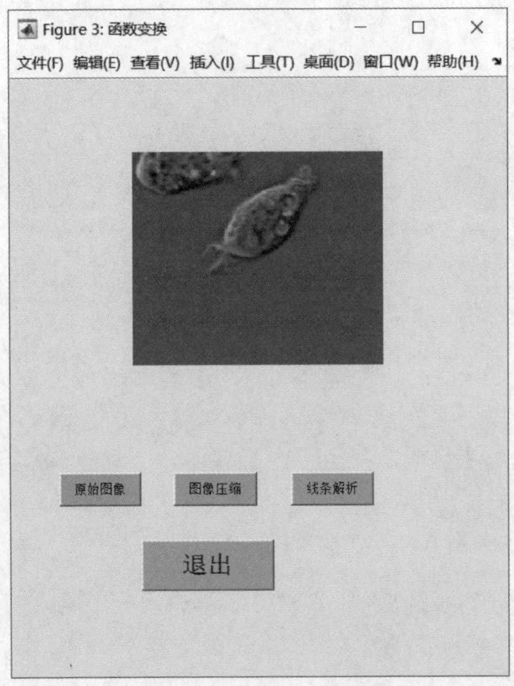

图 13-2 原始图像的界面实现

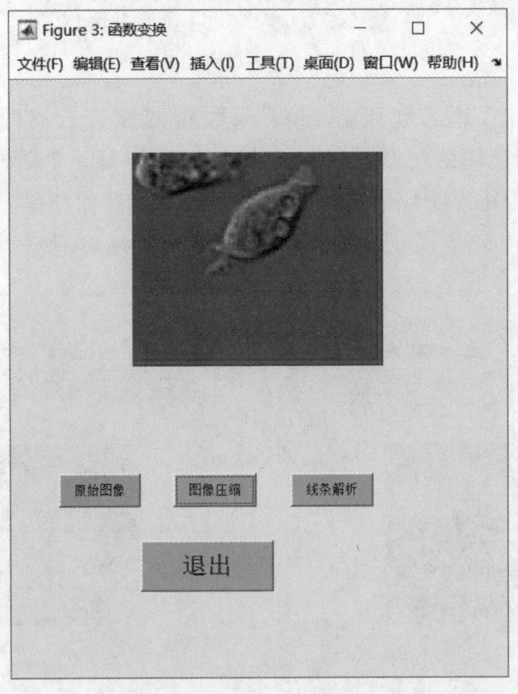

图 13-3 图像压缩的界面实现

同时,还添加了"线条解析"按钮,单击该按钮,界面中间显示该图像的线条解析图,最后,单击"退出"按钮,退出该界面,如图 13-4 所示。

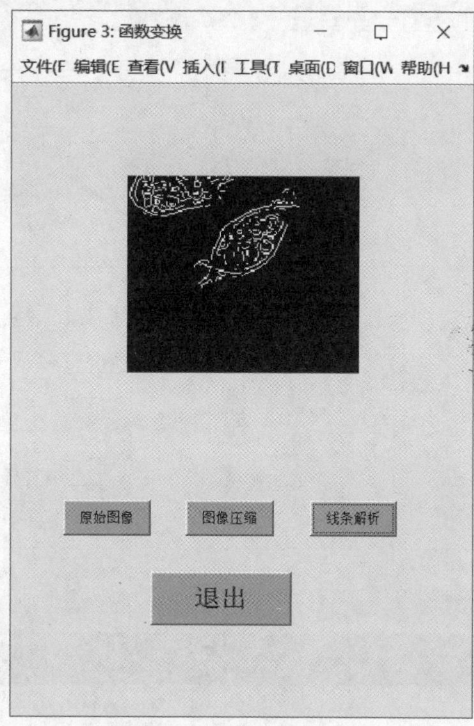

图 13-4 "线条解析"按钮

13.2 GUI 在图像处理中的应用

本节将讲述如何利用 GUI 设计实现图像的几何运算、图像的增强、图像的分割和图像的边缘检测。

13.2.1 图像几何运算的 GUI 设计

【例 13-2】 下面介绍图像几何运算的 GUI 设计,该 GUI 可以实现读取图像、裁剪、水平旋转、垂直旋转、对角旋转、退出等功能,该 GUI 界面设计如图 13-5 所示。

读取一幅图片用于在 GUI 界面中显示出来,在"读取图像"按钮中添加如下程序:

```
function pushbutton1_Callback(hObject, eventdata, handles)
global im
[filename,pathname] = uigetfile({'*.jpg';'*.bmp';'*.tif'},'选择图片'); % 读取图片
str = [pathname,filename];
im = imread(str);
axes(handles.axes1);
imshow(im)
```

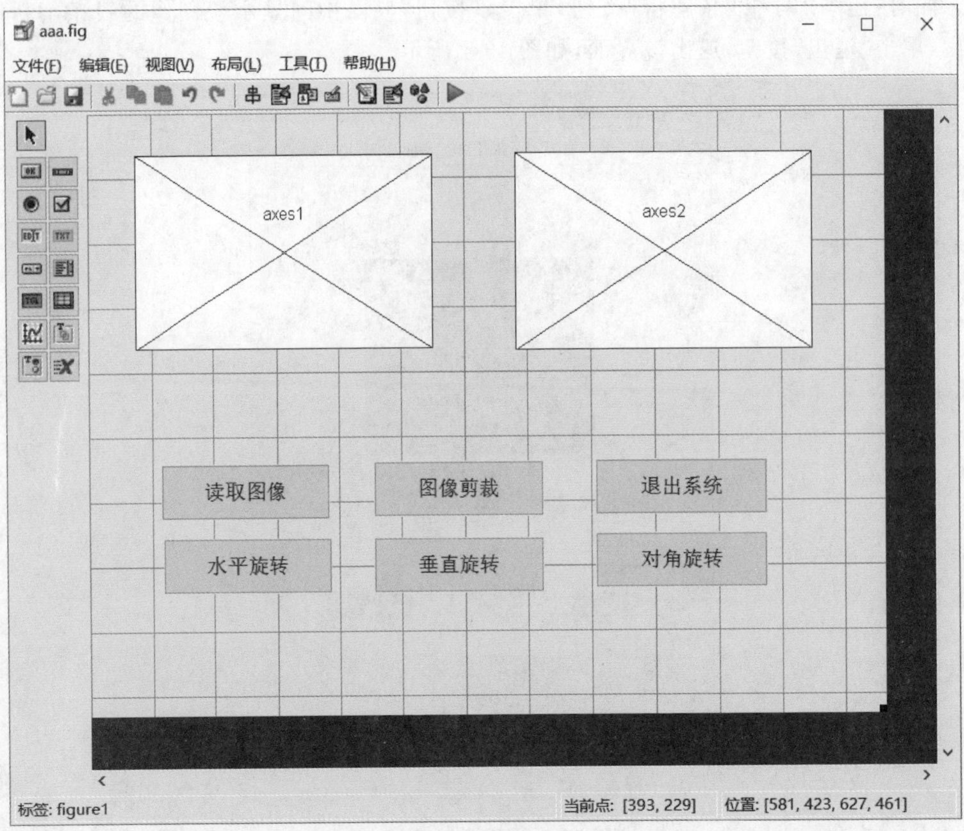

图 13-5　图像几何运算的 GUI 界面设计

运行 GUI 界面如图 13-6 所示。

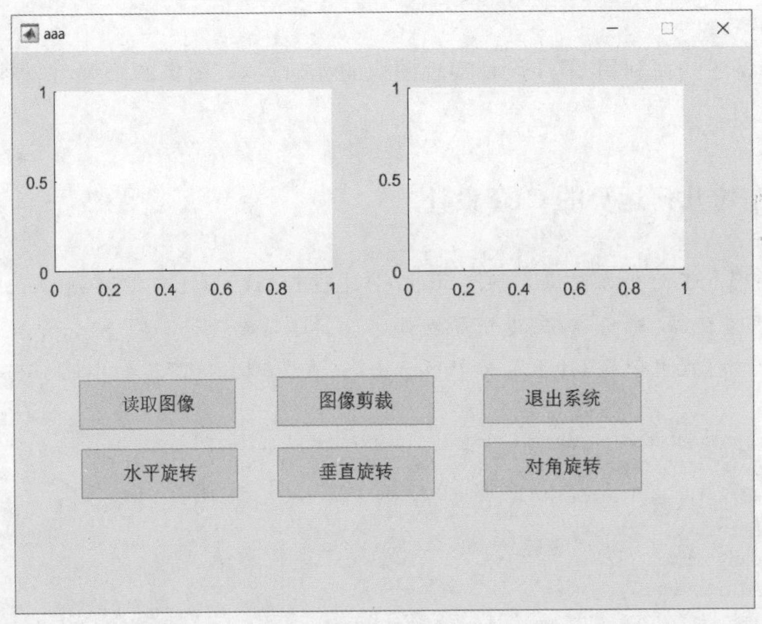

图 13-6　运行 GUI 界面

单击"读取图像"按钮,运行效果如图 13-7 所示。

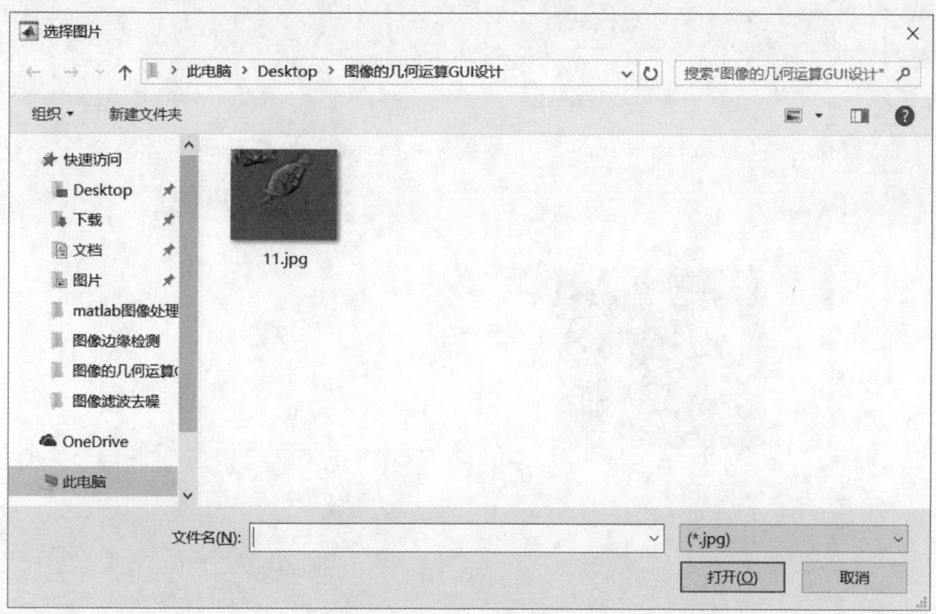

图 13-7　单击"读取图像"按钮

单击"打开"按钮,选择"11.jpg"图片,如图 13-8 所示。

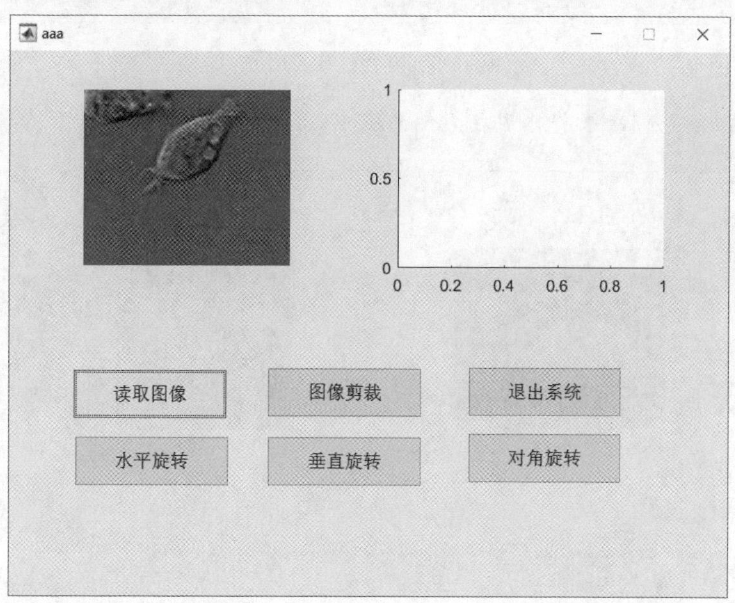

图 13-8　选择"11.jpg"图片

"图像剪裁"按钮可以实现对图像的剪裁,在该按钮的下面添加如下程序:

```
function pushbutton2_Callback(hObject, eventdata, handles)
```

```
global im
im1 = imcrop();          % 图像剪裁
axes(handles.axes2);
imshow(im1)
```

单击“图像剪裁”按钮，选取读入图片需要剪裁的部分，如图 13-9 所示。

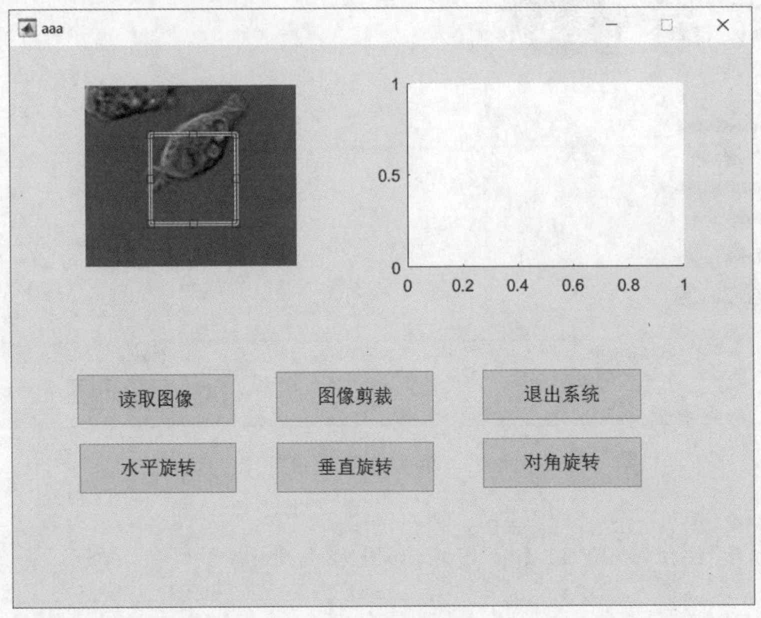

图 13-9　需要剪裁的部分

双击剪裁的部分，效果将体现在右侧的图中，如图 13-10 所示。

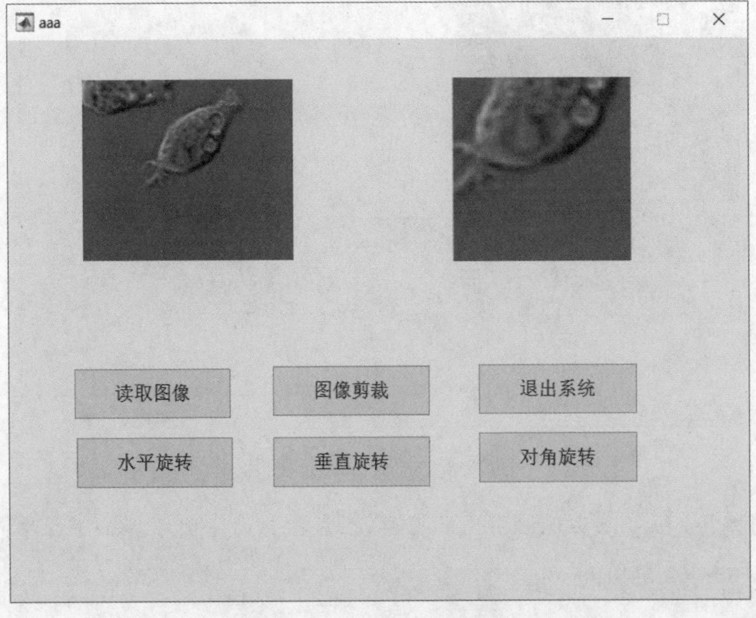

图 13-10　提取剪裁的部分

水平旋转是以 y 轴为镜像对图像进行旋转，在“水平旋转”按钮中添加如下程序：

```
function pushbutton5_Callback(hObject, eventdata, handles)
global im
im3 = im(:,end:-1:1,:); %水平旋转
axes(handles.axes2);
imshow(im3)
```

单击“水平旋转”按钮，运行效果如图 13-11 所示。

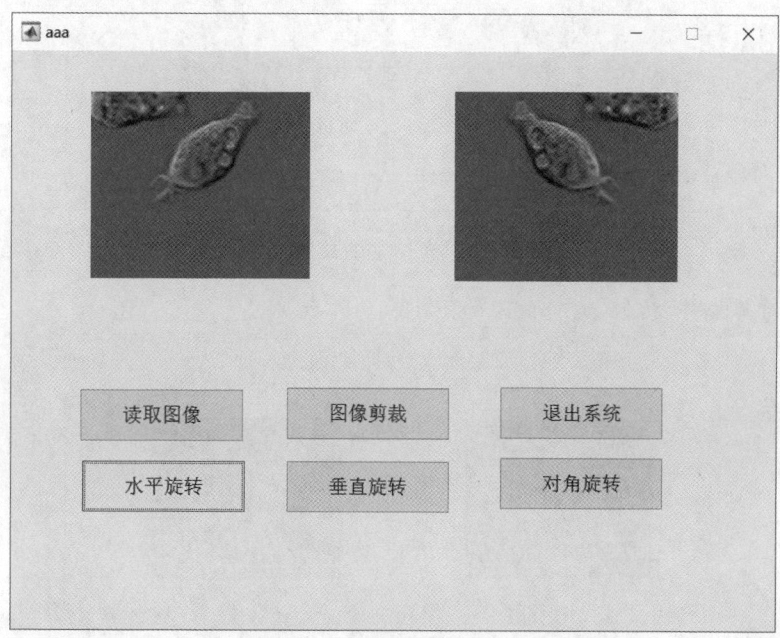

图 13-11 单击“水平旋转”按钮

垂直旋转是以 x 轴为镜像对图像进行旋转，在“垂直旋转”按钮中添加的如下程序：

```
function pushbutton4_Callback(hObject, eventdata, handles)
global im
im2 = im(end:-1:1,:,:);              %垂直旋转
axes(handles.axes2);
imshow(im2)
```

单击“垂直旋转”按钮，运行效果如图 13-12 所示。

对角旋转是以 x 轴和 y 轴的对角线为镜像对图像进行旋转，在“对角旋转”按钮中添加的如下程序：

```
function pushbutton6_Callback(hObject, eventdata, handles)
global im
im4 = im(end:-1:1,end:-1:1,:);        %对角旋转
axes(handles.axes2);
imshow(im4)
```

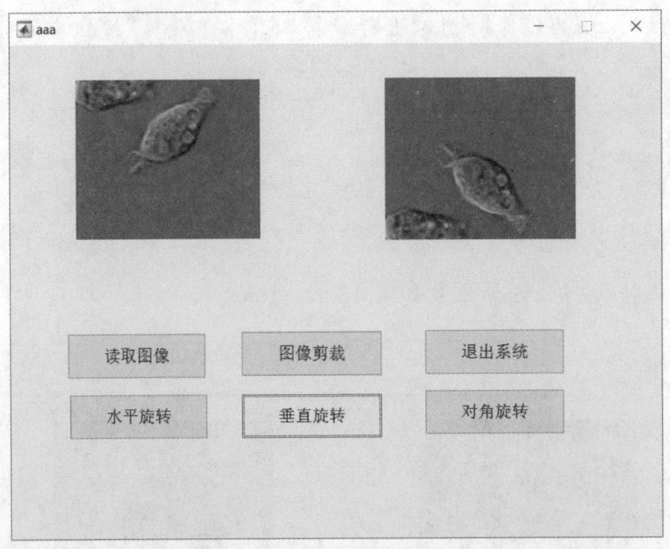

图 13-12 单击“垂直旋转”按钮

单击“对角旋转”按钮,运行效果如图 13-13 所示。

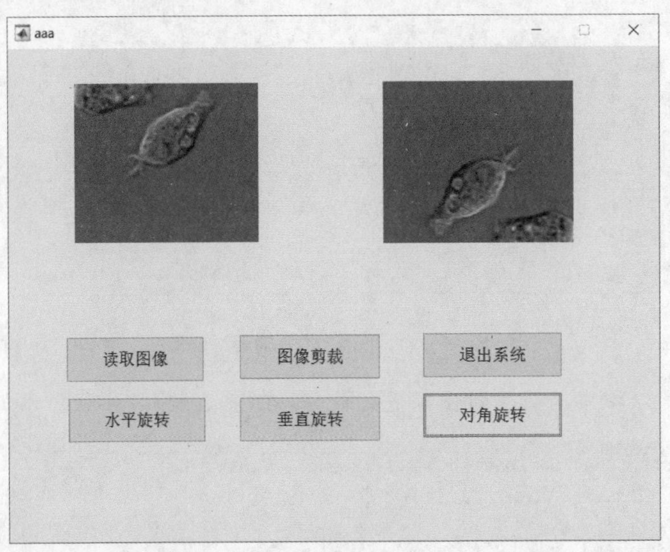

图 13-13 单击“对角旋转”按钮

在“退出系统”按钮填写如下程序,单击后就可以退出系统。

```
function pushbutton3_Callback(hObject, eventdata, handles)
clc,clear,close all     % 退出系统
```

13.2.2 图像增强的 GUI 设计

【例 13-3】 通过中值滤波对图像进行去除噪声增强,并实现图像的读取和保存等功

能。相应的 GUI 设计界面如图 13-14 所示。

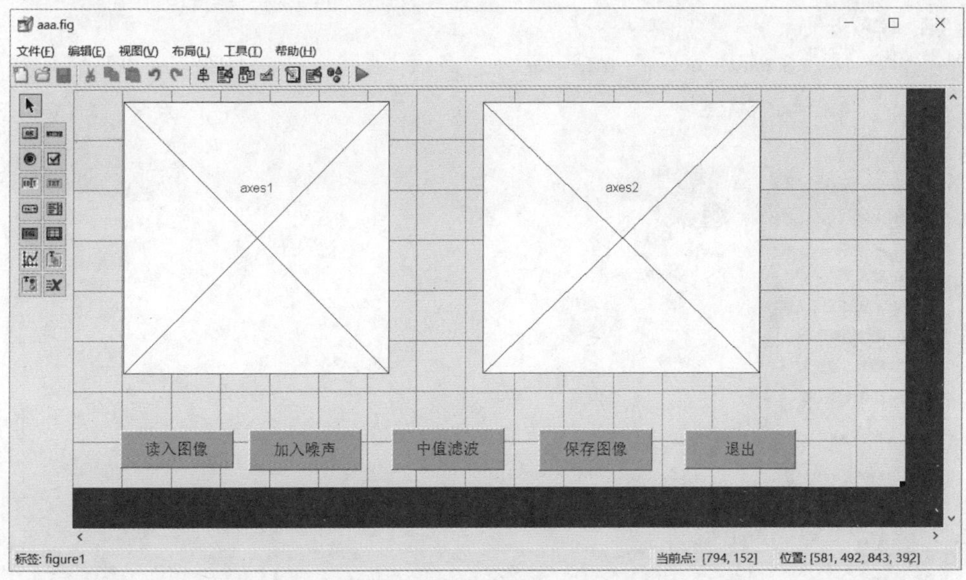

图 13-14　图像增强的 GUI 设计

在"读入图像"按钮中添加如下的程序：

```
function pushbutton2_Callback(hObject, eventdata, handles)
[filename,pathname] = uigetfile({'*.bmp';'*.jpg';'*.tif'},'选择图片'); % 图像的选择
str = [pathname,filename];
im = imread(str);
axes(handles.axes1);
imshow(im)
```

运行结果如图 13-15 所示。

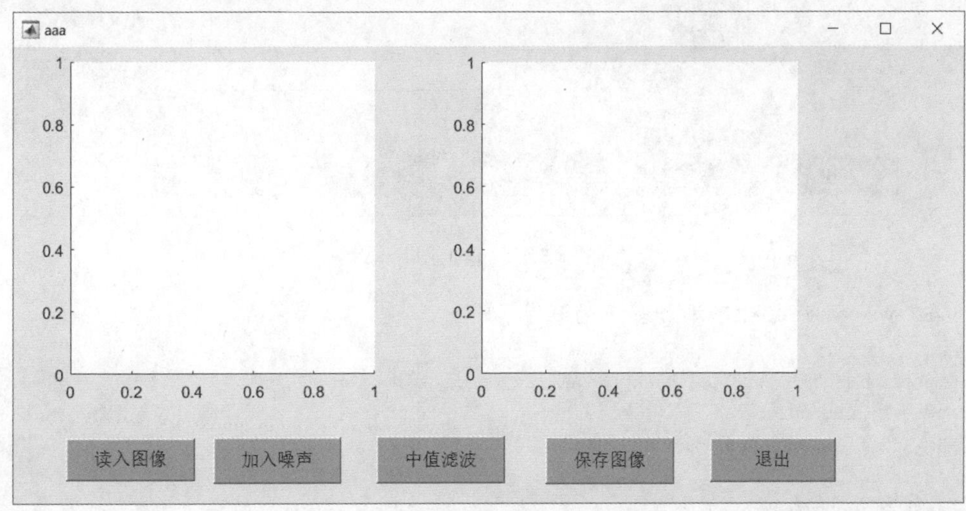

图 13-15　图像增强的 GUI 界面

单击“读入图像”按钮，得到如图 13-16 所示的结果。

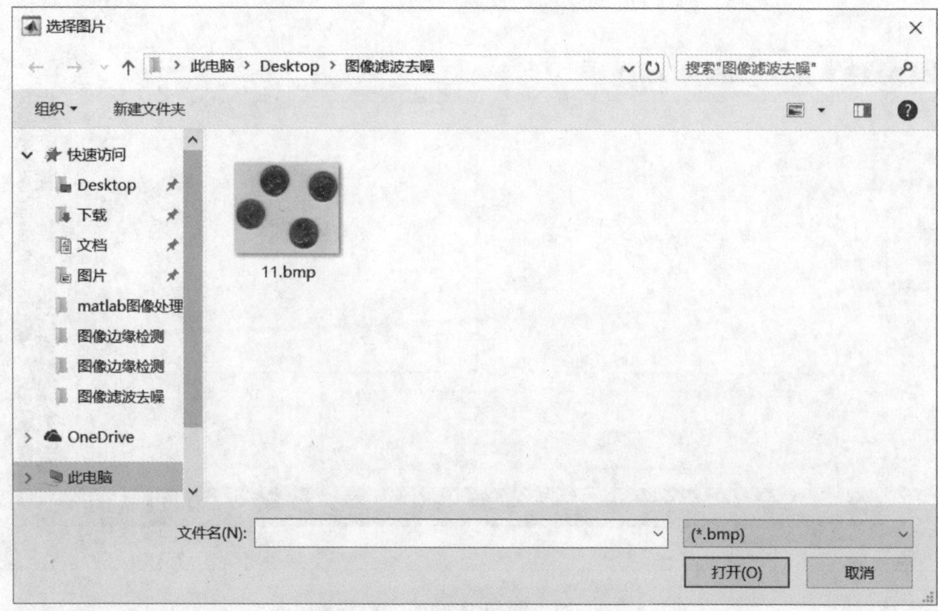

图 13-16 选择图片

选取图片“11.jpg”单击“打开”按钮，得到如图 13-17 所示的结果。

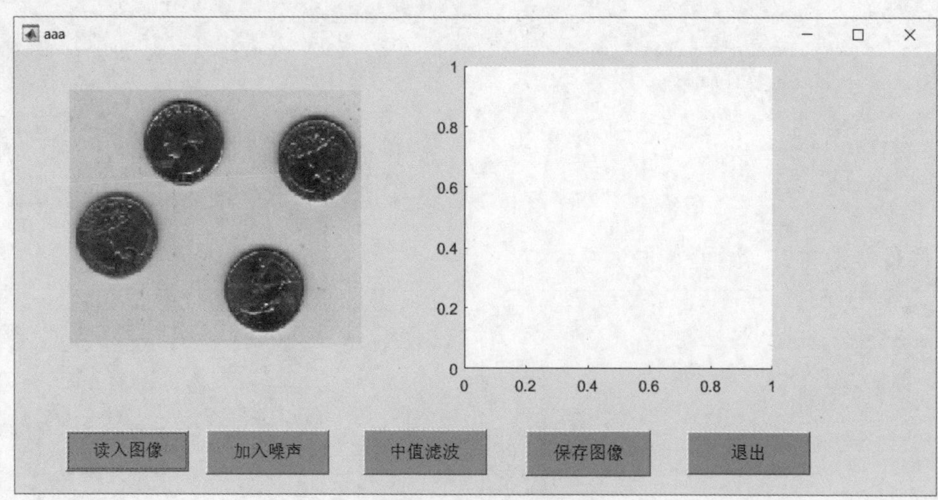

图 13-17 读入图片

在“加入噪声”按钮下添加如下的程序：

```
function pushbutton3_Callback(hObject, eventdata, handles)
global im im_noise
im_noise = imnoise(im,'salt & pepper',0.05);           % 加入椒盐噪声
axes(handles.axes2);
imshow(im_noise)
```

单击“加入噪声”按钮，运行结果如图 13-18 所示。

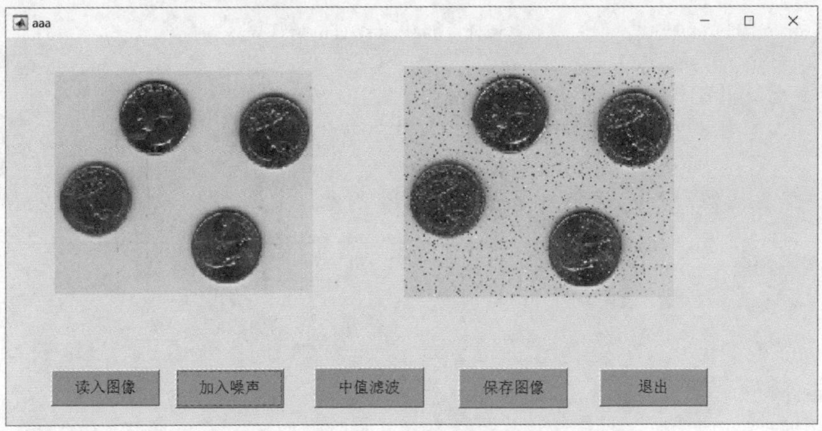

图 13-18 “加入噪声”按钮效果图

在“中值滤波”按钮下添加如下的程序：

```
function pushbutton4_Callback(hObject, eventdata, handles)
global im im_noise im_filter
n = size(size(im_noise));
if n(1,2) == 2
    im_filter = medfilt2(im_noise,[3,2]);            % 中值滤波
else
    im_filter1 = medfilt2(im_noise(:,:,1),[3,2]);
    im_filter2 = medfilt2(im_noise(:,:,2),[3,2]);
    im_filter3 = medfilt2(im_noise(:,:,3),[3,2]);
    im_filter = cat(3,im_filter1,im_filter2,im_filter3);
end
axes(handles.axes2);
imshow(im_filter)
```

单击“中值滤波”按钮，运行结果如图 13-19 所示。

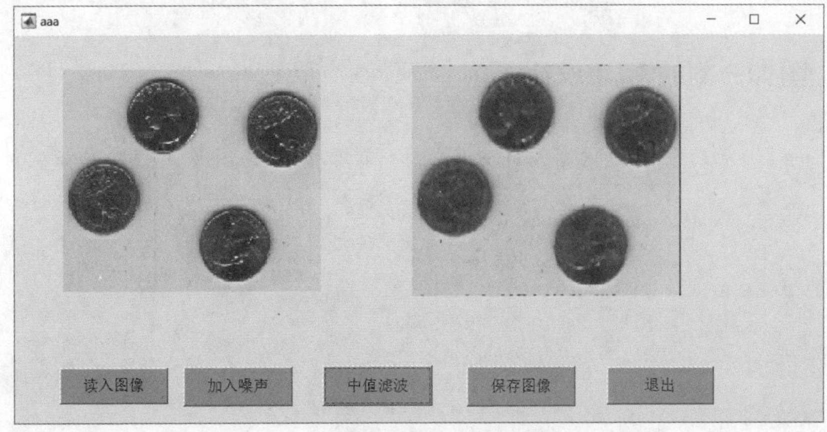

图 13-19 “中值滤波”按钮效果图

在"保存图像"按钮下添加如下的程序：

```
function pushbutton5_Callback(hObject, eventdata, handles)
global im im_noise im_filter
[Path] = uigetdir('','保存增强后的图像');        % 保存图片
imwrite(uint8(im_filter),strcat(Path,'\','pic_correct.bmp'),'bmp');
```

单击"保存图像"按钮，运行结果如图 13-20 所示。

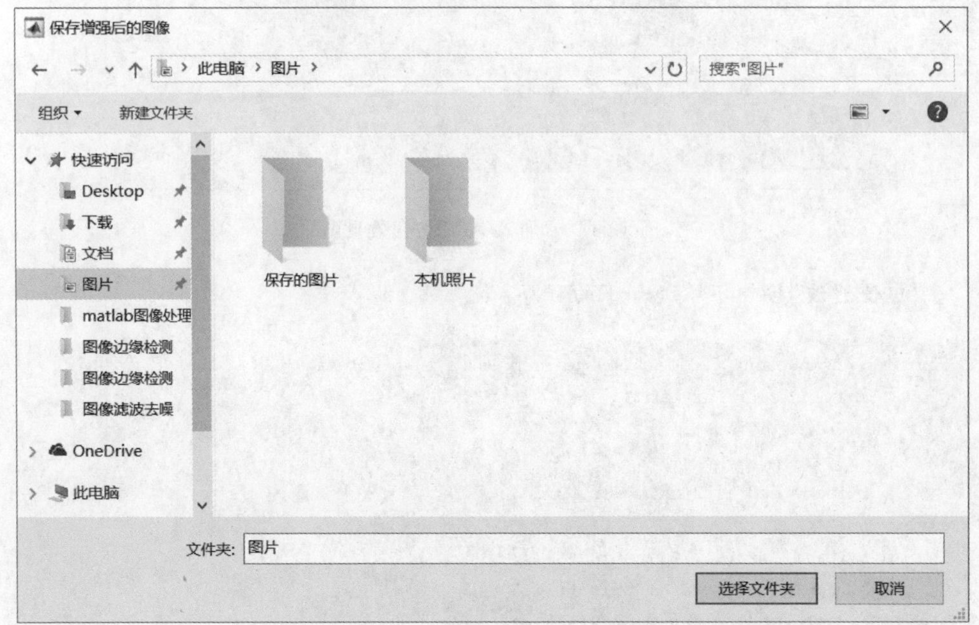

图 13-20 "保存图像"按钮效果图

最后是"退出"按钮，添加的程序如下，功能是退出 GUI 系统。

```
function pushbutton1_Callback(hObject, eventdata, handles)
clc,clear,close all
```

13.2.3 图像分割的 GUI 设计

【例 13-4】 下面举例说明图像的分割目标，读取原始的图片的程序如下：

```
clc,clear,close all
warning off
feature jit off
im = imread('ball.jpg');
imshow(im)
```

运行结果如图 13-21 所示。

对原始图像进行 RGB 分解的程序如下：

图 13-21　读取原始的图片

```
greenball = im;
r = greenball(:, :, 1);
g = greenball(:, :, 2);
b = greenball(:, :, 3);
% % 计算绿色分量
justGreen = g - r/2 - b/2;
figure(2)
subplot(221),imshow(r); title('r')
subplot(222),imshow(g); title('g')
subplot(223),imshow(b); title('b')
subplot(224),imshow(justGreen);title('justGreen')
```

运行结果如图 13-22 所示。

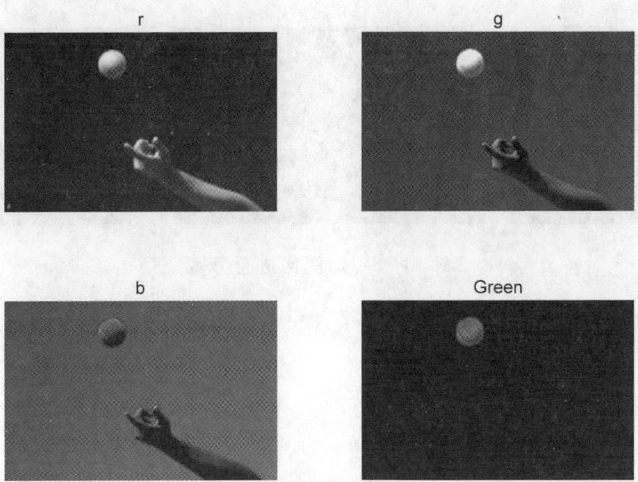

图 13-22　对原始图像进行 RGB 分解

对目标的阈值二值化、去除小块、找到球心并标记,程序如下:

```
% 阈值二值化
bw = Green > 30;
```

```
% 去除小块
ball = bwareaopen(bw, 30);
figure(3)
subplot(131),imshow(ball); title('二值化图像')

r1 = immultiply(r,ball);
g1 = immultiply(g,ball);
b1 = immultiply(b,ball);
ball2 = cat(3,r1,g1,b1);
subplot(132),imshow(ball2); title('分割后的图像')

% % 找球的球心
cc = bwconncomp(ball);
s = regionprops(ball, {'centroid','area'});
if isempty(s)
  error('没有找到球!');
else
  [~, id] = max([s.Area]);
  ball(labelmatrix(cc)~ = id) = 0;
end

subplot(133),imshow(ball2); title('找目标的中心')
hold on, plot(s(id).Centroid(1),s(id).Centroid(2),'wh','MarkerSize',15,'MarkerFaceColor',
'r'), hold off
disp(['Center location is (',num2str(s(id).Centroid(1),4),', ',num2str(s(id).Centroid(2),
4),')'])
```

运行结果如图 13-23 所示。

图 13-23　对图像进行分割

在实际应用中,图像的分割具有广泛的应用,将图像分割用于 GUI 设计如图 13-24 所示。

在工具编辑器添加功能如图 13-25 所示。

在"打开文件夹"按钮中添加回调函数:

```
function uipushtool1_ClickedCallback(hObject, eventdata, handles)
%选择文件
[filename, pathname] = uigetfile('*.jpg', '选择图像文件');
im = imread(fullfile(pathname, filename));
axes(handles.axes1);
imshow(im);
```

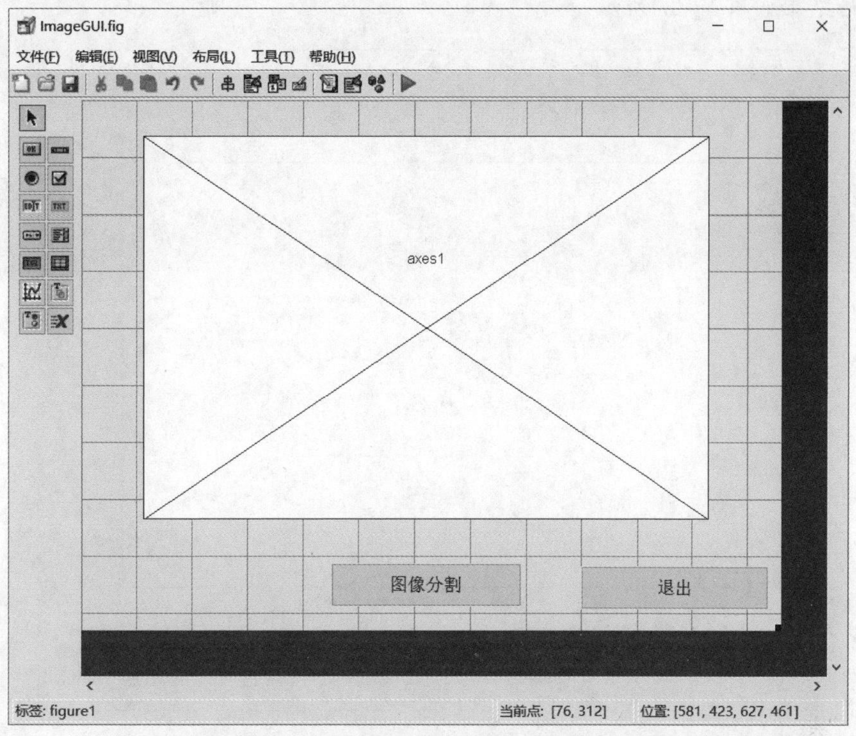

图 13-24　对图像进行分割 GUI 设计

图 13-25　工具编辑器添加功能

运行结果如图 13-26 所示。

图 13-26　GUI 界面效果图

单击左上角的"打开文件夹"按钮，选择图片如图 13-27 所示。

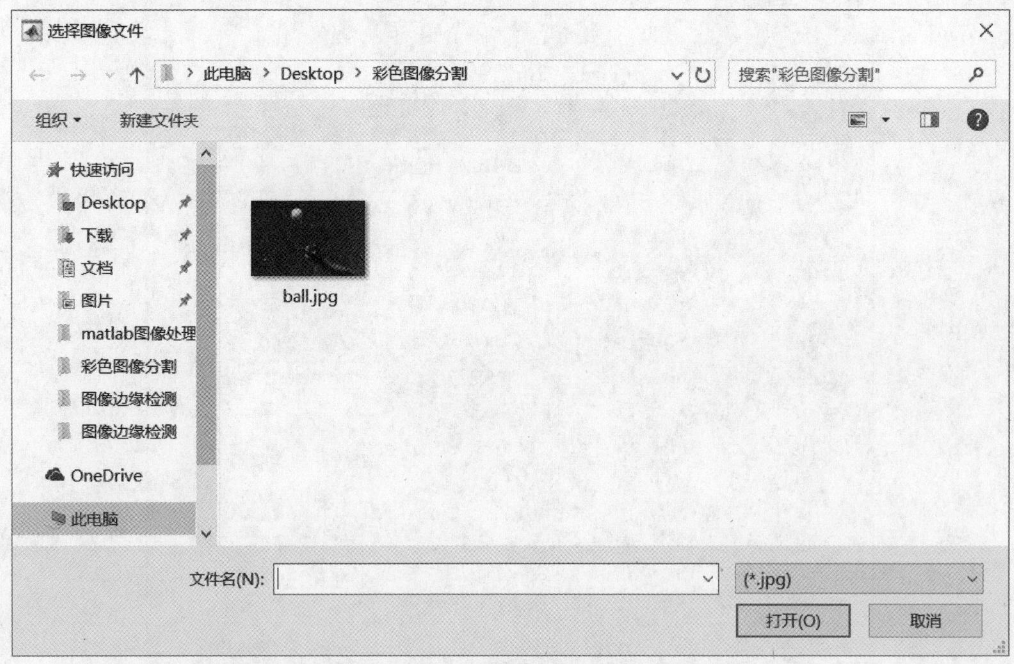

图 13-27　"打开文件夹"按钮效果图

选择图片“ball.jpg”，单击“打开”按钮，如图 13-28 所示。

图 13-28　加载后的图片效果图

在“图像分割”按钮中添加如下的程序：

```
function pushbutton1_Callback(hObject, eventdata, handles)
global im
greenBall1 = im;
r = greenball(:, :, 1);
g = greenball (:, :, 2);
b = greenball 1(:, :, 3);

% % 计算彩色分量
Green = g - r/2 - b/2;

% % 阈值二值化
bw = Green > 30;

% % 去除小块
ball1 = bwareaopen(bw, 30);

% % 寻找目标中心
cc = bwconncomp(ball1);
s = regionprops(ball1, {'centroid','area'});
if isempty(s)
  error('没有找到球!');
else
  [~, id] = max([s.Area]);
  ball1(labelmatrix(cc)~ = id) = 0;
```

```
end

%%
r1 = immultiply(r,ball1);
g1 = immultiply(g,ball1);
b1 = immultiply(b,ball1);
ball2 = cat(3,r1,g1,b1);
axes(handles.axes1);
imshow(ball2)
hold on, plot(s(id).Centroid(1),s(id).Centroid(2),'wh','MarkerSize',20,'MarkerFaceColor',
'r'), hold off
disp(['Center location is (',num2str(s(id).Centroid(1),4),', ',num2str(s(id).Centroid(2),
4),')'])
```

单击“图像分割”按钮运行效果如图 13-29 所示。

图 13-29 “图像分割”按钮效果图

在“退出”按钮填写如下程序，单击后就可以退出系统。

```
function pushbutton2_Callback(hObject, eventdata, handles)
clc,clear,close all     %退出系统
```

13.2.4 图像边缘检测的GUI设计

【例 13-5】 图像边缘检测的 GUI 设计如图 13-30 所示，主要用到的是 MATLAB 中的边缘检测函数：Sobel、Prewitt 和 Candy 函数。

在“选择图像”的按钮下添加如下的程序：

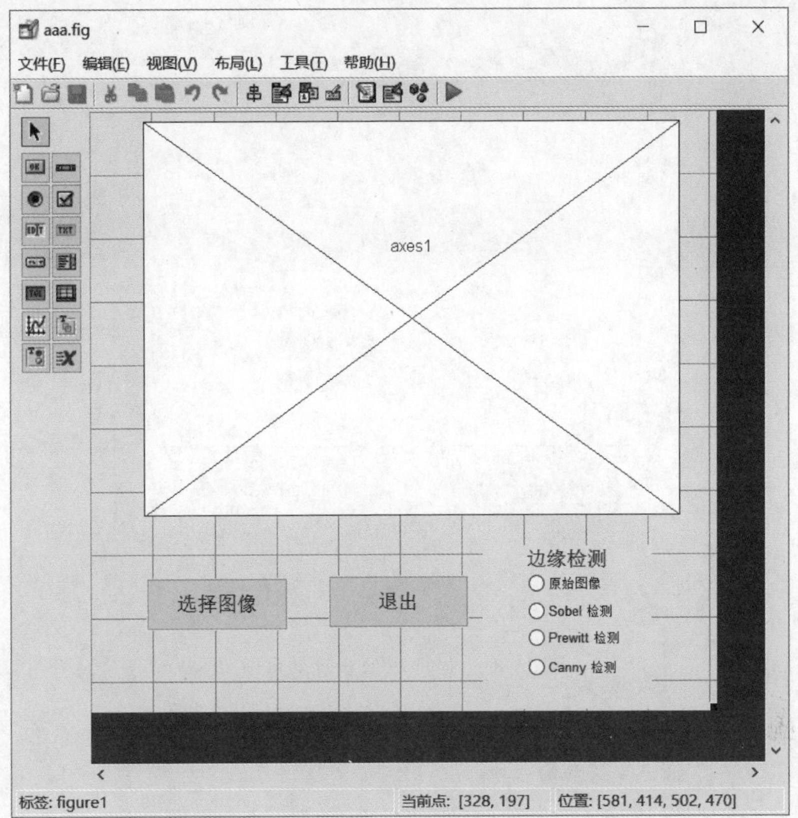

图 13-30　图像边缘检测的 GUI 设计

```
function pushbutton1_Callback(hObject, eventdata, handles)
global I
[filename,pathname] = uigetfile({'*.jpg';'*.bmp';'*.tif'},'选择图片');
str = [pathname,filename];        %选择图片
I = imread(str);
axes(handles.axes1);
imshow(I)
```

运行结果如图 13-31 和图 13-32 所示。

“退出”按钮的功能是退出该 GUI 界面。相应的程序如下：

```
function pushbutton2_Callback(hObject, eventdata, handles)
clc,clear,close all
```

“原始图像”按钮的作用是恢复显示原始图像，对应的程序如下：

```
function radiobutton3_Callback(hObject, eventdata, handles)
global I
set(handles.radiobutton3, 'Value', 1);
set(handles.radiobutton4, 'Value', 0);
```

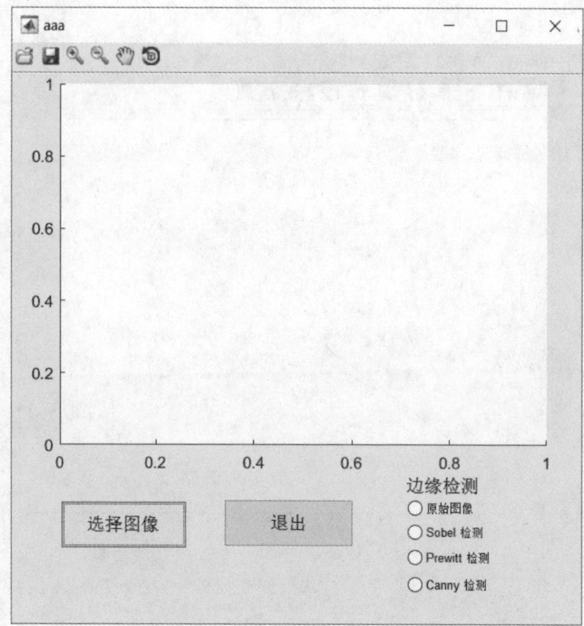

图 13-31　运行 GUI 设计效果图

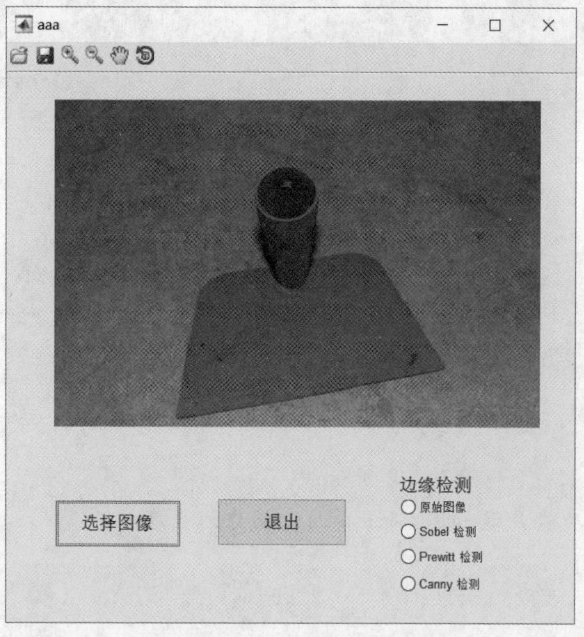

图 13-32　GUI 设计“选择图像”

```
set(handles.radiobutton5, 'Value', 0);
set(handles.radiobutton6, 'Value', 0);
axes(handles.axes1);
imshow(I)    %显示图像
```

运行结果如图 13-33 所示。

图 13-33　GUI 设计“原始图像”功能

对图像实现边缘检测的“Sobel 检测”单选按钮写入的程序如下：

```
function radiobutton4_Callback(hObject, eventdata, handles)
global I
set(handles.radiobutton3, 'Value', 0);
set(handles.radiobutton4, 'Value', 1);
set(handles.radiobutton5, 'Value', 0);
set(handles.radiobutton6, 'Value', 0);
axes(handles.axes1);
BW = edge(rgb2gray(I),'sobel'); % Sobel 边缘检测
imshow(BW)
```

运行结果如图 13-34 所示。

对图像实现边缘检测的“Prewitt 检测”单选按钮写入的程序如下：

```
function radiobutton6_Callback(hObject, eventdata, handles)
global I
set(handles.radiobutton3, 'Value', 0);
set(handles.radiobutton4, 'Value', 0);
set(handles.radiobutton5, 'Value', 0);
set(handles.radiobutton6, 'Value', 1);
axes(handles.axes1);
BW = edge(rgb2gray(I),'prewitt');    % Prewitt 边缘检测
imshow(BW)
```

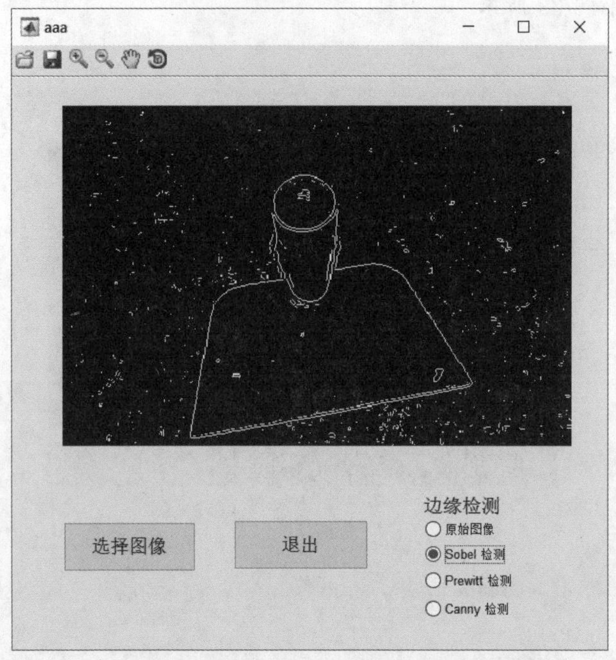

图 13-34　图像实现边缘检测的"Sobel 检测"单选按钮

运行结果如图 13-35 所示。

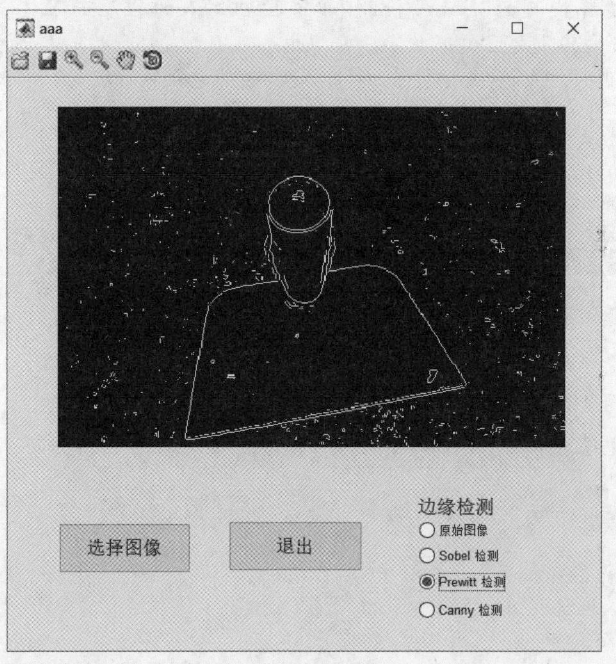

图 13-35　图像实现边缘检测的"Prewitt 检测"单选按钮

对图像实现边缘检测的"Canny 检测"单选按钮写入的程序如下：

```
function radiobutton5_Callback(hObject, eventdata, handles)
global I
set(handles.radiobutton3, 'Value', 0);
set(handles.radiobutton4, 'Value', 0);
set(handles.radiobutton5, 'Value', 1);
set(handles.radiobutton6, 'Value', 0);
axes(handles.axes1);
BW = edge(rgb2gray(I),'canny');
imshow(BW)
```

运行结果如图 13-36 所示。

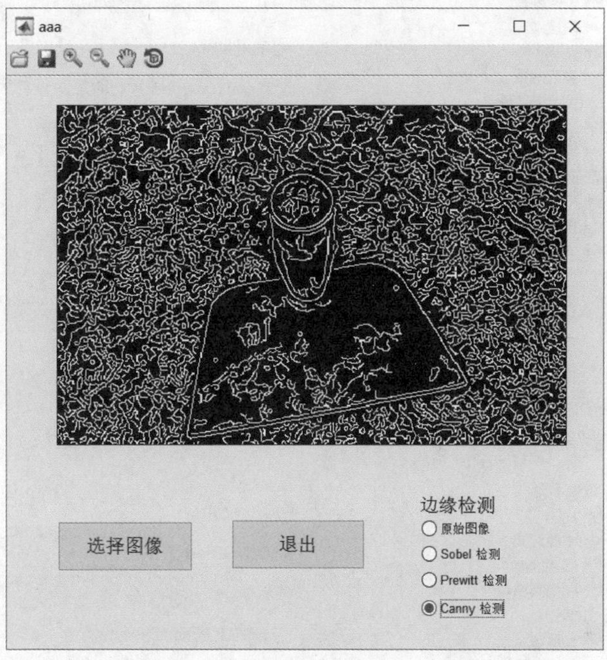

图 13-36　图像实现边缘检测的"Canny 检测"单选按钮

13.3　GUI 菜单选项设计实现图像的处理

这一节将介绍 GUI 设计实现图像处理，涉及 MATLAB 图像处理的很多内容，由于篇幅有限，具体的知识将不做详细讲解，重点介绍 GUI 设计是如何实现图像处理功能的，有兴趣的读者可以参考 MATLAB 图像处理相关的书籍和文献。

在开始设计之前需要准备一个原始图像 dog.jpg，如图 13-37 所示。

图 13-37　原始图像

GUI 菜单选项设计实现图像的处理，菜单包括：文件操作、图像编辑、图像分析、图像调整、图像平滑、图像锐化、图像高级处理和小波变换。每个菜单包含子菜单用于实现相应图像处理的功能，如图 13-38 所示为菜单编辑内容。

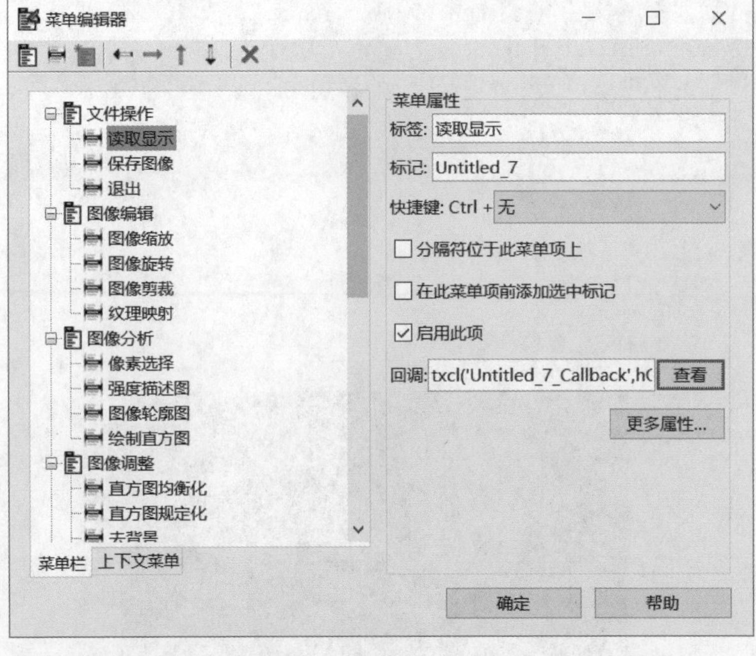

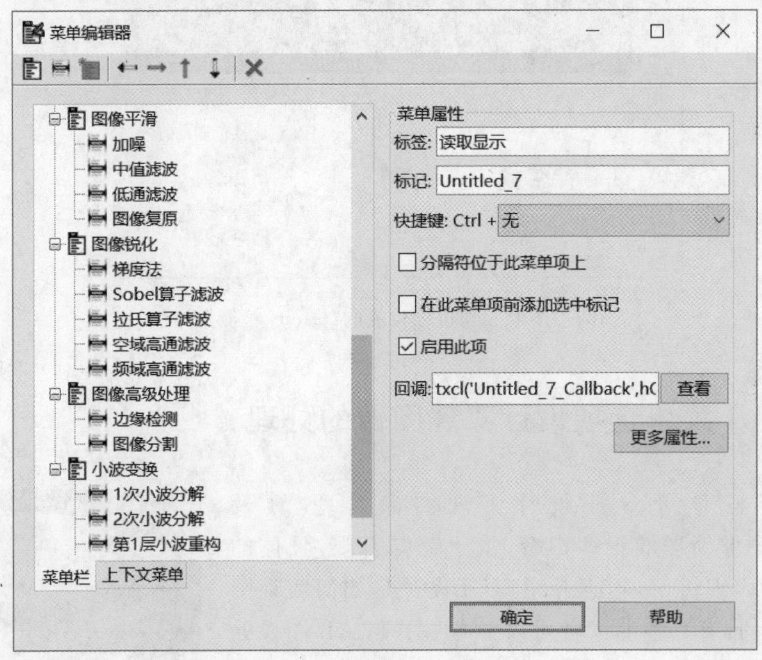

图 13-38　菜单编辑内容

13.3.1 文件操作菜单项

文件操作包括：读取显示、保存图像和退出。

1. 读取显示

在“读取显示”菜单下添加如下程序：

```
function Untitled_7_Callback(hObject, eventdata, handles)

clear
I = imread('dog.jpg');
subplot(1,1,1),imshow(I);title('dog——RGB 图像');     % 读取显示
```

单击“读取显示”菜单，运行结果如图13-39所示。

图13-39 “读取显示”菜单

2. 保存图像

在“保存图像”菜单下添加如下程序：

```
function Untitled_8_Callback(hObject, eventdata, handles)
clear
I = imread('dog.jpg');
gray = rgb2gray(I);
imwrite(gray,'gray.bmp');
bw = im2bw(I,0.5);
imwrite(bw,'bw.bmp');
[ind,map] = gray2ind(gray,64);
save ind
msgbox('已保存为灰度图像 gray.bmp、索引图像 ind.mat、二值图像 bw.bmp!','提示信息');
```

单击“保存图像”菜单，运行结果如图 13-40 所示。

图 13-40 “保存图像”菜单

单击 OK 键后，MATLAB 中的 Current Folder 中将生成灰度图像(gray. bmp)、索引图像(ind. mat)和二值图像(bw. bmp)。

3. 退出

在“退出”菜单下添加如下程序，单击“退出”菜单，将退出 GUI 设计系统。

```
function Untitled_9_Callback(hObject, eventdata, handles)
clear
close all
exit(0)
```

13.3.2 图像编辑菜单项

图像编辑菜单包括：图像缩放、图像旋转、图像剪裁和纹理映射。

1. 图像缩放

在“图像缩放”菜单下添加如下程序：

```
function Untitled_10_Callback(hObject, eventdata, handles)
clear
I = imread('dog.jpg');
subplot(2,2,1),imshow(I);title('原始图像')
X1 = imresize(I,0.1,'nearest');
subplot(2,2,2),imshow(X1,[]);title('最近邻插值法实现图像缩放')
X2 = imresize(I,0.1,'bilinear');
subplot(2,2,3),imshow(X2,[]);title('双线性插值法实现图像缩放')
X3 = imresize(I,0.1,'bicubic');
subplot(2,2,4),imshow(X3,[]);title('双立方插值法实现图像缩放')
```

单击“图像缩放”菜单，运行结果如图 13-41 所示。

图 13-41 “图像缩放”菜单

2. 图像旋转

在“图像旋转”菜单下添加如下程序：

```
function Untitled_11_Callback(hObject, eventdata, handles)
clear
I = imread('dog.jpg');
J = imrotate(I,35, 'bilinear');
subplot(1,2,1),imshow(I);title('原始图像')
subplot(1,2,2),imshow(J);title('逆时针旋转 35°图像')
```

单击“图像旋转”菜单，运行结果如图 13-42 所示。

图 13-42 “图像旋转”菜单

3. 图像剪裁

在“图像剪裁”菜单下添加如下程序：

```
function Untitled_13_Callback(hObject, eventdata, handles)
clear
I = imread('dog.jpg');
msgbox('请选择要裁剪的区域,并双击选定区域以显示','提示信息');
waitforbuttonpress;
clf;
I2 = imcrop(I);
close
subplot(1,2,1),imshow(I);title('原始 dog——RGB 图像');
subplot(1,2,2),imshow(I2);title('裁剪后的 dog——RGB 图像');
```

单击“图像剪裁”菜单，将出现对话框提示：请选择要裁剪的区域，并双击选定区域以显示，运行结果如图 13-43 所示。

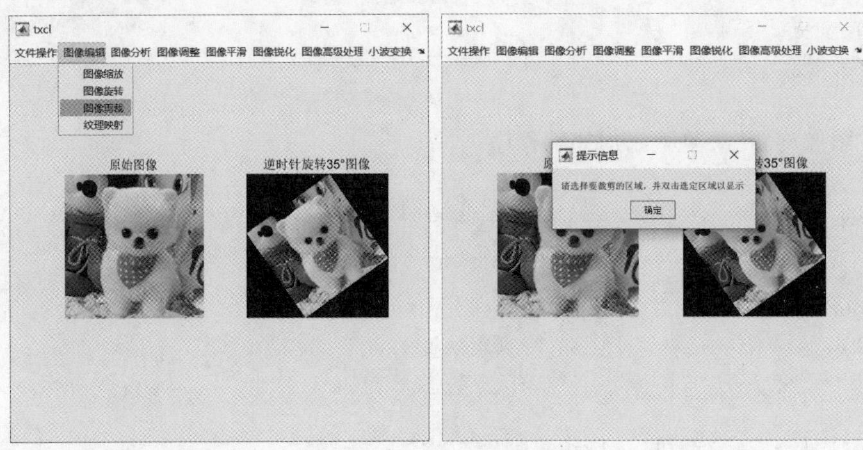

图 13-43 “图像剪裁”菜单

单击“确定”，按照提示的对话框进行操作，运行结果如图 13-44 所示。

图 13-44 “图像剪裁”菜单效果

4. 纹理映射

在“纹理映射”菜单下添加如下程序：

```
function Untitled_35_Callback(hObject, eventdata, handles)
clear
I = imread('dog.jpg');
[x,y,z] = cylinder;
subplot(1,2,1),warp(x,y,z,I);title('圆柱形纹理映射');
[x,y,z] = sphere;
subplot(1,2,2),warp(x,y,z,I);title('球形纹理映射');
```

单击“纹理映射”菜单，运行结果如图 13-45 所示。

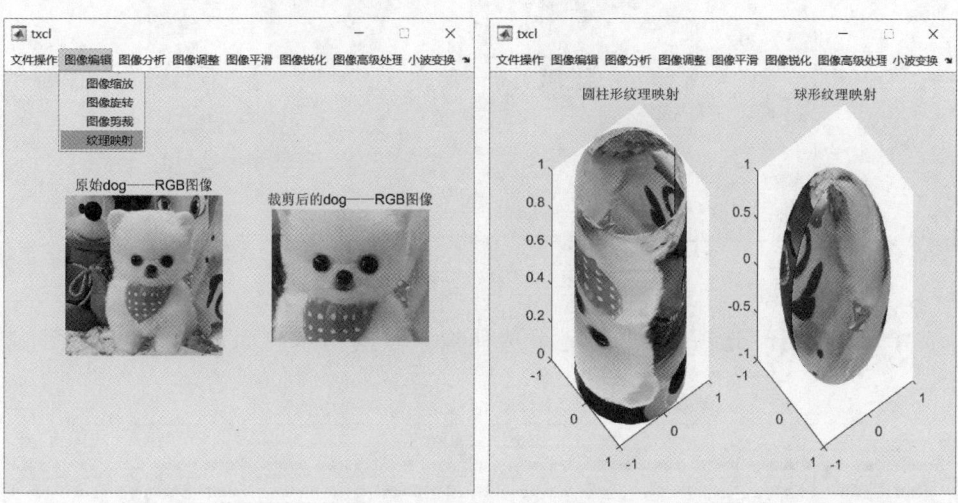

图 13-45 “纹理映射”菜单效果

13.3.3 图像分析菜单项

图像分析菜单项主要有 4 个选项，分别为：像素选择、强度描述图、图像轮廓图和绘制直方图，如图 13-46 所示。

1. 像素选择

在“像素选择”菜单下添加如下程序：

```
function Untitled_15_Callback(hObject, eventdata, handles)
clear
I = imread('dog.jpg');
subplot(1,1,1),imshow(I);title('请用鼠标选择任意几个像素点后按回车以显示所选像素点的
数据值!');
vals = impixel
```

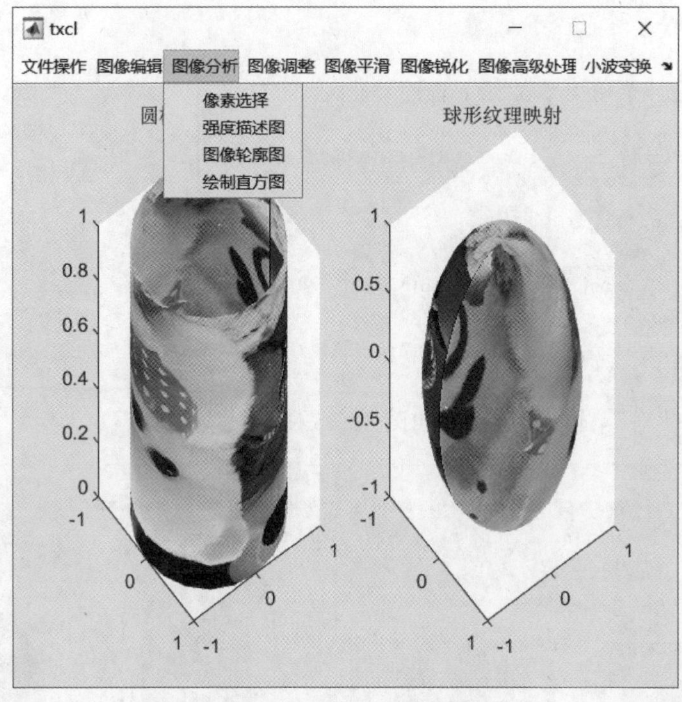

图 13-46　图像分析菜单项

选择"像素选择"选项，将出现一个选择像素点的提示界面，运行结果如图 13-47 所示。

图 13-47　像素点的选取

然后按回车键，所选像素点的数据值如下：

```
vals =

  170   161   102
```

```
   35    28    22
  100   120    49
  121   139    37
  133   130   123
```

2. 强度描述图

在“强度描述图”菜单下添加如下程序：

```
function Untitled_16_Callback(hObject, eventdata, handles)
clear
subplot(1,1,1),
imshow dog.tif
title('请用鼠标选择一线段后按回车以显示轨迹强度图!')
improfile
```

选择“强度描述图”选项，将出现一个提示界面，运行结果如图13-48所示。

图13-48 选择强度轨迹提示界面

按照上面的要求用鼠标选择一线段，结果如图13-49所示，选好后按回车键，将显示轨迹强度图，结果如图13-50所示。

3. 图像轮廓图

在“图像轮廓图”菜单下添加如下程序：

图 13-49　强度轨迹的选取

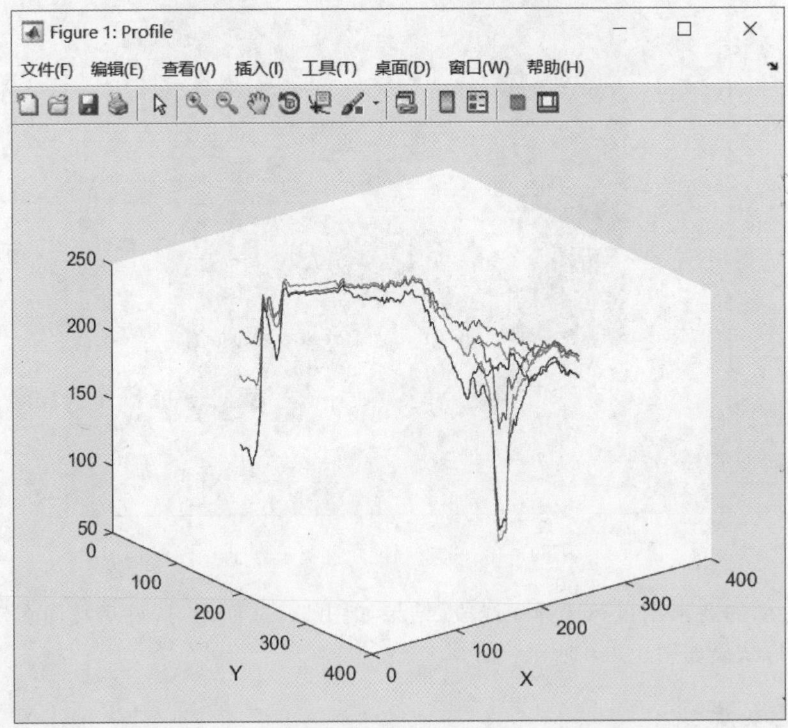

图 13-50　轨迹图

```
function Untitled_17_Callback(hObject, eventdata, handles)
clear
I = imread('gray.bmp');
subplot(1,1,1),imshow(I);title('原始灰度图像')
figure(1),
f1 = figure(1);
set(f1,'NumberTitle','off','Name','图像轮廓图')
imcontour(I)
```

当选择"图像轮廓图"选项时，将显示图像的轮廓图，运行结果如图 13-51 所示。

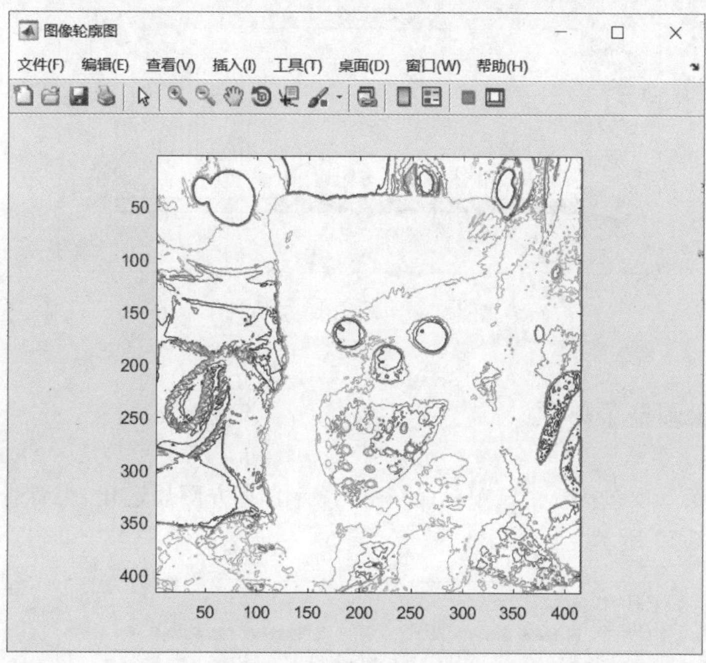

图 13-51 图像轮廓图

4. 绘制直方图

在"绘制直方图"菜单下添加如下程序：

```
function Untitled_18_Callback(hObject, eventdata, handles)
clear
I = imread('gray.bmp');
subplot(2,1,1),
imshow(I);
title('dog 灰度图像')
subplot(2,1,2),
imhist(I,64);
title('dog 灰度图像的直方图')
```

当选择"绘制直方图"选项时，界面将会显示出 dog 灰度图像及其灰度图像直方图，运行结果如图 13-52 所示。

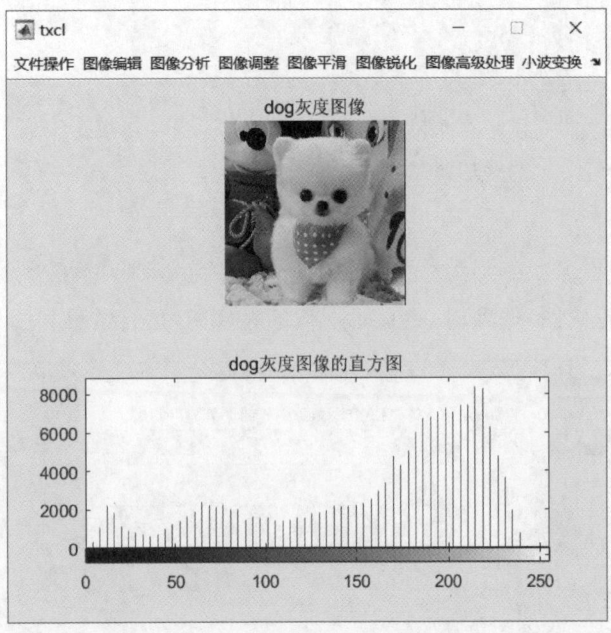

图 13-52　灰度图像直方图

13.3.4　图像调整菜单项

图像调整菜单项包括 5 个选项：直方图均衡化、直方图规定化、去背景、阈值化和灰度变换，如图 13-53 所示。

图 13-53　图像调整菜单项

1. 直方图均衡化

在"直方图均衡化"菜单下添加如下程序：

```
function Untitled_21_Callback(hObject, eventdata, handles)
clear
I = imread('cats.tif');
gray = rgb2gray(I);
J = histeq(gray);
subplot(2,2,1),
imshow(gray);
title('原始dog灰度图像');
subplot(2,2,2),
imshow(J);
title('直方图均衡化后的dog灰度图像');
subplot(2,2,3),
imhist(gray);
title('原始dog灰度图像直方图');
subplot(2,2,4),
imhist(J);
title('直方图均衡化后的dog灰度图像直方图');
```

选择"直方图均衡化"选项时，界面将会显示出四个图像分别为：原始dog灰度图像、直方图均衡化后的dog灰度图像、原始dog灰度图像直方图和直方图均衡化后的dog灰度图像直方图，运行结果如图13-54所示。

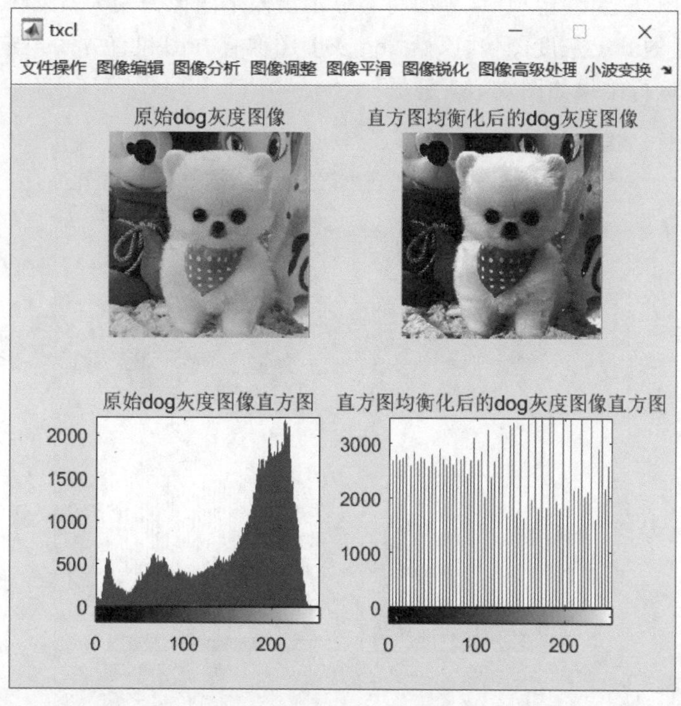

图13-54 直方图均衡化

2. 直方图规定化

在“直方图规定化”菜单下添加如下程序：

```
function Untitled_36_Callback(hObject, eventdata, handles)
clear
I = imread('cats.tif');
gray = rgb2gray(I);
J = histeq(gray,32);
[counts,x] = imhist(J);
I = imread('cats.tif');
Q = rgb2gray(I);
subplot(2,2,1),
imshow(Q);
title('原始 dog 灰度图像');
subplot(2,2,3),
imhist(Q);
title('原始 dog 灰度图像的直方图');
M = histeq(Q,counts);
subplot(2,2,2),
imshow(M);
title('直方图规定化后的 dog 灰度图像');
subplot(2,2,4),
imhist(M);
title('直方图规定化后的 dog 灰度图像直方图');
axis square
```

选择“直方图规定化”选项时，界面将会显示出四个图像分别为：原始 dog 灰度图像、直方图规定化后的 dog 灰度图像、原始 dog 灰度图像直方图和直方图规定化后的 dog 灰度图像直方图，运行结果如图 13-55 所示。

图 13-55　直方图规定化

3. 去背景

在“去背景”菜单下添加如下程序：

```
function Untitled_23_Callback(hObject, eventdata, handles)
clear
I = imread('cats.tif')
gray = rgb2gray(I);
subplot(1,2,1),
imshow(gray)
title('原始 dog 灰度图像')
background = imopen(gray,strel('disk',15))
I2 = imsubtract(gray,background);
subplot(1,2,2),
imshow(I2)
title('减去背景后的图像')
```

选择“去背景”选项时，界面将显示出原始 dog 灰度图像和减去背景后的图像，运行结果如图 13-56 所示。

图 13-56　去背景

4. 阈值化

在“阈值化”菜单下添加如下程序：

```
function Untitled_22_Callback(hObject, eventdata, handles)
clear
```

```
I = imread('cats.tif');
level = graythresh(I);
bw = im2bw(I,level);
subplot(1,2,1),
imshow(I);
title('原始 dog 图像');
subplot(1,2,2),
imshow(bw);
title('阈值化后的 dog 图像')
```

选择"阈值化"选项时,界面将显示出原始 dog 图像和阈值化后的 dog 图像,运行结果如图 13-57 所示。

图 13-57　阈值化

5. 灰度变换

在"灰度变换"菜单下添加如下程序:

```
function Untitled_24_Callback(hObject, eventdata, handles)

clear
I = imread('cats.tif');
gray = rgb2gray(I);
J = imadjust(gray,[0.3,0.7],[]);
subplot(2,2,1),
```

```
imshow(gray);
title('原始dog灰度图像');
subplot(2,2,2),
imshow(J);
title('调整对比度后的dog灰度图像');
subplot(2,2,3),
imhist(gray);
title('原始dog灰度图像直方图');
subplot(2,2,4),
imhist(J);
title('调整对比度后的dog灰度图像直方图');
```

选择“灰度变换”选项时，界面将显示出4幅图像：原始dog灰度图像、调整对比度后的dog灰度图像、原始dog灰度图像直方图和调整对比度后的dog灰度图像直方图，运行结果如图13-58所示。

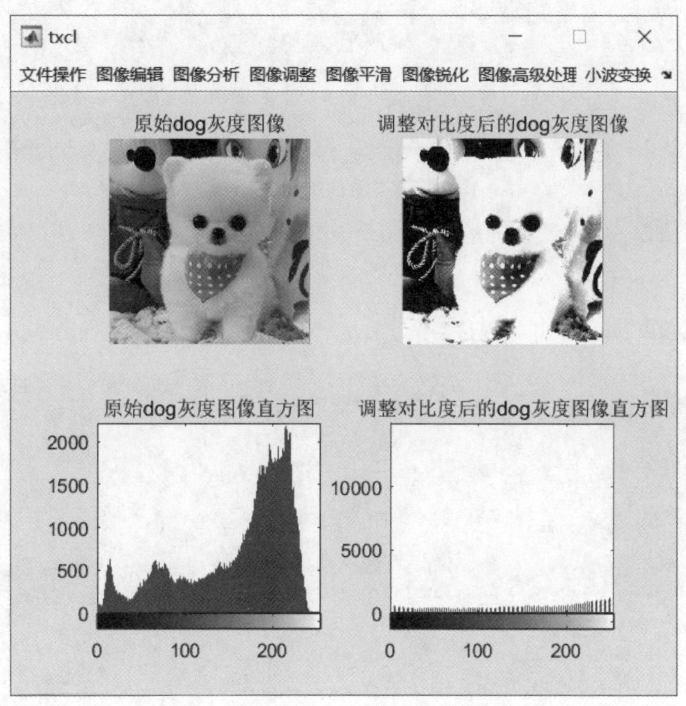

图13-58　灰度变化

13.3.5　图像平滑菜单项

图像平滑菜单项中包括4个选项：加噪、中值滤波、低通滤波和图像复原，如图13-59所示。

图 13-59 图像平滑菜单项

1. 加噪

在“加噪”菜单下添加如下程序：

```
function Untitled_25_Callback(hObject, eventdata, handles)

I = imread('cats.tif');
V = 0.02;
noise1 = imnoise(I,'gaussian',0,V);          % 加高斯噪声
subplot(2,2,1),
imshow(noise1);
title('加高斯噪声')
noise = 0.1 * randn(size(I));                % 加随机噪声
noise2 = imadd(I,im2uint8(noise));
subplot(2,2,2),
imshow(noise2);
title('加随机噪声')
noise3 = imnoise(I,'salt & pepper', 0.02);
subplot(2,2,3),
imshow(noise3);
title('加椒盐噪声')
noise4 = imnoise(I,'speckle',0.06);
subplot(2,2,4),
imshow(noise4);
title('加乘性噪声')
```

选择“加噪”选项时，界面将显示出 4 幅图像：加高斯噪声、加随机噪声、加椒盐噪声和加乘性噪声，运行结果如图 13-60 所示。

图 13-60　加噪

2. 中值滤波

在“中值滤波”菜单下添加如下程序：

```
function Untitled_26_Callback(hObject, eventdata, handles)

I = imread('gray.bmp');
I1 = imnoise(I,'salt & pepper',0.06);
I2 = double(I1)/255;
J2 = medfilt2(I2,[3 3]);
subplot(1,2,1),
imshow(I1);
title('加椒盐噪声后的图像')
subplot(1,2,2),
imshow(J2);
title('中值滤波后的图像')
```

选择“中值滤波”选项时，界面将显示出 2 幅图像：加椒盐噪声后的图像和中值滤波后的图像，运行结果如图 13-61 所示。

3. 低通滤波

在“低通滤波”菜单下添加如下程序：

图 13-61 中值滤波

```
function Untitled_28_Callback(hObject, eventdata, handles)
clc
clear
A = imread('gray.bmp')
I = double(A)/255;
 % load woman2
 % I = ind2gray(X,map)
noisy = imnoise(I,'gaussian',0.06);
[M N] = size(I);
F = fft2(noisy);
fftshift(F);
Dcut = 100;
D0 = 150;
D1 = 250;
for u = 1:M
    for v = 1:N
        D(u,v) = sqrt(u^2 + v^2);
        BUTTERH(u,v) = 1/(1 + (sqrt(2) - 1) * (D(u,v)/Dcut)^2);
        EXPOTH(u,v) = exp(log(1/sqrt(2)) * (D(u,v)/Dcut)^2);
        if D(u,v)< D0
            TRAPEH(u,v) = 1;
        else if D(u,v)< = D1
                TRAPEH(u,v) = (D(u,v) - D1)/(D0 - D1);
            else TRAPEH(u,v) = 0;
            end
```

```
            end
        end
    end
    BUTTERG = BUTTERH. * F;
    BUTTERfiltered = ifft2(BUTTERG);
    EXPOTG = EXPOTH. * F;
    EXPOTfiltered = ifft2(EXPOTG);
    TRAPEG = TRAPEH. * F;
    TRAPEfiltered = ifft2(TRAPEG);
    subplot(2,2,1),
    imshow(noisy);
    title('加入高斯噪声的 dog 灰度图像');
    subplot(2,2,2),
    imshow(BUTTERfiltered);
    title('经过巴特沃斯低通滤波器后的图像');
    subplot(2,2,3),
    imshow(EXPOTfiltered);
    title('经过指数低通滤波器后的图像');
    subplot(2,2,4),
    imshow(TRAPEfiltered);
    title('经过梯形低通滤波器后的图像');
```

选择"低通滤波"选项时，界面将显示出 4 幅图像：加入高斯噪声后的 dog 灰度图像、经过巴特沃斯低通滤波器后的图像、经过指数低通滤波器后的图像和经过梯形低通滤波器后的图像，运行结果如图 13-62 所示。

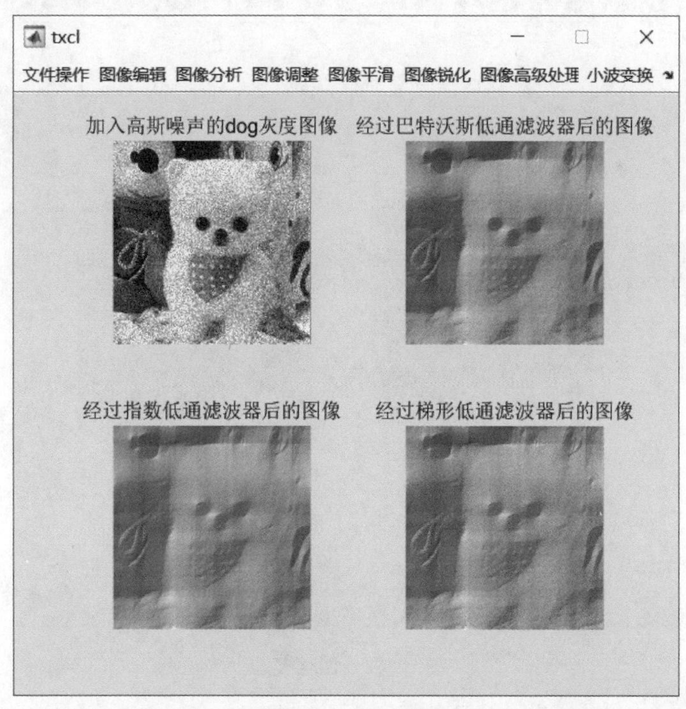

图 13-62　低通滤波

4. 图像复原

在“图像复原”菜单下添加如下程序：

```
function Untitled_39_Callback(hObject, eventdata, handles)
I = imread('cats.tif');
LEN = 31;
THETA = 11;
PSF = fspecial('motion',LEN,THETA);
Blurred = imfilter(I,PSF,'circular','conv');
% wnr1 = deconvwnr(Blurred,PSF);
noise2 = 0.1 * randn(size(I));                % 加随机噪声
noise3 = imadd(I,im2uint8(noise2));
subplot(1,2,1),
imshow(noise3);
title('加随机噪声');
wnr2 = deconvwnr(Blurred,PSF);
subplot(1,2,2),
imshow(wnr2);
title('用 deconvwnr 函数复原');
```

选择“图像复原”选项时，界面将显示出 2 幅图像：加入随机噪声和用 deconvwnr 函数复原，运行结果如图 13-63 所示。

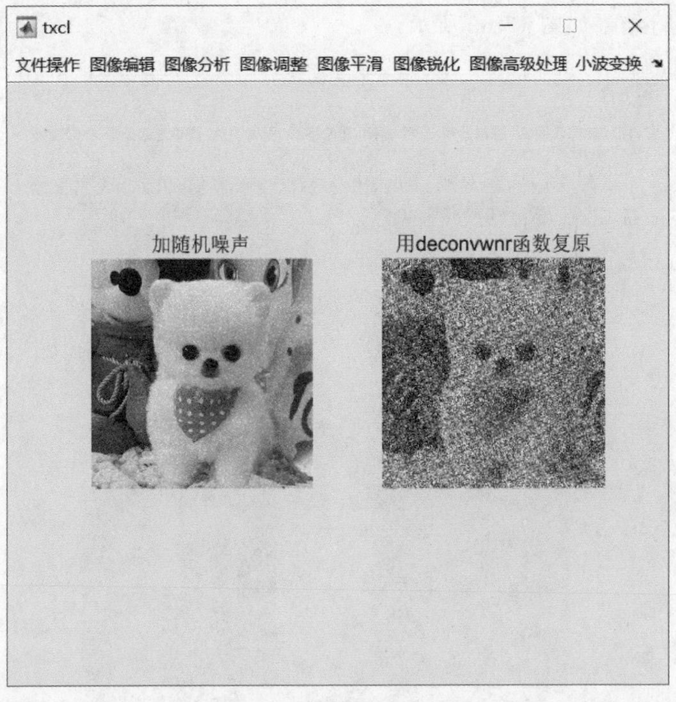

图 13-63　图像复原

13.3.6 图像锐化菜单项

图像锐化菜单项中包括5个选项，它们分别为：梯度法、Sobel算子滤波、拉氏算子滤波、空域高通滤波和频域高通滤波，如图13-64所示。

图13-64 图像锐化菜单项

1. 梯度法

在“梯度法”选项菜单下添加如下程序：

```
function Untitled_42_Callback(hObject, eventdata, handles)
clear
[I,map] = imread('gray.bmp');
subplot(3,2,1),
imshow(I,map);
I = double(I);
[IX,IY] = gradient(I);
GM = sqrt(IX. * IX + IY. * IY);
OUT1 = GM;
subplot(3,2,2),
imshow(OUT1,map);
OUT2 = I;
J = find(GM >= 10);
OUT2(J) = GM(J);
```

```
subplot(3,2,3),
imshow(OUT2,map);
OUT3 = I;
J = find(GM >= 10);
OUT3(J) = 255;
subplot(3,2,4),
imshow(OUT3,map);
OUT4 = I;
J = find(GM <= 10);
OUT4(J) = 255;
subplot(3,2,5),
imshow(OUT4,map);
OUT5 = I;
J = find(GM >= 10);
OUT5(J) = 255;
Q = find(GM < 10);
OUT5(Q) = 0;
subplot(3,2,6),
imshow(OUT5,map);
```

选择“梯度法”选项时，界面将显示利用不同的梯度算子实现图像锐化的图像，运行结果如图 13-65 所示。

图 13-65　梯度法

2. Sobel 算子滤波

在“Sobel 算子滤波”菜单下添加如下程序：

```
function Untitled_44_Callback(hObject, eventdata, handles)
clear
I = imread('gray.bmp');
H = fspecial('sobel');
subplot(1,2,1),
imshow(I);
title('原始 dog 灰度图像');
J = filter2(H,I);
subplot(1,2,2),
imshow(J);
title('Sobel 算子对图像锐化结果');
```

选择“Sobel算子滤波”选项时，界面将显示2幅图像，它们分别为：原始dog灰度图像和Sobel算子对图像锐化结果，运行结果如图13-66所示。

图 13-66　Sobel算子滤波

3. 拉氏算子滤波

在“拉氏算子滤波”菜单下添加如下程序：

```
function Untitled_45_Callback(hObject, eventdata, handles)
clear
I = imread('gray.bmp');
I = double(I);
subplot(1,2,1),
```

```
imshow(I,[]);
title('原始 dog 灰度图像');
h=[0 1 0,1 -4 1,0 1 0];
J=conv2(I,h,'same');
K=I-J;
subplot(1,2,2),
imshow(K,[]);
title('拉氏算子对模糊图像进行增强')
```

选择“拉氏算子滤波”选项时，界面将显示 2 幅图像，它们分别为：原始 dog 灰度图像和拉氏算子对模糊图像进行增强，运行结果如图 13-67 所示。

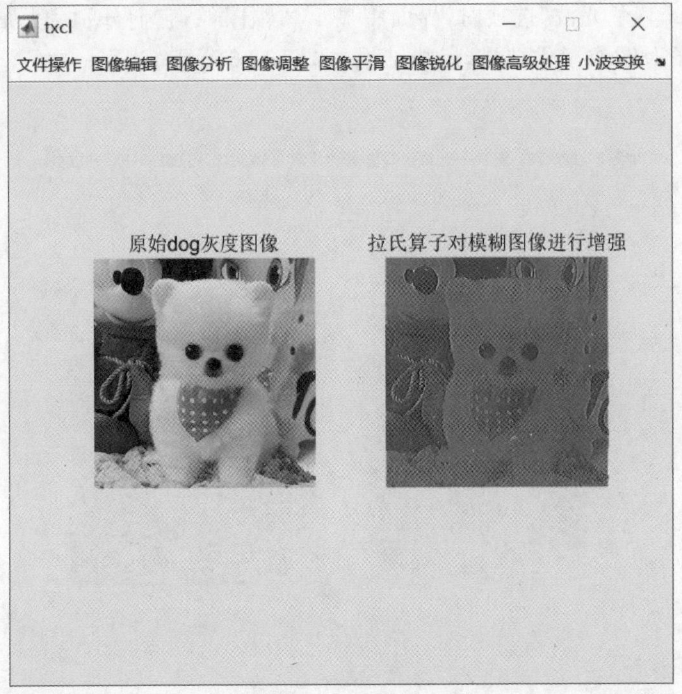

图 13-67　拉氏算子滤波

4. 空域高通滤波

在“空域高通滤波”菜单下添加如下程序：

```
function Untitled_46_Callback(hObject, eventdata, handles)
clear
I=imread('gray.bmp');
J=im2double(I);
subplot(2,2,1),
imshow(J,[]);
title('原始 dog 灰度图像');
h2=[-1 -1 -1,-1 9 -1,-1 -1 -1];
```

```
h3 = [1 -2 1, -2 5 -2,1 -2 1];
h4 = 1/7. * [-1 -2 -1, -2 19 -2, -1 -2 -1];
A = conv2(J,h2,'same');
subplot(2,2,2),
imshow(A,[]);
title('H2 算子滤波结果');
B = conv2(J,h3,'same');
subplot(2,2,3),
imshow(B,[]);
title('H3 算子滤波结果');
C = conv2(J,h4,'same');
subplot(2,2,4),
imshow(C,[]);
title('H4 算子滤波结果');
```

选择“空域高通滤波”选项时，界面将显示 4 幅图像，它们分别为：原始 dog 灰度图像、H2 算子滤波结果、H3 算子滤波结果和 H4 算子滤波结果，运行结果如图 13-68 所示。

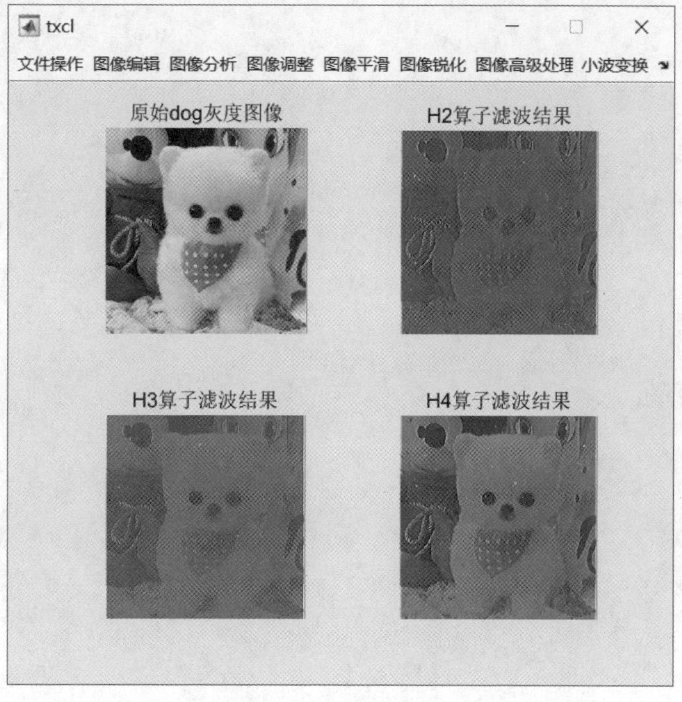

图 13-68 空域高通滤波

5. 频域高通滤波

在“频域高通滤波”菜单下添加如下程序：

```
function Untitled_47_Callback(hObject, eventdata, handles)
[I,map] = imread('gray.bmp');
```

```
noisy = imnoise(I,'gaussian',0.01);
[M N] = size(I);
F = fft2(noisy);
fftshift(F);
Dcut = 100;
D0 = 250;
D1 = 150;
for u = 1:M
    for v = 1:N
        D(u,v) = sqrt(u^2 + v^2);
        BUTTERH(u,v) = 1/(1 + (sqrt(2) - 1) * (Dcut/D(u,v))^2);
        EXPOTH(u,v) = exp(log(1/sqrt(2)) * (Dcut/D(u,v))^2);
        if D(u,v)< D1
            THPFH(u,v) = 0;
        else if D(u,v)< = D0
                THPFH(u,v) = (D(u,v) - D1)/(D0 - D1);
            else THPFH(u,v) = 1;
            end
        end
    end
end
    BUTTERG = BUTTERH. * F;
    BUTTERfiltered = ifft2(BUTTERG);
    EXPOTG = EXPOTH. * F;
    EXPOTfiltered = ifft2(EXPOTG);
    THPFG = THPFH. * F;
    THPFfiltered = ifft(THPFG);
subplot(2,2,1),
imshow(noisy);
title('加入高斯噪声的dog灰度图像');
subplot(2,2,2),
imshow(BUTTERfiltered);
title('经过巴特沃斯高通滤波器后的图像');
subplot(2,2,3),
imshow(EXPOTfiltered);
title('经过指数高通滤波器后的图像');
subplot(2,2,4),
imshow(THPFfiltered);
title('经过梯形高通滤波器后的图像');
```

选择"频域高通滤波"选项时，界面将显示4幅图像，它们分别为：加入高斯噪声的dog灰度图像、经过巴特沃斯高通滤波器后的图像、经过指数高通滤波器后的图像和经过梯形高通滤波器后的图像，运行结果如图13-69所示。

13.3.7 图像高级处理菜单项

图像高级处理菜单项包括两个选项，分别是：边缘检测和图像分割，如图13-70所示。

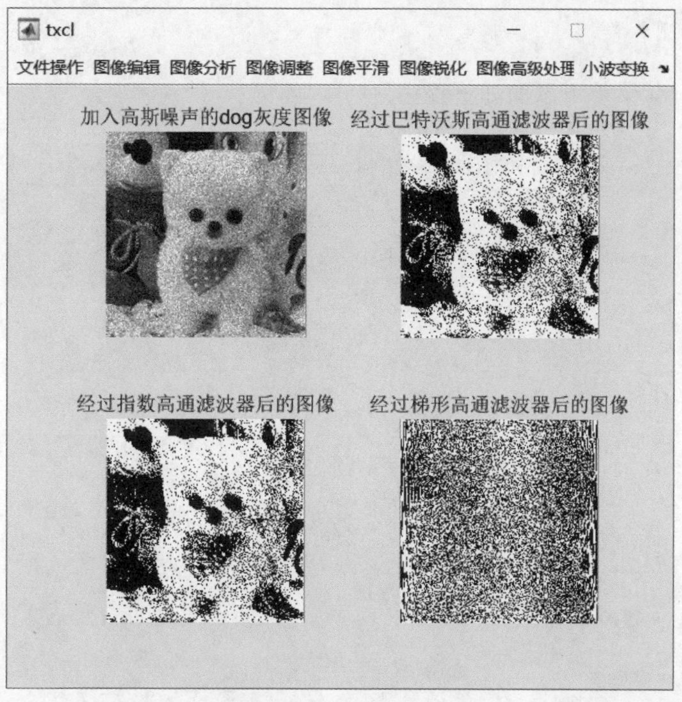

图 13-69　频域高通滤波

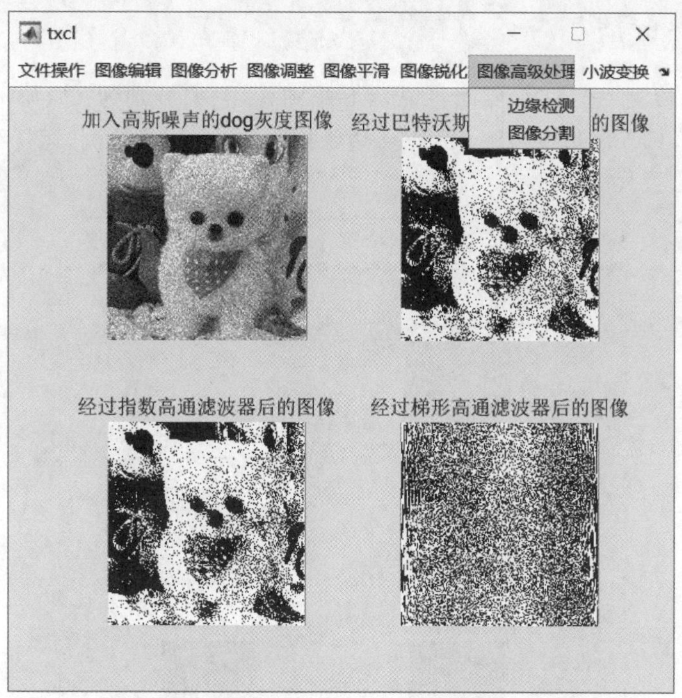

图 13-70　图像高级处理菜单项

1. 边缘检测

在“边缘检测”菜单下添加如下程序：

```
function Untitled_41_Callback(hObject, eventdata, handles)
clear
I = imread('gray.bmp');
BW1 = edge(I,'sobel');
BW2 = edge(I,'canny');
BW3 = edge(I,'prewitt');
BW4 = edge(I,'log');
subplot(3,2,1),
imshow(I);
title('原始 dog 灰度图像');
subplot(3,2,3),
imshow(BW1);
title('Sobel 边缘检测');
subplot(3,2,4),
imshow(BW2);
title('Canny 边缘检测');
subplot(3,2,5),
imshow(BW2);
title('prewitt 边缘检测');
subplot(3,2,6),
imshow(BW2);
title('log 边缘检测');
```

选择“边缘检测”选项时，界面将显示5幅图像，它们分别为：原始dog灰度图像、Sobel边缘检测、Canny边缘检测、prewitt边缘检测和log边缘检测，运行结果如图13-71所示。

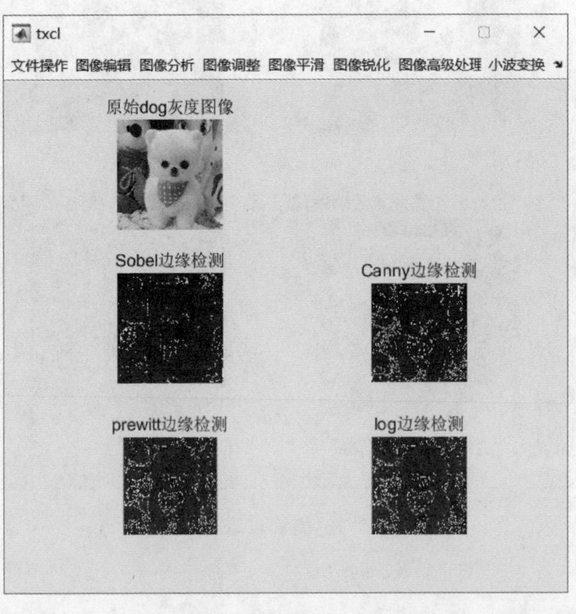

图13-71 边缘检测

2. 图像分割

在“图像分割”菜单下添加如下程序：

```
function Untitled_30_Callback(hObject, eventdata, handles)
I = imread('gray.bmp');
subplot(2,2,1),
imshow(I);
title('原始 dog 灰度图像');
Ic = imcomplement(I);
BW = im2bw(Ic,graythresh(Ic));
subplot(2,2,2),
imshow(BW);
title('阈值截取分割后图像');
se = strel('disk',6);
BWc = imclose(BW,se);
BWco = imopen(BWc,se);
subplot(2,2,3),
imshow(BWco);
title('对小图像进行删除后图像');
mask = BW&BWco;
subplot(2,2,4),
imshow(mask);
title('检测结果的图像');
```

选择“图像分割”选项时，界面将显示 4 幅图像，它们分别为：原始 dog 灰度图像、阈值截取分割后图像、对小图像进行删除后图像和检测结果的图像，运行结果如图 13-72 所示。

图 13-72　图像分割

13.3.8 小波变换菜单项

小波变换菜单项中包括 4 个选项，它们分别是：1 次小波分解、2 次小波分解、第 1 层小波重构和第 2 层小波重构，如图 13-73 所示。

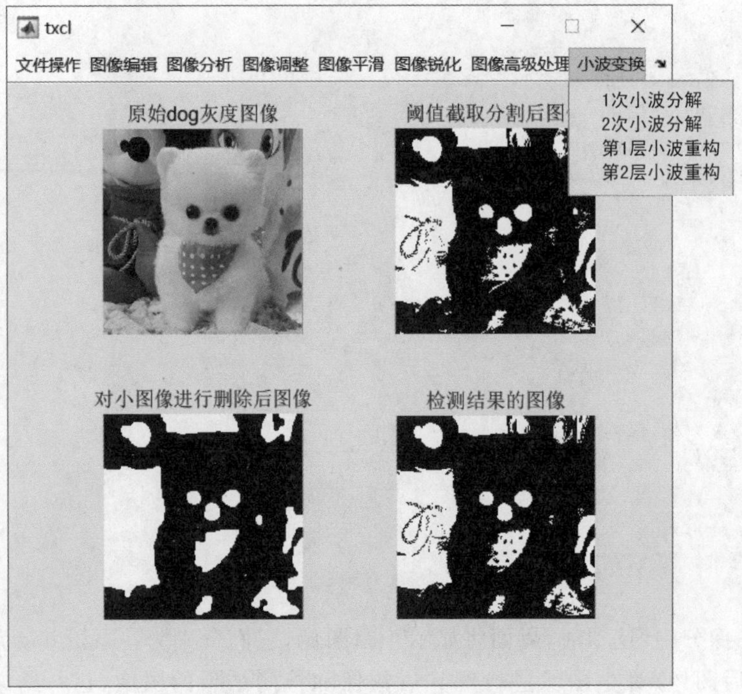

图 13-73 小波变换菜单项

1. 1 次小波分解

对应的功能程序如下：

```
function Untitled_31_Callback(hObject, eventdata, handles)
clear
I = imread('cats.tif');
[X,map] = rgb2ind(I,0.1);
nbcol = size(map,1);
colormap(pink(nbcol));
cod_X = wcodemat(X,nbcol);
[ca1,ch1,cv1,cd1] = dwt2(X,'db1');
cod_ca1 = wcodemat(ca1,nbcol);
cod_ch1 = wcodemat(ch1,nbcol);
cod_cv1 = wcodemat(cv1,nbcol);
cod_cd1 = wcodemat(cd1,nbcol);
subplot(1,1,1),
image([cod_ca1,cod_ch1;cod_cv1,cod_cd1]);title('对 dog 索引图像的 1 次小波分解')
```

选择“1次小波分解”选项时，界面将显示出对dog索引图像的1次小波分解，运行结果如图13-74所示。

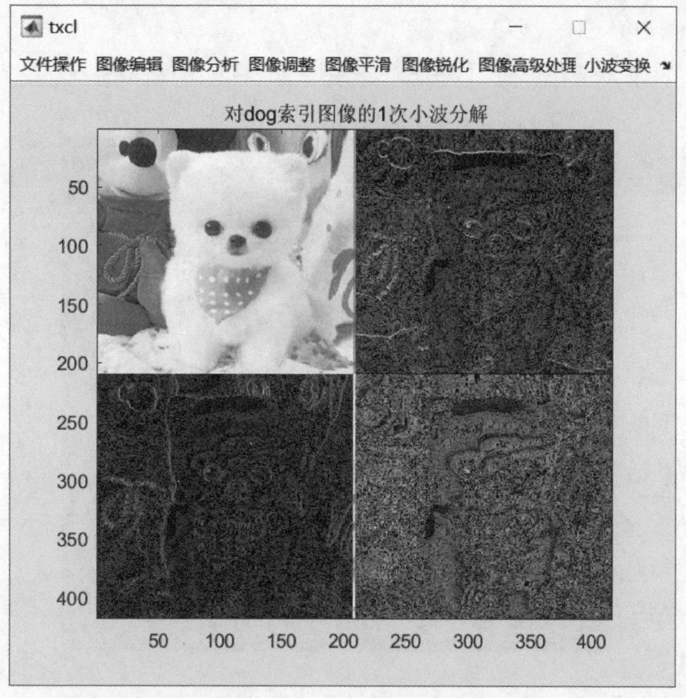

图13-74　1次小波分解

2. 2次小波分解

对应的功能程序如下：

```
function Untitled_32_Callback(hObject, eventdata, handles)
clear
I = imread('cats.tif');
[X,map] = rgb2ind(I,0.1);
nbcol = size(map,1);
colormap(pink(nbcol));
cod_X = wcodemat(X,nbcol);
[ca1,ch1,cv1,cd1] = dwt2(X,'db1');
[ca2,ch2,cv2,cd2] = dwt2(ca1,'db1');
cod_ca2 = wcodemat(ca2,nbcol);
cod_ch2 = wcodemat(ch2,nbcol);
cod_cv2 = wcodemat(cv2,nbcol);
cod_cd2 = wcodemat(cd2,nbcol);
subplot(1,1,1),
image([cod_ca2,cod_ch2;cod_cv2,cod_cd2])
title('对dog索引图像的2次小波分解')
```

选择“2 次小波分解”选项时，界面将显示出对 dog 索引图像的 2 次小波分解，运行结果如图 13-75 所示。

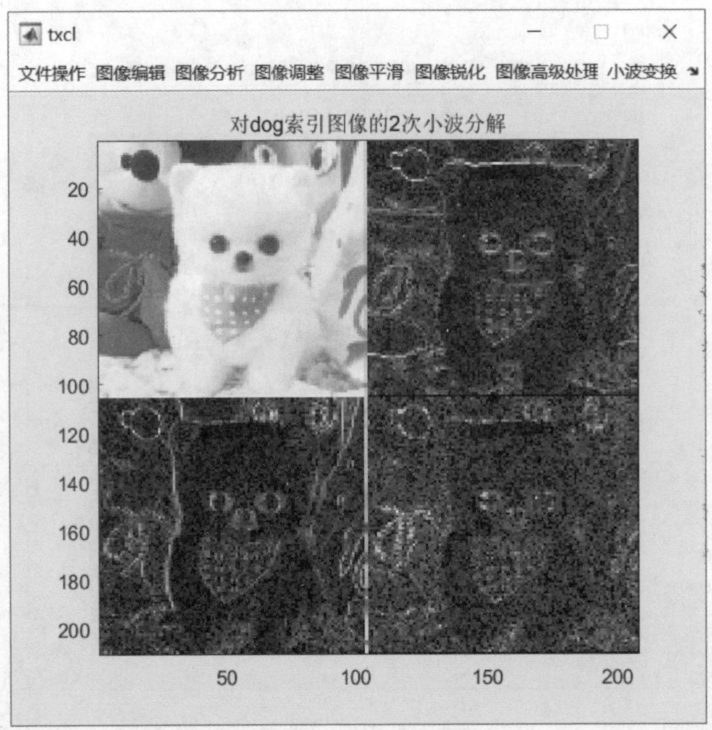

图 13-75　2 次小波分解

3. 第 1 层小波重构

对应的功能程序如下：

```
function Untitled_33_Callback(hObject, eventdata, handles)
clear
I = imread('cats.tif');
[X,map] = rgb2ind(I,0.1);
nbcol = size(map,1);
colormap(pink(nbcol));
cod_X = wcodemat(X,nbcol);
[ca1,ch1,cv1,cd1] = dwt2(X,'db1');
a0 = idwt2(ca1,ch1,cv1,cd1,'db1',size(X));
a0 = wcodemat(a0,nbcol);
subplot(1,1,1),
image(a0)
title('对 dog 索引图像的第一层重构')
```

选择“第 1 层小波重构”选项时，界面将显示出对 dog 索引图像的第一层重构，运行结果如图 13-76 所示。

图 13-76 第 1 层小波重构

4. 第 2 层小波重构

对应的功能程序如下：

```
function Untitled_34_Callback(hObject, eventdata, handles)
clear
I = imread('cats.tif');
[X,map] = rgb2ind(I,0.1);
nbcol = size(map,1);
colormap(pink(nbcol));
cod_X = wcodemat(X,nbcol);
[ca1,ch1,cv1,cd1] = dwt2(X,'db1');
[ca2,ch2,cv2,cd2] = dwt2(ca1,'db1');
a0 = idwt2(ca2,ch2,cv2,cd2,'db1',size(X));
a0 = wcodemat(a0,nbcol);
subplot(1,1,1),
image(a0)
title('对 dog 索引图像的第二层重构')
```

选择“第 2 层小波重构”选项时，界面将显示出对 dog 索引图像的第二层重构，运行结果如图 13-77 所示。

图 13-77　第 2 层小波重构

本章小结

本章主要介绍 GUI 在图像处理方面的应用，包括基于 GUI 的图像压缩处理技术、GUI 在图像处理中的应用和 GUI 菜单选项实现图像的处理。读者通过这三个例子可以熟练地掌握图像处理的重要内容和 GUI 的应用。

参考文献

[1] 杨丹. MATLAB图像处理实例详解[M]. 北京：清华大学出版社，2013.

[2] 马平. 数字图像处理和压缩[M]. 北京：电子工业出版社，2007.

[3] 闫敬文. 数字图像处理[M]. 北京：国防工业出版社，2007.

[4] 王慧琴. 数字图像处理[M]. 北京：人民邮电出版社，2006.

[5] 阮秋琦. 数字图像处理学[M]. 北京：电子工业出版社，2001.

[6] 何东健. 数字图像处理[M]. 西安：西安电子科技大学出版社，2003.

[7] 程佩青. 数字信号处理教程[M]. 3版. 北京：清华大学出版社，2007.

[8] 徐成波，陶红艳，杨菁，等. 数字信号处理及 MATLAB 实现[M]. 2版. 北京：清华大学出版社，2008.

[9] 罗华飞. MATLAB GUI设计学习手记[M]. 北京：北京航空航天大学出版社，2011.

[10] 陈垚光. 精通 MATLAB GUI设计[M]. 北京：电子工业出版社，2013.

[11] 李国勇. 智能控制及其 MATLAB实现[M]. 北京：电子工业出版社，2005.

[12] 飞思科技产品研发中心. 神经网络理论与 MATLAB 7 实现[M]. 北京：电子工业出版社，2005.

[13] 朱仁峰. 精通 MATLAB 7[M]. 北京：清华大学出版社，2006.

[14] 刘浩，韩晶. MATLAB R2012a 完全自学一本通[M]. 北京：电子工业出版社，2013.

[15] 张志涌. 精通 MATLAB R2011a[M]. 北京：北京航空航天大学出版社，2012.

[16] 张志涌. MATLAB教程 R2012a[M]. 北京：北京航空航天大学出版社，2013.

[17] 杨鉴，梁虹. 随机信号处理原理与实践[M]. 北京：科学出版社，2010.

[18] 余胜威，吴婷，罗建桥. MATLAB GUI设计入门与实战[M]. 北京：清华大学出版社，2016.

[19] 陈怀琛. 数字信号处理教程：MATLAB释义与实现[M]. 北京：电子工业出版社，2008.